高等院校工科类、经济管理类数学系列辅导丛书

高等数学（上册）同步练习与模拟试题

刘　强　袁安锋　孙激流 ◎ 编著

清华大学出版社
北　京

内容简介

本书内容分为两大部分，第一部分为“同步练习”，该部分主要包括4个模块，即内容提要，典型例题分析，习题精选和习题详解，旨在帮助读者尽快掌握《高等数学(上册)》课程中的基本内容、基本方法和解题技巧，提高学习效率.第二部分为“模拟试题及详解”，该部分给出了10套模拟试题，并给出了详细解答的过程，旨在检验读者的学习效果，快速提升读者的综合能力.

本书可以作为高等院校工科类、经管类本科生学习《高等数学(上册)》课程的辅导用书；对于准备报考硕士研究生的考生而言，本书也是一本不错的基础复习阶段的考研辅导用书.

图书在版编目(CIP)数据

高等数学(上册)同步练习与模拟试题/刘强，袁安锋，孙激流编著.—北京：清华大学出版社，2016(2024.1重印)
(高等院校工科类、经济管理类数学系列辅导丛书)
ISBN 978-7-302-43766-6

Ⅰ.①高… Ⅱ.①刘… ②袁… ③孙… Ⅲ.①高等数学—高等学校—习题集 Ⅳ.①O13-44

中国版本图书馆CIP数据核字(2016)第100164号

责任编辑：彭 欣
封面设计：汉风唐韵
责任校对：王凤芝
责任印制：丛怀宇

出版发行：清华大学出版社
网 址：https://www.tup.com.cn，https://www.wqxuetang.com
地 址：北京清华大学学研大厦A座 **邮 编**：100084
社 总 机：010-83470000 **邮 购**：010-62786544
投稿与读者服务：010-62776969，c-service@tup.tsinghua.edu.cn
质量反馈：010-62772015，zhiliang@tup.tsinghua.edu.cn
印 装 者：三河市龙大印装有限公司
经 销：全国新华书店
开 本：185mm×260mm **印 张**：17.25 **字 数**：382千字
版 次：2016年7月第1版 **印 次**：2024年1月第14次印刷
印 数：27501～28500
定 价：45.00元

产品编号：064154-02

FOREWORD

前言

随着经济的发展、科技的进步，数学在经济、管理、金融、生物、信息、医药等众多领域中发挥着越来越重要的作用，数学思想和方法的学习与灵活运用已经成为当今高等院校人才培养的基本要求.

然而，很多学生在学习的过程中，对于一些重要的数学思想、数学方法难以把握，对一些常见题型存在困惑，常常感觉无从下手，对数学的理解往往只注重某些具体的知识点而体会不出蕴含在其中的思想和方法.

为了让学生更好、更快地掌握所学知识，同时又结合部分学生考研的需要，我们编写了高等院校工科类、经济管理类数学系列辅导丛书，该丛书包括《微积分》《高等数学》(上、下册)、《线性代数》和《概率论与数理统计》4门数学课程的辅导用书，由首都经济贸易大学的刘强教授担任丛书的主编.

本书为《高等数学(上册)》分册编写，主要目的有两个，一是帮助学生更好地学习《高等数学(上册)》课程，熟练掌握教材中的一些基本概念、基本理论和基本方法，提高学生分析问题、解决问题的能力，以达到工科类专业对学生数学能力培养的基本要求；二是满足学生报考研究生的需要，结合编者多年来的教学经验，精选了部分经典考题，使学生对考研题的难度和深度有一个总体的认识.

全书内容分为两大部分，第一部分是同步练习部分，该部分共有7章，每章包含4个模块，即内容提要、典型例题分析、习题精选以及习题详解，具体模块内容为：

1. 内容提要 本模块通过对基本概念、基本理论、基本公式等内容进行系统梳理、归纳总结，详细解答了读者在学习过程中可能遇到的各种疑难问题.

2. 典型例题分析 本模块是作者在多年来教学经验的基础上，创新性地构思了大量有代表性的例题，并选编了部分国内外优秀教材、辅导资料的经典习题，按照知识结构、解题思路、解题方法对典型例题进行了系统归类，通过专题讲解，详细阐述了相关问题的解题方法与技巧.

3. 习题精选 本模块精心选编了部分具有代表性了习题，帮助读者巩固强化所学知识，提升读者学习效果.

4. 习题详解 本模块对精选习题部分给出了详细解答，部分习题给出多种解法，以开拓读者的解题思路，提高读者的分析能力和发散性思维能力.

第二部分是模拟试题及详解. 该部分包含了两个模块，即模拟试题与模拟试题详解.

本部分共给出了10套模拟试题，并给出了详细解答过程，主要目的是检验读者的学习效果，提高读者的综合能力.

为了便于读者阅读本书，书中的选学内容将用“*”标出，有一定难度的结论、例题和综合练习题等将用“**”标出，初学者可以略过.

本书的前身是一本辅导讲义，在首都经济贸易大学已经使用过多年，其间修订过多版，本次应清华大学出版社邀请，我们将该辅导讲义进行了系统的整理、改编，几经易稿，终成本书.

本书可以作为高等院校工科类、经济管理类本科生学习《高等数学(上册)》的辅导资料；对于准备报考硕士研究生的本科生而言，本书也一本不错的基础复习阶段数学参考用书.

本丛书在编写过程中，得到了北京工业大学薛留根教授、李高荣教授、昆明理工大学的吴刘仓教授、首都经济贸易大学张宝学教授、马立平教授、任韬副教授、北京化工大学李志强副教授以及同事们的大力支持，清华大学出版社的编辑彭欣女士和刘志彬主任也为本丛书的出版付出了很多的努力，在此表示诚挚的感谢.

由于作者水平有限，书中仍可能存在疏漏之处，恳请读者和同行不吝指正. 邮箱地址：cuebliuqiang@163.com.

作　者

CONTENTS

目录

第一部分　同步练习

第一部分

同步练习

第1章

函数与极限

1.1 内容提要

1.1.1 映射与函数

1. 映射的概念

设 X 和 Y 是两个非空集合,如果存在一个对应法则 f,使得对 X 中的每个元素 x,按照法则 f,在 Y 中有唯一确定的元素 y 与之对应,则称 f 为从 X 到 Y 的**映射**,记作:f:$X \to Y$,并称 y 为元素 x 在映射 f 下的**像**,记作 $y=f(x)$,x 称为元素 y 的一个**原像**,集合 X 称为映射 f 的**定义域**,也记为 D_f,X 中所有元素的像组成的集合称为映射 f 的**值域**,通常记为 $Z(f)$,即 $Z(f)=\{y|y=f(x),x\in X\}$.

从映射的定义可以看到,映射 f 的值域是集合 Y 的一个子集,即 $Z(f)\subseteq Y$.

如果 $Z(f)=Y$,则称 f 为从 X 到 Y 的**满射**;若对 X 中的任意两个不同的元素 $x_1\neq x_2$,它们的像 $f(x_1)\neq f(x_2)$,则称 f 为从 X 到 Y 的**单射**;若 f 既是满射又是单射,则称 f 为**一一映射**(或**双射**).

映射又称为**算子**,根据集合 X 与 Y 的不同情形,映射有不同的习惯称谓,例如从非空集合 X 到数集 Y 的映射称为**泛函**,从非空数集 X 到它自身的映射称为**变换**,从实数集 X 到实数集 Y 的映射又称为**函数**.

2. 函数的概念

设 D 为一个非空实数集,如果存在一个对应法则 f,使得对于每一个 $x\in D$,都能由 f 唯一确定一个实数 y 与之对应,则称对应法则 f 为定义在实数集 D 上的一个**函数**,记作 $y=f(x)$,其中,x 称为**自变量**,y 称为**因变量**,实数集 D 称为函数的**定义域**,也可记为 $D(f)$或者 D_f. 集合$\{y|y=f(x),x\in D_f\}$ 称为函数的**值域**,一般记为 $Z(f)$或者 Z_f.

定义域和**对应法则**是函数的两要素,值域由定义域和对应法则确定. 两个函数相同的充要条件是定义域与对应法则分别相同,因此判断两个函数是否相同,只需验证函数的定义域与对应法则是否分别相同,而与自变量、因变量的符号没有关系.

如果函数没有明确给出定义域,则其定义域一般默认为使得分析表达式有意义的自变量的取值范围.

函数的表示方法主要有公式法、图示法及表格法等,其中公式法是函数关系表示的一种主要形式.

3. 分段函数

根据函数的定义,在表示函数时,并不要求在整个定义域上都用一个数学表达式来表示.事实上,在很多问题中常常遇到一些在定义域的不同子集上具有不同表达式的情况,习惯上把这类函数叫作**分段函数**.

例如**符号函数**

$$y=\operatorname{sgn}x=\begin{cases}1, & x>0,\\ 0, & x=0,\\ -1, & x<0.\end{cases}$$

是一个分段函数.

注 分段函数在其整个定义域上是一个函数,而不是几个函数.

1.1.2 函数的基本特性

函数的基本特性主要有四种,即奇偶性、单调性、周期性和有界性.

1. 奇偶性

设函数 $f(x)$ 的定义域 D 上关于原点对称,如果对于 $\forall x\in D$,恒有 $f(-x)=f(x)$,则称 $f(x)$ 为**偶函数**;如果对于 $\forall x\in D$,恒有 $f(-x)=-f(x)$,则称 $f(x)$ 为**奇函数**.

奇函数的图像关于坐标原点对称;偶函数的图像关于 y 轴对称.需要注意的是:函数的奇偶性是相对于对称区间而言的,因此如果函数的定义域关于原点不对称,则该函数不具有奇偶性.

奇、偶函数的一些常用结论如下:

(1) 常函数为偶函数;

(2) 有限个奇函数的代数和为奇函数,有限个偶函数的代数和为偶函数;

(3) 奇函数与偶函数的乘积为奇函数;

(4) 奇数个奇函数的乘积为奇函数,偶数个奇函数的乘积为偶函数.

2. 单调性

设函数 $f(x)$ 在某个区间 D 上有定义,对于 $\forall x_1,x_2\in D$,且 $x_1<x_2$,有:

(1) 若 $f(x_1)<f(x_2)$,则称函数 $f(x)$ 在区间 D 单调增加(单调递增);

(2) 若 $f(x_1)>f(x_2)$,则称函数 $f(x)$ 在区间 D 单调减少(单调递减).

3. 周期性

设函数 $f(x)$的定义域为 D,如果存在一个正数 T,使得对任意一个 $x\in D$,有 $x\pm T\in D$,且

$$f(x+T)=f(x)$$

恒成立,则称该函数为**周期函数**. T 称为函数 $f(x)$的**周期**,满足上式的最小的正数 T_0 称为函数的**最小正周期**,通常我们所说的函数的周期指的是函数的最小正周期.

周期函数的一些常用结论:

(1) 若 $f(x)$的周期为 T,则 $f(ax+b)$的周期为$\frac{T}{|a|}(a\neq 0)$;

(2) 若 $f(x)$和 $g(x)$的周期均为 T,则 $f(x)\pm g(x)$也是周期为 T 的周期函数.

4. 有界性

设函数 $f(x)$在集合 D 上有定义,若存在正数 M,使得对于 $\forall x\in D$,恒有 $|f(x)|\leqslant M$,则称函数 $f(x)$在 D 上**有界**,否则称 $f(x)$在 D 上**无界**.

函数的有界性还可以通过另外一种形式来定义.

若存在实数 a 和 b,使得对 $\forall x\in D$,恒有 $a\leqslant f(x)\leqslant b$,则称函数 $f(x)$在 D 上有界,否则称 $f(x)$在 D 上**无界**,其中 a 称为函数的**下界**,b 称为函数的**上界**.

1.1.3 反函数

设函数 $y=f(x)$的定义域为 D_f,值域为 Z_f. 如果对于 Z_f 中的每一个 y 值,都存在唯一的满足 $y=f(x)$的 $x\in D_f$ 与之对应,这样确定的以 y 为自变量,以 x 为因变量的函数,称为函数 $y=f(x)$的**反函数**,并记为 $x=f^{-1}(y)$. 习惯上,一般将 $y=f(x)$的反函数记为 $y=f^{-1}(x)$.

显然,反函数 $x=f^{-1}(y)$的定义域为 Z_f,值域为 D_f,且对任意的 $y\in Z_f$,有

$$f[f^{-1}(y)]=y,$$

对任意的 $x\in D_f$,有

$$f^{-1}[f(x)]=x.$$

单调函数一定存在反函数,且函数与反函数具有相同的单调性.

在同一坐标系下,函数 $y=f(x)$与其反函数 $x=f^{-1}(y)$的图像是重合的,$y=f(x)$与其反函数 $y=f^{-1}(x)$的图像关于直线 $y=x$ 对称.

1.1.4 复合函数

已知两个函数

$$y=f(u),\quad u\in D_f,\quad y\in Z_f,$$
$$u=g(x),\quad x\in D_g,\quad u\in Z_g,$$

若 $D_f\cap Z_g\neq\varnothing$,则可通过中间变量 u 将 $u=g(x)$代入 $y=f(u)$构成一个以 x 为自变量、以 y 为因变量的函数 $y=f[g(x)]$,称 $y=f[g(x)]$为 $y=f(u)$与 $u=g(x)$的**复合函数**.

1.1.5 基本初等函数与初等函数

1. 初等函数的概念

常函数、幂函数、指数函数、对数函数、三角函数以及反三角函数共六大类函数统称为**基本初等函数**.

由基本初等函数经有限次四则运算和(或)复合运算而得到的函数称为**初等函数**.

2. 双曲函数与反双曲函数

(1) 双曲正弦 $y=\mathrm{sh}x=\dfrac{\mathrm{e}^x-\mathrm{e}^{-x}}{2},x\in(-\infty,+\infty)$;

(2) 双曲余弦 $y=\mathrm{ch}x=\dfrac{\mathrm{e}^x+\mathrm{e}^{-x}}{2},x\in(-\infty,+\infty)$;

(3) 双曲正切 $y=\mathrm{th}x=\dfrac{\mathrm{sh}x}{\mathrm{ch}x}=\dfrac{\mathrm{e}^x-\mathrm{e}^{-x}}{\mathrm{e}^x+\mathrm{e}^{-x}},x\in(-\infty,+\infty)$;

(4) 反双曲正弦 $y=\mathrm{arsh}x=\ln(x+\sqrt{x^2+1}),x\in(-\infty,+\infty)$;

(5) 反双曲余弦 $y=\mathrm{arch}x=\ln(x+\sqrt{x^2-1}),x\in[1,+\infty)$;

(6) 反双曲正切 $y=\mathrm{arth}x=\dfrac{1}{2}\ln\dfrac{1+x}{1-x},x\in(-1,1)$.

1.1.6 极限的概念与性质

1. 数列的极限

$\lim\limits_{n\to\infty}u_n=A\Leftrightarrow\forall\varepsilon>0$,存在正整数 N,当 $n>N$ 时,恒有 $|u_n-A|<\varepsilon$ 成立.

注 在数列极限的定义中,一方面,$\varepsilon>0$ 要多小就可以多小,或者说可以任意地小;另一方面,ε 一旦给定,若存在一个正整数 N_0,使得当 $n>N_0$ 时,恒有 $|u_n-A|<\varepsilon$ 成立,则对任意一个大于 N_0 的正整数,都可以作为定义中的 N,即 N 与 ε 有关,但不唯一.

2. 函数的极限

(1) $\lim\limits_{x\to+\infty}f(x)=A\Leftrightarrow\forall\varepsilon>0,\exists X>0$,当 $x>X$ 时,恒有 $|f(x)-A|<\varepsilon$ 成立.

(2) $\lim\limits_{x\to-\infty}f(x)=A\Leftrightarrow\forall\varepsilon>0,\exists X>0$,当 $x<-X$ 时,恒有 $|f(x)-A|<\varepsilon$ 成立.

(3) $\lim\limits_{x\to\infty}f(x)=A\Leftrightarrow\forall\varepsilon>0,\exists X>0$,当 $|x|>X$ 时,恒有 $|f(x)-A|<\varepsilon$ 成立.

(4) $\lim\limits_{x\to x_0^+}f(x)=A\Leftrightarrow\forall\varepsilon>0,\exists\delta>0$,当 $0<x-x_0<\delta$ 时,恒有 $|f(x)-A|<\varepsilon$ 成立.

(5) $\lim\limits_{x\to x_0^-}f(x)=A\Leftrightarrow\forall\varepsilon>0,\exists\delta>0$,当 $0<x_0-x<\delta$ 时,恒有 $|f(x)-A|<\varepsilon$ 成立.

(6) $\lim\limits_{x\to x_0}f(x)=A\Leftrightarrow\forall\varepsilon>0,\exists\delta>0$,当 $0<|x-x_0|<\delta$ 时,恒有 $|f(x)-A|<\varepsilon$ 成立.

注　上述函数极限的定义中的 X 和 δ 与 ε 有关系，但不唯一.

3. 极限的性质

(1)（唯一性）　若极限 $\lim Y$ 存在，则极限值唯一.

(2)（有界性）　如果 $\lim Y$ 存在，则 Y 是局部有界的. 特别地，若数列极限 $\lim\limits_{n\to\infty}u_n$ 存在，则 $\{u_n\}$ 不仅是局部有界的，而且是全局有界的.

(3)（保号性）　若极限 $\lim\limits_{x\to x_0}f(x)=A$，且 $A>0$（或 $A<0$），则 $f(x)$ 在 x_0 的某个空心邻域内恒有 $f(x)>0$[或 $f(x)<0$].

(4) 若极限 $\lim\limits_{x\to x_0}f(x)=A$，且在 x_0 的某个空心邻域内恒有 $f(x)\geqslant 0$（或 $f(x)\leqslant 0$），则有 $A\geqslant 0$（或 $A\leqslant 0$）.

(5) 若 $\lim\limits_{x\to x_0}f(x)=A$，$\lim\limits_{x\to x_0}g(x)=B$，且在 x_0 的某个空心邻域内恒有 $f(x)\geqslant g(x)$（或 $f(x)\leqslant g(x)$），则有 $A\geqslant B$（或 $A\leqslant B$）.

注　这里的变量 Y 既可以表示数列，也可以表示函数，下同.

1.1.7　无穷小与无穷大

1. 无穷小的概念及其性质

以 0 为极限的变量称为**无穷小**（或**无穷小量**）. 需要注意是，0 是一种特殊的无穷小. 无穷小的概念在整个微积分中有着重要的作用，需要读者引起重视.

无穷小有如下性质：

(1) 有限个无穷小的和是无穷小；

(2) 有界变量与无穷小的乘积是无穷小；

(3) $\lim Y=A\Leftrightarrow Y=A+\alpha$，其中 α 是无穷小（与 Y 同在一个变化过程中）.

2. 无穷小的阶

设 α,β 是同一变化过程中的两个无穷小，则

(1) 若 $\lim\dfrac{\beta}{\alpha}=0$，则称 β 是比 α **高阶的无穷小**（或 α 是 β 比**低阶的无穷小**），记作 $\beta=o(\alpha)$.

(2) 若 $\lim\dfrac{\beta}{\alpha}=c\neq 0$，则称 β 是与 α **同阶的无穷小**，记作 $\beta=O(\alpha)$. 特殊地，当 $c=1$ 时，称 β 与 α 是**等价的无穷小**，记作 $\alpha\sim\beta$.

(3) 若 $\lim\dfrac{\beta}{\alpha^k}=c\neq 0$，$k>0$，则称 β 是关于 α 的 k **阶的无穷小**，记作 $\beta=O(\alpha^k)$.

3. 等价无穷小的性质

性质 1　设 α,β,γ 是同一变化过程中的无穷小，则

(1) 若 $\alpha\sim\beta$,则 $\beta\sim\alpha$;

(2) 若 $\alpha\sim\beta$,$\beta\sim\gamma$,则 $\alpha\sim\gamma$.

性质 2 设 $\alpha,\beta,\bar{\alpha}$ 和 $\bar{\beta}$ 是同一变化过程中的无穷小,且 $\alpha\sim\bar{\alpha}$,$\beta\sim\bar{\beta}$,$\lim\frac{\alpha}{\beta}$存在,则 $\lim\frac{\alpha}{\beta}=\lim\frac{\bar{\alpha}}{\beta}=\lim\frac{\alpha}{\bar{\beta}}=\lim\frac{\bar{\alpha}}{\bar{\beta}}$.

4. 无穷大的概念

如果在某个变化过程中,对于 $\forall M>0$,存在某个时刻,使得在该时刻以后恒有 $|Y|>M$ 成立,则称变量 Y 为**无穷大**(或**无穷大量**).记作 $\lim Y=\infty$ 或 $Y\to\infty$.具体地,有:

(1) $\lim\limits_{n\to\infty}u_n=\infty\Leftrightarrow\forall M>0$,$\exists$ 正整数 N,当 $n>N$ 时,恒有 $|u_n|>M$ 成立;

(2) $\lim\limits_{x\to\infty}f(x)=\infty\Leftrightarrow\forall M>0$,$\exists X_0>0$,当 $|x|>X_0$ 时,恒有 $|f(x)|>M$ 成立;

(3) $\lim\limits_{x\to x_0}f(x)=\infty\Leftrightarrow\forall M>0$,$\exists\delta>0$,当 $0<|x-x_0|<\delta$ 时,恒有 $|f(x)|>M$ 成立.

注 由于从本质上来讲,在相应的变化趋势下,无穷大的极限是不存在的,常用的极限运算法则不适用,因此无穷大的问题往往转化为无穷小来讨论.

5. 无穷小与无穷大的关系

在自变量的同一的变化趋势下,无穷小与无穷大有如下关系:若变量 Y 为无穷大,则 $\frac{1}{Y}$为无穷小;若变量 Y 为无穷小($Y\neq0$),则$\frac{1}{Y}$为无穷大.

1.1.8 极限的运算法则

1. 极限的四则运算法则

设极限 $\lim X$,$\lim Y$ 均存在,则

(1) $\lim(X\pm Y)$存在,且 $\lim(X\pm Y)=\lim X\pm\lim Y$;

(2) $\lim(X\cdot Y)$存在,且 $\lim(X\cdot Y)=\lim X\cdot\lim Y$;

(3) 若 $\lim Y\neq0$,则 $\lim\frac{X}{Y}$存在,且有 $\lim\frac{X}{Y}=\frac{\lim X}{\lim Y}$.

推论 1 若 $\lim X$ 存在,C 为常数,则 $\lim(CX)$存在,且 $\lim(C\cdot X)=C\cdot\lim X$.

推论 2 若 $\lim X$ 存在,k 为正整数,则 $\lim X^k$ 存在,且 $\lim(X^k)=(\lim X)^k$.

2. 复合函数的极限运算法则

设函数 $y=f[g(x)]$是由函数 $u=g(x)$与函数 $y=f(u)$复合而成,$y=f[g(x)]$在点 x_0 的某个去心邻域内有定义,若$\lim\limits_{x\to x_0}g(x)=u_0$,$\lim\limits_{u\to u_0}f(u)=A$,且 $g(x)$在 x_0 的某个去心邻域满足 $g(x)\neq u_0$,则

$$\lim_{x\to x_0}f[g(x)]=\lim_{u\to u_0}f(u)=A.$$

1.1.9　极限存在准则与两个重要极限

1. 夹逼定理

如果变量 X,Y,Z 满足 $X\leqslant Y\leqslant Z$，且 $\lim X=\lim Z=A$（A 为某常数），那么 $\lim Y$ 也存在且 $\lim Y=A$.

2. 单调有界准则

(1) 若数列$\{u_n\}$单调且有界，则极限$\lim\limits_{n\to\infty}u_n$ 一定存在.

(2) 设函数 $f(x)$在点 x_0 的某个左邻域内单调且有界，则左极限 $\lim\limits_{x\to x_0^-}f(x)$一定存在.

注　对于自变量不同的变化过程($x\to x_0^+,x\to+\infty,x\to-\infty$)，都有相应的单调有界准则.

*(3) [柯西(Cauchy)收敛准则]　数列$\{u_n\}$收敛的充分必要条件是：对于$\forall\varepsilon>0$，存在正整数 N，使得当 $m>N,n>N$ 时，有$|x_n-x_m|<\varepsilon$.

3. 数列与子数列的关系

从数列$\{u_n\}$中抽取无穷多项，在不改变原有次序的情况下构成的新数列称为数列$\{u_n\}$的**子数列**，简称**子列**. 记作$\{u_{n_k}\}$：$u_{n_1},u_{n_2},\cdots,u_{n_k},\cdots$. 其中 n_k 表示 u_{n_k} 在原数列$\{u_n\}$中的位置，k 表示 u_{n_k} 在子列中的位置.

数列$\{u_n\}$与子数列$\{u_{n_k}\}$之间的关系.

(1) $\lim\limits_{n\to\infty}u_n=A\Leftrightarrow$ 对$\{u_n\}$的任何子数列$\{u_{n_k}\}$有$\lim\limits_{k\to\infty}u_{n_k}=A$.

(2) $\lim\limits_{n\to\infty}u_n=A\Leftrightarrow$偶数子列$\{u_{2k}\}$和奇数子列$\{u_{2k+1}\}$满足$\lim\limits_{k\to\infty}u_{2k}=\lim\limits_{k\to\infty}u_{2k+1}=A$.

(3) 当$\{u_n\}$是单调数列时，$\lim\limits_{n\to\infty}u_n=A\Leftrightarrow$存在某个子数列$\{u_{n_k}\}$满足$\lim\limits_{k\to\infty}u_{n_k}=A$.

4. 海涅(Heine)定理

$\lim\limits_{x\to x_0}f(x)=A\Leftrightarrow$对任何数列$\{x_n\}$，$x_n\to x_0(n\to\infty)$，且 $x_n\neq x_0$，有

$$\lim_{n\to\infty}f(x_n)=A.$$

注　海涅定理给出了数列极限与函数极限之间的关系.

5. 两个重要公式

(1) $\lim\limits_{x\to0}\dfrac{\sin x}{x}=1$. 该极限属于$\dfrac{0}{0}$类型的未定式. 它可以推广到$\lim\limits_{\alpha\to0}\dfrac{\sin\alpha}{\alpha}=1$.

(2) $\lim\limits_{x\to\infty}\left(1+\dfrac{1}{x}\right)^x=\mathrm{e}$ 或者$\lim\limits_{x\to0}(1+x)^{\frac{1}{x}}=\mathrm{e}$. 该极限属于 1^∞ 类型的未定式. 它可以推广到$\lim\limits_{\alpha\to0}(1+\alpha)^{\frac{1}{\alpha}}=\mathrm{e}$.

1.1.10　函数的连续性

函数 $y=f(x)$在点 x_0 处连续的三个等价定义为：

(1) $\lim\limits_{x\to x_0} f(x)=f(x_0)$；

(2) $\lim\limits_{\Delta x\to 0}\Delta y=0$，其中 $\Delta y=f(x_0+\Delta x)-f(x_0)$；

(3) $\forall \varepsilon>0, \exists \delta>0$，当 $|x-x_0|<\delta$ 时，恒有 $|f(x)-f(x_0)|<\varepsilon$ 成立.

$y=f(x)$在某个区间内连续的定义.

如果函数 $y=f(x)$在区间(a,b)内每一点处都连续，则称 $y=f(x)$在(a,b)内连续；如果 $y=f(x)$在(a,b)内连续且在 a 处右连续，则称 $y=f(x)$在$[a,b)$上连续. 类似可以定义 $y=f(x)$在区间$(a,b]$和$[a,b]$上的连续性.

1.1.11 函数的间断点

1. 间断点的定义

若 $y=f(x)$在点 x_0 处出现如下三种情况之一，则称 x_0 为 $y=f(x)$的间断点。

(1) $y=f(x)$在点 x_0 处无定义；

(2) $y=f(x)$在点 x_0 处有定义，但$\lim\limits_{x\to x_0} f(x)$不存在；

(3) $y=f(x)$在点 x_0 处有定义，$\lim\limits_{x\to x_0} f(x)$存在，但$\lim\limits_{x\to x_0} f(x)\neq f(x_0)$.

2. 间断点的类型

设 x_0 是 $f(x)$的间断点，且 $\lim\limits_{x\to x_0^-} f(x)$和 $\lim\limits_{x\to x_0^+} f(x)$都存在，则称 x_0 为 $f(x)$的**第一类间断点**，其中：

(1) **可去间断点**：$\lim\limits_{x\to x_0^-} f(x)=\lim\limits_{x\to x_0^+} f(x)$；

(2) **跳跃间断点**：$\lim\limits_{x\to x_0^-} f(x)\neq\lim\limits_{x\to x_0^+} f(x)$.

设 x_0 是 $f(x)$的间断点，且 $\lim\limits_{x\to x_0^-} f(x)$和 $\lim\limits_{x\to x_0^+} f(x)$中至少有一个不存在，则称 x_0 为 $f(x)$的**第二类间断点**.

特殊地，若 $\lim\limits_{x\to x_0^-} f(x)$和 $\lim\limits_{x\to x_0^+} f(x)$中至少有一个为$\infty$，则称 x_0 为**无穷间断点**. 例如 $x=0$ 是 $f(x)=e^{\frac{1}{x}}$ 的第二类间断点中的无穷间断点.

1.1.12 连续函数的性质

1. 连续函数的四则运算

若函数 $f(x), g(x)$都在点 x_0 处连续，则 $f(x)\pm g(x), f(x)g(x), \dfrac{f(x)}{g(x)}[g(x_0)\neq 0]$ 在点 x_0 处也连续.

2. 复合函数的连续性

若 $y=f(u)$在点 u_0 处连续，$u=g(x)$在点 x_0 处连续且 $u_0=g(x_0)$，则 $y=f[g(x)]$在

点 x_0 处连续.

3. 反函数的连续性

若 $y=f(x)$ 在区间 $[a,b]$ 上单调、连续，则其反函数在相应的定义区间上单调、连续.

4. 初等函数的连续型

初等函数在其定义区间内都是连续的，所谓的定义区间指的是包含在定义域内的区间.

1.1.13　闭区间上连续函数的性质

1. 有界性定理

如果函数 $f(x)$ 在闭区间 $[a,b]$ 上连续，则 $f(x)$ 一定在 $[a,b]$ 上有界，即 $\exists M>0$，对于 $\forall x\in[a,b]$，都有 $|f(x)|\leqslant M$.

2. 最值定理

如果函数 $f(x)$ 在 $[a,b]$ 上连续，则 $f(x)$ 在 $[a,b]$ 上一定存在最大值和最小值.

3. 介值定理

如果函数 $f(x)$ 在 $[a,b]$ 上连续，m 和 M 分别为 $f(x)$ 在 $[a,b]$ 上的最小值和最大值，且 $M>m$，则对介于 m 与 M 之间的任一数 C，即 $m<C<M$，则至少存在一点 $\xi\in(a,b)$ 使得 $f(\xi)=C$.

注　定理中的条件如果改为 $m\leqslant C\leqslant M$，则至少存在一点 $\xi\in[a,b]$，使得 $f(\xi)=C$.

4. 零点存在定理

如果 $f(x)$ 在 $[a,b]$ 上连续，且 $f(a)f(b)<0$，则至少存在一点 $\xi\in(a,b)$，使得 $f(\xi)=0$.

1.1.14　一些重要的结论

(1) $\lim\limits_{x\to\infty}f(x)=A\Leftrightarrow\lim\limits_{x\to+\infty}f(x)=\lim\limits_{x\to-\infty}f(x)=A$.

(2) $\lim\limits_{x\to x_0}f(x)=A\Leftrightarrow\lim\limits_{x\to x_0^-}f(x)=\lim\limits_{x\to x_0^+}f(x)=A$.

(3) $\lim\limits_{n\to\infty}a^n=\begin{cases}0, & |a|<1,\\ 1, & a=1,\\ \text{不存在}, & \text{其他}.\end{cases}$

(4) $\lim\limits_{x\to\infty}\dfrac{a_nx^n+a_{n-1}x^{n-1}+\cdots+a_1x+a_0}{b_mx^m+b_{m-1}x^{m-1}+\cdots+b_1x+b_0}=\begin{cases}0, & n<m,\\ \dfrac{a_n}{b_m}, & n=m,\\ \infty, & n>m.\end{cases}$ 其中 $a_n\neq0,b_m\neq0$.

1.1.15 一些常用的公式

1. 两角和、两角差公式

$\sin(x+y)=\sin x\cos y+\cos x\sin y$;

$\sin(x-y)=\sin x\cos y-\cos x\sin y$;

$\cos(x+y)=\cos x\cos y-\sin x\sin y$;

$\cos(x-y)=\cos x\cos y+\sin x\sin y$.

2. 和差化积公式

$$\sin x+\sin y=2\sin\frac{x+y}{2}\cos\frac{x-y}{2};$$

$$\sin x-\sin y=2\cos\frac{x+y}{2}\sin\frac{x-y}{2};$$

$$\cos x+\cos y=2\cos\frac{x+y}{2}\cos\frac{x-y}{2};$$

$$\cos x-\cos y=-2\sin\frac{x+y}{2}\sin\frac{x-y}{2}.$$

3. 积化和差公式

$$\sin x\sin y=-\frac{1}{2}[\cos(x+y)-\cos(x-y)];$$

$$\cos x\cos y=\frac{1}{2}[\cos(x+y)+\cos(x-y)];$$

$$\sin x\cos y=\frac{1}{2}[\sin(x+y)+\sin(x-y)].$$

4. 倍角公式

$$\sin(2x)=2\sin x\cos x=\frac{2\tan x}{1+\tan^2 x};$$

$$\cos(2x)=\cos^2 x-\sin^2 x=1-2\sin^2 x=\frac{1-\tan^2 x}{1+\tan^2 x};$$

$$\tan(2x)=\frac{2\tan x}{1-\tan^2 x}.$$

5. 半角公式

$$\sin^2\frac{x}{2}=\frac{1-\cos x}{2};\qquad \cos^2\frac{x}{2}=\frac{1+\cos x}{2}.$$

6. 某些级数的部分和

$$1+2+\cdots+n=\frac{1}{2}n(n+1);$$

$1^2+2^2+\cdots+n^2=\frac{1}{6}n(n+1)(2n+1)$；

$1^3+2^3+\cdots+n^3=\frac{1}{4}n^2(n+1)^2$.

7. 乘法与因式分解公式

$(a+b)^3=a^3+3a^2b+3ab^2+b^3$；

$(a-b)^3=a^3-3a^2b+3ab^2-b^3$；

$a^3-b^3=(a-b)(a^2+ab+b^2)$；

$a^3+b^3=(a+b)(a^2-ab+b^2)$；

$a^n-b^n=(a-b)(a^{n-1}+a^{n-2}b+\cdots+ab^{n-2}+b^{n-1})$，其中 n 为正整数；

$(a+b)^n=\sum\limits_{k=0}^{n}C_n^ka^{n-k}b^k=a^n+C_n^1a^{n-1}b+C_n^2a^{n-2}b^2+\cdots+C_n^{n-1}ab^{n-1}+C_n^nb^n$，

其中 $C_n^0=1,C_n^k=\frac{P_n^k}{P_k^k}=\frac{n(n-1)\cdots(n-k+1)}{k!}=\frac{n!}{k!\,(n-k)!}$.

8. 对数公式

$\log_a(xy)=\log_a x+\log_a y$；　$\log_a\frac{x}{y}=\log_a x-\log_a y$；

$\log_a x^b=b\log_a x$；　$\log_a x=\frac{\log_c x}{\log_c a}$；

$a^{\log_a x}=x$，其中 $a>0,a\neq1,c>0,c\neq1,x>0,y>0$.

9. 常见的等价无穷小公式

当 $x\to0$ 时，有：

(1) $\sin x\sim x$；

(2) $\arcsin x\sim x$；

(3) $\tan x\sim x$；

(4) $\arctan x\sim x$；

(5) $1-\cos x\sim\frac{1}{2}x^2$；

(6) $\tan x-\sin x\sim\frac{1}{2}x^3$；

(7) $\log_a(1+x)\sim\frac{x}{\ln a}(a>0,a\neq1)$；

(8) $\ln(1+x)\sim x$，为式(7)的特殊情况；

(9) $a^x-1\sim x\ln a(a>0,a\neq1)$；

(10) $e^x-1\sim x$，为式(9)的特殊情况；

(11) $(1+x)^\alpha-1\sim\alpha x$；

(12) $\sqrt[n]{1+x}-1\sim\frac{x}{n}$，为式(11)的特殊情况；

(13) $\sqrt{1+x}-1\sim\frac{x}{2}$，为式(11)的特殊情况.

1.2 典型例题分析

1.2.1 题型一　函数定义域的求解

例 1.1　求函数 $y=\frac{1}{x}-\sqrt{x^2-4}$ 的定义域.

解 由题意,$x\neq0$,且 $x^2-4\geqslant0$,解不等式得$|x|\geqslant2$. 所以函数的定义域为

$$D_f=(-\infty,-2]\cup[2,+\infty).$$

例 1.2 设 $f(x)=\dfrac{\ln(4-x)}{x-3}+\arcsin\dfrac{5-2\sqrt{x}}{7}$,试求函数 $f(x)$的定义域.

解 由题意,自变量 x 应满足

$$4-x>0,\quad x-3\neq0,\quad -1\leqslant\frac{5-2\sqrt{x}}{7}\leqslant1,\quad x\geqslant0,$$

解得 $0\leqslant x<4$,且 $x\neq3$,从而函数 $f(x)$的定义域为 $D_f=[0,3)\cup(3,4)$.

例 1.3 设函数 $y=f(x)$的定义域为$[0,6]$,求 $f(x+2)+f(x-2)$的定义域.

解 由于 $f(x)$的定义域为$[0,6]$,因此 $f(x+2)$的定义域为 $0\leqslant x+2\leqslant6$,即 $x\in[-2,4]$; $f(x-2)$的定义域为 $0\leqslant x-2\leqslant6$,即 $x\in[2,8]$; 所以 $f(x+2)+f(x-2)$的定义域为$[2,4]$.

1.2.2 题型二 函数表达式的求解

例 1.4 设 $f(x)+2f\left(\dfrac{1}{x}\right)=1-x$,且 $x\neq0$,求 $f(x)$的表达式.

解 利用函数表示法的无关特性,令$\dfrac{1}{x}=t$,则有 $f\left(\dfrac{1}{t}\right)+2f(t)=1-\dfrac{1}{t}$,联立方程组

$$\begin{cases}f(x)+2f\left(\dfrac{1}{x}\right)=1-x,\\ f\left(\dfrac{1}{x}\right)+2f(x)=1-\dfrac{1}{x}.\end{cases}$$

从而有

$$f(x)=\frac{1}{3}-\frac{2}{3x}+\frac{x}{3}.$$

例 1.5 已知 $f\left(\dfrac{1}{x}-x\right)=x^2+\dfrac{1}{x^2}+2$,$x\neq0$,试求 $f(x)$的表达式.

解 由于

$$f\left(\frac{1}{x}-x\right)=x^2+\frac{1}{x^2}+2=\left(\frac{1}{x}-x\right)^2+4,$$

令 $t=\dfrac{1}{x}-x$,则 $f(t)=t^2+4$,从而 $f(x)=x^2+4$.

1.2.3 题型三 反函数的求解

例 1.6 求 $y=\dfrac{e^x-e^{-x}}{2}$的反函数.

解 令 $e^x=t$,则 $x=\ln t$,$t>0$,则有 $y=\dfrac{t-t^{-1}}{2}$,从而

$$t^2-2yt-1=0,$$

求解一元二次方程可得 $t=y\pm\sqrt{y^2+1}$,舍去负根,有 $t=y+\sqrt{y^2+1}$,即有 $e^x=y+$

$\sqrt{y^2+1}$,因此 $y=\dfrac{e^x-e^{-x}}{2}$ 的反函数为 $y=\ln(x+\sqrt{x^2+1})$.

例 1.7　求函数 $y=\begin{cases}2x-4, & x\leqslant 0\\ \ln(x+1), & x>0\end{cases}$ 的反函数.

解　当 $x\leqslant 0$ 时,$y=2x-4$,从而 $x=\dfrac{1}{2}y+2$,$y\leqslant -4$;当 $x>0$ 时,$y=\ln(x+1)$,$x=e^y-1$,$y>0$.因此反函数为

$$y=\begin{cases}\dfrac{1}{2}x+2, & x\leqslant -4\\ e^x-1, & x>0\end{cases}.$$

1.2.4　题型四　复合函数的求解

例 1.8　已知 $y=f(x)=\begin{cases}1, & |x|\leqslant 1\\ 0, & x>1\end{cases}$,求 $f\{f[f(x)]\}$.

解　由于 $f[f(x)]=\begin{cases}1, & |f(x)|\leqslant 1\\ 0, & |f(x)|>1\end{cases}$,所以 $f\{f[f(x)]\}=1$.

**例 1.9　$f(x)=\begin{cases}e^x, & x<1\\ x, & x\geqslant 1\end{cases}$,$g(x)=\begin{cases}x+3, & x<0\\ x-2, & x\geqslant 0\end{cases}$,求 $f[g(x)]$.

解　由题意,$f[g(x)]=\begin{cases}e^{g(x)}, & g(x)<1\\ g(x), & g(x)\geqslant 1\end{cases}$.下面进行分类讨论.

(1) 当 $g(x)<1$ 时,则

$$\begin{cases}g(x)=x+3<1,\\ x<0,\end{cases}\quad \text{或} \quad \begin{cases}g(x)=x-2<1,\\ x\geqslant 0,\end{cases}$$

从而有 $x<-2$ 或 $0\leqslant x<3$.

(2) 当 $g(x)\geqslant 1$ 时,则

$$\begin{cases}g(x)=x+3\geqslant 1,\\ x<0,\end{cases}\quad \text{或} \quad \begin{cases}g(x)=x-2\geqslant 1,\\ x\geqslant 0,\end{cases}$$

从而有 $-2\leqslant x<0$ 或 $x\geqslant 3$.

综上所述

$$f[g(x)]=\begin{cases}e^{x+3}, & x<-2,\\ x+3, & -2\leqslant x<0,\\ e^{x-2}, & 0\leqslant x<3,\\ x-2, & x\geqslant 3.\end{cases}$$

1.2.5　题型五　函数的四种基本特性

例 1.10　设对于任意的 $x\in\mathbf{R}$ 有 $f\left(\dfrac{1}{2}+x\right)=\dfrac{1}{2}+\sqrt{f(x)-f^2(x)}$,试求 $f(x)$ 的

周期.

解 由题意可知,对于任意的 $x\in\mathbf{R}$ 有 $f\left(\frac{1}{2}+x\right)\geqslant\frac{1}{2}$,从而对于任意的 $x\in\mathbf{R}$ 有 $f(x)\geqslant\frac{1}{2}$. 又因为

$$f\left[\frac{1}{2}+\left(\frac{1}{2}+x\right)\right]=\frac{1}{2}+\sqrt{f\left(\frac{1}{2}+x\right)-f^2\left(\frac{1}{2}+x\right)}=\frac{1}{2}+\sqrt{\frac{1}{4}-f(x)+f^2(x)},$$

因此有

$$f(x+1)=\frac{1}{2}+\left[f(x)-\frac{1}{2}\right]=f(x),$$

故 $f(x)$的周期为 1.

例 1.11 对于任意的 $x,y\in R$,函数 $f(x)$满足 $f(x+y)=f(x)+f(y)$,试讨论 $f(x)$ 的奇偶性.

解 取 $y=0$,则有 $f(x+0)=f(x)+f(0)$,因此有 $f(0)=0$; 取 $y=-x$,则有

$$f(x-x)=f(x)+f(-x),$$

因此有 $f(-x)=-f(x)$,故 $f(x)$为奇函数.

例 1.12 设 $f(x)=\begin{cases}x+5, & x<1,\\ 2-3x, & x>1,\end{cases}$ 试讨论函数 $g(x)=\frac{1}{2}[f(x)-f(-x)]$的奇偶性.

解 由题意,函数 $g(x)$的定义域为$\{x\,|\,x\in\mathbf{R},x\neq1,x\neq-1\}$,定义域关于 $x=0$ 对称,又因为

$$g(-x)=\frac{1}{2}[f(-x)-f(x)]=-g(x),$$

因此函数 $g(x)$为奇函数.

注 类似方法可以证明函数$\frac{1}{2}[f(x)+f(-x)]$为偶函数,且奇偶性与函数 $f(x)$的具体表达式没有关系.

例 1.13 设 $f(x)$在$[a,b]$和$[b,c]$上单调递增,证明 $f(x)$在$[a,c]$上单调递增.

证 设 $x_1<x_2$ 为$[a,c]$上的任意两点.

(1) 若 $x_1,x_2\in[a,b]$,结论成立;

(2) 若 $x_1,x_2\in[b,c]$,结论成立;

(3) 若 $x_1\in[a,b]$,$x_2\in[b,c]$,则 x_1,x_2 不能同时等于 b,从而 $f(x_1)\leqslant f(b)\leqslant f(x_2)$,且等号不能同时成立,因此有 $f(x_1)<f(x_2)$,结论成立.

例 1.14 证明函数 $y=\frac{x}{1+x^2}$在$(-\infty,+\infty)$内有界.

解 对 $\forall x\in(-\infty,+\infty)$,都有$|x|\leqslant\frac{1}{2}(1+x^2)$,因此

$$\left|\frac{x}{1+x^2}\right|\leqslant\frac{1}{2},$$

故函数 $y=\frac{x}{1+x^2}$ 在 $(-\infty,+\infty)$ 内有界.

例 1.15　证明函数 $y=x\sin x$ 在 $(0,+\infty)$ 上无界.

证　利用反证法.

假设 $y=x\sin x$ 在 $(0,+\infty)$ 上有界，则存在 $M>0$，使得对 $\forall x\in(0,+\infty)$，有

$$|x\sin x|<M,$$

取 $x=2n\pi+\frac{\pi}{2}$，从而有

$$|x\sin x|=2n\pi+\frac{\pi}{2}<M,$$

显然当 n 足够大时，上式不成立，因此假设不成立，从而函数 $y=x\sin x$ 在 $(0,+\infty)$ 上无界.

1.2.6　题型六　利用分析定义证明函数的极限

例 1.16　利用分析定义证明 $\lim\limits_{n\to\infty}\frac{2n+(-1)^n}{n}=2$ 成立.

证　对于 $\forall\varepsilon>0$，要使得

$$\left|\frac{2n+(-1)^n}{n}-2\right|=\frac{1}{n}<\varepsilon$$

成立，只需 $n>\frac{1}{\varepsilon}$ 成立，取 $N=\left[\frac{1}{\varepsilon}\right]$，则当 $n>N$ 时，恒有

$$\left|\frac{2n+(-1)^n}{n}-2\right|<\varepsilon$$

成立，根据数列极限的定义有 $\lim\limits_{n\to\infty}\frac{2n+(-1)^n}{n}=2$.

*__例 1.17__　用分析定义证明 $\lim\limits_{x\to1}\frac{x-2}{x^2+3}=-\frac{1}{4}$.

证　对于 $\forall\varepsilon>0$，考察 $\left|\frac{x-2}{x^2+3}-\left(-\frac{1}{4}\right)\right|=\frac{|(x-1)(x+5)|}{4(x^2+3)}$，由于 $x\to1$，因此不妨设 $|x-1|<1$，即 $0<x<2$，所以有

$$\left|\frac{x-2}{x^2+3}-\left(-\frac{1}{4}\right)\right|<\frac{7}{12}|x-1|<|x-1|,$$

因此使得 $\left|\frac{x-2}{x^2+3}-\left(-\frac{1}{4}\right)\right|<\varepsilon$，只需使得 $|x-1|<\varepsilon$ 即可，取 $\delta=min\{1,\varepsilon\}$，则当 $0<|x-1|<\delta$ 时，有

$$\left|\frac{x-2}{x^2+3}-\left(-\frac{1}{4}\right)\right|<\varepsilon$$

成立，故

$$\lim_{x\to1}\frac{x-2}{x^2+3}=-\frac{1}{4}.$$

1.2.7　题型七　利用极限的四则运算法则求极限

例 1.18　求下列函数的极限：

(1) $\lim\limits_{n\to\infty}\dfrac{3n^3+2n+1}{2n^3+(-1)^n}$;　　(2) $\lim\limits_{x\to\infty}\dfrac{(4x+5)^{10}(3x-1)^5}{(2x+3)^{15}}$;

(3) $\lim\limits_{x\to+\infty}\dfrac{2x-\arctan x}{3x+\arctan x}$;　　(4) $\lim\limits_{n\to\infty}\dfrac{2^n+3^n}{2^{n+1}+3^{n+1}}$.

解 (1) 原式$=\lim\limits_{n\to\infty}\dfrac{3+\dfrac{2}{n^2}+\dfrac{1}{n^3}}{2+\dfrac{1}{n^3}(-1)^n}=\dfrac{3}{2}$;

(2) 原式$=\lim\limits_{x\to\infty}\dfrac{\dfrac{(4x+5)^{10}}{x^{10}}\cdot\dfrac{(3x-1)^5}{x^5}}{\dfrac{(2x+3)^{15}}{x^{15}}}=\lim\limits_{x\to\infty}\dfrac{\left(4+\dfrac{5}{x}\right)^{10}\left(3-\dfrac{1}{x}\right)^5}{\left(2+\dfrac{3}{x}\right)^{15}}=\dfrac{4^{10}\cdot 3^5}{2^{15}}=6^5$;

(3) 原式$=\lim\limits_{x\to+\infty}\dfrac{2-\dfrac{1}{x}\arctan x}{3+\dfrac{1}{x}\arctan x}=\dfrac{2}{3}$;

(4) 原式$=\lim\limits_{n\to\infty}\dfrac{\left(\dfrac{2}{3}\right)^n+1}{2\cdot\left(\dfrac{2}{3}\right)^n+3}=\dfrac{1}{3}$.

例 1.19 求下列函数的极限:

(1) $\lim\limits_{x\to1}\left(\dfrac{1}{x-1}+\dfrac{x-4}{x^3-1}\right)$;　　(2) $\lim\limits_{x\to2}\dfrac{\sqrt{2+x}-\sqrt{6-x}}{x^2-3x+2}$.

解 (1) 原式$=\lim\limits_{x\to1}\dfrac{(x^2+x+1)+(x-4)}{(x-1)(x^2+x+1)}=\lim\limits_{x\to1}\dfrac{x^2+2x-3}{(x-1)(x^2+x+1)}$

$=\lim\limits_{x\to1}\dfrac{(x-1)(x+3)}{(x-1)(x^2+x+1)}=\lim\limits_{x\to1}\dfrac{x+3}{x^2+x+1}=\dfrac{4}{3}$.

(2) 原式$=\lim\limits_{x\to2}\dfrac{\sqrt{2+x}-\sqrt{6-x}}{(x-1)(x-2)}=\lim\limits_{x\to2}\dfrac{2(x-2)}{(\sqrt{2+x}+\sqrt{6-x})(x-1)(x-2)}$

$=\lim\limits_{x\to2}\dfrac{2}{(\sqrt{2+x}+\sqrt{6-x})(x-1)}=\dfrac{1}{2}$.

1.2.8 题型八 利用两个重要极限求极限

例 1.20 求极限$\lim\limits_{x\to0}\dfrac{x+\sin x}{2x+\sin(2x)}$.

解 原式$=\lim\limits_{x\to0}\dfrac{1+\dfrac{\sin x}{x}}{2+2\cdot\dfrac{\sin(2x)}{2x}}=\dfrac{1+1}{2+2}=\dfrac{1}{2}$.

例 1.21 求极限$\lim\limits_{x\to0}\dfrac{\cos(2nx)-\cos(nx)}{x^2}$,其中 n 为正整数.

解 原式$=\lim\limits_{x\to0}\dfrac{[1-\cos(nx)]-[1-\cos(2nx)]}{x^2}=\lim\limits_{x\to0}\dfrac{1-\cos(nx)}{x^2}-\lim\limits_{x\to0}\dfrac{1-\cos(2nx)}{x^2}$

$$=\lim_{x\to 0}\frac{2\sin^2\frac{nx}{2}}{x^2}-\lim_{x\to 0}\frac{2\sin^2(nx)}{x^2}=\lim_{x\to 0}\frac{2\sin^2\frac{nx}{2}}{\frac{4}{n^2}\cdot\left(\frac{nx}{2}\right)^2}-\lim_{x\to 0}\frac{2n^2\sin^2(nx)}{(nx)^2}$$

$$=\frac{n^2}{2}-2n^2=-\frac{3}{2}n^2.$$

例 1.22　求极限 $\lim\limits_{x\to 0}[1+\ln(1+x)]^{\frac{2}{x}}$.

解　$\lim\limits_{x\to 0}[1+\ln(1+x)]^{\frac{2}{x}}=\lim\limits_{x\to 0}[1+\ln(1+x)]^{\frac{1}{\ln(1+x)}\cdot\frac{2\ln(1+x)}{x}}=e^2$.

1.2.9　题型九　利用等价无穷小替换求极限

例 1.23　求极限 $\lim\limits_{x\to 0}\frac{\sin(x^n)}{\sin^m x}$，其中 m,n 为自然数.

解　$$\lim_{x\to 0}\frac{\sin(x^n)}{\sin^m x}=\lim_{x\to 0}\frac{x^n}{x^m}=\begin{cases}\infty, & n<m,\\ 1, & n=m,\\ 0, & n>m.\end{cases}$$

例 1.24　求极限 $\lim\limits_{x\to 0}\frac{\sqrt{1+\tan x}-\sqrt{1-\tan x}}{\tan(2x)}$.

解　$$\text{原式}=\lim_{x\to 0}\frac{2\tan x}{\tan(2x)(\sqrt{1+\tan x}+\sqrt{1-\tan x})}$$

$$=\lim_{x\to 0}\frac{2x}{2x(\sqrt{1+\tan x}+\sqrt{1-\tan x})}=\frac{1}{2}.$$

例 1.25　求极限 $\lim\limits_{x\to 0}\left(\frac{a^x+b^x+c^x}{3}\right)^{\frac{1}{x}}$，其中 a,b,c 均为正数.

解　$$\lim_{x\to 0}\left(\frac{a^x+b^x+c^x}{3}\right)^{\frac{1}{x}}=\lim_{x\to 0}\exp\left\{\frac{\ln\left(\frac{a^x+b^x+c^x}{3}\right)}{x}\right\},$$

又因为

$$\lim_{x\to 0}\frac{\ln\left(\frac{a^x+b^x+c^x}{3}\right)}{x}=\lim_{x\to 0}\frac{\ln\left(1+\frac{a^x+b^x+c^x-3}{3}\right)}{x}=\lim_{x\to 0}\frac{a^x+b^x+c^x-3}{3x}$$

$$=\frac{1}{3}\left(\lim_{x\to 0}\frac{a^x-1}{x}+\lim_{x\to 0}\frac{b^x-1}{x}+\lim_{x\to 0}\frac{c^x-1}{x}\right)$$

$$=\frac{1}{3}\left(\lim_{x\to 0}\frac{x\ln a}{x}+\lim_{x\to 0}\frac{x\ln b}{x}+\lim_{x\to 0}\frac{x\ln c}{x}\right)$$

$$=\frac{1}{3}(\ln a+\ln b+\ln c)=\frac{1}{3}\ln(abc),$$

所以

$$\lim_{x\to 0}\left(\frac{a^x+b^x+c^x}{3}\right)^{\frac{1}{x}}=e^{\frac{1}{3}\ln(abc)}=\sqrt[3]{abc}.$$

例 1.26 【2003(1)】[1]求极限$\lim\limits_{x\to 0}(\cos x)^{\frac{1}{\ln(1+x^2)}}$.

解 利用第二个重要极限,有

$$原式=\lim_{x\to 0}[1+(\cos x-1)]^{\frac{1}{\cos x-1}\cdot\frac{\cos x-1}{\ln(1+x^2)}},$$

又因为

$$\lim_{x\to 0}\frac{\cos x-1}{\ln(1+x^2)}=\lim_{x\to 0}\frac{-\frac{1}{2}x^2}{x^2}=-\frac{1}{2},$$

所以原式$=e^{-\frac{1}{2}}$.

1.2.10 题型十 证明极限不存在

例 1.27 求极限$\lim\limits_{x\to\infty}\frac{2^x-2^{-x}}{2^x+2^{-x}}$.

解 由于

$$\lim_{x\to+\infty}\frac{2^x-2^{-x}}{2^x+2^{-x}}=\lim_{x\to+\infty}\frac{1-2^{-2x}}{1+2^{-2x}}=1,\quad \lim_{x\to-\infty}\frac{2^x-2^{-x}}{2^x+2^{-x}}=\lim_{x\to-\infty}\frac{2^{2x}-1}{2^{2x}+1}=-1,$$

左右极限存在,但不相等,因此极限$\lim\limits_{x\to\infty}\frac{2^x-2^{-x}}{2^x+2^{-x}}$不存在.

***例 1.28** 证明$\lim\limits_{x\to 0}\sin\frac{1}{x}$不存在.

证 取两个子数列

$$\{x_n^{(1)}\}=\left\{\frac{1}{2n\pi+\frac{\pi}{2}}\right\}和\{x_n^{(2)}\}=\left\{\frac{1}{n\pi}\right\},$$

显然满足

$$x_n^{(1)}\neq 0,\lim_{n\to\infty}x_n^{(1)}=0;\quad x_n^{(2)}\neq 0,\lim_{n\to\infty}x_n^{(2)}=0,$$

但是

$$\sin\frac{1}{x_n^{(1)}}=\sin\left(2n\pi+\frac{\pi}{2}\right)=1,\quad \lim_{n\to\infty}\sin\frac{1}{x_n^{(1)}}=1,$$

$$\sin\frac{1}{x_n^{(2)}}=\sin(n\pi)=0,\quad \lim_{n\to\infty}\sin\frac{1}{x_n^{(2)}}=0,$$

由海涅定理可知,极限$\lim\limits_{x\to 0}\sin\frac{1}{x}$不存在.

1.2.11 题型十一 利用极限的存在准则求极限

例 1.29 设$x_1=10$,$x_{n+1}=\sqrt{6+x_n}$,$n=1,2,\cdots$,问数列$\{x_n\}$的极限是否存在,若存在,求其值.

解 由$x_1=10$及$x_2=\sqrt{6+x_1}=4$,知$x_1>x_2$.假设对正整数k,有$x_k>x_{k+1}$,则有

---

[1] 【2003(1)】表示该题是2003年硕士研究生入学考试数学一考题,后文类同.

$$x_{k+1}=\sqrt{6+x_k}>\sqrt{6+x_{k+1}}=x_{k+2},$$

由归纳法知对一切正整数 n 都有 $x_n>x_{n+1}$，即 $\{x_n\}$ 为单调递减数列，又因为 $x_n>0$，即 $\{x_n\}$ 有下界，因此 $\lim\limits_{n\to\infty}x_n$ 存在.

不妨设 $\lim\limits_{n\to\infty}x_n=A$，则有

$$A=\sqrt{6+A},\quad A>0,$$

所以 $A=3$.

例 1.30　求极限 $\lim\limits_{n\to\infty}\left(\frac{1}{n+1}+\frac{1}{(n^2+1)^{\frac{1}{2}}}+\cdots+\frac{1}{(n^n+1)^{\frac{1}{n}}}\right)$.

解　由于

$$\frac{1}{n+1}\cdot n\leqslant\left(\frac{1}{n+1}+\frac{1}{(n^2+1)^{\frac{1}{2}}}+\cdots+\frac{1}{(n^n+1)^{\frac{1}{n}}}\right)<\frac{1}{n}\cdot n=1,$$

且 $\lim\limits_{n\to\infty}\frac{n}{n+1}=1$，由夹逼定理可知，原式 $=1$.

例 1.31　求极限 $\lim\limits_{n\to\infty}(1+2^n+3^n+4^n)^{\frac{1}{n}}$.

解　由于

$$4=(4^n)^{\frac{1}{n}}\leqslant(1+2^n+3^n+4^n)^{\frac{1}{n}}\leqslant4^{\frac{1}{n}}\cdot4,$$

且 $\lim\limits_{n\to\infty}4\cdot4^{\frac{1}{n}}=4$，由夹逼定理可得

$$\lim_{n\to\infty}(1+2^n+3^n+4^n)^{\frac{1}{n}}=4.$$

注　本例题的结论可以推广到一般情况，例如求极限

$$\lim_{n\to\infty}(a_1^n+a_2^n+\cdots+a_K^n)^{\frac{1}{n}},$$

其中 K 为某个正整数，$a_i>0,i=1,\cdots,K$. 则

$$\lim_{n\to\infty}(a_1^n+a_2^n+\cdots+a_K^n)^{\frac{1}{n}}=\max\{a_1,a_2,\cdots,a_K\}.$$

例 1.32　求极限 $\lim\limits_{n\to\infty}(1+x^n)^{\frac{1}{n}}$，其中 $x>0$.

解　利用例 1.31 的结论. 当 $0<x<1$ 时，原式 $=1$；当 $x=1$ 时，原式 $=1$；当 $x>1$ 时，原式 $=x$. 因此

$$原式=\begin{cases}1, & 0<x\leqslant1,\\ x & x>1.\end{cases}$$

1.2.12　题型十二　利用极限的性质求参数值或函数的表达式

例 1.33　已知 $\lim\limits_{x\to\infty}\left(\frac{x^2+1}{x+1}-ax-b\right)=0$，求 a 和 b 的值.

解　由于

$$\lim_{x\to\infty}\left(\frac{x^2+1}{x+1}-ax-b\right)=\lim_{x\to\infty}\frac{(1-a)x^2-(a+b)x+1-b}{x+1}=0,$$

所以 $\begin{cases}1-a=0\\ a+b=0\end{cases}$，因此 $a=1,b=-1$.

例 1.34 已知$\lim\limits_{x\to 2}\frac{x^2+ax+b}{x^2-3x+2}=6$,求实数 a 和 b 的值.

解 因为$\lim\limits_{x\to 2}(x^2-3x+2)=0$,所以$\lim\limits_{x\to 2}(x^2+ax+b)=0$,令

$$x^2+ax+b=(x-2)(x+k),$$

则

$$\lim_{x\to 2}\frac{x^2+ax+b}{x^2-3x+2}=\lim_{x\to 2}\frac{(x-2)(x+k)}{(x-2)(x-1)}=2+k=6,$$

所以 $k=4$,从而 $a=2,b=-8$.

例 1.35 已知 $f(x)=x^3+\frac{\sin x}{x}+2\tan\left(x-\frac{\pi}{4}\right)\lim\limits_{x\to 0}f(x)$,求 $f(x)$的表达式.

解 令$\lim\limits_{x\to 0}f(x)=A$,则

$$f(x)=x^3+\frac{\sin x}{x}+2A\tan\left(x-\frac{\pi}{4}\right),$$

从而

$$\lim_{x\to 0}f(x)=\lim_{x\to 0}x^3+\lim_{x\to 0}\frac{\sin x}{x}+\lim_{x\to 0}2A\tan\left(x-\frac{\pi}{4}\right),$$

即有 $A=1+2A\cdot(-1)$,$A=\frac{1}{3}$,因此有

$$f(x)=x^3+\frac{\sin x}{x}+\frac{2}{3}\tan\left(x-\frac{\pi}{4}\right).$$

1.2.13 题型十三 函数的连续性问题

例 1.36 讨论函数 $f(x)=\lim\limits_{n\to\infty}\frac{1+x}{1+x^{2n}}$的连续性.

解 当$|x|<1$时,$f(x)=1+x$;当$|x|=1$时,$f(x)=\frac{1+x}{2}$;当$|x|>1$时,$f(x)=0$.

从而

$$f(x)=\begin{cases}0, & x\leqslant -1,\\ 1+x, & -1<x<1,\\ 1, & x=1,\\ 0, & x>1.\end{cases}$$

因为 $\lim\limits_{x\to -1^+}f(x)=\lim\limits_{x\to -1^-}f(x)=f(-1)=0$,所以 $x=-1$ 为函数 $f(x)$的连续点. 又因为 $\lim\limits_{x\to 1^+}f(x)=0$,$f(1)=1$,所以 $x=1$ 为函数 $f(x)$的间断点,综上函数 $f(x)$在$(-\infty,1)\cup(1,+\infty)$内连续.

例 1.37 讨论下列函数的间断点及其类型:

(1) $f(x)=\frac{\tan x}{x}$;

(2) $f(x)=\begin{cases}\frac{\ln(1-x^2)}{x\sin x}, & x\neq 0,\\ 0, & x=0;\end{cases}$

(3) $f(x)=\dfrac{\arctan x}{|x(x-1)|}$.

解　(1) 当 $x=0,x=k\pi+\dfrac{\pi}{2}(k=0,\pm1,\cdots)$时 $f(x)$没有定义,所以

$$x=k\pi+\frac{\pi}{2}(k=0,\pm1,\cdots),\quad x=0$$

都是 $f(x)$的间断点;因为$\lim\limits_{x\to0}f(x)=\lim\limits_{x\to0}\dfrac{\tan x}{x}=1$,所以 $x=0$ 为 $f(x)$的第一类间断点中的可去间断点.因为

$$\lim_{x\to\left(k\pi+\frac{\pi}{2}\right)^-}f(x)=\lim_{x\to\left(k\pi+\frac{\pi}{2}\right)^-}\frac{\tan x}{x}=\infty,$$

所以 $x=k\pi+\dfrac{\pi}{2}(k=0,\pm1,\cdots)$为 $f(x)$的第二类间断点中的无穷间断点.

(2) 因为

$$\lim_{x\to0}f(x)=\lim_{x\to0}\frac{\ln(1-x^2)}{x\sin x}=\lim_{x\to0}\frac{-x^2}{x^2}=-1,\quad f(0)=0,$$

所以 $x=0$ 为 $f(x)$的第一类间断点中的可去间断点.

(3) 显然 $x=0$ 和 $x=1$ 是 $f(x)$的间断点.因为

$$\lim_{x\to0^+}f(x)=\lim_{x\to0^+}\frac{\arctan x}{x(1-x)}=\lim_{x\to0^+}\frac{x}{x(1-x)}=1,$$

$$\lim_{x\to0^-}f(x)=\lim_{x\to0^-}\frac{\arctan x}{x(x-1)}=\lim_{x\to0^-}\frac{x}{x(x-1)}=-1,$$

由于$\lim\limits_{x\to0^+}f(x)\neq\lim\limits_{x\to0^-}f(x)$,因此 $x=0$ 是第一类间断点中的跳跃间断点.又因为

$$\lim_{x\to1}\frac{1}{f(x)}=\lim_{x\to1}\frac{x\cdot|x-1|}{\arctan x}=0,$$

因此$\lim\limits_{x\to1}f(x)=\infty$,故 $x=1$ 是第二类间断点中的无穷间断点.

例 1.38　求 $f(x)=\lim\limits_{n\to\infty}\dfrac{x^{n+2}}{\sqrt{2^{2n}+x^{2n}}}(x\geqslant0)$的间断点并判断其类型.

解　当 $0\leqslant x<2$ 时,$f(x)=\lim\limits_{n\to\infty}\dfrac{\left(\dfrac{x}{2}\right)^n\cdot x^2}{\sqrt{1+\left(\dfrac{x}{2}\right)^{2n}}}=0$,

当 $x=2$ 时,$f(x)=\lim\limits_{n\to\infty}\dfrac{2^{n+2}}{\sqrt{2^{2n}+2^{2n}}}=2\sqrt{2}$,

当 $x>2$ 时,$f(x)=\lim\limits_{n\to\infty}\dfrac{x^2}{\sqrt{1+\left(\dfrac{2}{x}\right)^{2n}}}=x^2$.

所以

$$f(x)=\begin{cases}0, & 0\leqslant x<2,\\ 2\sqrt{2}, & x=2,\\ x^2, & x>2.\end{cases}$$

因为 $\lim\limits_{x\to 2^-} f(x)=0$，$\lim\limits_{x\to 2^+} f(x)=4$，$f(2)=2\sqrt{2}$，所以 $x=2$ 为 $f(x)$的第一类间断点中的跳跃间断点.

例 1.39 设 $f(x)=\begin{cases} \dfrac{1-e^{\tan x}}{\arcsin \dfrac{x}{2}}, & x>0 \\ ae^{2x}, & x\leqslant 0 \end{cases}$ 在 $x=0$ 处连续，求 a 的值.

解 由于

$$\lim_{x\to 0^+} f(x) = \lim_{x\to 0^+} \frac{1-e^{\tan x}}{\arcsin \dfrac{x}{2}} = \lim_{x\to 0^+} \frac{-\tan x}{\dfrac{x}{2}} = -2, \quad f(0) = ae^0 = a,$$

所以 $a=-2$.

1.2.14 题型十四 连续函数的等式证明问题

例 1.40 设 $f(x)$在$[a,b]$上连续且 $f(a)=f(b)$，证明至少存在一点 $\xi\in(a,b)$，使得 $f(\xi)=f\left(\xi+\dfrac{b-a}{2}\right)$成立.

证 构造辅助函数 $F(x)=f(x)-f\left(x+\dfrac{b-a}{2}\right)$，则有

$$F(a) = f(a) - f\left(a+\frac{b-a}{2}\right) = f(a) - f\left(\frac{a+b}{2}\right),$$

$$F\left(\frac{a+b}{2}\right) = f\left(\frac{a+b}{2}\right) - f\left(\frac{a+b}{2}+\frac{b-a}{2}\right) = f\left(\frac{a+b}{2}\right) - f(b),$$

若 $F\left(\dfrac{a+b}{2}\right)=F(a)=0$，只需取 $\xi=\dfrac{a+b}{2}$；若 $F\left(\dfrac{a+b}{2}\right)$和 $F(a)$都不等于零，则二者一定异号，由零点定理可得在(a,b)内至少存在一点 ξ，使得 $F(\xi)=0$，即 $f(\xi)=f\left(\xi+\dfrac{b-a}{2}\right)$成立.

例 1.41 设 $f(x)$，$g(x)$在$[a,b]$上连续，$a>0$，且 $f(a)<g(a)+\dfrac{1}{a}$，$f(b)>g(b)+\dfrac{1}{b}$，证明在(a,b)内至少存在一点 ξ，使得 $f(\xi)=g(\xi)+\dfrac{1}{\xi}$成立.

证 构造辅助函数

$$F(x) = f(x) - g(x) - \frac{1}{x},$$

则 $F(a)<0$，$F(b)>0$，且 $F(x)$在$[a,b]$上连续，利用零点定理可知在(a,b)内至少存在一点 ξ，使得 $F(\xi)=0$，即 $f(\xi)=g(\xi)+\dfrac{1}{\xi}$成立.

1.3 习题精选

1. 填空题

(1) 设 $f(x)=\ln 2$，则 $f(x+2)-f(x)=$________.

(2) $y=\dfrac{1}{\ln(2x-3)}+\arcsin(x-1)$的定义域为________.

(3) 函数 $y=\sqrt{x^2-1}+\ln(x+2)$的定义区间为________.

(4) 设 $f(x)$的定义域为$(0,1]$,则函数 $f(\sin x)$的定义域为________.

(5) 若函数 $f(x)$的定义域为$[0,1]$,则 $f(x^2)$的定义域为________.

(6) 设 $f(x)=\arcsin x, g(x)=\ln x$,则 $f[g(x)]$的定义域为________.

(7) 已知函数 $f(x)=\sqrt{x}$,则函数 $f\left(\dfrac{1}{x}\right)$的定义域为________.

(8) 设 $f(x)=8x^3, f[g(x)]=1-e^x$,则 $g(x)=$________.

(9) 已知函数 $f(x)=1-x^2$,则 $f[f(x)]=$ ________.

(10) 已知 $f(x)=3x+1$,则 $f^{-1}\left(\dfrac{1}{x}\right)=$________.

(11) 已知 $f\left(\dfrac{1}{x}-1\right)=\dfrac{3x+1}{2x-1}$,则 $f(x)=$________.

(12) 已知 $f(x)=\begin{cases}(x-1)^2, & 1\leqslant x\leqslant 2\\ x-6, & 2<x\leqslant 3\end{cases}$,则 $f(x+1)=$________.

(13) 函数 $y=|\cos x|$的周期为________.

(14) 对于$\forall\varepsilon>0, \exists\delta>0$,当$|x-0|<\delta$时,有$\left|\dfrac{f(x)}{x}-1\right|<\varepsilon$,则 $\lim\limits_{x\to 0}f(x)=$________.

(15) $\lim\limits_{x\to 0^-}e^{\frac{1}{x}}=$________, $\lim\limits_{x\to 0^+}e^{\frac{1}{x}}=$________, $\lim\limits_{x\to 0}e^{\frac{1}{x}}=$________.

(16) 设$\lim\limits_{x\to\infty}f(x)=2$, $\lim\limits_{x\to\infty}\dfrac{f(x)}{g(x)}=5$,则$\lim\limits_{x\to\infty}g(x)=$________.

(17) $\lim\limits_{x\to\infty}\dfrac{(5x+1)^{40}(3x+2)^{20}}{(5x-1)^{60}}=$________.

(18) 设 $u_n=\dfrac{n}{\sqrt{n^3+n}}\sin(\sqrt{n})$,则$\lim\limits_{n\to\infty}u_n=$________.

(19) $\lim\limits_{x\to-\infty}x(\sqrt{x^2+100}+x)=$________.

(20) $\lim\limits_{x\to\infty}\dfrac{x+4}{x^2+2x}(2+\cos x)=$ ________.

(21) $\lim\limits_{n\to\infty}\dfrac{nx^2}{2}\tan\dfrac{2\pi}{n}=$________.

(22) 若$\lim\limits_{x\to 0}\dfrac{\tan(ax)}{\sin(3x)}=-2$,则 $a=$________.

(23) 若当 $x\to 0$ 时,$(e^{x^2}-1)\arctan^3 x\sim x^\alpha$,则 $\alpha=$________.

(24) $\lim\limits_{x\to\infty}\left(x\sin\dfrac{1}{x}+\dfrac{1}{x}\sin x\right)=$________.

(25) $\lim\limits_{x\to 0}\left(x\sin\dfrac{1}{x}+\dfrac{1}{x}\sin x\right)=$________.

(26) $\lim\limits_{n\to\infty}\dfrac{3^n+5^{n+1}}{2^n+5^{n+2}}=$________.

(27) $\lim\limits_{n\to\infty}\sqrt[n]{2^n+4^n+6^n}=$________.

(28) 设 $\lim\limits_{x\to-1}\dfrac{x^3+ax^2+x+2}{x+1}=b$($b$ 为有限数),则 $a+b=$________.

(29) 设 $\lim\limits_{x\to\infty}\left(\dfrac{x+2a}{x-1}\right)^x=e^3$,则 $a=$________.

(30) $\lim\limits_{x\to 0}\sqrt[x]{1-2x}=$________.

(31) 已知 $f(x)=2x+4\sin x\lim\limits_{x\to\frac{\pi}{2}}f(x)$,则 $f(x)=$ ________.

(32) 已知 $f(x)=\begin{cases}3e^x, & x<0\\ 2x+a, & x\geqslant 0\end{cases}$ 在 $x=0$ 处连续,则 $a=$________.

(33) 若函数 $f(x)=\begin{cases}2e^x+x\sin\dfrac{1}{x}, & x<0,\\ b, & x=0,\\ a+\cos x, & x>0\end{cases}$ 在 $x=0$ 处连续,则 $a=$________,
$b=$________.

(34) 为使 $f(x)=\dfrac{\sin(2x)\ln(1+x^2)}{x^2\arctan(3x)}$ 在 $x=0$ 处连续,须补充定义 $f(0)=$________.

(35) 设函数 $f(x)=\begin{cases}(\cos x)^{\frac{1}{x}}, & x\neq 0,\\ e, & x=0,\end{cases}$ 则间断点 $x=0$ 的类型为________.

(36) $f(x)=\lim\limits_{n\to\infty}\dfrac{3nx}{1-nx}$ 的连续区间为________.

2. 单项选择题

(1) 函数 $y=\dfrac{\ln(x+1)}{\sqrt{x-1}}$ 的定义域为(　　).

(A) $x>-1$　　(B) $x>1$　　(C) $x\geqslant -1$　　(D) $x\geqslant 1$

(2) 下列函数相同的是(　　).

(A) $f(x)=x+2, g(x)=\dfrac{x^2-x-6}{x-3}$

(B) $f(x)=\sin x, g(x)=\sqrt{\dfrac{1-\cos(2x)}{2}}$

(C) $f(x)=2x+1, g(t)=2t+1$

(D) $f(x)=e^{\frac{1}{2}\ln x}, g(x)=\dfrac{1}{\sqrt{x}}$

(3) 下列函数在 $(0,+\infty)$ 内无界的是(　　).

(A) $y=e^{-x}$　　(B) $y=\dfrac{x^2}{1+x^2}$　　(C) $y=\sin\dfrac{1}{x}$　　(D) $y=x\sin x$

(4) 函数 $f(x)=\ln\dfrac{1+x}{1-x}$ 是(　　).

(A) 奇函数　　(B) 偶函数

(C) 非奇非偶函数　　　　(D) 有界函数

(5) 已知 $f(x)=\begin{cases}x+1, & x<1\\ \sin x, & x>1\end{cases}$，则 $f(x)-f(-x)$ 为(　　).

(A) 奇函数　　　　(B) 偶函数

(C) 非奇非偶函数　　　　(D) 无法确定

(6) 设 $f(x)=\begin{cases}x^2, & 0\leqslant x\leqslant 1\\ 2x, & 1<x\leqslant 2\end{cases}$，则函数 $g(x)=f(x-2)+f(2x)$ 的定义域为(　　).

(A) 空集　　(B) $[0,2]$　　(C) $[0,4]$　　(D) $[2,4]$

(7) 下列表达式为基本初等函数的是(　　).

(A) $y=x^2+\cos x$　　　　(B) $y=\begin{cases}x^2+2x, & x>0,\\ e^x-1, & x<0;\end{cases}$

(C) $y=\ln x$　　　　(D) $y=\sin\sqrt{x}$

(8) 函数 $y=\sin\dfrac{1}{x}$ 在其定义域内是(　　).

(A) 单调函数　　(B) 无界函数　　(C) 有界函数　　(D) 周期函数

(9) 当 $x\to 0$ 时，$\tan(3x)\ln(1+2x)$ 与 $\sin x^2$ 比较是(　　)无穷小量.

(A) 同阶但不等价；　　　　(B) 较高阶；

(C) 较低阶；　　　　(D) 等价.

(10) 当 $x\to 0$ 时，(　　)与 x 是等价无穷小量.

(A) $\sin 2x$　　　　(B) $\sqrt{1+x}-1$

(C) $x-\sin x$　　　　(D) $\sqrt{1+x}-\sqrt{1-x}$

(11) 【2007(1)】当 $x\to 0^+$ 时，与 $\sqrt{x}$ 等价的无穷小量是(　　).

(A) $1-e^{\sqrt{x}}$　　　　(B) $\ln\dfrac{1-x}{1-\sqrt{x}}$

(C) $\sqrt{1+\sqrt{x}}-1$　　　　(D) $1-\cos\sqrt{x}$

(12) 对任意的 x，总有 $\varphi(x)\leqslant f(x)\leqslant g(x)$ 且 $\lim\limits_{x\to\infty}[g(x)-\varphi(x)]=0$，则 $\lim\limits_{x\to\infty}f(x)=$(　　).

(A) 存在且一定不等于零　　　　(B) 存在但不一定为零

(C) 一定不存在　　　　(D) 不一定存在

(13) 若 $\lim\limits_{x\to 0}\dfrac{f(3x)}{x}=\dfrac{1}{2}$，则 $\lim\limits_{x\to 0}\dfrac{f(5x)}{x}=$(　　).

(A) $\dfrac{5}{6}$　　(B) $\dfrac{1}{30}$　　(C) $\dfrac{15}{2}$　　(D) $\dfrac{3}{10}$

(14) 设 $\lim\limits_{n\to\infty}a_n$ 存在，则数列 $\{b_n\}$ 满足条件(　　)时，$\lim\limits_{n\to\infty}a_nb_n$ 存在.

(A) $\{b_n\}$ 有界　　　　(B) $\{b_n\}$ 单调

(C) $\{b_n\}$ 单调有界　　　　(D) 不能确定

(15) 当$n\to\infty$时,$a_n=\begin{cases}\dfrac{n^2+2\sqrt{n}}{n}, & n=2k+1\\ \dfrac{1}{n}, & n=2k\end{cases}$(其中$k$为正整数)为(　　).

(A) 无穷大量　　(B) 无穷小量　　(C) 有界变量　　(D) 无界变量

(16) 当$x\to a$时,$f(x)$为(　　)时,则必有$\lim\limits_{x\to a}(x-a)f(x)=0$.

(A) 有界函数　　(B) 任意函数　　(C) 无穷大量　　(D) 不能确定

(17) 设$f(x)$和$g(x)$分别是同一个变化过程中的无穷大量和无穷小量,则$f(x)+g(x)$为(　　).

(A) 无穷小量;　　(B) 有界变量;　　(C) 无穷大量;　　(D) 不能确定.

(18) 若函数$f(x)=\begin{cases}\dfrac{1}{x}\sin x, & x<0,\\ a, & x=0,\\ x\sin\dfrac{1}{x}-b, & x>0\end{cases}$在$x=0$处连续,则$a,b$的值为(　　).

(A) $a=1,b=0$　　(B) $a=1,b=-1$

(C) $a=0,b=0$　　(D) $a=0,b=1$

(19) 设$f(x),\varphi(x)$在$(-\infty,+\infty)$上有定义,$f(x)$为连续函数,且$f(x)\neq0$,$\varphi(x)$有间断点,则下列结论正确的是(　　).

(A) $\varphi[f(x)]$必有间断点　　(B) $\varphi[f^2(x)]$必有间断点

(C) $f[\varphi(x)]$必有间断点　　(D) $\dfrac{\varphi(x)}{f(x)}$必有间断点

(20) 下列说法正确的是(　　).

(A) 若$f(x)$在$(a-\delta,a+\delta)$内有界,则$f(x)$在$x=a$处连续

(B) 若$f(x)$在$x=a$处连续,则必存在$\delta>0$,使得$f(x)$在$(a-\delta,a+\delta)$内有界

(C) 若$f(x)$在$(a-\delta,a+\delta)$内有界且可导,则$f'(x)$在$(a-\delta,a+\delta)$内有界

(D) 若$f(x)$在$(a-\delta,a+\delta)$内有界,且有$\lim\limits_{x\to a}f(x)g(x)=0$,则有$\lim\limits_{x\to a}g(x)=0$

3. 求下列函数的反函数及反函数的定义域.

(1) $y=2+\arcsin(3+x)$;　　(2) $y=1-\sqrt{4-x^2}$,$(-2\leqslant x\leqslant 0)$.

4. 设$y=f(x)$的定义域为$(0,1]$,求函数$f[1-(\ln x)^2]$的定义域.

5. 设$f(x)=\begin{cases}1, & 0\leqslant x\leqslant 2,\\ 2, & 2<x\leqslant 6,\end{cases}$ $h(x)=f(x+2)-f(x-1)$,求$h(x)$的定义域.

6. 设$f\left(x-\dfrac{1}{x}\right)=x^2+\dfrac{1}{x^2}$,试求$f(x)$的表达式.

7. 已知$f(x)$是奇函数,判断$F(x)=f(x)\left(\dfrac{1}{2^x+1}-\dfrac{1}{2}\right)$的奇偶性.

8. 已知$f(x)=\begin{cases}x+1, & x<1,\\ \sin x, & x>1,\end{cases}$讨论$f(x)-f(-x)$的奇偶性.

9. 判断下列函数的奇偶性.

(1) $y=\ln(\sqrt{x^2+1}+x)$；　(2) $y=x\cdot\dfrac{2^x-1}{2^x+1}$.

10. 下列函数可以是由哪些简单函数的复合而成的？

(1) $y=\ln(1-3x)$；

(2) $y=\arctan(\tan^2 x)$；

(3) $y=\mathrm{e}^{\sin^2 x}$.

11. 设 $f(x)=\begin{cases}x+1, & x\leqslant 1\\ 2, & x>1\end{cases}$，试求 $f[f(x)]$的表达式.

12. 判断下列函数是否为周期函数，若为周期函数，求其周期；若不是周期函数，说明理由.

(1) $f(x)=\cos(3x+1)$；　(2) $f(x)=3+\sin(4x+2)$；　(3) $f(x)=x\cos x$.

13. 求下列极限.

(1) $\lim\limits_{n\to\infty}\dfrac{\sqrt[3]{8n^3+1}+n}{\sqrt{n^2+1}+2n}$；

(2) $\lim\limits_{n\to\infty}\dfrac{n\arctan\sqrt{n}}{\sqrt{4n^2+1}}$；

(3) $\lim\limits_{x\to\infty}\dfrac{x-\sin x}{2x+\sin(2x)}$；

(4) $\lim\limits_{x\to+\infty}\left(\sqrt{x+\sqrt{x}}-\sqrt{x}\right)$；

(5) $\lim\limits_{x\to 0}\left(\dfrac{1}{x}\sin x+2x\sin\dfrac{1}{x}\right)$；

(6) $\lim\limits_{x\to\infty}\left(\dfrac{x}{1+x}\right)^{-2x+1}$；

(7) $\lim\limits_{x\to 0}(1+x\mathrm{e}^x)^{\frac{1}{x}}$；

(8) $\lim\limits_{n\to\infty}n\cdot\left(\sqrt{\dfrac{n-1}{n+2}}-1\right)$；

(9) $\lim\limits_{x\to 1}\dfrac{\sqrt{3-x}-\sqrt{1+x}}{\sin(x^2-1)}$；

(10) $\lim\limits_{x\to\frac{\pi}{4}}\tan(2x)\tan\left(\dfrac{\pi}{4}-x\right)$；

(11) $\lim\limits_{x\to-\infty}\dfrac{x^2\sin\dfrac{1}{x}}{\sqrt{2x^2-1}}$；

(12) $\lim\limits_{x\to 1}x^{\frac{1}{1-x}}$；

(13) $\lim\limits_{x\to 0}\dfrac{\mathrm{e}^{\tan x}-\mathrm{e}^{\sin x}}{\sin^3 x}$；

(14) $\lim\limits_{n\to\infty}\dfrac{(n+1)^n}{n^{n-1}}\tan\dfrac{1}{n}$；

(15) $\lim\limits_{x\to\infty}(x+\sqrt[3]{1-x^3})$；

(16) $\lim\limits_{x\to 0}\dfrac{x}{1+\mathrm{e}^{\frac{1}{x}}}$.

14. 若$\lim\limits_{x\to 1}\dfrac{x^2+ax+b}{\tan(x^2-1)}=3$，试求常数 a 和 b 的值.

15. 若$\lim\limits_{x\to\infty}\left[\dfrac{2x^2+1}{x-1}+ax+b\right]=0$，试求常数 a 和 b 的值.

16. 已知极限$\lim\limits_{x\to\infty}\left(\dfrac{x+a}{x-2a}\right)^x=8$，试求常数 a 的值.

17. 设当 $x\to 1$ 时，$1-\dfrac{m}{1+x+\cdots+x^{m-1}}$是 $x-1$ 的等价无穷小，试求 m 的值.

18. 已知$\lim\limits_{x\to 0}\dfrac{\ln\left(1+\dfrac{f(x)}{\arcsin x}\right)}{a^x-1}=A$，其中 $A>0$ 为常数，试求$\lim\limits_{x\to 0}\dfrac{f(x)}{x^2}$.

19. 已知 $f(x)$在$(-\infty,+\infty)$内是奇函数,且$\lim\limits_{x\to 0^+}f(x)=A$,试求$\lim\limits_{x\to 0^-}f(x)$和$\lim\limits_{x\to 0}f(x)$.

20. 已知 $f(x)$为三次多项式,且$\lim\limits_{x\to 2a}\dfrac{f(x)}{x-2a}=\lim\limits_{x\to 4a}\dfrac{f(x)}{x-4a}=1$,其中 $a\neq 0$,求极限$\lim\limits_{x\to 3a}\dfrac{f(x)}{x-3a}$.

21. 设 $f(x)=\lim\limits_{t\to+\infty}\dfrac{\ln(2^t+x^t)}{t}$,其中 $x>0$,求 $f(x)$的表达式.

22. 设 $x_{n+1}=\dfrac{1}{3}\left(2x_n+\dfrac{8}{x_n^2}\right)(n=0,1,2,\cdots)$,其中 $x_0>0$,证明数列$\{x_n\}$收敛,并求$\lim\limits_{n\to\infty}x_n$.

23. 设 $x_0=1,x_{n+1}=1+\dfrac{x_n}{1+x_n},n=0,1,2,\cdots$,试证明$\lim\limits_{n\to\infty}x_n$ 存在,并求其值.

24. 已知 $f(x)=\dfrac{x^2-x}{|x|(x^2-1)}$,讨论 $f(x)$的间断点及其类型.

25. 讨论函数 $f(x)=\lim\limits_{n\to\infty}\dfrac{1-2^{nx}}{1+2^{nx}}$的连续性.

26. 讨论函数 $f(x)=\begin{cases}\dfrac{\cos x}{x+4}, & x\geqslant 0,\\ \dfrac{2-\sqrt{4-x}}{x}, & x<0\end{cases}$ 在定义域内的连续性.

27. 讨论函数 $f(x)=\begin{cases}\dfrac{e^{\frac{1}{x}}-1}{e^{\frac{1}{x}}+1}, & x\neq 0,\\ 1, & x=0\end{cases}$ 在 $x=0$ 处的连续性.

28. 设 $f(x)=\lim\limits_{n\to\infty}\left[1+x^n+\left(\dfrac{x^2}{2}\right)^n\right]^{1/n}$,其中 $x\geqslant 0$,讨论 $f(x)$的连续性.

29. 证明方程 $x2^x=1$ 至少有一个小于 1 的根.

30. 设 $f(x)$在$[0,1]$上连续,且满足 $f(0)>0,f(1)<1$,试证在开区间$(0,1)$内至少存在一定 $\xi\in(0,1)$,使得 $f(\xi)=\xi$.

31. 设数列$\{x_n\}$由以下等式给定,

$$x_1=\sqrt{a},\quad x_2=\sqrt{a+\sqrt{a}},\quad x_3=\sqrt{a+\sqrt{a+\sqrt{a}}},\cdots,$$

其中 $a>0$,试证明数列$\{x_n\}$收敛,并求$\lim\limits_{n\to\infty}x_n$.

32. 设函数 $f(x)$在$[a,b]$上连续,$a<x_1<x_2<\cdots<x_n=b,c_i>0,i=1,2,\cdots,n$,证明至少存在一点 $\xi\in[a,b]$,使得

$$f(\xi)=\frac{c_1f(x_1)+c_2f(x_2)+\cdots c_nf(x_n)}{c_1+c_2+\cdots+c_n}.$$

1.4 习题详解

1. 填空题

(1) 0; (2) $\left(\dfrac{3}{2},2\right)$; (3) $(-2,-1]\cup[1,+\infty)$;

(4) $(2k\pi,(2k+1)\pi),k\in Z$;

(5) $[-1,1]$;

(6) $[e^{-1},e]$;

(7) $(0,+\infty)$;

(8) $\frac{\sqrt[3]{1-e^x}}{2}$;

(9) $-x^4+2x^2$;

(10) $\frac{1-x}{3x}$;

(11) $\frac{4+x}{1-x}$;

(12) $f(x)=\begin{cases}x^2 & 0\leqslant x\leqslant 1\\ x-5 & 1<x\leqslant 2\end{cases}$;

(13) π;

(14) 0;

(15) 0; $+\infty$; 不存在;

(16) $\frac{2}{5}$;

(17) $\left(\frac{3}{5}\right)^{20}$;

(18) 0;

(19) -50; **提示**

$$\lim_{x\to-\infty}x(\sqrt{x^2+100}+x)=\lim_{t\to+\infty}-t(\sqrt{t^2+100}-t)=\lim_{t\to+\infty}-\frac{100t}{\sqrt{t^2+100}+t}$$

$$=\lim_{t\to+\infty}-\frac{100t}{\sqrt{t^2+100}+t}=\lim_{t\to+\infty}-\frac{100}{\sqrt{1+\frac{100}{t^2}}+1}=-50.$$

(20) 0;

(21) πx^2;

(22) -6;

(23) 5;

(24) 1;

(25) 1;

(26) $\frac{1}{5}$;

(27) 6;

(28) 4;

(29) 1;

(30) e^{-2};

(31) $f(x)-2x-\frac{4\pi}{3}\sin x$; **提示** 因为极限值等于某个常数,因此不妨设$\lim\limits_{x\to\frac{\pi}{2}}f(x)=A$,原题等式两边同时求极限,得

$$\lim_{x\to\frac{\pi}{2}}f(x)=\lim_{x\to\frac{\pi}{2}}2x+\lim_{x\to\frac{\pi}{2}}4A\sin x,$$

即有 $A=\pi+4A$,所以 $A=-\frac{\pi}{3}$,从而 $f(x)=2x-\frac{4\pi}{3}\sin x$.

(32) 3;

(33) 1,2;

(34) $\frac{2}{3}$;

(35) 第一类间断点中的可去间断点;

(36) $(-\infty,0)\cup(0,+\infty)$.

2. 单项选择题

(1) B; (2) C; (3) D; (4) A; (5) A;

(6) A; (7) C; (8) C; (9) A; (10) D;

(11) B; **提示** 当 $x\to0^+$ 时,

$$1-e^{\sqrt{x}}\sim-\sqrt{x},\quad \ln\frac{1-x}{1-\sqrt{x}}=\ln(1+\sqrt{x})\sim\sqrt{x},$$

$$\sqrt{1+\sqrt{x}}-1\sim\frac{1}{2}\sqrt{x},\quad 1-\cos\sqrt{x}\sim\frac{1}{2}(\sqrt{x})^2=\frac{1}{2}x.$$

(12) D; (13) A; (14) C; (15) D; (16) A;

(17) C；　(18) B；　(19) D；　(20) B.

3. (1) $y=\sin(x-2)-3$, $\left[2-\frac{\pi}{2},2+\frac{\pi}{2}\right]$；

(2) $y=-\sqrt{4-(x-1)^2}$；$[-1,1]$.

4. (e^{-1},e).

5. $[1,4]$.

6. 因为

$$f\left(x-\frac{1}{x}\right)=x^2+\frac{1}{x^2}=\left(x-\frac{1}{x}\right)^2+2,$$

所以 $f(t)=t^2+2$，从而 $f(x)=x^2+2$.

7. 由题意可知，$F(x)$的定义域关于原点对称，且

$$F(-x)=f(-x)\left(\frac{1}{2^{-x}+1}-\frac{1}{2}\right)=-f(x)\cdot\frac{1-2^{-x}}{2(2^{-x}+1)}=-f(x)\cdot\frac{2^x-1}{2(1+2^x)},$$

而 $F(x)=f(x)\cdot\frac{1-2^x}{2(2^x+1)}$，从而有 $F(-x)=F(x)$，因此 $F(x)$为偶函数.

8. 奇函数.

9. (1) 奇函数；　(2) 偶函数.

10. (1) $y=\ln u, u=1-3x$；

(2) $y=\arctan u, u=v^2, v=\tan x$；

(3) $y=e^u, u=v^2, v=\sin x$.

11. 由题意，

$$f[f(x)]=\begin{cases}f(x)+1, & f(x)\leqslant 1,\\ 2, & f(x)>1.\end{cases}$$

当 $f(x)\leqslant 1$ 时，则

$$\begin{cases}f(x)=x+1\leqslant 1,\\ x\leqslant 1,\end{cases}$$

解得 $x\leqslant 0$.

当 $f(x)>1$ 时，则

$$\begin{cases}f(x)=x+1>1,\\ x\leqslant 1,\end{cases} \quad 或 \quad \begin{cases}f(x)=2>1,\\ x>1,\end{cases}$$

解得 $0<x\leqslant 1$ 或 $x>1$. 因此

$$f[f(x)]=\begin{cases}x+2, & x\leqslant 0,\\ 2, & x>0.\end{cases}$$

12. (1) 周期函数，$T=\frac{2}{3}\pi$；　(2) 周期函数，$T=\frac{1}{2}\pi$；

(3) 非周期函数. 理由如下.

利用反证法. 假设 $y=x\cos x$ 是周期函数，则存在 $T>0$，使得对 $\forall x\in R$，有

$$f(x+T)=f(x),$$

即

$$(x+T)\cos(x+T)=x\cos x.$$

取 $x=0$,则有 $T\cos T=0$,从而 $\cos T=0$,所以有

$$T=k\pi+\frac{\pi}{2},\quad k=0,1,2,\cdots.$$

取 $x=T$,则有 $2T\cos(2T)=T\cos T=0$,从而

$$\cos(2T)=0.$$

而 $\cos(2T)=\cos(2k\pi+\pi)=-1$,矛盾.因此假设不成立,即 $y=x\cos x$ 不是周期函数.

13. 求下列极限:

(1) 1;　　(2) $\frac{\pi}{4}$;　　(3) $\frac{1}{2}$;

(4) 原式 $=\lim\limits_{x\to+\infty}\frac{\sqrt{x+\sqrt{x}}-\sqrt{x}}{1}=\lim\limits_{x\to+\infty}\frac{x+\sqrt{x}-x}{\sqrt{x+\sqrt{x}}+\sqrt{x}}=\lim\limits_{x\to+\infty}\frac{\sqrt{x}}{\sqrt{x+\sqrt{x}}+\sqrt{x}}=\frac{1}{2}$;

(5) 1;

(6) 原式 $=\lim\limits_{x\to\infty}\left(1+\frac{-1}{1+x}\right)^{\frac{1+x}{-1}\cdot\frac{2x-1}{1+x}}=e^{2}$;

(7) e;

(8) 原式 $=\lim\limits_{n\to\infty}n\left(\sqrt{1-\frac{3}{n+2}}-1\right)=\lim\limits_{n\to\infty}n\cdot\frac{1}{2}\cdot\left(-\frac{3}{n+2}\right)=-\frac{3}{2}$;

(9) 原式 $=\lim\limits_{x\to1}\frac{\sqrt{3-x}-\sqrt{1+x}}{x^{2}-1}=\lim\limits_{x\to1}\frac{(\sqrt{3-x}-\sqrt{1+x})(\sqrt{3-x}+\sqrt{1+x})}{(x^{2}-1)(\sqrt{3-x}+\sqrt{1+x})}$

$$=\lim_{x\to1}\frac{2(1-x)}{(x-1)(x+1)(\sqrt{3-x}+\sqrt{1+x})}$$

$$=\lim_{x\to1}\frac{-2}{(x+1)(\sqrt{3-x}+\sqrt{1+x})}=-\frac{\sqrt{2}}{4};$$

(10) 令 $t=\frac{\pi}{4}-x$,则 $x=\frac{\pi}{4}-t$,则

原式 $=\lim\limits_{t\to0}\tan\left(\frac{\pi}{2}-2t\right)\tan t=\lim\limits_{t\to0}\cot(2t)\tan t=\lim\limits_{t\to0}\frac{\tan t}{\tan(2t)}=\lim\limits_{t\to0}\frac{t}{2t}=\frac{1}{2}$;

(11) 原式 $=\lim\limits_{x\to-\infty}\frac{x^{2}\cdot\frac{1}{x}}{\sqrt{2x^{2}-1}}=\lim\limits_{x\to-\infty}\frac{x}{\sqrt{2x^{2}-1}}=\lim\limits_{t\to+\infty}\frac{-t}{\sqrt{2t^{2}-1}}=-\frac{1}{\sqrt{2}}$;

(12) 原式 $=\lim\limits_{x\to1}(1+x-1)^{\frac{1}{1-x}}=\lim\limits_{x\to1}(1+x-1)^{\frac{1}{x-1}\cdot(-1)}=e^{-1}$;

(13) 原式 $=\lim\limits_{x\to0}\frac{e^{\tan x-\sin x}-1}{\sin^{3}x}e^{\sin x}=\lim\limits_{x\to0}\frac{\tan x-\sin x}{\sin^{3}x}e^{\sin x}=\lim\limits_{x\to0}\frac{\frac{1}{2}x^{3}}{x^{3}}e^{\sin x}=\frac{1}{2}$.

(14) $\lim\limits_{n\to\infty}\frac{(n+1)^{n}}{n^{n-1}}\tan\frac{1}{n}=\lim\limits_{n\to\infty}\frac{(n+1)^{n}}{n^{n-1}}\frac{1}{n}=\lim\limits_{n\to\infty}\left(1+\frac{1}{n}\right)^{n}=e.$

(15) 原式$=\lim\limits_{x\to\infty}x\cdot\left(1+\sqrt[3]{\dfrac{1}{x^3}-1}\right)=\lim\limits_{t\to 0}\dfrac{1-\sqrt[3]{1-t^3}}{t}=\lim\limits_{t\to 0}\dfrac{\frac{1}{3}t^3}{t}=0$;

(16) 因为

$$\lim_{x\to 0^+}e^{\frac{1}{x}}=+\infty,\quad \lim_{x\to 0^-}e^{\frac{1}{x}}=0;$$

因此

$$\lim_{x\to 0^+}\frac{x}{1+e^{\frac{1}{x}}}=\lim_{x\to 0^+}x\lim_{x\to 0^+}\frac{1}{1+e^{\frac{1}{x}}}=0;\ \lim_{x\to 0^-}\frac{x}{1+e^{\frac{1}{x}}}=\frac{0}{1+0}=0,$$

所以

$$\lim_{x\to 0}\frac{x}{1+e^{\frac{1}{x}}}=0.$$

14. 由于

$$\lim_{x\to 1}\frac{x^2+ax+b}{\tan(x^2-1)}=\lim_{x\to 1}\frac{x^2+ax+b}{x^2-1}=3,$$

因此有 $\lim\limits_{x\to 1}(x^2+ax+b)=0$,即 $x=1$ 为方程 $x^2+ax+b=0$ 的一个根,因此设

$$x^2+ax+b=(x-1)(x-k).$$

而

$$\lim_{x\to 1}\frac{x^2+ax+b}{x^2-1}=\lim_{x\to 1}\frac{(x-1)(x-k)}{(x-1)(x+1)}=\lim_{x\to 1}\frac{x-k}{x+1}=\frac{1-k}{2}=3,$$

因此 $k=-5$,故有 $a=4,b=-5$.

15. 原式$=\lim\limits_{x\to\infty}\dfrac{(2+a)x^2+(b-a)x+1-b}{x-1}=0$,因此 $a+2=0,b-a=0$,所以 $a=-2$,$b=-2$.

16. 由题意,显然 $a\neq 0$,又因为

$$\lim_{x\to\infty}\left(\frac{x+a}{x-2a}\right)^x=\lim_{x\to\infty}\left(1+\frac{3a}{x-2a}\right)^{\frac{x-2a}{3a}\cdot\frac{3ax}{x-2a}}=e^{3a}=8,$$

所以 $a=\ln 2$.

17. 根据等价无穷小的定义,有

$$1=\lim_{x\to 1}\frac{1}{x-1}\left(1-\frac{m}{1+x+\cdots+x^{m-1}}\right)=\lim_{x\to 1}\frac{1+x+\cdots+x^{m-1}-m}{x^m-1}$$

$$=\lim_{x\to 1}\frac{1+2x+\cdots+(m-1)x^{m-2}}{mx^{m-1}}=\frac{1+2+\cdots+(m-1)}{m}=\frac{m-1}{2},$$

所以 $m=3$.

18. 由题意,当 $x\to 0$,$\dfrac{f(x)}{\arcsin x}\to 0$,因此

$$A=\lim_{x\to 0}\frac{\frac{f(x)}{\arcsin x}}{x\ln a}=\lim_{x\to 0}\frac{f(x)}{x\ln a\arcsin x}=\lim_{x\to 0}\frac{f(x)}{x^2\ln a},$$

从而

$$\lim_{x\to 0}\frac{f(x)}{x^2}=A\ln a.$$

19. 由于

$$\lim_{x\to 0^+}f(x)=\lim_{t\to 0^-}f(-t)=-\lim_{t\to 0^-}f(t)=-A,$$

因此当 $A=0$ 时，$\lim\limits_{x\to 0}f(x)=0$，当 $A\neq 0$ 时，$\lim\limits_{x\to 0}f(x)$不存在.

20. 由题意，$f(x)$为连续函数，因此

$$f(2a)=\lim_{x\to 2a}f(x)=0,\quad f(4a)=\lim_{x\to 4a}f(x)=0,$$

从而 $x=2a$ 和 $x=4a$ 为 $f(x)=0$ 的实根. 故设

$$f(x)=(x-2a)(x-4a)(Ax+B),$$

由

$$\lim_{x\to 2a}\frac{f(x)}{x-2a}=\lim_{x\to 2a}[(x-4a)(Ax+B)]=-2a(2Aa+B)=1,$$

$$\lim_{x\to 4a}\frac{f(x)}{x-4a}=\lim_{x\to 4a}[(x-2a)(Ax+B)]=2a(4Aa+B)=1,$$

解得 $A=\frac{1}{2a^2}$，$B=-\frac{3}{2a}$. 因此

$$\lim_{x\to 3a}\frac{f(x)}{x-3a}=\lim_{x\to 3a}\frac{(x-2a)(x-4a)\left(\frac{x}{2a^2}-\frac{3}{2a}\right)}{x-3a}=\lim_{x\to 3a}\frac{(x-2a)(x-4a)}{2a^2}=-\frac{1}{2}.$$

21. 当 $0<x<2$ 时，$f(x)=\lim\limits_{t\to+\infty}\dfrac{t\ln 2+\ln\left[1+\left(\frac{x}{2}\right)^t\right]}{t}=\ln 2$，

当 $x=2$ 时，$f(x)=\lim\limits_{t\to+\infty}\dfrac{\ln(2^t+2^t)}{t}=\lim\limits_{t\to+\infty}\dfrac{(t+1)\ln 2}{t}=\ln 2$，

当 $x>2$ 时，$f(x)=\lim\limits_{t\to+\infty}\dfrac{t\ln x+\ln\left[1+\left(\frac{2}{x}\right)^t\right]}{t}=\ln x$，

综上可得

$$f(x)=\begin{cases}\ln 2, & 0<x\leqslant 2,\\ \ln x, & x>2.\end{cases}$$

22. 由于

$$x_{n+1}=\frac{1}{3}\left(x_n+x_n+\frac{8}{x_n^2}\right)\geqslant\sqrt[3]{x_n\cdot x_n\cdot\frac{8}{x_n^2}}=2;$$

$$x_{n+1}-x_n=\frac{1}{3}\left(2x_n+\frac{8}{x_n^2}\right)-x_n=\frac{1}{3x_n^2}(8-x_n^3)\leqslant 0,$$

因此 $x_{n+1}\leqslant x_n$. 又因为数列$\{x_n\}$单调递减有下界，所以数列$\{x_n\}$收敛.

不妨设$\lim\limits_{n\to\infty}x_n=A$，由题意可得 $A=\frac{1}{3}\left(2A+\frac{8}{A^2}\right)$，所以 $A=2$.

23. 显然，$x_1>x_0=1$，假设 $x_n>x_{n-1}$，由于

$$x_{n+1}-x_n=1+\frac{x_n}{1+x_n}-1-\frac{x_{n-1}}{1+x_{n-1}}=\frac{x_n-x_{n-1}}{(1+x_n)(1+x_{n-1})}>0,$$

因此由数学归纳法可知,数列$\{x_n\}$单调递增.又因为

$$x_{n+1}=1+\frac{x_n}{1+x_n}<1+1=2,$$

即$\{x_n\}$有上界,因此根据单调收敛准则可知,$\lim\limits_{n\to\infty}x_n$存在.不妨设$\lim\limits_{n\to\infty}x_n=A$,则由

$$\lim_{n\to\infty}x_{n+1}=1+\frac{\lim\limits_{n\to\infty}x_n}{1+\lim\limits_{n\to\infty}x_n}$$

可知,$A=1+\dfrac{A}{1+A}$,解得$A=\dfrac{1+\sqrt{5}}{2}$.

24. $x=0$是第一类间断点中的跳跃间断点,$x=1$是第一类间断点中的可去间断点,$x=-1$是第二类间断点中的无穷间断点.

25. 当$x<0$时,$\lim\limits_{n\to\infty}2^{nx}=0$;当$x>0$时,$\lim\limits_{n\to\infty}2^{nx}=+\infty$;当$x=0$时,$\lim\limits_{n\to\infty}2^{nx}=1$.因此有

$$f(x)=\begin{cases}1, & x<0,\\ 0, & x=0,\\ -1, & x>0,\end{cases}$$

显然$x=0$为$f(x)$的间断点,因此函数$f(x)$在$(-\infty,0)\cup(0,+\infty)$内连续.

26. 因为$f(x)$在$(-\infty,0)$和$(0,+\infty)$内为初等函数,所以$f(x)$在$(-\infty,0)\cup(0,+\infty)$内连续.在$x=0$处,

$$\lim_{x\to0^-}f(x)=\lim_{x\to0^-}\frac{2-\sqrt{4-x}}{x}=\frac{1}{4},\quad \lim_{x\to0^+}f(x)=\lim_{x\to0^+}\frac{\cos x}{x+4}=\frac{1}{4},\quad f(0)=\frac{1}{4},$$

所以有

$$\lim_{x\to0^-}f(x)=\lim_{x\to0^+}f(x)=f(0),$$

从而$f(x)$在$x=0$处连续,从而函数$f(x)$在$(-\infty,+\infty)$内连续.

27. 由于

$$\lim_{x\to0^-}f(x)=\lim_{x\to0^-}\frac{e^{\frac{1}{x}}-1}{e^{\frac{1}{x}}+1}=\frac{0-1}{0+1}=-1,$$

$$\lim_{x\to0^+}f(x)=\lim_{x\to0^+}\frac{e^{\frac{1}{x}}-1}{e^{\frac{1}{x}}+1}=\lim_{x\to0^+}\frac{1-e^{-\frac{1}{x}}}{1+e^{-\frac{1}{x}}}=\frac{1-0}{1+0}=1,$$

故$\lim\limits_{x\to0^-}f(x)\neq\lim\limits_{x\to0^+}f(x)$,所以函数$f(x)$在$x=0$处不连续.

28. 当$0\leqslant x<1$时,$f(x)=\lim\limits_{n\to+\infty}\left[1+x^n+\left(\dfrac{x^2}{2}\right)^n\right]^{1/n}=1^0=1$;

当$x=1$时,$f(x)=1$;

当$1<x<2f(x)=x\lim\limits_{n\to+\infty}\left[\dfrac{1}{x^n}+1+\left(\dfrac{x}{2}\right)^n\right]^{1/n}=x\cdot1^0=x$;

当$x=2$时,$f(x)=2\lim\limits_{n\to+\infty}\left[\dfrac{1}{2^n}+1+1\right]^{1/n}=2\times2^0=2$;

当$x>2$时,$f(x)=\dfrac{x^2}{2}\lim\limits_{n\to+\infty}\left[\left(\dfrac{2}{x^2}\right)^n+\left(\dfrac{2}{x}\right)^n+1\right]^{1/n}=\dfrac{x^2}{2}$.

综上,

$$f(x)=\begin{cases}1, & 0\leqslant x\leqslant 1,\\ x, & 1< x\leqslant 2,\\ \frac{1}{2}x^2, & x>2.\end{cases}$$

由于 $\lim\limits_{x\to 1^-}f(x)=\lim\limits_{x\to 1^+}f(x)=f(1)$，$\lim\limits_{x\to 2^-}f(x)=\lim\limits_{x\to 2^+}f(x)=f(2)$，所以函数 $f(x)$在 $x=1$ 和 $x=2$ 处连续，从而 $f(x)$在$(-\infty,+\infty)$内连续.

29. 构造辅助函数 $\varphi(x)=x2^x-1$，显然在 $\varphi(x)$在$[0,1]$上连续，且

$$\varphi(0)=-1<0,\quad \varphi(1)=1>0,$$

因此由零点定理可知，至少存在一点 $\xi\in(0,1)$，使得 $\varphi(\xi)=0$，从而方程 $x2^x=1$ 至少有一个小于 1 的根.

30. 提示 构造辅助函数 $F(x)=f(x)-x$，利用零点定理容易证明.

31. 显然数列$\{x_n\}$单调递增，且 $x_n\geqslant\sqrt{a}$. 由于

$$x_n=\sqrt{a+x_{n-1}},$$

因此 $x_n^2=a+x_{n-1}$，于是 $x_n^2<a+x_n$，从而

$$x_n<\frac{a}{x_n}+1\leqslant\frac{a}{\sqrt{a}}+1=\sqrt{a}+1.$$

即数列$\{x_n\}$有界，根据单调有界准则可知，数列$\{x_n\}$收敛.

不妨设$\lim\limits_{n\to\infty}x_n=A$，根据保号性可知，$\sqrt{a}\leqslant A\leqslant 1+\sqrt{a}$. 等式 $x_n=\sqrt{a+x_{n-1}}$两边同时取极限，有

$$A=\sqrt{a+A},$$

解得 $A=\dfrac{1\pm\sqrt{1+4a}}{2}$，舍去负根，故$\lim\limits_{n\to\infty}x_n=\dfrac{1+\sqrt{1+4a}}{2}$.

32. 由于 $f(x)$在$[a,b]$上连续，因此一定存在最大值 M 和最小值 m，使得对任意的 $x\in[a,b]$，有 $m\leqslant f(x)\leqslant M$. 从而

$$c_im\leqslant c_if(x_i)\leqslant c_iM,\quad i=1,2,\cdots,n,$$

故

$$(c_1+c_2+\cdots+c_n)m\leqslant c_1f(x_1)+c_2f(x_2)+\cdots c_nf(x_n)\leqslant(c_1+c_2+\cdots+c_n)M,$$

不等式两边同时除以 $c_1+c_2+\cdots+c_n$，得

$$m\leqslant\frac{c_1f(x_1)+c_2f(x_2)+\cdots c_nf(x_n)}{c_1+c_2+\cdots+c_n}\leqslant M,$$

由介值定理可知，至少存在一点 $\xi\in[a,b]$，使得

$$f(\xi)=\frac{c_1f(x_1)+c_2f(x_2)+\cdots c_nf(x_n)}{c_1+c_2+\cdots+c_n}.$$

第2章

导数与微分

2.1 内容提要

2.1.1 导数的概念

设函数 $y=f(x)$在点 x_0 的某个邻域内有定义,自变量 x 在 x_0 处取得**增量**(也称为**改变量**)$\Delta x(\Delta x\neq 0)$时,函数 y 相应地取得增量(改变量)$\Delta y=f(x_0+\Delta x)-f(x_0)$,若极限

$$\lim_{\Delta x\to 0}\frac{\Delta y}{\Delta x}=\lim_{\Delta x\to 0}\frac{f(x_0+\Delta x)-f(x_0)}{\Delta x}$$

存在,则称函数 $y=f(x)$在点 x_0 处**可导**,上述极限值称为函数 $f(x)$在点 x_0 处的**导数**,记作

$$f'(x_0),\quad y'\Big|_{x=x_0},\quad \frac{\mathrm{d}y}{\mathrm{d}x}\Big|_{x=x_0},\quad \frac{\mathrm{d}f(x)}{\mathrm{d}x}\Big|_{x=x_0},\quad \frac{\mathrm{d}}{\mathrm{d}x}f(x)\Big|_{x=x_0},$$

即

$$f'(x_0)=\lim_{\Delta x\to 0}\frac{\Delta y}{\Delta x}=\lim_{\Delta x\to 0}\frac{f(x_0+\Delta x)-f(x_0)}{\Delta x}.$$

若记 $\Delta x=x-x_0$,则 $x=x_0+\Delta x$,当 $\Delta x\to 0$ 时,$x\to x_0$,从而导数的定义还有另外一种形式:

$$f'(x_0)=\lim_{x\to x_0}\frac{f(x)-f(x_0)}{x-x_0}.$$

由于导数本身就是一种特殊的极限,因此可以相应地给出左导数、右导数的定义.

$$f'_-(x_0)=\lim_{\Delta x\to 0^-}\frac{\Delta y}{\Delta x}=\lim_{\Delta x\to 0^-}\frac{f(x_0+\Delta x)-f(x_0)}{\Delta x}=\lim_{x\to x_0^-}\frac{f(x)-f(x_0)}{x-x_0};$$

$$f'_+(x_0)=\lim_{\Delta x\to 0^+}\frac{\Delta y}{\Delta x}=\lim_{\Delta x\to 0^+}\frac{f(x_0+\Delta x)-f(x_0)}{\Delta x}=\lim_{x\to x_0^+}\frac{f(x)-f(x_0)}{x-x_0}.$$

显然,$f(x)$在点 x_0 处可导的充分必要条件是 $f(x)$在点 x_0 处的左、右导数都存在并

且相等.

在讨论初等函数在定义区间端点的可导性或分段函数在分段点处的可导性时，往往利用左右导数讨论函数的可导性.

若函数 $f(x)$ 在开区间 (a,b) 内任意一点 x 处都可导，则称函数 $f(x)$ 在开区间 (a,b) 内可导. 对于 $\forall x\in(a,b)$，都有唯一的一个导数值 $f'(x)$ 与之对应，这样就定义了一个新的函数，我们将其称为 $f(x)$ 在 (a,b) 内的**导函数**，简称为**导数**，记作

$$f'(x),\quad y',\quad \frac{\mathrm{d}y}{\mathrm{d}x},\quad \frac{\mathrm{d}f(x)}{\mathrm{d}x},\quad \frac{\mathrm{d}}{\mathrm{d}x}f(x).$$

即对于 $\forall x\in(a,b)$，有

$$f'(x)=\lim_{\Delta x\to 0}\frac{f(x+\Delta x)-f(x)}{\Delta x}=\lim_{t\to x}\frac{f(t)-f(x)}{t-x}.$$

若 $f(x)$ 在 (a,b) 内可导，并且 $f'_+(a)$ 与 $f'_-(b)$ 都存在，则称 $f(x)$ 在闭区间 $[a,b]$ 上可导. 类似可以给出函数 $f(x)$ 在半闭区间 $[a,b)$ 或 $(a,b]$ 上可导的定义.

2.1.2　导数的几何意义与物理意义

1. 导数的几何意义

若函数 $y=f(x)$ 在点 x_0 处可导，则 $f'(x_0)$ 就是曲线 $y=f(x)$ 在点 $(x_0,f(x_0))$ 处切线的斜率，从而曲线 $y=f(x)$ 在 $x=x_0$ 处的切线方程为

$$y-f(x_0)=f'(x_0)(x-x_0).$$

曲线 $y=f(x)$ 在 $x=x_0$ 处的法线方程为

$$y-f(x_0)=-\frac{1}{f'(x_0)}(x-x_0),$$

其中 $f'(x_0)\neq 0$. 若 $f'(x_0)=0$，则法线方程为 $x=x_0$.

2. 导数的物理意义

设质点做变速直线运动，若路程 y 可以表示为时间 x 的函数 $y=f(x)$，则 $f'(x_0)$ 表示在 $x=x_0$ 时刻的瞬时速度.

2.1.3　基本导数公式

(1) $c'=0$；

(2) $(x^{\alpha})'=\alpha x^{\alpha-1}$　(α 为任意实数)；

(3) $(a^x)'=a^x\ln a$　$(a>0,a\neq 1)$；

(4) $(\mathrm{e}^x)'=\mathrm{e}^x$；

(5) $(\log_a|x|)'=\dfrac{1}{x\ln a}$　$(a>0,a\neq 1)$；

(6) $(\ln|x|)'=\dfrac{1}{x}$；

(7) $(\sin x)'=\cos x$；

(8) $(\cos x)'=-\sin x$；

(9) $(\tan x)'=\dfrac{1}{\cos^2 x}=\sec^2 x$；

(10) $(\cot x)'=-\dfrac{1}{\sin^2 x}=-\csc^2 x$；

(11) $(\sec x)'=\sec x\tan x$；

(12) $(\csc x)'=-\csc x\cot x$；

(13) $(\arcsin x)'=\dfrac{1}{\sqrt{1-x^2}}$；

(14) $(\arccos x)'=-\dfrac{1}{\sqrt{1-x^2}}$；

(15) $(\arctan x)'=\frac{1}{1+x^2}$;　　(16) $(\operatorname{arccot} x)'=-\frac{1}{1+x^2}$.

2.1.4 导数的四则运算法则

如果函数 $u=u(x)$,$v=v(x)$均可导,那么它们的和、差、积、商(除分母为零的点外)都可导,并且

(1) $[u(x)\pm v(x)]'=u'(x)\pm v'(x)$;

(2) $[u(x)v(x)]'=u'(x)v(x)+v'(x)u(x)$;

(3) $\left[\frac{u(x)}{v(x)}\right]'=\frac{u'(x)v(x)-u(x)v'(x)}{v^2(x)}$,其中 $v(x)\neq 0$.

一些推论

若 $u_1,u_2,\cdots,u_k$ 均为 x 的函数且可导,k 为某个正整数,c 为某个常数,则

(1) $(u_1+\cdots+u_k)'=u_1'+\cdots+u_k'$;

(2) $(cu)'=cu'$;

(3) $(u_1u_2\cdots u_k)'=u_1'u_2\cdots u_k+u_1u_2'\cdots u_k+\cdots+u_1u_2\cdots u_k'$;

(4) $\left(\frac{1}{v}\right)'=-\frac{v'}{v^2}$,其中 $v\neq 0$.

2.1.5 常用求导法则

1. 复合函数的求导法则

若函数 $u=\varphi(x)$在点 x 处有导数 $\varphi'(x)$,函数 $y=f(u)$在对应点 $u=\varphi(x)$处有导数 $f'(u)$,则复合函数 $y=f[\varphi(x)]$在点 x 处可导,且有

$$\{f[\varphi(x)]\}'=f'(u)\varphi'(x),\quad 或\frac{\mathrm{d}y}{\mathrm{d}x}=\frac{\mathrm{d}y}{\mathrm{d}u}\cdot\frac{\mathrm{d}u}{\mathrm{d}x}.$$

2. 反函数的求导法则

设单调连续函数 $x=\varphi(y)$在点 y 处可导,且 $\varphi'(y)\neq 0$,则其反函数 $y=f(x)$在对应点 x 处可导,且

$$f'(x)=\frac{1}{\varphi'(y)}.$$

3. 隐函数的求导法则

设 $y=f(x)$是由方程 $F(x,y)=0$ 所确定的隐函数,将方程中的 y 看成 x 的函数,方程两边同时对 x 求导(注意 y 为 x 的函数,对 y 的函数求导时,需要用复合函数求导法则),解出 y'即可.

4. 对数求导法则

先对函数两边取对数,将其变成隐函数,然后利用隐函数求导法则即可. 当 $f(x)$为多

个函数的乘积或商的形式,或者为幂指函数形式时,可考虑使用对数求导法则进行求解.

5. 参数求导法则

设 x 和 y 的函数关系 $y=f(x)$ 由参数方程

$$x=x(t),\quad y=y(t)$$

给定,若 $x(t)$ 和 $y(t)$ 均可导,且 $x'(t)\neq 0$,则有

$$\frac{\mathrm{d}y}{\mathrm{d}x}=\frac{y'(t)}{x'(t)}.$$

2.1.6 高阶导数

1. 高阶导数的定义

函数 $y=f(x)$ 导数的导数称为 $f(x)$ 的**二阶导数**,记为

$$f''(x),\quad y'',\quad \frac{\mathrm{d}^2y}{\mathrm{d}x^2},\quad \frac{\mathrm{d}^2f(x)}{\mathrm{d}x^2}.$$

即有

$$f''(x)=\lim_{\Delta x\to 0}\frac{f'(x+\Delta x)-f'(x)}{\Delta x},\quad 或\quad f''(x)=\lim_{t\to x}\frac{f'(t)-f'(x)}{t-x}.$$

若 $y=f(x)$ 在 x 处的二阶导数存在,也称函数 $f(x)$ 在点 x 处**二阶可导**.一般地,$y=f(x)$ 的 $n-1$ 阶导数的导数称为 $f(x)$ 的 n **阶导数**,记为

$$f^{(n)}(x),\quad y^{(n)},\quad \frac{\mathrm{d}^ny}{\mathrm{d}x^n},\quad \frac{\mathrm{d}^nf(x)}{\mathrm{d}x^n},$$

即有

$$f^{(n)}(x)=[f^{(n-1)}(x)]',\quad 或\quad \frac{\mathrm{d}^ny}{\mathrm{d}x^n}=\frac{\mathrm{d}}{\mathrm{d}x}\left(\frac{\mathrm{d}^{n-1}y}{\mathrm{d}x^{n-1}}\right).$$

同理,若 $y=f(x)$ 在 x 处的 n 阶导数存在,也称函数 $f(x)$ 在点 x 处 n 阶可导.

注　①根据二阶导数的定义,若 $y=f(x)$ 在点 x_0 处二阶可导,即 $f''(x_0)$ 存在,则 $f'(x)$ 在点 x_0 的某个邻域内一定有定义;②二阶以及二阶以上的导数统称为**高阶导数**.

2. 莱布尼茨公式

设函数 $u=u(x)$,$v=v(x)$ 均 n 阶可导,则

$$(uv)^{(n)}=\sum_{k=0}^{n}C_n^k u^{(n-k)}v^{(k)},$$

其中 $u^{(0)}=u$,$v^{(0)}=v$.

3. 参数求导法则

设 x 和 y 的函数关系 $y=f(x)$ 由参数方程

$$x=x(t),\quad y=y(t)$$

给定,若函数 $x(t)$ 和 $y(t)$ 均二阶可导,且 $x'(t)\neq 0$,则有

$$\frac{\mathrm{d}^2 y}{\mathrm{d}x^2}=\frac{\mathrm{d}}{\mathrm{d}x}\left(\frac{\mathrm{d}y}{\mathrm{d}x}\right)=\frac{\mathrm{d}}{\mathrm{d}t}\left(\frac{y'(t)}{x'(t)}\right)\cdot\frac{\mathrm{d}t}{\mathrm{d}x}=\frac{y''(t)x'(t)-x''(t)y'(t)}{[x'(t)]^2}\cdot\frac{1}{x'(t)}$$
$$=\frac{y''(t)x'(t)-x''(t)y'(t)}{[x'(t)]^3}.$$

4. 几个常用的高阶导数公式

(1) $(\sin x)^{(n)}=\sin\left(x+\frac{n}{2}\pi\right)$;

(2) $(\cos x)^{(n)}=\cos\left(x+\frac{n}{2}\pi\right)$;

(3) $(a^x)^{(n)}=a^x\ln^n a$, $(a>0)$.

2.1.7 微分的概念与性质

1. 微分的概念

设函数 $y=f(x)$在点 x 的某个邻域内有定义,当自变量在点 x 处取得增量 Δx 时(点 $x+\Delta x$ 仍在该邻域内),函数 y 相应地取得改变量 $\Delta y=f(x+\Delta x)-f(x)$,若 Δy 可以表示为

$$\Delta y = A\Delta x + o(\Delta x) \quad (\Delta x \to 0),$$

其中 A 可以与 x 有关,但与 Δx 无关,则称 $y=f(x)$在点 x 处**可微**,并称 $A\Delta x$ 为 $y=f(x)$在点 x 处的**微分**,记作 $\mathrm{d}y$ 或 $\mathrm{d}f(x)$,即有

$$\mathrm{d}y = \mathrm{d}f(x) = A\Delta x.$$

由定义,微分 $\mathrm{d}y$ 是 Δx 的线性函数,当 $A\neq 0$ 时,也称微分 $\mathrm{d}y$ 是增量 Δy 的线性主部函数,微分 $\mathrm{d}y$ 与增量 Δy 仅相差一个关于 Δx 的高阶无穷小.

2. 导数与微分的相关定理

函数 $y=f(x)$在点 x 处可微的充分必要条件是 $y=f(x)$在点 x 处可导,并且

$$\mathrm{d}y = f'(x)\Delta x.$$

根据微分的定义,$\mathrm{d}x=(x)'\Delta x=\Delta x$,因此函数 $y=f(x)$在点 x 处的微分最终可以表示为

$$\mathrm{d}y = f'(x)\mathrm{d}x.$$

从导数与微分的关系可以看到,一元函数 $y=f(x)$在点 x 处可导与可微是等价的,且有

$$f'(x) = \frac{\mathrm{d}y}{\mathrm{d}x},$$

即导数可视为函数的微分 $\mathrm{d}y$ 与自变量微分 $\mathrm{d}x$ 的商,因此,导数也被称为“**微商**”.

3. 极限、连续及微分之间的关系

设函数 $y=f(x)$在点 x 的某个邻域内有定义,则函数的极限、连续、导数及微分之间有如下关系:

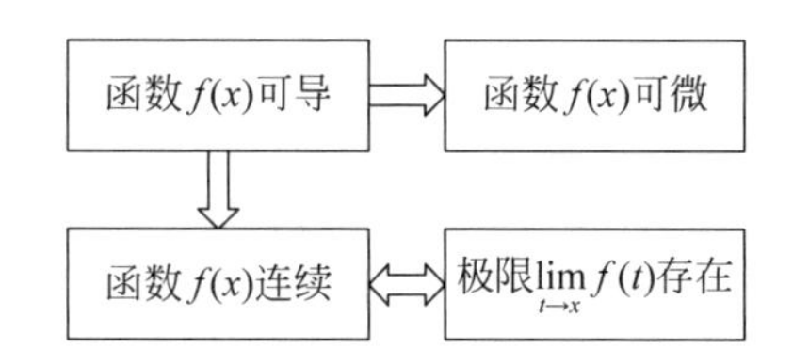

4. 微分的四则运算法则

设函数 $u(x)$ 和 $v(x)$ 在点 x 处均可微，则有

(1) $\mathrm{d}(u\pm v)=\mathrm{d}u\pm \mathrm{d}v$；

(2) $\mathrm{d}(uv)=v\mathrm{d}u+u\mathrm{d}v$；

(3) $\mathrm{d}\left(\frac{u}{v}\right)=\frac{v\mathrm{d}u-u\mathrm{d}v}{v^2}$，其中 $v\neq 0$.

5. 复合函数的微分法则

设函数 $u=\varphi(x)$ 在点 x 处可微，$y=f(u)$ 在对应点 $u=\varphi(x)$ 处可微，则复合函数 $y=f[\varphi(x)]$ 在点 x 处可微，且

$$\mathrm{d}y=y'_x\mathrm{d}x=f'(u)\varphi'(x)\mathrm{d}x.$$

由于 $\mathrm{d}u=\varphi'(x)\mathrm{d}x$，所以 $y=f[\varphi(x)]$ 的微分也可以表示为

$$\mathrm{d}y=f'(u)\mathrm{d}u.$$

这说明对于函数 $y=f(u)$，不论 u 是自变量还是中间变量，其微分都可以表示为如下形式

$$\mathrm{d}y=f'(u)\mathrm{d}u,$$

这一性质称为**一阶微分形式不变性**.

2.1.8　微分在近似计算中的应用

1. 函数的近似计算公式

设函数 $y=f(x)$ 在点 x_0 处可微，根据微分的定义，当 $|\Delta x|$ 很小时，有

$$\Delta y=f(x_0+\Delta x)-f(x_0)\approx f'(x_0)\mathrm{d}x=f'(x_0)\Delta x,$$

从而

$$f(x_0+\Delta x)\approx f(x_0)+f'(x_0)\Delta x,$$

若取 $x=x_0+\Delta x$，则当 $|x-x_0|$ 很小时，有

$$f(x)\approx f(x_0)+f'(x_0)(x-x_0).$$

2. 一些常见的近似公式

当 $|x|$ 很小时，有

(1) $\sin x\approx x$；　(2) $\tan x\approx x$；　(3) $\arcsin x\approx x$；

(4) $\mathrm{e}^x\approx 1+x$；　(5) $\ln(1+x)\approx x$；　(6) $\sqrt[n]{1+x}\approx 1+\frac{x}{n}$.

*3. 误差估计

设某个量的精确值为 A,它的近似值为 a,则称 $|A-a|$ 为 a 的**绝对误差**,$\frac{|A-a|}{|a|}$ 称为 a 的**相对误差**. 事实上,在实际问题中,由于精确值 A 往往无法得到,故绝对误差和相对误差也就无法求得.

若 $|A-a|\leqslant\delta$,则称 δ 为**绝对误差限**,$\frac{\delta}{|a|}$ 为**相对误差限**. 绝对误差限与相对误差限通常也称为**绝对误差**与**相对误差**.

2.2 典型例题分析

2.2.1 题型一 导数的定义问题

例 2.1 设 $g(x)$ 在 $x=a$ 处连续,$f(x)=(x^2-a^2)g(x)$,试求 $f'(a)$.

解 根据导数的定义,有

$$f'(a)=\lim_{x\to a}\frac{f(x)-f(a)}{x-a}=\lim_{x\to a}\frac{(x^2-a^2)g(x)}{x-a}=\lim_{x\to a}[(x+a)g(x)]=2ag(a).$$

例 2.2 已知 $\lim\limits_{x\to 1}\frac{f(x)-f(1)}{(x-1)^2}=5$,求 $f'(1)$.

解 根据导数的定义,有

$$f'(1)=\lim_{x\to 1}\frac{f(x)-f(1)}{x-1}=\lim_{x\to 1}\frac{f(x)-f(1)}{(x-1)^2}\cdot(x-1)=5\times 0=0.$$

例 2.3 设 $f(x)=x(x-1)(x-2)\cdots(x-1000)$,试求 $f'(0)$.

解法 1 根据导数的定义,有

$$\begin{aligned}f'(0)&=\lim_{x\to 0}\frac{f(x)-f(0)}{x-0}=\lim_{x\to 0}\frac{x(x-1)(x-2)\cdots(x-1000)}{x}\\&=\lim_{x\to 0}(x-1)(x-2)\cdots(x-1000)\\&=(-1)^{1000}1000!=1000!.\end{aligned}$$

解法 2 根据求导公式,

$$f'(x)=(x-1)(x-2)\cdots(x-100)+x[(x-1)(x-2)\cdots(x-1000)]',$$

因此

$$f'(0)=1000!+0=1000!.$$

例 2.4 设 $f(x)$ 在 $x=0$ 的某个邻域内有定义,且满足 $|f(x)|\leqslant x^2$,试证明 $f'(0)=0$.

解 由题意可知,$f(0)=0$,由于 $|f(x)|\leqslant x^2$,因此 $\left|\frac{f(x)}{x}\right|\leqslant|x|$,即

$$-|x|\leqslant\frac{f(x)}{x}\leqslant|x|,$$

由夹逼定理可知,

$$f'(0)=\lim_{x\to0}\frac{f(x)-f(0)}{x-0}=\lim_{x\to0}\frac{f(x)}{x}=0.$$

例 2.5　设 $f(0)=0$,则 $f(x)$在 $x=0$ 处可导的一个充要条件是(　　).

(A) $\lim\limits_{h\to+\infty}hf\left(\frac{1}{h}\right)$存在；　　(B) $\lim\limits_{h\to0}\frac{f(2h)-f(h)}{h}$存在；

(C) $\lim\limits_{h\to0}\frac{1}{h}f(e^h-1)$存在；　　(D) $\lim\limits_{h\to0}\frac{1}{h^2}f(\cos h-1)$存在.

解　答案选 C. 因为,令 $t=e^h-1$,则 $h\to0\Leftrightarrow t\to0$,从而

$$\lim_{h\to0}\frac{1}{h}f(e^h-1)=\lim_{h\to0}\frac{f(e^h-1)}{e^h-1}\cdot\frac{e^h-1}{h}=\lim_{h\to0}\frac{f(e^h-1)}{e^h-1}\cdot\lim_{h\to0}\frac{e^h-1}{h}$$
$$=\lim_{t\to0}\frac{f(t)-f(0)}{t-0}=f'(0).$$

A 选项错误. 因为令 $t=\frac{1}{h}$,则 $h\to+\infty\Leftrightarrow t\to0^+$,从而

$$\lim_{h\to+\infty}hf\left(\frac{1}{h}\right)=\lim_{t\to0^+}\frac{f(t)-f(0)}{t-0}=f'_+(0),$$

即选项 A 中的极限存在仅保证了 $f'_+(0)$存在.

B 选项错误. 因为 $f(x)$在 $x=0$ 处可导可以推出极限$\lim\limits_{h\to0}\frac{f(2h)-f(h)}{h}$存在. 但$\lim\limits_{h\to0}\frac{f(2h)-f(h)}{h}$存在不一定能推出 $f(x)$在 $x=0$ 处可导,例如若取函数 $f(x)=\begin{cases}0, & x=0\\1, & x\neq0\end{cases}$,则有

$$\lim_{h\to0}\frac{f(2h)-f(h)}{h}=\lim_{h\to0}\frac{1-1}{h}=\lim_{h\to0}0=0,$$

即极限$\lim\limits_{h\to0}\frac{f(2h)-f(h)}{h}$存在,但函数 $f(x)$在 $x=0$ 处不可导.

D 选项错误. 因为令 $t=\cos(h)-1$,则 $h\to0\Leftrightarrow t\to0^-$,从而

$$\lim_{h\to0}\frac{1}{h^2}f(\cos h-1)=\lim_{h\to0}\frac{f(\cos h-1)}{\cos h-1}\cdot\frac{\cos h-1}{h^2}$$
$$=\lim_{h\to0}\frac{f(\cos h-1)}{\cos h-1}\cdot\lim_{h\to0}\frac{\cos h-1}{h^2}$$
$$=-\frac{1}{2}\lim_{t\to0^-}\frac{f(t)-f(0)}{t}=-\frac{1}{2}f'_-(0),$$

即选项 D 中极限存在仅保证了 $f'_-(0)$存在.

2.2.2　题型二　利用导数的定义求极限

例 2.6　已知函数 $f(x)$满足 $f(1)=0,f'(1)=2$,求极限$\lim\limits_{x\to1}\frac{f(x)}{x-1}$.

解　根据导数的定义,

$$\lim_{x\to1}\frac{f(x)}{x-1}=\lim_{x\to1}\frac{f(x)-f(1)}{x-1}=f'(1)=2.$$

例 2.7 已知函数 $f(x)$ 在 x_0 处可导,试求下列极限:

(1) $\lim\limits_{h\to 0}\dfrac{f(x_0)-f(x_0-h)}{h}$;

(2) $\lim\limits_{h\to 0}\dfrac{f(x_0+2h)-f(x_0-h)}{h}$;

(3) $\lim\limits_{n\to\infty}n\left[f\left(x_0+\dfrac{1}{n}\right)-f(x_0)\right]$.

解 (1) 原式 $=\lim\limits_{h\to 0}\dfrac{f(x_0-h)-f(x_0)}{-h}=\lim\limits_{t\to 0}\dfrac{f(x_0+t)-f(x_0)}{t}=f'(x_0)$.

(2) 原式

$$=\lim_{h\to 0}\frac{[f(x_0+2h)-f(x_0)]-[f(x_0-h)-f(x_0)]}{h}$$

$$=2\lim_{h\to 0}\frac{f(x_0+2h)-f(x_0)}{2h}+\lim_{h\to 0}\frac{f(x_0-h)-f(x_0)}{-h}$$

$$=2f'(x_0)+f'(x_0)=3f'(x_0).$$

(3) 原式 $=\lim\limits_{n\to\infty}\dfrac{f\left(x_0+\dfrac{1}{n}\right)-f(x_0)}{\dfrac{1}{n}}=f'(x_0)$.

例 2.8 已知函数 $f(x)$ 满足 $f(1)=0, f'(1)=2$,求极限 $\lim\limits_{n\to\infty}\left[1+f\left(1+\dfrac{1}{n}\right)\right]^n$.

解 结合第二个重要极限和导数的定义,有

$$\text{原式} = \lim_{n\to\infty}\left[1+f\left(1+\frac{1}{n}\right)\right]^{\frac{1}{f\left(1+\frac{1}{n}\right)}\cdot\frac{f\left(1+\frac{1}{n}\right)-f(1)}{\frac{1}{n}}} = e^{f'(1)} = e^2.$$

例 2.9 【2011(3)】设 $f(x)$ 在 $x=0$ 处可导,且 $f(0)=0$,则 $\lim\limits_{x\to 0}\dfrac{x^2f(x)-2f(x^3)}{x^3}=($ $)$.

(A) $-2f'(0)$; (B) $-f'(0)$; (C) $f'(0)$; (D) 0.

解 根据导数的定义

$$\text{原式}=\lim_{x\to 0}\frac{f(x)}{x}-2\lim_{x\to 0}\frac{f(x^3)}{x^3}=\lim_{x\to 0}\frac{f(x)-f(0)}{x}-2\lim_{x\to 0}\frac{f(x^3)-f(0)}{x^3}$$

$$=f'(0)-2f'(0)=-f'(0).$$

故选项(B)正确.

2.2.3 题型三 利用四则运算法则求导数

例 2.10 求解下列函数的导数.

(1) $y=x^2\arccos x-\sqrt{1-x^2}$.

解 $y=2x\arccos x-x^2\cdot\dfrac{1}{\sqrt{1-x^2}}-\dfrac{-2x}{2\sqrt{1-x^2}}=2x\arccos x+\dfrac{x-x^2}{\sqrt{1-x^2}}$.

(2) $y=\dfrac{x}{2}\sqrt{x^2+1}+\dfrac{1}{2}\ln(x+\sqrt{x^2+1})$.

解 $y'=\dfrac{1}{2}\sqrt{x^2+1}+\dfrac{x}{2}\cdot\dfrac{2x}{2\sqrt{x^2+1}}+\dfrac{1}{2}\cdot\dfrac{1}{x+\sqrt{x^2+1}}(x+\sqrt{x^2+1})'$

$$=\frac{1}{2}\sqrt{x^2+1}+\frac{x^2}{2\sqrt{x^2+1}}+\frac{1}{2}\cdot\frac{1+\frac{2x}{2\sqrt{x^2+1}}}{x+\sqrt{x^2+1}}$$

$$=\frac{1}{2}\sqrt{x^2+1}+\frac{x^2}{2\sqrt{x^2+1}}+\frac{1}{2\sqrt{x^2+1}}$$

$$=\sqrt{x^2+1}.$$

(3) $y=\ln\frac{1-x}{1+x}$.

解　函数的定义域为$(-1,1)$,因此 $y=\ln(1-x)-\ln(1+x)$,所以

$$y'=\frac{1}{1-x}\times(-1)-\frac{1}{1+x}=\frac{2}{x^2-1}.$$

(4) $y=x^x+x^{\sin x}$.

解　$y'=e^{x\ln x}(x\ln x)'+e^{\sin x\ln x}(\sin x\ln x)'$

$$=x^x(\ln x+1)+x^{\sin x}\left(\cos x\cdot\ln x+\frac{\sin x}{x}\right).$$

(5) $y=\sqrt{x+\sqrt{x+\sqrt{x}}}$.

解　$y'=\frac{1}{2\sqrt{x+\sqrt{x+\sqrt{x}}}}\left(x+\sqrt{x+\sqrt{x}}\right)'$

$$=\frac{1}{2\sqrt{x+\sqrt{x+\sqrt{x}}}}\cdot\left[1+\frac{1}{2\sqrt{x+\sqrt{x}}}\cdot(x+\sqrt{x})'\right]$$

$$=\frac{1}{2\sqrt{x+\sqrt{x+\sqrt{x}}}}\cdot\left[1+\frac{1}{2\sqrt{x+\sqrt{x}}}\cdot\left(1+\frac{1}{2\sqrt{x}}\right)\right].$$

2.2.4　题型四　分段函数的导数问题

例 2.11　已知函数 $f(x)=\begin{cases}\sqrt{x}\sin x, & x>0,\\ 0, & x=0,\\ \arctan(x^2), & x<0,\end{cases}$ 求 $f'(x)$.

解　当 $x<0$ 时,$f'(x)=[\arctan(x^2)]'=\frac{2x}{1+x^4}$;

当 $x>0$ 时,$f'(x)=\frac{\sin x}{2\sqrt{x}}+\sqrt{x}\cos x$;

当 $x=0$ 时,$f'_+(0)=\lim\limits_{x\to0^+}\frac{f(x)-f(0)}{x}=\lim\limits_{x\to0^+}\frac{\sqrt{x}\sin x}{x}=0$,

$$f'_-(0)=\lim_{x\to0^-}\frac{f(x)-f(0)}{x}=\lim_{x\to0^-}\frac{\arctan(x^2)}{x}=\lim_{x\to0^-}\frac{x^2}{x}=0,$$

所以 $f'(0)=0$. 综上

$$f'(x)=\begin{cases}\dfrac{\sin x}{2\sqrt{x}}+\sqrt{x}\cos x, & x>0,\\[2mm] \dfrac{2x}{1+x^4}, & x\leqslant 0.\end{cases}$$

例 2.12 设 $\varphi(x)$和 $g(x)$在 $x-x_0$ 处可导,且 $\varphi(x_0)=g(x_0)$,且

$$f(x)=\begin{cases}\varphi(x), & x\leqslant x_0,\\ g(x), & x>x_0,\end{cases}$$

若 $f(x)$在 $x=x_0$ 处可导,问 $\varphi(x)$和 $g(x)$应满足什么关系.

解 由于 $f(x)$在 $x=x_0$ 处可导,故 $f'_-(x_0)=f'_+(x_0)$. 又因为

$$f'_-(x_0)=\lim_{x\to x_0^-}\frac{f(x)-f(x_0)}{x-x_0}=\lim_{x\to x_0^-}\frac{\varphi(x)-\varphi(x_0)}{x-x_0}=\varphi'(x_0),$$

$$f'_+(x_0)=\lim_{x\to x_0^+}\frac{f(x)-f(x_0)}{x-x_0}=\lim_{x\to x_0^-}\frac{g(x)-g(x_0)}{x-x_0}=g'(x_0),$$

因此 $\varphi'(x_0)=g'(x_0)$,从而 $\varphi(x)$和 $g(x)$应满足的关系为 $\varphi'(x_0)=g'(x_0)$.

例 2.13 若函数 $f(x)=\begin{cases}\sqrt{x}\sin x+a, & x<0\\ b\sin(2x)+2, & x\geqslant 0\end{cases}$ 在点 $x=0$ 处可导,求常数 a 和 b 的值.

解 因为 $f(x)$在点 $x=0$ 处可导,所以 $f(x)$在点 $x=0$ 处连续,即有

$$\lim_{x\to 0^-}f(x)=\lim_{x\to 0^+}f(x)=f(0).$$

由于 $\lim\limits_{x\to 0^-}f(x)=a$, $\lim\limits_{x\to 0^+}f(x)=2$, $f(0)=2$,得 $a=2$. 又因为 $f(x)$在点 $x=0$ 处可导,所以 $f'_-(0)=f'_+(0)$. 而

$$f'_-(0)=\lim_{x\to 0^-}\frac{f(x)-f(0)}{x}=\lim_{x\to 0^-}\frac{\sqrt{x}\sin x+a-2}{x}=\lim_{x\to 0^-}\frac{\sqrt{x}\sin x}{x}=0,$$

$$f'_+(0)=\lim_{x\to 0^+}\frac{f(x)-f(0)}{x}=\lim_{x\to 0^+}\frac{b\sin(2x)+2-2}{x}=b\lim_{x\to 0^+}\frac{\sin(2x)}{x}=2b,$$

所以 $a=2,b=0$.

例 2.14 设 $F(x)=\begin{cases}\dfrac{f(x)+a\sin x}{\arctan x}, & x\neq 0\\ A, & x=0\end{cases}$ 在 $x=0$ 处连续,其中函数 $f(x)$具有连续的导数,且 $f(0)=0$, $f'(0)=b$,试求常数 A 的值.

解 因为 $F(x)$在 $x=0$ 处连续,则有 $\lim\limits_{x\to 0}F(x)=F(0)$,即有

$$A=\lim_{x\to 0}\frac{f(x)+a\sin x}{\arctan x}.$$

又因为

$$\lim_{x\to 0}\frac{f(x)+a\sin x}{\arctan x}=\lim_{x\to 0}\frac{f(x)+a\sin x}{x}=\lim_{x\to 0}\left(\frac{f(x)}{x}+a\,\frac{\sin x}{x}\right)$$

$$=\lim_{x\to 0}\left(\frac{f(x)-f(0)}{x}+a\,\frac{\sin x}{x}\right)=f'(0)+a=a+b,$$

所以 $A-a+b$.

2.2.5 题型五　反函数、复合函数的求导问题

例 2.15　已知函数 $x=y-\frac{1}{2}\sin y$ 一定存在反函数 $y=f(x)$，求 $f'(x)$.

解　由于

$$x'_y=1-\frac{1}{2}\cos y>0,$$

因此

$$f'(x)=\frac{1}{x'_y}=\frac{1}{1-\frac{1}{2}\cos y}=\frac{2}{2-\cos y}.$$

例 2.16　已知 $\frac{\mathrm{d}}{\mathrm{d}x}[f(x^3)]=\frac{1}{x}$，求 $f'(x)$.

解　令 $u=x^3$，则

$$\frac{\mathrm{d}}{\mathrm{d}x}[f(x^3)]-f'(u)\cdot(x^3)'=3x^2f'(u),$$

所以 $f'(u)=\frac{1}{3x^3}=\frac{1}{3u}$，从而 $f'(x)=\frac{1}{3x}$.

例 2.17　已知函数 $f(x)=\sin x, g(x)=\mathrm{e}^{2x}$，试求 $f'[g(x)]$ 和 $\{f[g(x)]\}'$.

解　由题意

$$f'(x)=\cos x,\quad g'(x)=2\mathrm{e}^{2x},$$

所以

$$f'[g(x)]=\cos(\mathrm{e}^{2x}),$$
$$\{f[g(x)]\}'=f'[g(x)]\cdot g'(x)=\cos(\mathrm{e}^{2x})\cdot 2\mathrm{e}^{2x}=2\mathrm{e}^{2x}\cos(\mathrm{e}^{2x}).$$

注　$f'[g(x)]$ 表示先求导数，再进行复合运算，$\{f[g(x)]\}'$ 表示先进行复合运算，再求导数.

2.2.6 题型六　导数的几何意义

例 2.18　求曲线 $y=f(x)=\ln(\mathrm{e}^x+\sqrt{1+\mathrm{e}^{2x}})$ 在 $x=0$ 处的切线方程和法线方程.

解　当 $x=0$ 时，$y=\ln(1+\sqrt{2})$，

$$y'=\frac{1}{\mathrm{e}^x+\sqrt{1+\mathrm{e}^{2x}}}\cdot(\mathrm{e}^x+\sqrt{1+\mathrm{e}^{2x}})'=\frac{1}{\mathrm{e}^x+\sqrt{1+\mathrm{e}^{2x}}}\cdot\left(\mathrm{e}^x+\frac{2\mathrm{e}^{2x}}{2\sqrt{1+\mathrm{e}^{2x}}}\right)$$
$$=\frac{\mathrm{e}^x}{\sqrt{1+\mathrm{e}^{2x}}}.$$

因此 $f'(0)=\frac{1}{\sqrt{2}}=\frac{\sqrt{2}}{2}$，所以曲线 $y=f(x)$ 在 $x=0$ 处的切线方程为

$$y-\ln(1+\sqrt{2})=\frac{\sqrt{2}}{2}(x-0),\quad 即\ y=\frac{\sqrt{2}}{2}x+\ln(1+\sqrt{2}).$$

曲线 $y=f(x)$ 在 $x=0$ 处的法线方程为

$$y-\ln(1+\sqrt{2})=-\sqrt{2}(x-0),\quad 即\ y=-\sqrt{2}x+\ln(1+\sqrt{2}).$$

例 2.19 【1998(3)】曲线 $f(x)=x^n$ 在点(1,1)处的切线与 x 轴的交点为$(\xi_n,0)$,则 $\lim\limits_{n\to\infty}f(\xi_n)=$________.

解 由于

$$f'(1)=nx^{n-1}\Big|_{x=1}=n,$$

因此切线方程为 $y-1=n(x-1)$. 令 $y=0$,解得 $\xi_n=1-\frac{1}{n}$. 故

$$\lim_{n\to\infty}f(\xi_n)=\lim_{n\to\infty}\left(1-\frac{1}{n}\right)^n=\lim_{n\to\infty}\left(1-\frac{1}{n}\right)^{(-n)\times(-1)}=\frac{1}{\mathrm{e}}.$$

2.2.7 题型七 导函数的几何特性问题

例 2.20 证明下列结论.

(1) 若函数 $f(x)$ 可导且为奇函数,则 $f'(x)$ 为偶函数;

(2) 若函数 $f(x)$ 可导且为偶函数,则 $f'(x)$ 为奇函数;

(3) 若函数 $f(x)$ 可导且为周期函数,则 $f'(x)$ 为周期函数,且周期相同.

证 这里只证明(1),结论(2)和(3)类似可证.

(1) 设 $f(x)$ 可导,且为奇函数,则对于任意的 $x\in D(f)$,有

$$f(-x)=-f(x).$$

等式两边对同时对 x 求导数,得

$$f'(-x)\cdot(-1)=-f'(x),$$

即 $f'(-x)=f'(x)$,所以 $f'(x)$ 为偶函数.

例 2.21 证明下列结论:

(1) 若 $f(x)$ 为奇函数,且 $f'(x_0)=A$,则 $f'(-x_0)=A$;

(2) 若 $f(x)$ 为偶函数,$f'(x_0)=A$,则 $f'(-x_0)=-A$;

(3) 若 $f(x)$ 为周期为 T 的函数,$f'(x_0)=A$,则 $f'(x_0+T)=A$.

证 这里只证明(1),结论(2)和(3)类似可证. 根据导数的定义,得

$$\begin{aligned}f'(-x_0)&=\lim_{\Delta x\to 0}\frac{f(-x_0+\Delta x)-f(-x_0)}{\Delta x}=\lim_{\Delta x\to 0}\frac{-f(x_0-\Delta x)+f(x_0)}{\Delta x}\\&=\lim_{\Delta x\to 0}\frac{f(x_0-\Delta x)-f(x_0)}{-\Delta x}=f'(x_0).\end{aligned}$$

注 这里条件仅仅说明函数 $f(x)$ 在 $x=x_0$ 处可导,没有给出导函数 $f'(x)$ 存在,因此不能使用上题的方法,只能按照导数的定义求解.

2.2.8 题型八 高阶导数问题

例 2.22 设 $y=f(\mathrm{e}^x)$,其中 f 二阶可导,试求$\frac{\mathrm{d}y}{\mathrm{d}x}$和$\frac{\mathrm{d}^2y}{\mathrm{d}x^2}$.

解　根据复合函数运算法则，有

$$y' = f'(\mathrm{e}^x) \cdot \mathrm{e}^x,$$

$$y'' = [f'(\mathrm{e}^x) \cdot \mathrm{e}^x]' = f''(\mathrm{e}^x) \cdot \mathrm{e}^x \cdot \mathrm{e}^x + f'(\mathrm{e}^x) \cdot \mathrm{e}^x = \mathrm{e}^{2x} f''(\mathrm{e}^x) + \mathrm{e}^x f'(\mathrm{e}^x).$$

例 2.23　已知 $g'(x)$连续，$f(x)=(x-a)^2 g(x)$，试求 $f'(a)$和 $f''(a)$.

解　由于

$$f'(x) = 2(x-a)g(x) + (x-a)^2 g'(x),$$

因此 $f'(a)=0$. 根据二阶导数的定义

$$f''(a) = \lim_{x\to a}\frac{f'(x)-f'(a)}{x-a} = \lim_{x\to a}\frac{f'(x)}{x-a} = \lim_{x\to a}[2g(x)+(x-a)g'(x)] = 2g(a).$$

注　这里不能先求 $f''(x)$，再求 $f''(a)$，原因在于函数 $g(x)$不一定二阶可导.

****例 2.24**　已知函数 $y=f(x)=\mathrm{e}^{-\frac{1}{x}}$，求极限$\lim\limits_{t\to 0}\dfrac{f'(2-t)-f'(2)}{t}$.

解　由于

$$\lim_{t\to 0}\frac{f'(2-t)-f'(2)}{t} = -\lim_{t\to 0}\frac{f'(2-t)-f'(2)}{-t} = -f''(2),$$

又因为

$$f'(x) = \mathrm{e}^{-\frac{1}{x}} \cdot \left(-\frac{1}{x}\right)' = \mathrm{e}^{-\frac{1}{x}} \cdot \frac{1}{x^2},$$

$$f''(x) = \mathrm{e}^{-\frac{1}{x}} \cdot \frac{1}{x^2} \cdot \frac{1}{x^2} + \mathrm{e}^{-\frac{1}{x}} \cdot \left(-2 \cdot \frac{1}{x^3}\right),$$

所以

$$f''(2) = \mathrm{e}^{-\frac{1}{2}} \cdot \frac{1}{16} + \mathrm{e}^{-\frac{1}{2}} \cdot \left(-\frac{1}{4}\right) = -\frac{3}{16}\mathrm{e}^{-\frac{1}{2}}.$$

例 2.25　已知函数 $f(x)=\begin{cases} x^4 \sin\dfrac{1}{x}, & x\neq 0, \\ 0, & x=0, \end{cases}$ 试求$\left.\dfrac{\mathrm{d}^2 y}{\mathrm{d}x^2}\right|_{x=0}$.

解　当 $x\neq 0$ 时，

$$f'(x) = 4x^3\sin\frac{1}{x} + x^4\cos\frac{1}{x}\left(-\frac{1}{x^2}\right),$$

即

$$f'(x) = 4x^3\sin\frac{1}{x} - x^2\cos\frac{1}{x}.$$

当 $x=0$ 时，

$$f'(0) = \lim_{x\to 0}\frac{f(x)-f(0)}{x-0} = \lim_{x\to 0}\frac{x^4\sin\frac{1}{x}-0}{x-0} = \lim_{x\to 0}x^3\sin\frac{1}{x} = 0,$$

根据二阶导数的定义，有

$$f''(0) = \lim_{x\to 0}\frac{f'(x)-f'(0)}{x-0} = \lim_{x\to 0}\left(4x^2\sin\frac{1}{x} - x\cos\frac{1}{x}\right) = 0.$$

例 2.26　已知 $f(x)$具有任意阶导数，且 $f'(x)=[f(x)]^2$，试求 $f^{(n)}(x)$(其中整数

$n>2$).

解 由于

$$f''(x)=2f(x)f'(x)=2[f(x)]^3,$$
$$f'''(x)=2\times 3[f(x)]^2f'(x)=3![f(x)]^4,$$
$$f^{(4)}(x)=4![f(x)]^3f'(x)=4![f(x)]^5,$$

依此类推可得 $f^{(n)}(x)=n![f(x)]^{n+1}$.

2.2.9 题型九 隐函数的求导问题

例 2.27 已知函数 $y=f(x)$由方程 $e^y+6xy+x^2=e^2$ 确定,求 y'和 $y'\big|_{x=0}$.

解 将 $x=0$ 代入原方程,解得 $y=2$. 方程两边关于 x 求导,得

$$e^y\cdot y'+6y+6xy'+2x=0,$$

整理得

$$y'(e^y+6x)=-2x-6y,$$

因此有

$$y'=-\frac{2x+6y}{e^y+6x},\quad y'\bigg|_{x=0}=-12e^{-2}.$$

例 2.28 设方程 $e^x=y^y$ 确定 y 为 x 的函数,试求 y 的微分 dy.

解 方程两边分别取对数,得

$$x=y\ln y,$$

方程两边关于 x 求导,并将 y 视为 x 的函数,得

$$1=y'\ln y+y\cdot\frac{1}{y}\cdot y',$$

即 $y'=\dfrac{1}{1+\ln y}$,所以 $dy=y'dx=\dfrac{1}{1+\ln y}dx$.

例 2.29 已知 $y=\dfrac{(x+1)\sqrt{x-1}}{(x+4)^2e^{2x}}$,求 y'.

解 等式两边同时取对数,则有

$$\ln y=\ln(x+1)+\frac{1}{2}\ln(x-1)-2\ln(x+4)-2x,$$

上式两边同时对 x 求导数,并将 y 视为 x 的函数,得

$$\frac{1}{y}y'=\frac{1}{x+1}+\frac{1}{2(x-1)}-\frac{2}{x+4}-2,$$

所以

$$\begin{aligned}y'&=y\left[\frac{1}{x+1}+\frac{1}{2(x-1)}-\frac{2}{x+4}-2\right]\\&=\frac{(x+1)\sqrt{x-1}}{(x+4)^2e^{2x}}\left[\frac{1}{x+1}+\frac{1}{2(x-1)}-\frac{2}{x+4}-2\right].\end{aligned}$$

例 2.30 设由 $x^2+y^2=a^2$ 确定函数 $y=f(x)$,求$\dfrac{d^2y}{dx^2}$.

解 方程两边关于 x 求导,并将 y 视为 x 的函数,得 $2x+2y\cdot y'=0$,即有

$$x+y\cdot y'=0,$$

上式两边关于 x 再求导数,得

$$1+y'\cdot y'+y\cdot y''=0,$$

所以

$$y'=-\frac{x}{y},$$

$$y''=-\frac{1+(y')^2}{y}=-\frac{1+\frac{x^2}{y^2}}{y}=-\frac{y^2+x^2}{y^3}=-\frac{a^2}{y^3}.$$

2.2.10 题型十 参数方程的求导问题

例 2.31 已知摆线的参数方程为 $\begin{cases}x=a(t-\sin t)\\ y=a(1-\cos t)\end{cases}$,其中 $a>0$,试求 $\left.\frac{\mathrm{d}y}{\mathrm{d}x}\right|_{t=\frac{\pi}{2}}$ 和 $\left.\frac{\mathrm{d}^2y}{\mathrm{d}x^2}\right|_{t=\frac{\pi}{2}}$.

解 由于

$$\frac{\mathrm{d}y}{\mathrm{d}x}=\frac{y'(t)}{x'(t)}=\frac{a\sin t}{a(1-\cos t)}=\frac{\sin t}{1-\cos t},$$

$$\begin{aligned}\frac{\mathrm{d}^2y}{\mathrm{d}x^2}&=\frac{\mathrm{d}}{\mathrm{d}x}\left(\frac{\mathrm{d}y}{\mathrm{d}x}\right)=\frac{\mathrm{d}}{\mathrm{d}t}\left(\frac{\mathrm{d}y}{\mathrm{d}x}\right)\cdot\frac{\mathrm{d}t}{\mathrm{d}x}=\frac{\mathrm{d}}{\mathrm{d}t}\left(\frac{\mathrm{d}y}{\mathrm{d}x}\right)\cdot\frac{1}{x'(t)}\\&=\frac{\cos t\cdot(1-\cos t)-\sin t\cdot\sin t}{(1-\cos t)^2}\cdot\frac{1}{a(1-\cos t)}\\&=-\frac{1}{a(1-\cos t)^2},\end{aligned}$$

因此

$$\left.\frac{\mathrm{d}y}{\mathrm{d}x}\right|_{t=\frac{\pi}{2}}=1,\quad \left.\frac{\mathrm{d}^2y}{\mathrm{d}x^2}\right|_{t=\frac{\pi}{2}}=-\frac{1}{a}.$$

例 2.32 设 $y=f(x)$ 由参数方程 $\begin{cases}x=2t^2+3t+4\\ \mathrm{e}^y\cos t+y^2+t=0\end{cases}$ 确定,试求 $\frac{\mathrm{d}y}{\mathrm{d}x}$.

解 由题意,$x'(t)=4t+3$. 等式 $\mathrm{e}^y\cos t+y^2+t=0$ 两边同时对 t 求导数得

$$y'(t)\cdot\mathrm{e}^y\cos t-\mathrm{e}^y\sin t+2y\cdot y'(t)+1=0,$$

解得

$$y'(t)=\frac{\mathrm{e}^y\sin t-1}{\mathrm{e}^y\cos t+2y},$$

从而

$$\frac{\mathrm{d}y}{\mathrm{d}x}=\frac{y'(t)}{x'(t)}=\frac{\frac{\mathrm{e}^y\sin t-1}{\mathrm{e}^y\cos t+2y}}{4t+3}=\frac{\mathrm{e}^y\sin t-1}{(\mathrm{e}^y\cos t+2y)(4t+3)}.$$

2.2.11 题型十一 导函数的连续性问题

例 2.33 设 $f(x)=\begin{cases}x^3\sin\dfrac{1}{x}, & x\neq 0,\\ 0, & x=0,\end{cases}$ 试求 $f'(x)$的表达式,并讨论 $f'(x)$的连续性.

解 当 $x\neq 0$ 时,

$$f'(x)=\left(x^3\sin\frac{1}{x}\right)'=3x^2\sin\frac{1}{x}+x^3\cos\frac{1}{x}\times\left(\frac{1}{x}\right)'=3x^2\sin\frac{1}{x}-x\cos\frac{1}{x}.$$

当 $x=0$ 时,由于

$$\lim_{x\to 0}\frac{f(x)-f(0)}{x-0}=\lim_{x\to 0}\frac{x^3\sin\frac{1}{x}-0}{x}=\lim_{x\to 0}x^2\sin\frac{1}{x}=0,$$

即 $f'(0)=0$. 因此

$$f'(x)=\begin{cases}3x^2\sin\dfrac{1}{x}-x\cos\dfrac{1}{x}, & x\neq 0,\\ 0, & x=0.\end{cases}$$

由于

$$\lim_{x\to 0}f'(x)=\lim_{x\to 0}\left(3x^2\sin\frac{1}{x}-x\cos\frac{1}{x}\right)=0=f'(0),$$

因此 $f'(x)$在 $x=0$ 处连续,从而函数 $f'(x)$在$(-\infty,+\infty)$内连续.

2.2.12 题型十二 微分问题

例 2.34 设函数 $y=f(x)$由方程 $x^2\arctan y+x+y=1$ 确定,试求 $\mathrm{d}y\big|_{x=0}$.

解法 1 当 $x=0$ 时,$y=1$,等式 $x^2\arctan y+x+y=1$ 两边同时对 x 求导数,则

$$2x\arctan y+x^2\cdot\frac{y'}{1+y^2}+1+y'=0,$$

解得 $y'=-\dfrac{(1+y^2)(1+2x\arctan y)}{x^2+y^2+1}$,从而

$$\mathrm{d}y=y'\mathrm{d}x=-\frac{(1+y^2)(1+2x\arctan y)}{x^2+y^2+1}\mathrm{d}x,$$

故 $\mathrm{d}y\big|_{x=0}=-\mathrm{d}x$.

解法 2 当 $x=0$ 时,$y=1$,等式 $x^2\arctan y+x+y=1$ 两边同时取微分,则

$$2x\mathrm{d}x\cdot\arctan y+x^2\cdot\frac{\mathrm{d}y}{1+y^2}+\mathrm{d}x+\mathrm{d}y=0,$$

解得 $\mathrm{d}y=-\dfrac{(1+y^2)(1+2x\arctan y)}{x^2+y^2+1}\mathrm{d}x$,从而 $\mathrm{d}y\big|_{x=0}=-\mathrm{d}x$.

例 2.35 若函数 $y=f(x)$在 $x=x_0$ 处可微,$\mathrm{d}y$ 与 Δy 分别表示函数 $f(x)$在 $x=x_0$ 处的微分与增量,则 $\lim\limits_{\Delta x\to 0}\dfrac{\mathrm{d}y-\Delta y}{\Delta x}=$( ).

(A) 1; (B) -1; (C) 0; (D) 无法确定.

解 根据微分的定义,当 $\Delta x\to 0$ 时,$\Delta y=\mathrm{d}y+o(\Delta x)$,因此

$$\lim_{\Delta x\to 0}\frac{\mathrm{d}y-\Delta y}{\Delta x}=\lim_{\Delta x\to 0}\frac{-o(\Delta x)}{\Delta x}=0,$$

故答案选 C.

2.3 习题精选

1. 填空题

(1) 设 $f(x)=\ln\sqrt{1+x^2}$,则 $f'(0)=$________.

(2) 已知 $f(x)=\dfrac{1}{1+x}$满足 $f(x_0)=2$,则 $f'(x_0)=$________.

(3) 设 $y=x^x,(x>0)$,则 $y'=$________.

(4) 设 $y=x^2 2^x+\mathrm{e}^{\sqrt{2}}$,则 $y'=$________.

(5) 已知 $y=x^n+\mathrm{e}^{-x}$,则 $y^{(n)}=$________.

**(6) 设函数 $f(x)$满足 $f(0)=1,f'(0)=-1$,则$\lim\limits_{x\to 1}\dfrac{f(\ln x)-1}{x-1}=$________.

(7) 曲线 $y=3\mathrm{e}^{2x}$在点 $x=1$ 处的切线方程为________.

(8) 由隐函数 $2y+\mathrm{e}^{xy}=2$ 所确定的曲线在 $x=0$ 处的切线方程为________.

(9) 设曲线 $y=3x^2+2x+1$ 在点 M 处的切线的斜率为 8,则点 M 的坐标为________.

(10) 曲线 $y=x^2$ 上与曲线 $y=4x$ 平行的切线方程是________.

(11) 已知 $f(x)=\dfrac{1}{1+x}$满足 $f(x_0)=2$,则 $f[f'(x_0)]=$________.

(12) 设 $y=f(x^2+a)$,其中 f 二阶可导,a 为常数,则 $y''=$________.

(13) 已知 $y^{(n-2)}=f(\ln x)$,其中 f 任意阶可导,则 $y^{(n)}=$________.

(14) 已知函数 $y=\ln(1+2x)$,则 $y'''(0)=$________.

(15) 已知 $f(x)=\begin{cases}\mathrm{e}^{2x}, & x\leqslant 0,\\ a+b\ln(1+2x), & x>0\end{cases}$ 在 $x=0$ 处可导,则 $a=$________; $b=$________.

(16) 当 $x=1,\Delta x=0.01$ 时,$\mathrm{d}(x^3)=$________.

(17) $\mathrm{d}(\mathrm{e}^{3x})=$________ $\mathrm{d}(3x)=$________ $\mathrm{d}x$.

(18) 已知函数 $f(x)$满足 $\mathrm{d}\sqrt{1-4x^2}=f(x)\mathrm{d}[\arcsin(2x)]$,则 $f(x)=$________.

(19) 设 $y=f(x)$由$\begin{cases}x=\arcsin t\\ 2y+3ty-t^2=1\end{cases}$确定,则$\dfrac{\mathrm{d}y}{\mathrm{d}x}=$________.

2. 单项选择题

(1) 若 $f(x)$在 $x=a$ 处可导,则下列选项不一定正确的是(　　).

(A) $\lim\limits_{x\to a}f(x)=f(a)$ 　　(B) $\lim\limits_{x\to a}f'(x)=f'(a)$

(C) $\lim\limits_{h\to 0}\dfrac{f(a-h)-f(a+h)}{h}$存在 　　(D) $\lim\limits_{x\to a}\dfrac{f(a)-f(x)}{x-a}$存在

(2) 设 $f(x)$在点 x_0 处可导,且$\lim\limits_{x\to 0}\dfrac{x}{f(x_0-2x)-f(x_0)}=\dfrac{1}{4}$,则 $f'(x_0)$等于( ).

(A) 4 (B) -4 (C) 2 (D) -2

(3) 设函数 $f(x)$满足 $f(0)=0$,且$\lim\limits_{x\to 0}\dfrac{f(2x)}{x}$存在,则$\lim\limits_{x\to 0}\dfrac{f(2x)}{x}=$( ).

(A) $f'(x)$ (B) $f'(0)$ (C) $2f'(0)$ (D) $\dfrac{1}{2}f'(0)$

(4) 设 $f(x)=\begin{cases}\ln x, & x\geqslant 1,\\ x-1, & x<1,\end{cases}$ 则 $f(x)$在 $x=1$ 处( ).

(A) 不连续 (B) 连续但不可导

(C) $f'(1)=-1$ (D) $f'(1)=1$

(5) 已知函数 $y=\ln(x^2)$,则 $\mathrm{d}y=$( ).

(A) $\dfrac{2}{x}\mathrm{d}x$ (B) $\dfrac{2}{x}$ (C) $\dfrac{1}{x^2}\mathrm{d}x$ (D) $\dfrac{1}{x^2}$

(6) 设 $f(x)=\begin{cases}\dfrac{|x^2-1|}{x-1} & x\neq 1\\ 2 & x=1\end{cases}$,则 $f(x)$在 $x=1$ 处( ).

(A) 不连续 (B) 连续但不可导

(C) 可导 (D) 不确定

(7) 设 $f(x)=\arctan\dfrac{1}{x}$,则$\lim\limits_{\Delta x\to 0}\dfrac{f(a)-f(a-2\Delta x)}{\Delta x}=$( ).

(A) $\dfrac{1}{1+a^2}$ (B) $-\dfrac{1}{1+a^2}$ (C) $\dfrac{2}{1+a^2}$ (D) $-\dfrac{2}{1+a^2}$

(8) 设 $y=f(x)$在点 x_0 处可微,$\Delta y=f(x_0+\Delta x)-f(x_0)$,则当 $\Delta x\to 0$ 时,则下列结论正确的是( ).

(A) $\mathrm{d}y$ 与 Δx 是等价无穷小量 (B) $\mathrm{d}y$ 是比 Δx 高阶的无穷小量

(C) $\Delta y-\mathrm{d}y$ 是比 Δx 高阶的无穷小量 (D) $\Delta y-\mathrm{d}y$ 与 Δx 是同阶无穷小量

(9) 函数 $y=x^{\frac{2}{3}}$在 $x=0$ 处( ).

(A) 可导 (B) 不连续

(C) 不可导但有切线 (D) 不可导且无切线

(10) 设 $y=\mathrm{e}^x+\mathrm{e}^{-x}$,则 $y^{(100)}=$( ).

(A) $\mathrm{e}^x+\mathrm{e}^{-x}$ (B) $\mathrm{e}^x-\mathrm{e}^{-x}$

(C) $-\mathrm{e}^x+\mathrm{e}^{-x}$ (D) $-\mathrm{e}^x-\mathrm{e}^{-x}$

(11) 若下列极限都存在,则下列等式成立的是( ).

(A) $\lim\limits_{h\to 0^-}\dfrac{f(a+h)-f(a)}{h}=f'(a)$ (B) $\lim\limits_{x\to 0}\dfrac{f(x_0)-f(x_0-x)}{x}=f'(x_0)$

(C) $\lim\limits_{h\to 0}\dfrac{f(a+h)-f(a-h)}{2h}=f'(a)$ (D) $\lim\limits_{h\to 0^+}\dfrac{f(a+h)-f(a)}{h}=f'(a)$

(12) 设函数 $f(x)$对 $\forall x\in R$ 均满足 $f(-x)=f(x)$,且 $f'(-x_0)=2$,则 $f'(x_0)=$( ).

(A) 2　　(B) -2　　(C) $\frac{1}{2}$　　(D) $-\frac{1}{2}$

3. 求下列函数的导数.

(1) $y=2^x+x^2+\ln 2$;

(2) $y=\frac{1}{2}(x^2+1)\arctan^2 x+\frac{1}{2}\ln(1+x^2)$;

(3) $y=\frac{x}{2}\sqrt{9-x^2}+\frac{9}{2}\arcsin\frac{x}{3}$，求 y';

(4) $y=\sqrt{1-x^2}-\arccos\frac{a}{x}$，其中 $a\neq 0$;

(5) $y=(\tan x)^x+x^{2x}$;

(6) $y=\sqrt{e^{\frac{1}{x}}\sqrt{x\sqrt{\sin x}}}$.

4. 求下列函数的微分.

(1) $y=\ln\cos\sqrt{x}+e^2$;

(2) $y=\frac{1}{2}\ln\tan\frac{x}{2}-\frac{\cos x}{2\sin^2 x}$;

(3) $y=x\sqrt{1-x^2}+\arcsin x$;

(4) $y=x^{x^2}+e^{x^2}$;

(5) $y=\ln x+x^{\sin\frac{1}{x}}$;

(6) $y=\frac{(x+1)\sqrt{x-1}}{(x+4)^2 e^x}$.

5. 设 $f(x)=\begin{cases}x^2\sin\frac{1}{x}, & x\neq 0,\\ 0, & x=0,\end{cases}$ 试求 $f'(x)$的表达式，并判断 $f'(x)$在 $x=0$ 点是否连续，若 $x=0$ 为间断点，试判断间断点的类型.

6. 设 $f(x)$为可导的偶函数，且$\lim\limits_{x\to 1}\frac{f(2x-1)-f(1)}{x-1}=\frac{1}{2}$，求 $f'(-1)$.

7. 已知函数 $f(x)=\begin{cases}x^2, & x\leqslant 1\\ ax+b\sqrt{x}, & x>1\end{cases}$ 可导，求 a 和 b 的值.

8. 设 $f(t)=\lim\limits_{x\to\infty}\left(1+\frac{1}{x}\right)^{2xt}$，试求 $f'(x)$.

9. 已知 $y=f(x)$是由方程 $\sin(xy)+e^y=2x$ 确定的隐函数，求 $y=f(x)$在点$\left(\frac{1}{2},0\right)$处的切线方程和法线方程.

10. 设 $y=f(\ln x)+\ln f(x)$，其中 $f(x)$二阶可导，求$\frac{d^2y}{dx^2}$.

11. 已知 $y=x^3\sin x$，试求 $y^{(n)}$，其中 n 为正整数.

12. 已知 $y=f(x)$由方程 $\cos(x^2+y)=x+y$ 所确定，求$\frac{dy}{dx}$和$\frac{d^2y}{dx^2}$.

13. 若 $y=f(x)$是由方程 $\ln\sqrt{x^2+y^2}=\arctan\frac{y}{x}$所确定的隐函数，试求$\frac{dy}{dx}$和$\frac{d^2y}{dx^2}$.

14. 若 $y=f(x)$是由方程 $y=1+xe^y$ 所确定的隐函数，试求：

(1) 曲线 $y=f(x)$上对应点 $x=0$ 处的切线方程；　(2) $\frac{d^2y}{dx^2}$.

15. 设 $y=f(x)$是由方程 $e^x-e^y=xy$ 确定的隐函数,试求:

(1) 曲线 $y=f(x)$在 $x=0$ 处的切线和法线方程; (2) $f''(0)$.

****16.** 已知 $y=x\cdot f\left(\dfrac{\sin x}{x}\right)$,其中 f 二阶可导,求$\dfrac{d^2y}{dx^2}$.

****17.** 已知函数 $y=\dfrac{x^2}{1-x^2}$,求 $y^{(n)}(0)$.

18. 计算$\sqrt{1.05}$的近似值.

19. 设 $a>0$ 为实数,a 为正整数,$|b|$与 a^n 相比是很小的量,试证明 $\sqrt[n]{a^n+b}\approx a+\dfrac{b}{na^{n-1}}$.

20. 已知 $y=y(x)$由参数方程$\begin{cases}x=1+t^3+\sin t\\ y=e^{2t}+t\end{cases}$确定,试求$\dfrac{dy}{dx}$.

21. 设 $y=y(x)$由参数方程$\begin{cases}x=a\cos^3t\\ y=a\sin^3t\end{cases}$确定,试求$\dfrac{dy}{dx}$和$\dfrac{d^2y}{dx^2}$.

****22.** 设 $y=y(x)$由参数方程$\begin{cases}x=a\cos^3t\\ y=a\sin^3t\end{cases}$确定,试求$\dfrac{d^3y}{dx^3}$和$\left.\dfrac{d^3y}{dx^3}\right|_{t=\frac{\pi}{4}}$.

2.4 习题详解

1. 填空题

(1) 0; (2) -4; (3) $x^x(1+\ln x)$;

(4) $x2^x(2+x\ln 2)$; (5) $n!+(-1)^ne^{-x}$;

(6) -1;**提示** 令 $t=\ln x$,则

$$原式=\lim_{t\to 0}\frac{f(t)-1}{e^t-1}=\lim_{t\to 0}\frac{f(t)-1}{t}=\lim_{t\to 0}\frac{f(0+t)-f(0)}{t}=f'(0).$$

(7) $y-3e^2=6e^2(x-1)$; (8) $y=-\dfrac{1}{4}x+\dfrac{1}{2}$;

(9) $(1,6)$; (10) $y=4x-4$; (11) $-\dfrac{1}{3}$;

(12) $2f'(x^2+a)+4x^2f''(x^2+a)$; (13) $\dfrac{f''(\ln x)-f'(\ln x)}{x^2}$;

(14) 16; (15) 1,1; (16) 0.03;

(17) e^{3x}, $3e^{3x}$; (18) $-2x$;

(19) $\dfrac{(2t-3y)\sqrt{1-t^2}}{2+3t}$;**提示** 等式 $2y+3ty-t^2=1$ 两边同时对 t 求导数得

$$2y'(t)+3y+3ty'(t)-2t=0,$$

解得 $y'(t)=\dfrac{2t-3y}{2+3t}$. 而 $x'(t)=\dfrac{1}{\sqrt{1-t^2}}$,从而

$$\frac{\mathrm{d}y}{\mathrm{d}x}=\frac{y'(t)}{x'(t)}=\frac{\dfrac{2t-3y}{2+3t}}{\dfrac{1}{\sqrt{1-t^2}}}=\frac{(2t-3y)\sqrt{1-t^2}}{2+3t}.$$

2. 单项选择题

(1) B;　(2) D;　(3) C;　(4) D;　(5) A;　(6) A;

(7) D;　(8) C;　(9) C;　(10) A;　(11) B;　(12) B.

3.

(1) $y'=2^x\ln2+2x$;

(2) $y'=x\arctan^2x+\arctan x+\dfrac{x}{1+x^2}$;

(3) $y'=\dfrac{1}{2}\sqrt{9-x^2}+\dfrac{x}{2}\cdot\dfrac{-2x}{2\sqrt{9-x^2}}+\dfrac{9}{2}\cdot\dfrac{1}{\sqrt{1-\dfrac{x^2}{9}}}\cdot\dfrac{1}{3}=\sqrt{9-x^2}$;

(4) $y'=-\dfrac{x}{\sqrt{1-x^2}}-\dfrac{a}{|x|\sqrt{x^2-a^2}}$;

(5) $y'=(\tan x)^x\left[\ln\tan x+\dfrac{2x}{\sin(2x)}\right]+2x^{2x}(1+\ln x)$;

(6) 等式两边同时取对数,得

$$\ln y=\frac{1}{2x}+\frac{1}{4}\ln x+\frac{1}{8}\ln\sin x,$$

等式两边同时对 x 求导数,得

$$\frac{1}{y}\cdot y'=-\frac{1}{2x^2}+\frac{1}{4x}+\frac{1}{8}\cot x,$$

所以

$$y'=\sqrt{e^{\frac{1}{x}}\sqrt{x\sqrt{\sin x}}}\left(-\frac{1}{2x^2}+\frac{1}{4x}+\frac{1}{8}\cot x\right).$$

4.

(1) $\mathrm{d}y=-\dfrac{\tan\sqrt{x}}{2\sqrt{x}}\mathrm{d}x$;　(2) $\mathrm{d}y=\csc^3x\,\mathrm{d}x$;

(3) $\mathrm{d}y=2\sqrt{1-x^2}\,\mathrm{d}x$;　(4) $\mathrm{d}y=[x^{x^2+1}(2\ln x+1)+2xe^{x^2}]\mathrm{d}x$;

(5) $\mathrm{d}y=\left[\dfrac{1}{x}+x^{\sin\frac{1}{x}}\left(\dfrac{1}{x}\sin\dfrac{1}{x}-\dfrac{\ln x}{x^2}\cos\dfrac{1}{x}\right)\right]\mathrm{d}x$;

(6) 等式两边取对数,得

$$\ln y=\ln(x+1)+\frac{1}{2}\ln(x-1)-2\ln(x+4)-x,$$

从而

$$\frac{1}{y}\cdot y'=\frac{1}{x+1}+\frac{1}{2(x-1)}-\frac{2}{x+4}-1,$$

解得

$$y' = y\left[\frac{1}{x+1} + \frac{1}{2(x-1)} - \frac{2}{x+4} - 1\right],$$

从而

$$\mathrm{d}y = \frac{(x+1)\sqrt{x-1}}{(x+4)^2 \mathrm{e}^x}\left[\frac{1}{x+1} + \frac{1}{2(x-1)} - \frac{2}{x+4} - 1\right]\mathrm{d}x.$$

5. 当 $x \neq 0$ 时，

$$f'(x) = \left(x^2 \sin\frac{1}{x}\right)' = 2x\sin\frac{1}{x} + x^2\cos\frac{1}{x} \times \left(\frac{1}{x}\right)' = 2x\sin\frac{1}{x} - \cos\frac{1}{x}.$$

当 $x=0$ 时，由于

$$\lim_{x\to 0}\frac{f(x)-f(0)}{x-0} = \lim_{x\to 0}\frac{x^2\sin\frac{1}{x} - 0}{x} = \lim_{x\to 0} x\sin\frac{1}{x} = 0,$$

即 $f'(0)=0$. 因此

$$f'(x) = \begin{cases} 2x\sin\frac{1}{x} - \cos\frac{1}{x}, & x \neq 0, \\ 0, & x = 0. \end{cases}$$

由 $\lim\limits_{x\to 0} 2x\sin\frac{1}{x}=0$，$\lim\limits_{x\to 0}\cos\frac{1}{x}$ 不存在，可知 $\lim\limits_{x\to 0} f'(x)$ 不存在，从而 $f'(x)$ 在 $x=0$ 点不连续，且 $x=0$ 是 $f'(x)$ 的第二类间断点.

6. 令 $t=x-1$，则

$$\lim_{x\to 1}\frac{f(2x-1)-f(1)}{x-1} = \lim_{t\to 0}\frac{f(2t+1)-f(1)}{t} = 2\lim_{t\to 0}\frac{f(2t+1)-f(1)}{2t} = 2f'(1).$$

所以 $f'(1)=\frac{1}{4}$，$f'(-1)=-\frac{1}{4}$.

7. 因为 $f(x)$ 在点 $x=1$ 处可导，所以 $f(x)$ 在点 $x=1$ 处连续，即

$$\lim_{x\to 1^-} f(x) = \lim_{x\to 1^+} f(x) = f(1).$$

由 $\lim\limits_{x\to 1^-} f(x) = \lim\limits_{x\to 1^-} x^2 = 1$，$\lim\limits_{x\to 1^+} f(x) = \lim\limits_{x\to 1^+}(ax+b\sqrt{x}) = a+b$，$f(1)=1$ 得 $a+b=1$.
又因为 $f(x)$ 在点 $x=1$ 处可导，所以 $f'_-(1)=f'_+(1)$. 而

$$f'_-(1) = \lim_{x\to 1^-}\frac{f(x)-f(1)}{x-1} = \lim_{x\to 1^-}\frac{x^2-1}{x-1} = \lim_{x\to 1^-}(x+1) = 2,$$

$$f'_+(1) = \lim_{x\to 1^+}\frac{f(x)-f(1)}{x-1} = \lim_{x\to 1^+}\frac{ax+b\sqrt{x}-1}{x-1} = \lim_{x\to 1^+}\frac{ax+b\sqrt{x}-(a+b)}{x-1}$$

$$= \lim_{x\to 1^+}\left(a + \frac{b}{\sqrt{x}+1}\right) = a + \frac{b}{2},$$

从而 $a+\frac{b}{2}=2$. 解得 $a=3$，$b=-2$.

8. 利用第二个重要极限，

$$f(t) = \lim_{x\to\infty}\left(1+\frac{1}{x}\right)^{2xt} = \lim_{x\to\infty}\left(1+\frac{1}{x}\right)^{x\cdot(2t)} = \mathrm{e}^{2t},$$

所以 $f'(t)=2\mathrm{e}^{2t}$，从而 $f'(x)=2\mathrm{e}^{2x}$.

9. 等式两边同时对 x 求导数，得

$$\cos(xy)(xy'+y)+y'\cdot e^{y}=2,$$

因此

$$y'=\frac{2-y\cos(xy)}{e^{y}+x\cos(xy)},\quad y'\Big|_{\left(\frac{1}{2},0\right)}=\frac{4}{3},$$

所以 $y=f(x)$ 在点 $\left(\frac{1}{2},0\right)$ 处的切线方程为

$$y-0=\frac{4}{3}\left(x-\frac{1}{2}\right),\quad 即\ y=\frac{4}{3}x-\frac{2}{3}.$$

$y=f(x)$ 在点 $\left(\frac{1}{2},0\right)$ 处的法线方程为

$$y-0=-\frac{3}{4}\left(x-\frac{1}{2}\right),\quad 即\ y=-\frac{3}{4}x+\frac{3}{8}.$$

10.

$$y'=\frac{1}{x}f'(\ln x)+\frac{f'(x)}{f(x)},$$

$$y''=-\frac{1}{x^{2}}f'(\ln x)+\frac{1}{x^{2}}f''(\ln x)+\frac{f''(x)f(x)-[f'(x)]^{2}}{f^{2}(x)}.$$

11. 根据莱布尼茨公式，有

$$\begin{aligned}y^{(n)}&=C_n^0x^3(\sin x)^{(n)}+C_n^1(x^3)'(\sin x)^{(n-1)}+C_n^2(x^3)''(\sin x)^{(n-2)}+C_n^3(x^3)'''(\sin x)^{(n-3)}\\&=x^3\sin\left(x+\frac{n\pi}{2}\right)+n\cdot 3x^2\sin\left[x+\frac{(n-1)\pi}{2}\right]+\frac{n(n-1)}{2!}\cdot 6x\sin\left[x+\frac{(n-2)\pi}{2}\right]\\&\quad+\frac{n(n-1)(n-2)}{3!}\cdot 6\cdot\sin\left[x+\frac{(n-3)\pi}{2}\right]\\&=x^3\sin\left(x+\frac{n\pi}{2}\right)+3nx^2\sin\left[x+\frac{(n-1)\pi}{2}\right]+3n(n-1)x\sin\left[x+\frac{(n-2)\pi}{2}\right]\\&\quad+n(n-1)(n-2)\sin\left[x+\frac{(n-3)\pi}{2}\right].\end{aligned}$$

12. 等式两边同时对 x 求导数，得

$$-[\sin(x^2+y)](2x+y')=1+y',$$

上式两边再对 x 求导数，得

$$-[\cos(x^2+y)](2x+y')^2-[\sin(x^2+y)](2+y'')=y'',$$

整理可得

$$y'=-\frac{1+2x\sin(x^2+y)}{1+\sin(x^2+y)},$$

$$y''=-\frac{2[1+\sin(x^2+y)]^2\sin(x^2+y)+(2x-1)^2\cos(x^2+y)}{[1+\sin(x^2+y)]^3}.$$

13. 方程化为

$$\frac{1}{2}\ln(x^2+y^2)=\arctan\frac{y}{x},$$

等式两边同时对 x 求导数，得

$$\frac{1}{2}\cdot\frac{2x+2yy'}{x^2+y^2}=\frac{1}{1+\frac{y^2}{x^2}}\cdot\frac{y'x-y}{x^2},$$

整理得 $x+yy'=y'x-y$,上式两边同时再对 x 求导数,得

$$1+(y')^2+yy''=y''x+y'-y',$$

整理得

$$y'=\frac{x+y}{x-y},\quad y''=\frac{2(x^2+y^2)}{(x-y)^3}.$$

14. (1) 当 $x=0$ 时,$y=1$.等式两边同时对 x 求导数,得

$$y'=e^y+xe^yy',$$

所以 $f'(0)=e$,所求切线方程为 $y-1=e(x-0)$,即 $y=ex+1$.

(2) 等式 $y'=e^y+xe^yy'$ 两边同时对 x 求导数,得

$$y''=e^yy'+e^yy'+xe^y(y')^2+xe^yy'',$$

解得

$$y''=\frac{e^yy'(2+xy')}{1-xe^y}=\frac{e^{2y}(2-xe^y)}{(1-xe^y)^3}.$$

15. (1) 当 $x=0$ 时,$y=0$.等式两边同时对 x 求导数,得

$$e^x-e^yy'=y+xy',$$

所以 $y'\Big|_{x=0}=1$,因此切线方程为 $y=x$,法线方程分别为 $y=-x$.

(2) 方程两边 $e^x-e^yy'=y+xy'$ 同时对 x 求导数,得

$$e^x-e^y(y')^2-e^yy''=2y'+xy'',$$

把 $x=0,y=0,y'\Big|_{x=0}=1$ 带入上式得 $f''(0)=-2$.

16. $y'=f\left(\frac{\sin x}{x}\right)+x\cdot f'\left(\frac{\sin x}{x}\right)\cdot\frac{x\cos x-\sin x}{x^2}$,

$$\frac{d^2y}{dx^2}=y''=f''\left(\frac{\sin x}{x}\right)\cdot\frac{(x\cos x-\sin x)^2}{x^3}-f'\left(\frac{\sin x}{x}\right)\cdot\sin x.$$

17. 因为

$$y=\frac{x^2-1+1}{1-x^2}=-1+\frac{1}{2}\cdot\frac{1}{1+x}-\frac{1}{2}\cdot\frac{1}{x-1}=-1+\frac{1}{2}(x+1)^{-1}-\frac{1}{2}(x-1)^{-1}$$

求各阶导数,得

$$y'=\frac{1}{2}\cdot(-1)(x+1)^{-2}-\frac{1}{2}(-1)(x-1)^{-2},$$

$$y''=\frac{1}{2}\cdot(-1)^2 2!(x+1)^{-3}-\frac{1}{2}(-1)^2 2!(x-1)^{-3},$$

…

$$y^{(n)}=\frac{1}{2}\cdot(-1)^n n!(x+1)^{-(n+1)}-\frac{1}{2}(-1)^n n!(x-1)^{-(n+1)},$$

所以

$$y^{(2m)}(0)=(2m)!,\quad y^{(2m+1)}(0)=0.$$

18. 设 $f(x)=\sqrt[n]{1+x}=(1+x)^{\frac{1}{n}}$，则 $f'(x)=\frac{1}{n}(1+x)^{\frac{1}{n}-1}$，因此当$|x|$很小时，有

$$f(x)\approx f(0)+f'(0)x,$$

即 $\sqrt[n]{1+x}\approx 1+\frac{1}{n}x$，故 $\sqrt{1.05}=\sqrt{1+0.05}\approx 1+\frac{1}{2}\times 0.05=1.025$.

19. 当$|x|$很小时，$\sqrt[n]{1+x}\approx 1+\frac{1}{n}x$，因此

$$\sqrt[n]{a^n+b}=a\cdot\sqrt[n]{1+\frac{b}{a^n}}\approx a\cdot\left(1+\frac{1}{n}\cdot\frac{b}{a^n}\right)=a+\frac{b}{na^{n-1}}.$$

20. $\frac{\mathrm{d}y}{\mathrm{d}x}=\frac{y'(t)}{x'(t)}=\frac{(\mathrm{e}^{2t}+t)'}{(1+t^3+\sin t)'}=\frac{2\mathrm{e}^{2t}+1}{3t^2+\cos t}$.

21. 由题意，

$$\frac{\mathrm{d}y}{\mathrm{d}x}=\frac{y'(t)}{x'(t)}=\frac{3a\sin^2t\cos t}{3a\cos^2t\cdot(-\sin t)}=-\tan t,$$

$$\frac{\mathrm{d}^2y}{\mathrm{d}x^2}=\frac{\mathrm{d}}{\mathrm{d}x}\left(\frac{\mathrm{d}y}{\mathrm{d}x}\right)=\frac{\mathrm{d}}{\mathrm{d}t}\left(\frac{\mathrm{d}y}{\mathrm{d}x}\right)\cdot\frac{\mathrm{d}t}{\mathrm{d}x}=\frac{\mathrm{d}}{\mathrm{d}t}\left(\frac{\mathrm{d}y}{\mathrm{d}x}\right)\cdot\frac{1}{\frac{\mathrm{d}x}{\mathrm{d}t}}=(-\tan t)'\cdot\frac{1}{(a\cos^3t)'}$$

$$=\frac{-\sec^2t}{-3a\cos^2t\sin t}=\frac{1}{3a}\sec^4t\cdot\csc t.$$

22. 由本章习题 21 可知，$\frac{\mathrm{d}^2y}{\mathrm{d}x^2}=\frac{1}{3a}\sec^4t\cdot\csc t$，因此

$$\frac{\mathrm{d}^3y}{\mathrm{d}x^3}=\frac{\mathrm{d}}{\mathrm{d}x}\left(\frac{\mathrm{d}^2y}{\mathrm{d}x^2}\right)=\frac{\mathrm{d}}{\mathrm{d}t}\left(\frac{\mathrm{d}^2y}{\mathrm{d}x^2}\right)\cdot\frac{\mathrm{d}t}{\mathrm{d}x}=\frac{\mathrm{d}}{\mathrm{d}t}\left(\frac{\mathrm{d}^2y}{\mathrm{d}x^2}\right)\cdot\frac{1}{\frac{\mathrm{d}x}{\mathrm{d}t}}$$

$$=\left(\frac{1}{3a}\sec^4t\cdot\csc t\right)'\cdot\frac{1}{(a\cos^3t)'}$$

$$=\frac{1}{3a}(4\sec^3t\cdot\sec t\cdot\tan t\cdot\csc t-\sec^4t\cdot\csc t\cdot\cot t)\cdot\frac{1}{-3a\cos^2t\sin t}$$

$$=\frac{1}{9a^2}(\csc^2t-4\sec^2t)\ \sec^5t\cdot\csc t.$$

从而 $\left.\frac{\mathrm{d}^3y}{\mathrm{d}x^3}\right|_{t=\frac{\pi}{4}}=-\frac{16}{3a^2}$.

第3章

中值定理与导数的应用

3.1 内容提要

3.1.1 中值定理

1. 费马引理

设 $f(x)$在 x_0 的某领域$U(x_0)$内有定义，并且在 x_0 处可导，如果对任意 $x\in U(x_0)$，有

$$f(x)\leqslant f(x_0)\quad 或\quad f(x)\geqslant f(x_0),$$

那么 $f'(x_0)=0$.

2. 罗尔中值定理

若 $f(x)$在$[a,b]$上连续，在(a,b)内可导，且 $f(a)=f(b)$，则至少存在一点 $\xi\in(a,b)$，使得 $f'(\xi)=0$.

3. 拉格朗日中值定理

若 $f(x)$在$[a,b]$上连续，在(a,b)内可导，则至少存在一点 $\xi\in(a,b)$，使得 $f'(\xi)=\frac{f(b)-f(a)}{b-a}$，或 $f(b)-f(a)=f'(\xi)(b-a)$.

推论　若 $f(x)$在区间 I 上的导数恒等于零，则 $f(x)$在区间 I 上为一个常数.

4. 柯西中值定理

若 $f(x)$、$g(x)$在$[a,b]$上连续，在(a,b)内可导且 $g'(x)\neq0$，则至少存在一点 $\xi\in(a,b)$，使得$\frac{f'(\xi)}{g'(\xi)}=\frac{f(b)-f(a)}{g(b)-g(a)}$.

5. 泰勒中值定理

若 $f(x)$ 在含有 x_0 的一个开区间 (a,b) 内具有 $n+1$ 阶导数，则对于任意 $x\in(a,b)$，有

$$f(x)=f(x_0)+f'(x_0)(x-x_0)+\frac{f''(x_0)}{2!}(x-x_0)^2+\cdots+\frac{f^{(n)}(x_0)}{n!}(x-x_0)^n+R_n(x),$$

其中 $R_n(x)$ 为余项.

拉格朗日余项　$R_n(x)=\frac{f^{(n+1)}(\xi)}{(n+1)!}(x-x_0)^{(n+1)}$，其中 ξ 是介于 x_0 与 x 之间的某个数.

皮亚诺余项　$R_n(x)=o[(x-x_0)^n](x\to x_0)$.

麦克劳林公式　$f(x)=f(0)+f'(0)x+\frac{f''(0)}{2!}x^2+\cdots+\frac{f^{(n)}(0)}{n!}x^n+R_n(x)$.

3.1.2　洛必达法则

1. $\frac{0}{0}$ 型不定式

设：

(1) 当 $x\to x_0$ 时，$f(x)\to 0$，$g(x)\to 0$；

(2) 在 x_0 的某个空心邻域内，$f'(x)$ 和 $g'(x)$ 都存在且 $g'(x)\neq 0$；

(3) $\lim\limits_{x\to x_0}\frac{f'(x)}{g'(x)}$ 存在或为无穷大，则

$$\lim_{x\to x_0}\frac{f(x)}{g(x)}=\lim_{x\to x_0}\frac{f'(x)}{g'(x)}.$$

2. $\frac{\infty}{\infty}$ 型不定式

设：

(1) 当 $x\to\infty$ 时，$f(x)\to\infty$，$g(x)\to\infty$；

(2) 当 $|x|$ 充分大时，$f'(x)$ 和 $g'(x)$ 都存在且 $g'(x)\neq 0$；

(3) $\lim\limits_{x\to\infty}\frac{f'(x)}{g'(x)}$ 存在或为无穷大，则

$$\lim_{x\to\infty}\frac{f(x)}{g(x)}=\lim_{x\to\infty}\frac{f'(x)}{g'(x)}.$$

3. 其他类型不定式

其他类型的不定式，如 $0\cdot\infty$，$\infty-\infty$，0^0，∞^0，1^∞ 等可以转化成 $\frac{0}{0}$ 类型或者 $\frac{\infty}{\infty}$ 类型的不定式，再使用洛必达法则进行计算.

3.1.3　函数的单调区间

设函数 $y=f(x)$ 在 $[a,b]$ 上连续，在 (a,b) 内可导，则：

(1) 若对于$\forall x\in(a,b)$有$f'(x)\geqslant 0$,但等号只在有限个点处成立,则$y=f(x)$在$[a,b]$上单调增加;

(2) 若对于$\forall x\in(a,b)$有$f'(x)\leqslant 0$,但等号只在有限个点处成立,则$y=f(x)$在$[a,b]$上单调减少.

3.1.4 函数的极值

1. 第一充分条件

设函数$f(x)$在x_0的某个邻域内连续且可导[$f(x)$在$x=x_0$点处可以不可导],

(1) 若在点x_0的左邻域内$f'(x)>0$,在点x_0的右邻域内$f'(x)<0$,则$f(x)$在x_0点处取得极大值$f(x_0)$;

(2) 若在点x_0的左邻域内$f'(x)<0$,在点x_0的右邻域内$f'(x)>0$,则$f(x)$在x_0点处取得极小值$f(x_0)$;

(3) 若在点x_0的某个去心邻域内,$f'(x)$不变号,则$f(x)$在x_0点处不存在极值.

2. 第二充分条件

设函数$f(x)$在x_0点处具有二阶导数,且$f'(x_0)=0,f''(x_0)\neq 0$,若$f''(x_0)<0$,则$f(x)$在x_0点处取得极大值$f(x_0)$;若$f''(x_0)>0$,$f(x)$在x_0点处取得极小值$f(x_0)$.

3.1.5 函数的凹凸区间与拐点

设函数$y=f(x)$在$[a,b]$上连续,在(a,b)内具有二阶导数:

(1) 若对于$\forall x\in(a,b)$有$f''(x)>0$,则$y=f(x)$在$[a,b]$上的图形是凹(下凸)的;

(2) 若对于$\forall x\in(a,b)$有$f''(x)<0$,则$y=f(x)$在$[a,b]$上的图形是凸(上凸)的;

(3) 若$f''(x_0)=0$或$f''(x_0)$不存在,但$f''(x)$在x_0点的两侧变号,则$(x_0,f(x_0))$为图形的拐点.

3.1.6 求曲线的渐近线

1. 水平渐近线

若$\lim\limits_{x\to-\infty}f(x)=a$或$\lim\limits_{x\to+\infty}f(x)=a$则直线$y=a$为函数$y=f(x)$图形的水平渐近线.

2. 铅垂渐近性(垂直渐近线)

若$\lim\limits_{x\to x_0^+}f(x)=\infty$或$\lim\limits_{x\to x_0^-}f(x)=\infty$,则直线$x=x_0$为函数$y=f(x)$图形的铅垂渐近线.

3. 斜渐近线

若$\lim\limits_{x\to-\infty}[f(x)-(ax+b)]=0$或者$\lim\limits_{x\to+\infty}[f(x)-(ax+b)]=0$,其中$a\neq 0$,则直线$y=$

$ax+b$ 为函数 $y=f(x)$图形的斜渐近线，其中 $a=\lim\limits_{x\to-\infty}\dfrac{f(x)}{x}$，$b=\lim\limits_{x\to-\infty}[f(x)-ax]$或 $a=\lim\limits_{x\to+\infty}\dfrac{f(x)}{x}$，$b=\lim\limits_{x\to+\infty}[f(x)-ax]$.

3.1.7　函数作图

函数做图的步骤：

(1) 确定函数 $f(x)$的定义域，讨论函数的几何特性(如奇偶性、周期性、有界性等)，并确定函数的间断点；

(2) 求出 $f(x)$的一阶导数 $f'(x)$，二阶导数 $f''(x)$，以及 $f'(x)=0$，$f''(x)=0$，$f'(x)$不存在，$f''(x)$不存在的点；

(3) 由 $f(x)$的间断点、驻点、一阶导数不存在的点、二阶导数为零的点及二阶导数不存在的点等将定义域分成若干个区间，在这些区间上分别讨论、$f''(x)$的符号，确定 $f(x)$的增减性与图形的凹凸性，从而确定极值与拐点；

(4) 求出 $f(x)$的各种渐近线；

(5) 补充一些特殊点的函数值，如与坐标轴的交点等；

(6) 最后勾画出一张较为精确的函数图形.

3.1.8　曲率

1. 弧微分

设函数 $y=f(x)$在区间(a,b)内具有连续导数，则曲线在某点 x 处的微分为

$$\mathrm{d}y=\sqrt{1+y'^2}\,\mathrm{d}x.$$

2. 曲率

(1) 设曲线 C 用函数 $y=f(x)$表示，且在区间(a,b)内具二阶导数，则曲线在某点 x 处的曲率为

$$K=\frac{|y''|}{(1+y'^2)^{\frac{3}{2}}}.$$

(2) 设曲线 C 用参数方程$\begin{cases}x=\varphi(t)\\ y=\psi(t)\end{cases}$表示，且在区间$(\alpha,\beta)$内具二阶导数，则曲线在某点 t 处的曲率为

$$K=\frac{|\varphi'(t)\psi''(t)-\varphi''(t)\psi'(t)|}{[\varphi'^2(t)+\psi'^2(t)]^{\frac{3}{2}}}.$$

3. 曲率半径与曲率圆

设曲线 C 用函数 $y=f(x)$表示，且在曲线 C 某点 $M(x,y)$处的 曲率为 $K(K\neq0)$，则

$$\rho=\frac{1}{K}.$$

为曲率半径，并在点 $M(x,y)$ 处的曲线的法线上，在凹的一侧取一点 D，使得 $|DM|=\rho$，作一个以 D 为心，以 ρ 为半径的圆，这个圆称为**曲率圆**.

3.2 典型例题分析

3.2.1 题型一 中值等式的证明问题

例 3.1 若 $f(x)$ 在 $[0,1]$ 上连续，在 $(0,1)$ 内可导，且 $f(1)=0$，求证存在一点 $\xi\in(0,1)$，使得 $f'(\xi)=-\frac{f(\xi)}{\xi}$.

分析 要想证明 $f'(\xi)=-\frac{f(\xi)}{\xi}$，只需证明 $f(\xi)+\xi f'(\xi)=0$ 即可，而 $f(x)+xf'(x)$ 恰是 $xf(x)$ 的导数，故构造辅助函数 $g(x)=xf(x)$.

证 构造辅助函数 $g(x)=xf(x)$，由于 $g(x)$ 在 $[0,1]$ 上连续，在 $(0,1)$ 内可导，$g(1)=f(1)=0$，$g(0)=0$，且 $g'(x)=f(x)+xf'(x)$，根据罗尔中值定理的结论，至少存在一点 $\xi\in(0,1)$，使 $g'(\xi)=0$，而 $g'(\xi)=f(\xi)+\xi f'(\xi)=0$，即

$$f'(\xi)=-\frac{f(\xi)}{\xi}.$$

例 3.2 设 $f(x)$ 在 $[a,b]$ 上连续，在 (a,b) 内可导，证明在 (a,b) 内至少存在一点 ξ，使得 $\frac{bf(b)-af(a)}{b-a}=\xi f'(\xi)+f(\xi)$.

证 构造辅助函数 $F(x)=xf(x)$，显然 $F(x)$ 在 $[a,b]$ 上连续，在 (a,b) 内可导，由拉格朗日中值定理可知，至少存在一点 $\xi\in(a,b)$，使得

$$\frac{F(b)-F(a)}{b-a}=F'(\xi),$$

而 $F'(x)=xf'(x)+f(x)$，故有

$$\frac{bf(b)-af(a)}{b-a}=\xi f'(\xi)+f(\xi).$$

例 3.3 设 $f(x)$ 在 $[a,b]$ 上连续，在 (a,b) 内可导，且 $ab>0$，证明在 (a,b) 内至少存在两点 ξ,η，使得 $f'(\xi)=\frac{a+b}{2\eta}f'(\eta)$.

证 由于 $f(x)$ 在 $[a,b]$ 上符合拉格朗日中值定理的条件，则至少存在一点 $\xi\in(a,b)$，使

$$f'(\xi)=\frac{f(b)-f(a)}{b-a}.$$

另一方面，$f(x)$ 与 $g(x)=x^2$ 在 $[a,b]$ 上符合柯西中值定理条件，则至少存在一点 $\eta\in(a,b)$，使得

$$\frac{f'(\eta)}{2\eta}=\frac{f(b)-f(a)}{b^2-a^2}.$$

所以有

$$\frac{(a+b)f'(\eta)}{2\eta}=\frac{f(b)-f(a)}{b-a}.$$

从而

$$f'(\xi)=\frac{a+b}{2\eta}f'(\eta).$$

例 3.4　设 $f(x)$在$[0,1]$上连续，在$(0,1)$内可导，且 $f(0)=0,f(1)=1$，证明对于任意给定的正数 a,b，在$(0,1)$内至少存在两个不同的点 ξ,η，使得

$$\frac{a}{f'(\xi)}+\frac{b}{f'(\eta)}=a+b.$$

证　由于 $f(x)$在$[0,1]$上连续，且 $f(0)=0,f(1)=1$，由介值定理可知，存在一点 $x_0\in(0,1)$，使得 $f(x_0)=\frac{a}{a+b}$. 又因为 $f(x)$在$(0,1)$内可导，由拉格朗日中值定理可知，至少存在 $\xi\in(0,x_0)$，$\eta\in(x_0,1)$，使得

$$f(x_0)-f(0)=f'(\xi)x_0,\quad f(1)-f(x_0)=f'(\eta)(1-x_0).$$

整理得

$$\frac{a}{a+b}=f'(\xi)x_0,\quad \frac{b}{a+b}=f'(\eta)(1-x_0),$$

从而有

$$\frac{a}{(a+b)f'(\xi)}+\frac{b}{(a+b)f'(\eta)}=1,$$

故

$$\frac{a}{f'(\xi)}+\frac{b}{f'(\eta)}=a+b.$$

3.2.2　题型二　中值不等式的证明问题

例 3.5　设函数 $f(x)$在区间$[0,1]$上连续，在区间$(0,1)$上可导，且 $f(0)=0,f(1)=2$，$f(x)$为 x 的非线性函数(即 $f(x)$不是 x 的一次函数)，证明：至少存在 $\xi\in(0,1)$，使得 $f'(\xi)<2$.

证　构造辅助函数 $F(x)=f(x)-2x$，则 $F'(x)=f'(x)-2$，且 $F(0)=0,F(1)=0$. 显然 $F(x)$在区间$[0,1]$上连续，所以 $F(x)$在$[0,1]$上必存在着最大值 M 和最小值 m，且至少有一个最值不在端点上取得(若都在端点上取得，则 $M=m=0$，从而 $F(x)=f(x)-2x=0$，$f(x)$是 x 的一次函数，与题设矛盾).

若最大值 M 不在端点上取得，则至少存在 $c\in(0,1)$，使得 $F(c)=M>0$. 在区间$[c,1]$上，由拉格朗日中值定理可知，至少存在 $\xi\in(c,1)$，使得

$$F'(\xi)=f'(\xi)-2=\frac{F(1)-F(c)}{1-c}=-\frac{M}{1-c}<0.$$

若最小值 m 不在端点上取得，则至少存在 $c\in(0,1)$，使得 $F(c)=m<0$. 在区间$[0,c]$上，由拉格朗日中值定理可知，至少存在 $\xi\in(0,c)$，使得

$$F'(\xi)=f'(\xi)-2=\frac{F(c)-F(0)}{c-0}=\frac{m}{c}<0.$$

综上,至少存在一点 $\xi\in(0,1)$,使得 $f'(\xi)<2$.

例 3.6 若 $f(x)$在$[a,b]$上连续,在(a,b)内有二阶导数,$f(a)=f(b)=0$,且存在一点 $c\in(a,b)$,使得 $f(c)>0$,求证至少存在一点 $\xi\in(a,b)$,使得 $f''(\xi)<0$.

证 由于 $f(x)$在$[a,c]$上符合拉格朗日中值定理的条件,则至少存在一点 $\xi_1\in(a,c)$,使

$$f'(\xi_1)=\frac{f(c)-f(a)}{c-a}=\frac{f(c)}{c-a}>0.$$

又由于 $f(x)$在$[c,b]$上满足拉格朗日中值定理的条件,则至少存在一点 $\xi_2\in(c,b)$,使得

$$f'(\xi_2)=\frac{f(b)-f(c)}{b-c}=\frac{-f(c)}{b-c}<0.$$

函数 $f'(x)$在$[\xi_1,\xi_2]$上再利用拉格朗日中值定理,则至少存在一点 $\xi\in(\xi_1,\xi_2)\subset(a,b)$,使得

$$f''(\xi)=\frac{f'(\xi_2)-f'(\xi_1)}{\xi_2-\xi_1}<0.$$

3.2.3 题型三 利用洛必达法则求解标准类型不定式$\left(\frac{0}{0}与\frac{\infty}{\infty}\right)$问题

例 3.7 求极限$\lim\limits_{x\to 0}\frac{e^x+\ln(1-x)-1}{x-\arctan x}$.

解 由于

$$\lim_{x\to 0}\frac{e^x+\ln(1-x)-1}{x-\arctan x}=\lim_{x\to 0}\frac{e^x-\frac{1}{1-x}}{1-\frac{1}{1+x^2}}=\lim_{x\to 0}\frac{\frac{e^x-xe^x-1}{1-x}}{\frac{x^2}{1+x^2}}$$

$$=\lim_{x\to 0}\frac{1+x^2}{1-x}\,\frac{e^x-xe^x-1}{x^2}.$$

而极限

$$\lim_{x\to 0}\frac{e^x-xe^x-1}{x^2}=\lim_{x\to 0}\frac{e^x-e^x-xe^x}{2x}=\lim_{x\to 0}\frac{-e^x}{2}=-\frac{1}{2},$$

所以

$$\lim_{x\to 0}\frac{e^x+\ln(1-x)-1}{x-\arctan x}=-\frac{1}{2}.$$

例 3.8 求极限 $\lim\limits_{x\to 0^+}\frac{\ln\tan 7x}{\ln x}$.

解 $\lim\limits_{x\to 0^+}\frac{\ln\tan 7x}{\ln x}=\lim\limits_{x\to 0^+}\frac{\frac{1}{\tan 7x}(\sec^2 7x)\cdot 7}{\frac{1}{x}}=\lim\limits_{x\to 0^+}7\,\frac{1}{\cos^2 7x}\frac{x}{\tan 7x}=1.$

例 3.9 求极限 $\lim\limits_{x\to+\infty}\frac{e^{2x}}{x^n}$.

解 $\lim\limits_{x\to+\infty}\dfrac{e^{2x}}{x^n}=\lim\limits_{x\to+\infty}\dfrac{2e^{2x}}{nx^{n-1}}=\lim\limits_{x\to+\infty}\dfrac{2^2e^{2x}}{n(n-1)x^{n-2}}=\lim\limits_{x\to+\infty}\dfrac{2^3e^{2x}}{n(n-1)(n-2)x^{n-3}}$

$$=\cdots=\lim_{x\to+\infty}\frac{2^n e^{2x}}{n!}=+\infty.$$

3.2.4　题型四　利用洛必达法则求解 0·∞与∞−∞类型不定式问题

例 3.10　求极限$\lim\limits_{x\to\infty}x(c^{\frac{1}{x}}-1)$.

解 $\lim\limits_{x\to\infty}x(e^{\frac{1}{x}}-1)=\lim\limits_{x\to\infty}\dfrac{e^{\frac{1}{x}}-1}{\frac{1}{x}}=\lim\limits_{x\to\infty}\dfrac{e^{\frac{1}{x}}\left(-\frac{1}{x^2}\right)}{-\frac{1}{x^2}}=1.$

例 3.11　求极限$\lim\limits_{x\to1}\left(\dfrac{x}{x-1}-\dfrac{1}{\ln x}\right)$.

解 $\lim\limits_{x\to1}\left(\dfrac{x}{x-1}-\dfrac{1}{\ln x}\right)=\lim\limits_{x\to1}\dfrac{x\ln x-x+1}{(x-1)\ln x}=\lim\limits_{x\to1}\dfrac{\ln x}{\ln x+\frac{x-1}{x}}=\lim\limits_{x\to1}\dfrac{x\ln x}{x\ln x+x-1}$

$$=\lim_{x\to1}\frac{\ln x+1}{\ln x+2}-\frac{1}{2}.$$

3.2.5　题型五　利用洛必达法则求解幂指函数类型 0^0、∞^0 及 1^∞ 的不定式问题

例 3.12　求极限$\lim\limits_{x\to0^+}x^{\sin x}$.

解　由于$\lim\limits_{x\to0^+}x^{\sin x}=\lim\limits_{x\to0^+}e^{\sin x\ln x}$，而

$$\lim_{x\to0^+}\sin x\ln x=\lim_{x\to0^+}\frac{\ln x}{\frac{1}{\sin x}}=\lim_{x\to0^+}\frac{\frac{1}{x}}{-\frac{\cos x}{\sin^2 x}}=\lim_{x\to0^+}-\frac{\sin x}{x}\frac{1}{\cos x}\sin x=0,$$

因此

$$\lim_{x\to0^+}x^{\sin x}=\lim_{x\to0^+}e^{\sin x\ln x}=e^0=1.$$

例 3.13　求极限$\lim\limits_{x\to0^+}\left(\dfrac{1}{x}\right)^{\tan x}$.

解　由于$\lim\limits_{x\to0^+}\left(\dfrac{1}{x}\right)^{\tan x}=\lim\limits_{x\to0^+}e^{\tan x\ln\left(\frac{1}{x}\right)}$，而

$$\lim_{x\to0^+}\tan x\ln\left(\frac{1}{x}\right)=\lim_{x\to0^+}\frac{-\ln x}{\cot x}=\lim_{x\to0^+}\frac{-\frac{1}{x}}{-\frac{1}{\sin^2 x}}=\lim_{x\to0^+}\frac{\sin x}{x}\sin x=0,$$

因此

$$\lim_{x\to0^+}\left(\frac{1}{x}\right)^{\tan x}=\lim_{x\to0^+}e^{\tan x\ln\left(\frac{1}{x}\right)}=e^0=1.$$

例 3.14 求极限$\lim\limits_{x\to 0}\left(\frac{\sin x}{x}\right)^{\frac{1}{x^2}}$.

解 由于$\lim\limits_{x\to 0}\left(\frac{\sin x}{x}\right)^{\frac{1}{x^2}}=\lim\limits_{x\to 0}\mathrm{e}^{\frac{\ln\frac{\sin x}{x}}{x^2}}$，而

$$\lim_{x\to 0}\frac{\ln\sin x-\ln x}{x^2}=\lim_{x\to 0}\frac{\frac{\cos x}{\sin x}-\frac{1}{x}}{2x}=\lim_{x\to 0}\frac{x\cos x-\sin x}{2x^2\sin x}=\lim_{x\to 0}\frac{x\cos x-\sin x}{2x^3}$$

$$=\lim_{x\to 0}\frac{-x\sin x}{6x^2}=\lim_{x\to 0}\frac{-x^2}{6x^2}=-\frac{1}{6},$$

因此

$$\lim_{x\to 0}\left(\frac{\sin x}{x}\right)^{\frac{1}{x^2}}=\mathrm{e}^{-\frac{1}{6}}.$$

例 3.15 求极限$\lim\limits_{x\to 0}\left(\frac{a^x+b^x+c^x}{3}\right)^{\frac{1}{x}}$，其中 a,b,c 均为正数.

解 由于$\lim\limits_{x\to 0}\left(\frac{a^x+b^x+c^x}{3}\right)^{\frac{1}{x}}=\lim\limits_{x\to 0}\mathrm{e}^{\frac{\ln\left(\frac{a^x+b^x+c^x}{3}\right)}{x}}$，

而

$$\lim_{x\to 0}\frac{\ln\left(\frac{a^x+b^x+c^x}{3}\right)}{x}=\lim_{x\to 0}\frac{\ln(a^x+b^x+c^x)-\ln 3}{x}=\lim_{x\to 0}\frac{a^x\ln a+b^x\ln b+c^x\ln c}{(a^x+b^x+c^x)}$$

$$=\frac{1}{3}(\ln a+\ln b+\ln c)=\frac{1}{3}\ln(abc).$$

所以

$$\lim_{x\to 0}\left(\frac{a^x+b^x+c^x}{3}\right)^{\frac{1}{x}}=\mathrm{e}^{\frac{1}{3}\ln(abc)}=\sqrt[3]{abc}.$$

3.2.6 题型六 洛必达法则的其他应用问题

例 3.16 讨论函数 $f(x)=\begin{cases}\left[\frac{(1+x)^{\frac{1}{x}}}{\mathrm{e}}\right]^{\frac{1}{x}}, & x>0\\ \mathrm{e}^{-\frac{1}{2}}, & x\leqslant 0\end{cases}$ 在点 $x=0$ 处的连续性.

解 当 $x=0$ 时，$f(0)=\mathrm{e}^{-\frac{1}{2}}$. 当 $x<0$ 时，$\lim\limits_{x\to 0^-}f(x)=\mathrm{e}^{-\frac{1}{2}}$；当 $x>0$ 时，

$$\lim_{x\to 0^+}f(x)=\lim_{x\to 0^+}\left[\frac{(1+x)^{\frac{1}{x}}}{\mathrm{e}}\right]^{\frac{1}{x}}=\lim_{x\to 0^+}\mathrm{e}^{\frac{1}{x}\left[\frac{1}{x}\ln(1+x)-1\right]}.$$

只需计算

$$\lim_{x\to 0^+}\frac{1}{x}\left[\frac{1}{x}\ln(1+x)-1\right]=\lim_{x\to 0^+}\left[\frac{\ln(1+x)-x}{x^2}\right]=\lim_{x\to 0^+}\left(\frac{\frac{1}{1+x}-1}{2x}\right)$$

$$=\lim_{x\to 0^+}\left[\frac{-x}{2x(1+x)}\right]=-\frac{1}{2},$$

所以 $\lim\limits_{x\to0^+}f(x)=\mathrm{e}^{-\frac{1}{2}}$，由于 $\lim\limits_{x\to0^-}f(x)=\lim\limits_{x\to0^+}f(x)=f(0)$，因此 $f(x)$在 $x=0$ 处连续.

例 3.17 设 $f(x)$在 $x=0$ 的某个领域内有连续的二阶导数，且

$$\lim_{x\to0}\left[1+x+\frac{f(x)}{x}\right]^{\frac{1}{x}}=\mathrm{e}^3,$$

求 $f(0)$，$f'(0)$以及 $f''(0)$.

解 因为

$$\lim_{x\to0}\left[1+x+\frac{f(x)}{x}\right]^{\frac{1}{x}}=\mathrm{e}^{\lim\limits_{x\to0}\frac{\ln\left[1+x+\frac{f(x)}{x}\right]}{x}}=\mathrm{e}^3.$$

所以等价无穷小替换得

$$\lim_{x\to0}\frac{\ln\left[1+x+\frac{f(x)}{x}\right]}{x}=\lim_{x\to0}\frac{x+\frac{f(x)}{x}}{x}=3.$$

从而

$$\lim_{x\to0}\frac{x^2+f(x)}{x^2}=3.$$

从而有$\lim\limits_{x\to0}\frac{f(x)}{x^2}=2$. 由于分母的极限为 0，结合 $f(x)$的连续性可知

$$f(0)=\lim_{x\to0}f(x)=0.$$

由洛必达法则可知

$$\lim_{x\to0}\frac{f(x)}{x^2}=\lim_{x\to0}\frac{f'(x)}{2x}=2,$$

由于分母的极限为 0，结合 $f'(x)$的连续性可知

$$f'(0)=\lim_{x\to0}f'(x)=0.$$

由洛必达法则可知

$$\lim_{x\to0}\frac{f'(x)}{2x}=\lim_{x\to0}\frac{f''(x)}{2}=2,$$

由于分母的极限为 0，结合 $f''(x)$的连续性可知

$$\lim_{x\to0}\frac{f''(x)}{2}=\frac{f''(0)}{2}=2,$$

从而 $f''(0)=4$.

3.2.7 题型七 不适合使用洛必达法则的极限问题

例 3.18 求极限 $\lim\limits_{x\to+\infty}\frac{x}{\sqrt{1+x^2}}$.

解 若使用洛必达法则有

$$\lim_{x\to+\infty}\frac{x}{\sqrt{1+x^2}}=\lim_{x\to+\infty}\frac{1}{\frac{2x}{2\sqrt{1+x^2}}}=\lim_{x\to+\infty}\frac{\sqrt{1+x^2}}{x},$$

其分子分母互换位置，再使用一次洛必达法则，就回到了初始状态，洛必达法则失效. 正确

解法是

$$\lim_{x\to+\infty}\frac{x}{\sqrt{1+x^2}}=\lim_{x\to+\infty}\frac{1}{\sqrt{\frac{1}{x^2}+1}}=1.$$

例 3.19 求极限$\lim\limits_{x\to\infty}\frac{3x-2\sin x}{4x+\sin x}$.

解 若使用洛必达法则,有

$$\lim_{x\to\infty}\frac{3x-2\sin x}{4x+\sin x}=\lim_{x\to\infty}\frac{3-2\cos x}{4+\cos x}=\lim_{x\to\infty}\frac{-2\sin x}{\sin x}=-2,$$

第二步极限不存在,故洛必达法则失效.正确解法是

$$\lim_{x\to\infty}\frac{3x-2\sin x}{4x+\sin x}=\lim_{x\to\infty}\frac{3-\frac{2}{x}\sin x}{4+\frac{1}{x}\sin x}=\frac{3}{4}.$$

例 3.20 求极限$\lim\limits_{x\to0}\frac{\sqrt{1+x\sin x}-\cos x}{\sin^2\frac{x}{2}}$.

解 本题若直接使用洛必达法则,后面的式子会很复杂,而等价无穷小替换可以更简单.

$$\begin{aligned}\lim_{x\to0}\frac{\sqrt{1+x\sin x}-\cos x}{\sin^2\frac{x}{2}}&=\lim_{x\to0}\frac{(1+x\sin x)-\cos^2 x}{\sin^2\frac{x}{2}}\frac{1}{\sqrt{1+x\sin x}+\cos x}\\&=\lim_{x\to0}\frac{\sin^2 x+x\sin x}{\sin^2\frac{x}{2}}\frac{1}{\sqrt{1+x\sin x}+\cos x},\end{aligned}$$

这里

$$\lim_{x\to0}\frac{1}{\sqrt{1+x\sin x}+\cos x}=\frac{1}{2},$$

而极限

$$\lim_{x\to0}\frac{\sin^2 x+x\sin x}{\sin^2\frac{x}{2}}=\lim_{x\to0}\frac{\sin x(\sin x+x)}{\sin^2\frac{x}{2}}=\lim_{x\to0}\frac{x(\sin x+x)}{\frac{x^2}{4}}=\lim_{x\to0}4\left(\frac{\sin x}{x}+1\right)=8,$$

所以

$$\lim_{x\to0}\frac{\sqrt{1+x\sin x}-\cos x}{\sin^2\frac{x}{2}}=4.$$

3.2.8 题型八 泰勒公式的应用

例 3.21 求极限$\lim\limits_{x\to0}\frac{e^{x^2}+2\cos x-3}{x^4}$.

解 可以使用泰勒公式求极限,因为

$$e^{x^2}=1+x^2+\frac{1}{2!}x^4+o(x^4),$$

而

$$\cos x=1-\frac{1}{2!}x^2+\frac{1}{4!}x^4+o(x^4),$$

所以

$$\begin{aligned}e^{x^2}+2\cos x-3&=\left[1+x^2+\frac{1}{2!}x^4+o(x^4)\right]+2\left[1-\frac{1}{2!}x^2+\frac{1}{4!}x^4+o(x^4)\right]-3\\&=\frac{7}{12}x^4+o(x^4),\end{aligned}$$

因此

$$\lim_{x\to 0}\frac{e^{x^2}+2\cos x-3}{x^4}=\lim_{x\to 0}\frac{\frac{7}{12}x^4+o(x^4)}{x^4}=\frac{7}{12}.$$

例 3.22 【2015(1,3)】设函数 $f(x)=x+a\ln(1+x)+bx\sin x$，$g(x)=kx^3$. 若 $f(x)$ 与 $g(x)$ 在 $x\to 0$ 时是等价无穷小，求 a,b,k 的值.

解 当 $x\to 0$ 时，有

$$\ln(1+x)=x-\frac{x^2}{2}+\frac{x^3}{3}+o(x^3),\quad \sin x=x-\frac{x^3}{3!}+o(x^3),$$

因此当 $x\to 0$ 时，有

$$f(x)=x+a\ln(1+x)+bx\sin x=(a+1)x+\left(b-\frac{a}{2}\right)x^2+\frac{a}{3}x^3+o(x^3).$$

由于当 $x\to 0$ 时，$f(x)$ 与 $g(x)$ 是等价无穷小，故

$$a+1=0,\quad b-\frac{a}{2}=0,\quad \frac{a}{3}=k,$$

解得 $a=-1,b=-\frac{1}{2},k=-\frac{1}{3}$.

3.2.9 题型九 求解函数的单调性与极值问题

例 3.23 求函数 $f(x)=(2x-5)\sqrt[3]{x^2}$ 的单调区间与极值.

解 函数的定义域为 $(-\infty,+\infty)$，所以 $f(x)$ 在 $(-\infty,+\infty)$ 内连续、可导，且

$$f(x)=2x^{\frac{5}{3}}-5x^{\frac{2}{3}},\quad f'(x)=\frac{10}{3}x^{\frac{2}{3}}-\frac{10}{3}x^{-\frac{1}{3}}=\frac{10}{3}\frac{x-1}{\sqrt[3]{x}}$$

令 $f'(x)=0$，解得驻点为 $x_1=0,x_2=1$，列表讨论函数的性态，见表 3.1.

表 3.1

x	$(-\infty,0)$	0	$(0,1)$	1	$(1,+\infty)$
$f'(x)$	+	不存在	−	0	+
$f(x)$	↗	极大值 0	↘	极小值−3	↗

由表 3.1 可知,$f(x)$的单调递增区间为$(-\infty,0]$和$[1,+\infty)$,单调递减区间为$[0,1]$;极大值为 $f(0)=0$,极小值为 $f(1)=-3$.

例 3.24 已知 $f(x)$在$(-\infty,+\infty)$内有定义,且 $f''(x)>0$,$f(0)\leqslant 0$,试讨论$\dfrac{f(x)}{x}$的单调性.

解 设 $g(x)=\dfrac{f(x)}{x}$,则当 $x\neq 0$ 时,有

$$g'(x)=\frac{xf'(x)-f(x)}{x^2}.$$

而

$$xf'(x)-f(x)\geqslant xf'(x)-[f(x)-f(0)],$$

由拉格朗日中值定理可知,至少存在一点 ξ 介于 0 与 x 之间,使得 $f(x)-f(0)=xf'(\xi)$.又因为 $f''(x)>0$,从而 $f'(x)$单调递增,故 $x\neq 0$,有

$$xf'(x)-f(x)\geqslant xf'(x)-xf'(\xi)=x[f'(x)-f'(\xi)]>0,$$

由此可知 $g(x)=\dfrac{f(x)}{x}$在$(-\infty,+\infty)$内单调递增.

3.2.10 题型十 利用函数单调性讨论函数的零点问题

例 3.25 讨论函数 $f(x)=\dfrac{1}{x-1}+\dfrac{1}{x-2}+\dfrac{1}{x-3}$的零点.

解 当 $x<1$ 时,$f(x)<0$;当 $x>3$ 时,$f(x)>0$,所以 $f(x)$在$(-\infty,1)$和$(3,+\infty)$内无零点.当 $x\in(1,3)$时,对函数求导得

$$f'(x)=-\frac{1}{(x-1)^2}-\frac{1}{(x-2)^2}-\frac{1}{(x-3)^2},$$

在$(1,2)$与$(2,3)$内,$f'(x)<0$,所以 $f(x)$在$(1,2)$和 $(2,3)$内均单调减少.又因为

$$\lim_{x\to 1^+}f(x)=\lim_{x\to 1^+}\left(\frac{1}{x-1}+\frac{1}{x-2}+\frac{1}{x-3}\right)=+\infty,$$

$$\lim_{x\to 2^-}f(x)=\lim_{x\to 2^-}\left(\frac{1}{x-1}+\frac{1}{x-2}+\frac{1}{x-3}\right)=-\infty,$$

所以在$(1,2)$内,函数 $f(x)$有一个零点.同理在$(2,3)$内,函数 $f(x)$有一个零点.因此$f(x)$在$(-\infty,+\infty)$内有两个零点,分别在$(1,2)$与$(2,3)$内.

3.2.11 题型十一 函数的凹凸性与拐点问题

例 3.26 求函数 $f(x)=(x-1)\sqrt[3]{x^5}$的凹凸区间与拐点.

解 函数 $f(x)$的定义域为$(-\infty,+\infty)$,所以 $f(x)$在$(-\infty,+\infty)$内连续,

$$f(x)=x^{\frac{8}{3}}-x^{\frac{5}{3}},\quad f'(x)=\frac{8}{3}x^{\frac{5}{3}}-\frac{5}{3}x^{\frac{2}{3}},\quad f''(x)=\frac{40}{9}x^{\frac{2}{3}}-\frac{10}{9}x^{-\frac{1}{3}}=\frac{10}{9}\frac{4x-1}{\sqrt[3]{x}},$$

解得二阶导数等于零的点为 $x_1=0$,$x_2=\dfrac{1}{4}$,列表讨论函数的性态,见表 3.2.

表　3.2

x	$(-\infty,0)$	0	$\left(0,\frac{1}{4}\right)$	$\frac{1}{4}$	$\left(\frac{1}{4},+\infty\right)$
$f''(x)$	+	不存在	−	0	+
$f(x)$	凹	拐点为(0,0)	凸	拐点为$\left(\frac{1}{4},-\frac{3}{16\sqrt[3]{16}}\right)$	凹

由表3.2可知，函数 $f(x)$的凹区间为$(-\infty,0)$和$\left(\frac{1}{4},+\infty\right)$，凸区间为$\left(0,\frac{1}{4}\right)$；拐点为$(0,0)$和$\left(\frac{1}{4},-\frac{3}{16\sqrt[3]{16}}\right)$.

3.2.12　题型十二　求解曲线的渐近线

****例 3.27**　确定函数 $f(x)=\frac{1}{x-1}+\ln(1+e^{x-1})$的渐近线.

解　由于$\lim\limits_{x\to1}f(x)=\lim\limits_{x\to1}\left[\frac{1}{x-1}+\ln(1+e^{x-1})\right]=\infty$，因此 $x=1$ 是函数的一条铅垂渐近线. 又因为

$$\lim_{x\to+\infty}f(x)=\lim_{x\to+\infty}\left[\frac{1}{x-1}+\ln(1+e^{x-1})\right]=+\infty,$$

$$\lim_{x\to-\infty}f(x)=\lim_{x\to-\infty}\left[\frac{1}{x-1}+\ln(1+e^{x-1})\right]=0,$$

因此直线 $y=0$ 是函数的一条水平渐近线. 下面讨论 $f(x)$的斜渐近线.

$$a=\lim_{x\to+\infty}\frac{f(x)}{x}=\lim_{x\to+\infty}\left[\frac{1}{x(x-1)}+\frac{\ln(1+e^{x-1})}{x}\right],$$

显然$\lim\limits_{x\to+\infty}\frac{1}{x(x-1)}=0$，而

$$\lim_{x\to+\infty}\frac{\ln(1+e^{x-1})}{x}=\lim_{x\to+\infty}\frac{e^{x-1}}{1+e^{x-1}}=1,$$

因此 $a=\lim\limits_{x\to+\infty}\frac{f(x)}{x}=1$. 而

$$b=\lim_{x\to+\infty}[f(x)-ax]=\lim_{x\to+\infty}[f(x)-x]=\lim_{x\to+\infty}\left[\frac{1}{x-1}+\ln(1+e^{x-1})-x\right],$$

显然$\lim\limits_{x\to+\infty}\frac{1}{x-1}=0$，又因为

$$\lim_{x\to+\infty}[\ln(1+e^{x-1})-x]=\lim_{x\to+\infty}[\ln(1+e^{x-1})-\ln e^x]=\lim_{x\to+\infty}\ln\frac{1+e^{x-1}}{e^x}$$

$$=\lim_{x\to+\infty}\ln\left(\frac{1}{e^x}+\frac{1}{e}\right)=-1,$$

即 $b=\lim\limits_{x\to+\infty}[f(x)-x]=-1$，故 $y=x-1$ 是函数的一条斜渐近线.

注　函数 $y=f(x)$在同一个水平方向上($x\to+\infty$，或 $x\to-\infty$)，水平渐近线和斜渐近线不可能同时存在. 由于本题当 $x\to-\infty$时存在水平渐近线，故函数 $y=f(x)$在 $x\to$

$-\infty$方向上不存在斜渐近线.

3.2.13 题型十三 显示不等式的证明问题

显示不等式的证明常用的方法有四种,一是利用中值定理进行证明;二是函数的单调性进行证明;三是利用函数的极值或最值进行证明;四是利用函数的凹凸性进行证明.具体参见如下例题.

例 3.28 证明:当 $x>0$ 时,$\frac{x}{1+x}<\ln(1+x)<x$.

证 设 $f(t)=\ln(1+t)$,显然 $f(t)$在$[0,x]$上满足拉格朗日中值定理的条件,因此有

$$f(x)-f(0)=f'(\xi)(x-0),\quad 0<\xi<x.$$

因为 $f(0)=0,f'(t)=\frac{1}{1+t}$,所以 $\ln(1+x)=\frac{x}{1+\xi},0<\xi<x$.

由于 $0<\xi<x$,所以

$$\frac{x}{1+x}<\frac{x}{1+\xi}<x,\quad 即\frac{x}{1+x}<\ln(1+x)<x.$$

例 3.29 设 $x>0,n>1$,试证明$(1+x)^n>1+nx$.

证 设

$$f(x)=(1+x)^n-1-nx,$$

显然 $f(x)$在$[0,+\infty)$上连续的,在$(0,+\infty)$内可导,且

$$f'(x)=n(1+x)^{n-1}-n=n[(1+x)^{n-1}-1]>0.$$

所以 $f(x)$在$[0,+\infty)$上单调增加的,由此可知,当 $x>0$ 时有,

$$f(x)>f(0)=0.$$

即

$$f(x)=(1+x)^n-1-nx>0.$$

从而有

$$(1+x)^n>1+nx.$$

****例 3.30** 证明:当 $0<x<\frac{\pi}{2}$时,$\tan x>x+\frac{1}{3}x^3$.

证 设 $f(x)=\tan x-x-\frac{1}{3}x^3$,显然 $f(x)$在$\left[0,\frac{\pi}{2}\right)$上连续的,且在$\left(0,\frac{\pi}{2}\right)$内可导,

$$f(0)=0,\quad f'(x)=\sec^2x-1-x^2=\tan^2x-x^2=(\tan x-x)(\tan x+x),$$

要想证明 $f'(x)>0$,只需证明在$\left[0,\frac{\pi}{2}\right)$上,$g(x)=\tan x-x>0$ 即可.由于 $g(x)=\tan x-x$ 在$\left[0,\frac{\pi}{2}\right)$上连续,$g(0)=0$,而在$\left(0,\frac{\pi}{2}\right)$内可导,且

$$g'(x)=\sec^2x-1=\tan^2x>0,$$

所以 $g(x)$在$\left(0,\frac{\pi}{2}\right)$内单调增加的,因此 $g(x)>g(0)=0$,所以 $f'(x)>0$,故 $f(x)$在$\left(0,\frac{\pi}{2}\right)$内单调增加的,有 $f(x)>f(0)=0$,即

$$\tan x - x - \frac{1}{3}x^3 > 0.$$

所以在$\left(0,\frac{\pi}{2}\right)$内，有 $\tan x > x + \frac{1}{3}x^3$.

例 3.31 证明不等式 $e^\pi > \pi^e$.

分析 $e^\pi > \pi^e \Leftrightarrow \frac{e^\pi}{\pi^e} > 1$ 或 $e^\pi > \pi^e \Leftrightarrow \pi > e\ln\pi \Leftrightarrow \pi - e\ln\pi > 0$.

证法 1 构造辅助函数 $f(x)=\frac{e^x}{x^e}$，有

$$f(e) = \frac{e^e}{e^e} = 1, \quad f'(x) = \frac{x^e e^x - e x^{e-1} e^x}{x^{2e}} = \frac{x^{e-1} e^x (x - e)}{x^{2e}},$$

当 $x>e$ 时，$f'(x)>0$，所以 $f(x)$在$[e,+\infty)$内连续且单调增加，$f(e)$为最小值.
因此 $f(\pi)>f(e)$，即$\frac{e^\pi}{\pi^e}>1$，所以有 $e^\pi>\pi^e$.

证法 2 构造辅助函数 $f(x)= x-e\ln x(x>0)$，由于 $f'(x)=1-\frac{e}{x}$，令 $f'(x)=0$，解得驻点 $x=e$，又因为 $f''(x)=\frac{e}{x^2}>0$，故 $f''(e)>0$，因此函数 $f(x)$在 $x=e$ 处取得最小值，从而 $f(\pi)>f(e)$，即有 $\pi-e\ln\pi>0$，所以有 $e^\pi>\pi^e$.

例 3.32 证明：当 $x\neq 0$ 时，有 $e^x>1+x$.

证 设 $f(x)=e^x-1-x$，显然 $f(x)$在$(-\infty,+\infty)$内连续、可导，且 $f'(x)=e^x-1$. 令 $f'(x)=e^x-1=0$，解得唯一驻点 $x=0$，而 $f''(x)=e^x$，$f''(0)=e^0=1>0$. 因此 $x=0$ 为函数 $f(x)$的唯一极小值点，也是最小值点. 当 $x\neq 0$ 时，有 $f(x)>f(0)$，即 $e^x-1-x>0$.

例 3.33 证明对于 $\forall x,y\in\left(-\frac{\pi}{2},\frac{\pi}{2}\right)$，有 $\cos\frac{x+y}{2}>\frac{\cos x+\cos y}{2}$.

证 显然函数 $f(t)=\cos t$ 在$(-\infty,+\infty)$内连续、可导，且

$$f'(t) = -\sin t, \quad f''(t) = -\cos t,$$

当 $t\in\left(-\frac{\pi}{2},\frac{\pi}{2}\right)$时，$f''(t)=-\cos t<0$，因此 $f(t)=\cos t$ 在$\left(-\frac{\pi}{2},\frac{\pi}{2}\right)$内为凸的，则有 $\forall x,y\in\left(-\frac{\pi}{2},\frac{\pi}{2}\right)$有，$f\left(\frac{x+y}{2}\right)>\frac{f(x)+f(y)}{2}$，即 $\cos\frac{x+y}{2}>\frac{\cos x+\cos y}{2}$.

3.2.14 题型十四 曲线的曲率与曲率半径的求解

例 3.34 证明曲线 $y=a\operatorname{ch}\frac{x}{a}(a>0)$在$(x,y)$处的曲率半径为$\frac{y^2}{a}$.

解 这里

$$y = a\operatorname{ch}\frac{x}{a} = a\,\frac{e^{\frac{x}{a}} + e^{-\frac{x}{a}}}{2},$$

因为

$$y' = \frac{e^{\frac{x}{a}} - e^{-\frac{x}{a}}}{2} = \operatorname{sh}\frac{x}{a}, \quad y'' = \frac{1}{a}\,\frac{e^{\frac{x}{a}} + e^{-\frac{x}{a}}}{2} = \frac{1}{a}\operatorname{ch}\frac{x}{a},$$

所以

$$\rho=\frac{1}{K}=\frac{(1+y'^2)^{\frac{3}{2}}}{|y''|}=\frac{\left[1+\left(\frac{e^{\frac{x}{a}}-e^{-\frac{x}{a}}}{2}\right)^2\right]^{\frac{3}{2}}}{\left|\frac{1}{a}\frac{e^{\frac{x}{a}}+e^{-\frac{x}{a}}}{2}\right|}=a\frac{\left[1+\left(\frac{e^{\frac{2x}{a}}+e^{-\frac{2x}{a}}-2}{4}\right)\right]^{\frac{3}{2}}}{\left|\frac{e^{\frac{x}{a}}+e^{-\frac{x}{a}}}{2}\right|}$$

$$=a\frac{\left[\left(\frac{c^{\frac{2x}{a}}+c^{-\frac{2x}{a}}+2}{4}\right)\right]^{\frac{3}{2}}}{\left|\frac{e^{\frac{x}{a}}+e^{-\frac{x}{a}}}{2}\right|}=a\frac{\left[\left(\frac{e^{\frac{x}{a}}+e^{-\frac{x}{a}}}{2}\right)^2\right]^{\frac{3}{2}}}{\left|\frac{e^{\frac{x}{a}}+e^{-\frac{x}{a}}}{2}\right|}=a\left(\frac{e^{\frac{x}{a}}+e^{-\frac{x}{a}}}{2}\right)^2$$

$$=\frac{a^2}{a}\left(\frac{e^{\frac{x}{a}}+e^{-\frac{x}{a}}}{2}\right)^2=\frac{y^2}{a}.$$

例 3.35 求曲线 $y=\ln x$ 在与 x 轴交点处的曲率圆方程.

解 曲线 $y=\ln x$ 与 x 轴交点为(1,0),且

$$y'=\frac{1}{x},\quad y'\Big|_{x=1}=1,\quad y''=-\frac{1}{x^2},\quad y''\Big|_{x=1}=-1,$$

从而曲率半径为

$$\rho=\frac{1}{K}=\frac{(1+y'^2)^{\frac{3}{2}}}{|y''|}=2\sqrt{2}.$$

曲线 $y=\ln x$ 与 x 轴交点为(1,0)的法线方程为 $y=-x+1$. 设曲率圆心坐标为(x_0,y_0),则曲率圆心坐标满足

$$\begin{cases} y_0=-x_0+1, \\ (x_0-1)^2+y_0^2=8, \end{cases}$$

解得圆心坐标为:(3,−2)[注:另外一点(−1,2)该点不在曲线凹向一侧,故舍去],从而得到曲率圆方程为

$$(x-3)^2+(y+2)^2=8.$$

3.3 习题精选

1. 填空题

(1) 函数 $f(x)=\sin^2 x$ 在区间$\left[-\frac{\pi}{2},\frac{\pi}{2}\right]$上满足罗尔中值定理,则 $\xi=$________.

(2) 函数 $f(x)=4x^3$ 在区间[0,1]上满足拉格朗日中值定理,则 $\xi=$________.

(3) 函数 $f(x)=\ln(x+\sqrt{1+x^2})$在区间$(-\infty,+\infty)$内单调________.

(4) $\lim\limits_{x\to+\infty}\dfrac{\ln\left(1+\frac{1}{x}\right)}{\operatorname{arccot}x}=$________.　　(5) $\lim\limits_{x\to0}\dfrac{1-e^{x^2}}{1-\cos x}=$________.

(6) $\lim\limits_{x\to0^+}\dfrac{\ln x+\sin\frac{1}{x}}{\ln x+\cos\frac{1}{x}}=$________.　　(7) $\lim\limits_{x\to+\infty}(x+e^x)^{\frac{1}{x}}=$________.

(8) $\lim\limits_{x\to 0}\dfrac{\tan x-x}{x-\sin x}=$________.　　(9) $\lim\limits_{x\to 0}\left(\dfrac{1^x+3^x+9^x}{3}\right)^{\frac{1}{x}}=$________.

(10) 函数 $f(x)=x^{\frac{1}{x}}$ 在 $x=$________处有极大值.

(11) 曲线 $y=(ax-b)^3$ 在点$(1,(a-b)^3)$处有拐点,则 a、b 应满足关系________.

(12) 曲线 $y=\dfrac{x+1}{x^2-x-2}$的水平渐近线是________,铅垂渐近线是________.

(13) 函数 $f(x)=2\sqrt{x}+\dfrac{1}{x}-3$ 在区间$[1,4]$上的最大值为________.

(14) 已知函数 $f(x)=\mathrm{e}^{-x}\ln(ax)$在 $x=\dfrac{1}{2}$处取得极值,则 $a=$________.

(15) 椭圆 $4x^2+y^2=4$ 在点处$(0,2)$的曲率为________.

2. 单项选择题

(1) 若$\lim\limits_{x\to 0}(1+3x)^{\frac{1}{x}}=\lim\limits_{x\to 0}\dfrac{\sin(\sin kx)}{x}$,则 $k=$(　　).

(A) $\dfrac{1}{3}$　　(B) 3　　(C) e^3　　(D) 1

(2) 曲线 $y=\dfrac{3x^3-1}{(x+1)^2}$(　　).

(A) 有水平渐近线

(B) 仅有一条铅垂渐近线

(C) 仅有一条斜渐近线

(D) 有一条斜渐近线和一条铅垂渐近线

(3) 下列曲线中具有两条斜渐近线的是(　　).

(A) $\ln x$　　(B) $\arctan x$

(C) $\dfrac{(x-2)^2}{x-1}$　　(D) $x+\arctan x$

(4) 在区间$[-1,1]$上,下列函数不满足罗尔定理的是(　　).

(A) $f(x)=\mathrm{e}^{x^2}-1$　　(B) $f(x)=\ln(1+x^2)$

(C) $f(x)=\sqrt{x}$　　(D) $f(x)=\dfrac{1}{1+x^2}$

(5) 下列函数在指定区间上满足拉格朗日定理的是(　　).

(A) $f(x)=\dfrac{1}{\sqrt[3]{(x-1)^2}},x\in[0,2]$　　(B) $f(x)=1+|x|,x\in[-1,1]$

(C) $f(x)=\begin{cases}x+1, & x<5,\\ 1, & x\geqslant 5,\end{cases}x\in[0,5]$　　(D) $f(x)=x\mathrm{e}^{-x},x\in[0,1]$

(6) 下列函数中,能使用洛必达法则求解是(　　).

(A) $\lim\limits_{x\to\infty}\dfrac{x-\sin x}{x+\sin x}$　　(B) $\lim\limits_{x\to+\infty}\dfrac{\ln(1+\mathrm{e}^x)}{\sqrt{1+x^2}}$

(C) $\lim\limits_{x\to 0}\dfrac{x^2\sin\dfrac{1}{x}}{\sin x}$　　(D) $\lim\limits_{x\to 1}\dfrac{\arctan x}{x^2-2x+1}$

(7) 设函数 $f(x)$的导数在 $x=2$ 连续,有$\lim\limits_{x\to 2}\dfrac{f'(x)}{x-2}=-1$,则(　　).

(A) $x=2$ 是 $f(x)$的极小值

(B) $x=2$ 是 $f(x)$的极大值

(C) $(2,f(2))$是曲线 $y=f(x)$的拐点

(D) $x=2$ 不是 $f(x)$的极值,$(2,f(2))$也不是曲线 $y=f(x)$的拐点

(8) 设函数 $f(x)$在$[0,a]$上二次可微,且 $xf''(x)-f'(x)>0$,则$\dfrac{f'(x)}{x}$在$(0,a)$内是(　　).

(A) 单调不增　　(B) 单调不减　　(C) 单调增加　　(D)单调减少

(9) 函数 $y=x-\ln(1+x^2)$的极值是(　　).

(A) $1-\ln2$　　(B) $-1-\ln2$　　(C) 无极值　　(D) 0

(10) 曲线 $y=a-\sqrt[5]{(x-b)^2}$(　　).

(A) 是凹的,没有拐点　　(B) 是凸的,没有拐点

(C) 有拐点(b,a)　　(D) 以上都不对

(11) 函数 $f(x)=x^3+ax^2+bx+c$,其中 a,b,c 为实数,当 $a^2-3b<0$ 时,$f(x)$是(　　).

(A) 增函数　　(B) 减函数

(C) 常数　　(D) 既不是增函数也不是减函数

(12) 设函数 $f(x)$具有连续导数,且 $f(0)=f'(0)=1$,则$\lim\limits_{x\to 0}\dfrac{f(\sin x)-1}{\ln f(x)}=$(　　).

(A) -1　　(B) 0　　(C) 1　　(D) ∞

3. 设函数 $f(x)$在区间$[0,1]$上连续,在区间$(0,1)$上可导,且$\lim\limits_{x\to 1}\dfrac{f(x)}{x-1}=0$,证明:至少存在 $\xi\in(0,1)$,使得 $\cos\xi\cdot f(\xi)+\sin\xi\cdot f'(\xi)=0$.

4. 证明:方程 $x^5+x-1=0$ 只有一个正根.

5. 设函数 $f(x)$在区间$[0,2]$上连续,在区间$(0,2)$上可导,且 $f(0)=f(2)=0,f(1)=2$,证明:至少存在 $\xi\in(0,2)$,使得 $f'(\xi)=\xi$.

6. 设 $f(x),g(x)$在$[a,b]$上连续,在(a,b)内可导,且 $f(a)=f(b)=0$,证明至少存在一点 $\xi\in(a,b)$,使得 $f'(\xi)+f(\xi)g'(\xi)=0$.

7. 设函数 $f(x)$在区间$[0,+\infty)$上可导,且 $f(0)=0$,$\lim\limits_{x\to+\infty}f(x)=2$,证明(1)存在一个常数 $a>0$,使得 $f(a)=1$;(2)对于(1)中的 a,存在 $\xi\in(0,a)$,使得 $f'(\xi)=\dfrac{1}{a}$.

****8**. 设函数 $f(x)$在区间$[a,b]$上连续,在区间(a,b)上可导,其中 $a>0$,证明:在区间(a,b)内存在 ξ 和 η,使得 $abf'(\xi)=\eta^2f'(\eta)$.

****9**. 设 $f(x)$在$[0,1]$上连续,在$(0,1)$内可导,且 $f(0)=0,f(1)=1$,证明对于任意给定的正数 a,b,在$(0,1)$内至少存在两个不同的点 ξ,η,使得

$$af'(\xi)+bf'(\eta)=a+b.$$

10. 证明等式:$2\arctan x+\arcsin\dfrac{2x}{1+x^2}=\pi(x\geqslant1)$.

11. 已知函数 $f(x)$在 $x=0$ 处可导,且$\lim\limits_{x\to 0}\left[\frac{f(x)}{x}+\frac{\sin x}{x^2}\right]=1$,试求 $f'(0)$.

12. 求下列极限.

(1) $\lim\limits_{x\to 4}\frac{\sqrt{2x+1}-3}{\sqrt{x-2}-\sqrt{2}}$;　(2) $\lim\limits_{x\to +\infty}\frac{x^n}{e^{3x}}$($n$ 为正整数);　(3) $\lim\limits_{x\to 0}\frac{\sin(4x^2)}{\sqrt{1+x^2}-1}$;

(4) $\lim\limits_{x\to 0}(1+\sin x)^{\frac{1}{x}}$;　(5) $\lim\limits_{x\to\infty}\left[x^2\left(1-\cos\frac{1}{x}\right)\right]$;　(6) $\lim\limits_{x\to 0^+}(\cot x)^{\frac{1}{\ln x}}$;

(7) $\lim\limits_{x\to 1}\frac{\ln\cos(x-1)}{1-\sin\frac{\pi}{2}x}$;　(8) $\lim\limits_{n\to\infty}\left(\sqrt{n+3\sqrt{n}}-\sqrt{n-\sqrt{n}}\right)$;　(9) $\lim\limits_{x\to 0}\frac{\ln(1+5x)}{\arctan 3x}$;

(10) $\lim\limits_{x\to 0}\left(\frac{e^x}{x}-\frac{1}{e^x-1}\right)$.

13. 证明下列不等式.

(1) 当 $x>0$ 时,$1+x\ln(x+\sqrt{1+x^2})>\sqrt{1+x^2}$;

**(2) 当 $0<x<\frac{\pi}{2}$时,$\frac{2}{\pi}<\frac{\sin x}{x}<1$;

(3) 当 $0<a<b$ 时,$\frac{b-a}{b}<\ln\frac{b}{a}<\frac{b-a}{a}$.

14. 求函数 $f(x)=\sqrt[3]{(2x-x^2)^2}$ 的单调区间、极值.

15. 求函数 $y=\frac{2x^2}{(1-x)^2}$的单调区间、极值、凹凸区间、拐点以及渐近线.

16. 将长为 a 的一段铁丝截为两段,用一段围成一个正方形,另一段围成一个圆,为使正方形与圆的总面积最小,问两段铁丝的长度各为多少?

17. 求曲线 $y=\ln\sec x$ 在点(x,y)处的曲率及曲率半径.

18. 求曲线$\begin{cases}x=a\cos^3 t\\y=a\sin^3 t\end{cases}$在点 $t=t_0$ 相应点处的曲率.

3.4 习题详解

1. 填空题

(1) 0;　(2) $\frac{\sqrt{3}}{3}$;　(3) 增加;　(4) 1;　(5) -2;　(6) 1;

(7) e;　(8) 2;　(9) 3;　(10) e;　(11) $a=b\neq 0$;

(12) $y=0,x=2$;　(13) $f(4)=\frac{5}{4}$;　(14) $2e^2$;　(15) 2.

2. 单项选择题

(1) C;　(2) D;　(3) D;　(4) C;　(5) D;　(6) B;

(7) B;　(8) C;　(9) A;　(10) A;　(11) A;　(12) C.

3. $f(x)$在区间$[0,1]$上连续,且$\lim\limits_{x\to 1}\frac{f(x)}{x-1}=0$,则$\lim\limits_{x\to 1}f(x)=0=f(1)$. 构造辅助函数

$F(x)=\sin x\cdot f(x)$,则

$$F'(x)=\cos x\cdot f(x)+\sin x\cdot f'(x),$$

且 $F(0)=0=F(1)$,由罗尔中值定理可知,至少存在 $\xi\in(0,1)$,使得 $F'(\xi)=0$,即

$$\cos\xi\cdot f(\xi)+\sin\xi\cdot f'(\xi)=0.$$

4. 构造辅助函数 $f(x)=x^5+x-1$,则 $f(0)=-1$,$f(1)=1$,且 $f(x)$在区间$[0,1]$上连续,由零点定理可知,至少存在 $\xi\in(0,1)$,使得 $f(\xi)=0$,即 $\xi^5+\xi-1=0$,所以 ξ 是方程 $x^5+x-1=0$ 的一个正根.

又因为 $f'(x)=5x^4+1>0$,从而 $f(x)$在$(-\infty,+\infty)$内单调递增,因此 $f(x)=0$ 至多有一个实根.综上,方程 $x^5+x-1=0$ 只有一个正根.

注 证明 $f(x)=0$ 至多有一个实根也可以使用罗尔中值定理.假设方程 $f(x)=0$ 有两个根 ξ_1,ξ_2,即满足 $f(\xi_1)=0=f(\xi_2)$,则 $f(x)$在区间$[\xi_1,\xi_2]$上符合罗尔定理的条件,至少存在 $\eta\in(\xi_1,\xi_2)$,使得 $f'(\eta)=5\eta^4+1=0$(矛盾),所以 $x^5+x-1=0$ 至多有一个实根.

5. 构造辅助函数 $F(x)=f(x)-\frac{1}{2}x^2$,则

$$F'(x)=f'(x)-x,\quad F(0)=0,\quad F(1)=\frac{3}{2},\quad F(2)=-2,$$

且 $F(x)$在区间$[1,2]$上连续,由零点定理可知,至少存在 $c\in(1,2)$,使得 $F(c)=0$.而 $F(x)=f(x)-\frac{1}{2}x^2$ 在区间$[0,c]$上符合罗尔定理的条件,因此至少存在一点 $\xi\in(0,c)\subset(0,2)$,使得 $F'(\xi)=f'(\xi)-\xi=0$,从而结论得证.

6. 构造辅助函数 $F(x)=\mathrm{e}^{g(x)}\cdot f(x)$,显然 $F(x)$在$[a,b]$上连续,在(a,b)内可导,且 $F(a)=F(b)=0$,故由罗尔定理可知,至少存在一点 $\xi\in(a,b)$,使得 $F'(\xi)=0$.又因为

$$F'(x)=\mathrm{e}^{g(x)}\cdot f'(x)+\mathrm{e}^{g(x)}\cdot g'(x)\cdot f(x),$$

故$[f'(\xi)+g'(\xi)f(\xi)]\mathrm{e}^{g(\xi)}=0$,而 $\mathrm{e}^{g(\xi)}>0$,从而 $f'(\xi)+f(\xi)g'(\xi)=0$.

7. (1) 因为 $\lim\limits_{x\to+\infty}f(x)=2$,对于 $\varepsilon=\frac{1}{2}$,$\exists M>0$,当 $x>M$ 时,有

$$|f(x)-2|<\varepsilon=\frac{1}{2}.$$

所以,存在一点 $b>M$,有$|f(b)-2|<\varepsilon=\frac{1}{2}$,解得 $f(b)>\frac{3}{2}$.在区间$[0,b]$上,由介值定理可知至少存在一点 $a\in(0,b)$,使得 $f(a)=1$.

(2) 构造函数 $F(x)=f(x)-\frac{1}{a}x$,则

$$F'(x)=f'(x)-\frac{1}{a},\quad F(0)=0,\quad F(a)=f(a)-\frac{1}{a}a=0.$$

且在区间$[0,a]$上 $F(x)$符合罗尔定理的条件,所以至少存在一点 $\xi\in(0,a)$,使得 $F'(\xi)=f'(\xi)-\frac{1}{a}=0$,即 $f'(\xi)=\frac{1}{a}$.

8. 函数 $f(x)$在区间$[a,b]$上使用拉格朗日中值定理,则至少存在一点 $\xi\in(a,b)$,使得

$$f'(\xi)=\frac{f(b)-f(a)}{b-a}.$$

函数 $f(x)$ 与 $g(x)=-\frac{1}{x}$ 在区间 $[a,b]$ 上使用柯西中值定理，至少存在一点 $\eta\in(a,b)$，使得

$$\frac{f'(\eta)}{\frac{1}{\eta^2}}=\frac{f(b)-f(a)}{g(b)-g(a)}=\frac{f(b)-f(a)}{\frac{1}{a}-\frac{1}{b}}=ab\,\frac{f(b)-f(a)}{b-a},$$

整理得

$$\frac{1}{ab}\eta^2 f'(\eta)=\frac{f(b)-f(a)}{b-a}.$$

所以 $\frac{1}{ab}\eta^2 f'(\eta)=f'(\xi)$，即有 $abf'(\xi)=\eta^2 f'(\eta)$.

9. 取 $c=\frac{a}{a+b}$，显然 $f(x)$ 在 $[0,c]$ 和 $[c,1]$ 上满足拉格朗日中值定理的条件，因此至少存在 $\xi\in(0,c)$，$\eta\in(c,1)$，使得

$$f(c)-f(0)=f'(\xi)c,\quad f(1)-f(c)=f'(\eta)(1-c).$$

整理得

$$\frac{a}{a+b}f'(\xi)=f(c),\quad \frac{b}{a+b}f'(\eta)=1-f(c),$$

从而有

$$af'(\xi)+bf'(\eta)=a+b.$$

10. 构造辅助函数 $F(x)=2\arctan x+\arcsin\frac{2x}{1+x^2}$，则当 $x>1$ 时，有

$$\begin{aligned}F'(x)&=2\,\frac{1}{1+x^2}+\frac{1}{\sqrt{1-\frac{4x^2}{(1+x^2)^2}}}\,\frac{2(1+x^2)-4x^2}{(1+x^2)^2}\\&=2\,\frac{1}{1+x^2}+\frac{1}{\sqrt{(1+x^2)^2-4x^2}}\,\frac{2-2x^2}{(1+x^2)}\\&=2\,\frac{1}{1+x^2}+\frac{1}{\sqrt{(1-x^2)^2}}\,\frac{2(1-x^2)}{(1+x^2)}=2\,\frac{1}{1+x^2}+\frac{1}{|1-x^2|}\,\frac{2(1-x^2)}{(1+x^2)}\\&=2\,\frac{1}{1+x^2}-\frac{1}{(1-x^2)}\,\frac{2(1-x^2)}{(1+x^2)}=0,\end{aligned}$$

所以，当 $x>1$ 时，$F(x)\equiv C$. 又因为 $F(x)$ 在 $x=1$ 处右连续，因此

$$C=\lim_{x\to1^+}F(x)=F(1)=2\arctan1+\arcsin1=\frac{\pi}{2}+\frac{\pi}{2}=\pi,$$

故当 $x\geqslant1$ 时，有 $2\arctan x+\arcsin\frac{2x}{1+x^2}=\pi$.

11. 由 $\lim\limits_{x\to0}\frac{\frac{\sin x}{x}+f(x)}{x}=1$，可知 $\lim\limits_{x\to0}\left[\frac{\sin x}{x}+f(x)\right]=0$，从而

$$\lim_{x\to 0}f(x)=-\lim_{x\to 0}\frac{\sin x}{x}=-1.$$

又因为 $f(x)$在 $x=0$ 处可导,从而 $f(x)$在 $x=0$ 处连续,因此 $f(0)=\lim\limits_{x\to 0}f(x)=-1$.

$$\begin{aligned}1&=\lim_{x\to 0}\left[\frac{f(x)}{x}+\frac{\sin x}{x^2}\right]=\lim_{x\to 0}\left[\frac{f(x)+1}{x}+\frac{\sin x}{x^2}-\frac{1}{x}\right]\\&=\lim_{x\to 0}\left[\frac{f(x)+1}{x}+\frac{\sin x-x}{x^2}\right]=f'(0)+\lim_{x\to 0}\frac{\sin x-x}{x^2}\\&=f'(0)+\lim_{x\to 0}\frac{\cos x-1}{2x}=f'(0)+\lim_{x\to 0}\frac{-\sin x}{2}=f'(0),\end{aligned}$$

所以 $f'(0)=1$.

12. (1) $\lim\limits_{x\to 4}\dfrac{\sqrt{2x+1}-3}{\sqrt{x-2}-\sqrt{2}}=\lim\limits_{x\to 4}\dfrac{\dfrac{2}{2\sqrt{2x+1}}}{\dfrac{1}{2\sqrt{x-2}}}=\dfrac{2\sqrt{2}}{3}$.

(2) $\lim\limits_{x\to +\infty}\dfrac{x^n}{e^{3x}}=\lim\limits_{x\to +\infty}\dfrac{nx^{n-1}}{3e^{3x}}=\lim\limits_{x\to +\infty}\dfrac{n(n-1)x^{n-2}}{3^2e^{3x}}=\lim\limits_{x\to +\infty}\dfrac{n!}{3^ne^{3x}}=0$.

(3) $\lim\limits_{x\to 0}\dfrac{\sin 4x^2}{\sqrt{1+x^2}-1}=\lim\limits_{x\to 0}\dfrac{8x\cos 4x^2}{\dfrac{2x}{2\sqrt{1+x^2}}}=8$.

(4) 由于$\lim\limits_{x\to 0}(1+\sin x)^{\frac{1}{x}}=\lim\limits_{x\to 0}e^{\frac{\ln(1+\sin x)}{x}}$,而

$$\lim_{x\to 0}\frac{\ln(1+\sin x)}{x}=\lim_{x\to 0}\frac{\cos x}{1+\sin x}=1,$$

所有$\lim\limits_{x\to 0}(1+\sin x)^{\frac{1}{x}}=e$.

(5) 令 $t=\dfrac{1}{x}$,则$\lim\limits_{x\to\infty}\left[x^2\left(1-\cos\dfrac{1}{x}\right)\right]=\lim\limits_{t\to 0}\dfrac{1-\cos t}{t^2}=\lim\limits_{t\to 0}\dfrac{\sin t}{2t}=\dfrac{1}{2}$.

(6) 由于

$$\lim_{x\to 0^+}(\cot x)^{\frac{1}{\ln x}}=\lim_{x\to 0^+}e^{\ln(\cot x)\frac{1}{\ln x}}=\lim_{x\to 0^+}e^{\frac{\ln(\cot x)}{\ln x}}.$$

而

$$\lim_{x\to 0^+}\frac{\ln\cot x}{\ln x}=\lim_{x\to 0^+}\frac{\ln\cos x-\ln\sin x}{\ln x}=\lim_{x\to 0^+}\frac{\dfrac{-\sin x}{\cos x}-\dfrac{\cos x}{\sin x}}{\dfrac{1}{x}}=\lim_{x\to 0^+}-\frac{x}{\cos x\sin x}=-1,$$

所有 $\lim\limits_{x\to 0^+}(\cot x)^{\frac{1}{\ln x}}=e^{-1}$.

(7) 由于$\lim\limits_{x\to 1}\dfrac{\ln\cos(x-1)}{1-\sin\dfrac{\pi}{2}x}=\lim\limits_{x\to 1}\dfrac{-\dfrac{\sin(x-1)}{\cos(x-1)}}{-\dfrac{\pi}{2}\cos\dfrac{\pi}{2}x}=\lim\limits_{x\to 1}\dfrac{2}{\pi}\dfrac{1}{\cos(x-1)}\dfrac{\sin(x-1)}{\cos\dfrac{\pi}{2}x}$,而

$$\lim_{x\to 1}\frac{\sin(x-1)}{\cos\frac{\pi}{2}x}=\lim_{x\to 1}\frac{\sin(x-1)}{\cos\frac{\pi}{2}x}=-\frac{2}{\pi},\text{所有}\lim_{x\to 1}\frac{\ln\cos(x-1)}{1-\sin\frac{\pi}{2}x}=-\frac{4}{\pi^2}.$$

(8) $\lim\limits_{n\to\infty}(\sqrt{n+3\sqrt{n}}-\sqrt{n-\sqrt{n}})=\lim\limits_{n\to\infty}\dfrac{(n+3\sqrt{n})-(n-\sqrt{n})}{\sqrt{n+3\sqrt{n}}+\sqrt{n-\sqrt{n}}}$

$$=\lim_{n\to\infty}\frac{4\sqrt{n}}{\sqrt{n+3\sqrt{n}}+\sqrt{n-\sqrt{n}}}$$

$$=\lim_{n\to\infty}\frac{4}{\sqrt{1+3\sqrt{\frac{1}{n}}}+\sqrt{1-\sqrt{\frac{1}{n}}}}=2.$$

(9) $\lim\limits_{x\to0}\dfrac{\ln(1+5x)}{\arctan3x}=\lim\limits_{x\to0}\dfrac{\frac{5}{1+5x}}{\frac{3}{1+9x^2}}=\dfrac{5}{3}$.

(10) $\lim\limits_{x\to0}\left(\dfrac{e^x}{x}-\dfrac{1}{e^x-1}\right)=\lim\limits_{x\to0}\dfrac{e^{2x}-e^x-x}{xe^x-x}=\lim\limits_{x\to0}\dfrac{2e^{2x}-e^x-1}{e^x+xe^x-1}=\lim\limits_{x\to0}\dfrac{4e^{2x}-e^x}{2e^x+xe^x}=\dfrac{3}{2}$.

13. (1) 设 $f(x)=1+x\ln(x+\sqrt{1+x^2})-\sqrt{1+x^2}$. 显然 $f(x)$在$[0,+\infty)$上连续，在$(0,+\infty)$内可导，$f(0)=0$，且

$$f'(x)=\ln(x+\sqrt{1+x^2})+\frac{x}{\sqrt{1+x^2}}-\frac{x}{\sqrt{1+x^2}}=\ln(x+\sqrt{1+x^2}),$$

当 $x>0$ 时，$f'(x)>\ln1=0$，从而 $f(x)$在$[0,+\infty)$上单调增加，当 $x>0$ 时，有 $f(x)>f(0)=0$，即 $1+x\ln(x+\sqrt{1+x^2})-\sqrt{1+x^2}>0$，结论得证.

(2) **证法1**　构造辅助函数

$$f(x)=\begin{cases}\dfrac{\sin x}{x}, & x\neq0,\\ 1, & x=0.\end{cases}$$

显然 $f(x)$在$\left[0,\frac{\pi}{2}\right]$上连续，在$\left(0,\frac{\pi}{2}\right)$内可导，且 $f'(x)=\dfrac{x\cos x-\sin x}{x^2}$. 又记 $g(x)=x\cos x-\sin x$，则 $g(x)$在$\left[0,\frac{\pi}{2}\right]$上连续，在$\left(0,\frac{\pi}{2}\right)$内可导，且当 $x\in\left(0,\frac{\pi}{2}\right)$时，

$$g'(x)=-x\sin x<0,$$

所以 $g(x)$在$\left[0,\frac{\pi}{2}\right]$上单调减少，因此当 $0<x<\frac{\pi}{2}$时，$g(0)>g(x)$，即 $g(x)<0$，从而有 $f'(x)=\dfrac{x\cos x-\sin x}{x^2}<0$，所以 $f(x)$在$\left[0,\frac{\pi}{2}\right]$上单调减少的，即当 $0<x<\frac{\pi}{2}$时，$f(0)>f(x)>f\left(\frac{\pi}{2}\right)$，即

$$1>\frac{\sin x}{x}>\frac{\sin\frac{\pi}{2}}{\frac{\pi}{2}},$$

从而$\dfrac{2}{\pi}<\dfrac{\sin x}{x}<1$，结论得证.

证法 2 当$0<x<\frac{\pi}{2}$时，不等式$\frac{\sin x}{x}<1$显然成立，这里只证明不等式$\frac{2}{\pi}<\frac{\sin x}{x}$. 构造辅助函数

$$f(x)=\sin x-\frac{2}{\pi}x,\quad x\in\left[0,\frac{\pi}{2}\right].$$

当$0<x<\frac{\pi}{2}$时，$f'(x)=\cos x-\frac{2}{\pi}$，令$f'(x)=0$，解得唯一驻点$x_0=\arccos\frac{2}{\pi}$，又因为$f''(x)=-\sin x$，因此$f''(x_0)<0$，故函数$f(x)$在$x_0=\arccos\frac{2}{\pi}$处取得唯一极大值. 由于$f(x)$在$\left[0,\frac{\pi}{2}\right]$上连续，因此一定存在最大值和最小值，且最小值只能在$x=0$或$x=\frac{\pi}{2}$处取到. 而$f(0)=f\left(\frac{\pi}{2}\right)=0$，故当$0<x<\frac{\pi}{2}$时，$f(x)>f(0)=0$，即$\sin x-\frac{2}{\pi}x$，从而有$\frac{2}{\pi}<\frac{\sin x}{x}$成立.

(3) 分析$\frac{b-a}{b}<\ln\frac{b}{a}<\frac{b-a}{a}\Leftrightarrow\frac{1}{b}<\frac{\ln b-\ln a}{b-a}<\frac{1}{a}$.

证 设$f(x)=\ln x$，显然$f(x)$在区间$[a,b]$上满足拉格朗日中值定理条件，且$f'(x)=\frac{1}{x}$，因此至少存在一点$\xi\in(a,b)$，使得

$$f'(\xi)=\frac{f(b)-f(a)}{b-a},\quad 即\quad \frac{1}{\xi}=\frac{\ln b-\ln a}{b-a}.$$

而$\frac{1}{b}<\frac{1}{\xi}<\frac{1}{a}$，则有$\frac{1}{b}<\frac{\ln b-\ln a}{b-a}<\frac{1}{a}$，所以$\frac{b-a}{b}<\ln\frac{b}{a}<\frac{b-a}{a}$.

14. 函数$f(x)=\sqrt[3]{(2x-x^2)^2}=(2x-x^2)^{\frac{2}{3}}$的定义域为$(-\infty,+\infty)$，且

$$f'(x)=\frac{4}{3}(2x-x^2)^{-\frac{1}{3}}(1-x)=\frac{4(1-x)}{3\cdot\sqrt[3]{x(2-x)}},$$

$x=1$为函数的驻点，$x=0$与$x=2$为导数不存在的点，列表讨论函数的性态，见表 3.3.

表 3.3

x	$(-\infty,0)$	0	$(0,1)$	1	$(1,2)$	2	$(2,+\infty)$
$f'(x)$	$-$	不存在	$+$	0	$-$	不存在	$+$
$f(x)$	↘	极小值 0	↗	极大值 1	↘	极小值 0	↗

由表 3.3 可知，$f(x)$的单调递增区间为$[0,1]$和$[2,+\infty)$，单调递减区间为$(-\infty,0]$和$[1,2]$；极大值为$f(1)=1$，极小值为$f(0)=0$.

15. 函数的定义域为$(-\infty,1)\cup(1,+\infty)$，且

$$y'=\frac{4x(1-x)^2+4x^2(1-x)}{(1-x)^4}=\frac{4x(1-x)+4x^2}{(1-x)^3}=\frac{4x}{(1-x)^3},$$

$$y''=\frac{4(1-x)^3+12x(1-x)^2}{(1-x)^6}=\frac{4-4x+12x}{(1-x)^4}=\frac{4+8x}{(1-x)^4},$$

解得函数的驻点为 $x=0$，二阶导数为零的点为 $x=-\frac{1}{2}$. 列表讨论函数的性态，见表 3.4.

表　3.4

x	$\left(-\infty,-\frac{1}{2}\right)$	$-\frac{1}{2}$	$\left(-\frac{1}{2},0\right)$	0	$(0,1)$	$(1,+\infty)$
$f'(x)$	$-$	$-$	$-$	0	$+$	$-$
$f''(x)$	$-$	0	$+$	$+$	$+$	$+$
$f(x)$	↘凸	$\frac{2}{9}$	↘凹	极小值 0	↗凹	↘凹

由表 3.4 可知，$f(x)$ 的单调递增区间为 $[0,1)$，单调递减区间为 $(-\infty,0]$ 和 $(1,+\infty)$；极小值 $f(0)=0$，$f(x)$ 的凹区间为 $\left[-\frac{1}{2},1\right)$ 和 $(1,+\infty)$，$f(x)$ 的凸区间为 $\left(-\infty,-\frac{1}{2}\right]$，拐点为 $\left(-\frac{1}{2},\frac{2}{9}\right)$. 又因为 $\lim\limits_{x\to\infty}\frac{2x^2}{(1-x)^2}=2$，所以 $y=2$ 为水平渐近线；因为 $\lim\limits_{x\to 1}\frac{2x^2}{(1-x)^2}=\infty$，所以直线 $x=1$ 为 $f(x)$ 的铅垂渐近线.

16. 设截取长度为 x 的一段铁丝，围成正方形，则正方形的面积为 $\left(\frac{x}{4}\right)^2$，另一段长度为 $a-x$ 围成一个圆，圆的半径为 $\frac{a-x}{2\pi}$，则圆的面积为 $\frac{(a-x)^2}{4\pi}$，所以两个物体的面积之和为

$$S(x)=\frac{x^2}{16}+\frac{1}{4\pi}(a-x)^2\quad(0<x<a)$$

令 $S'(x)=\frac{x}{8}-\frac{1}{2\pi}(a-x)=0$，解得唯一驻点 $x=\frac{4a}{4+\pi}$. 因为 $S''(x)=\frac{1}{8}+\frac{1}{2\pi}$，所以

$$S''\left(\frac{4a}{4+\pi}\right)=\frac{1}{8}+\frac{1}{2\pi}>0,$$

从而 $x=\frac{4a}{4+\pi}$ 为极小值点，也是最小值点，围成正方形铁丝的长度为 $\frac{4a}{4+\pi}$，围成圆的铁丝的长度为 $\frac{a\pi}{4+\pi}$.

17. 因为 $y'=\frac{1}{\sec x}\sec x\tan x=\tan x$，$y''=\sec^2 x$，

所以曲率 $K=\frac{|y''|}{(1+y^2)^{\frac{3}{2}}}=\frac{|\sec^2 x|}{(1+\tan^2 x)^{\frac{3}{2}}}=|\cos x|$，且曲率半径 $\rho=\frac{1}{K}=\frac{1}{|\cos x|}$

18. 因为

$$\begin{cases}x'=-3a\cos^2 t\sin t\\ y'=3a\sin^2 t\cos t\end{cases},\quad\begin{cases}x''=6a\cos t\sin^2 t-3a\cos^3 t\\ y''=6a\sin t\cos^2 t-3a\sin^3 t\end{cases},$$

所以曲率为

$$K=\frac{|\varphi'(t)\psi''(t)-\psi''(t)\varphi'(t)|}{[\varphi'^2(t)+\psi'^2(t)]^{\frac{3}{2}}}$$

$$=\frac{|(-3a\cos^2 t\sin t)(6a\sin t\cos^2 t-3a\sin^3 t)-(3a\sin^2 t\cos t)(6a\cos t\sin^2 t-3a\cos^3 t)|}{[9a^2\sin^4 t\cos^2 t+9a^2\cos^4 t\sin^2 t]^{\frac{3}{2}}}$$

$$=\frac{|(-\cos^2 t\sin t)(2\sin t\cos^2 t-\sin^3 t)-(\sin^2 t\cos t)(2\cos t\sin^2 t-\cos^3 t)|}{3|a||\sin t\cos t|^3}$$

$$=\frac{|-2\cos^4 t\sin^2 t+\cos^2\sin^4 t-2\sin^4 t\cos^2 t+\sin^2 t\cos^4 t|}{3|a||\sin t\cos t|^3}$$

$$=\frac{|-\cos^4 t\sin^2 t-\cos^2\sin^4 t|}{3|a||\sin t\cos t|^3}=\frac{|\cos^2 t\sin^2 t|}{3|a||\sin t\cos t|^3}=\left|\frac{1}{3a\sin t\cos t}\right|=\left|\frac{2}{3a\sin 2t}\right|,$$

因此得 $K\Big|_{t=t_0}=\left|\dfrac{2}{3a\sin 2t_0}\right|$.

第4章

不定积分

4.1 内容提要

4.1.1 不定积分的概念与性质

1. 不定积分的概念

设函数 $f(x)$在区间 I 上有定义,若存在函数 $F(x)$在区间 I 上处处有

$$F'(x)=f(x) \quad 或 \quad \mathrm{d}F(x)=f(x)\mathrm{d}x,$$

则称 $F(x)$是 $f(x)$在区间 I 上的一个原函数.

设 $F(x)$是 $f(x)$在区间 I 上的一个原函数,称 $f(x)$的所有原函数 $F(x)+C$ 为 $f(x)$在区间 I 上的不定积分,记作$\int f(x)\mathrm{d}x$, 即

$$\int f(x)\mathrm{d}x=F(x)+C.$$

不定积分的几何意义:若 $F(x)$是 $f(x)$的一个原函数,则 $y=F(x)$的图形称为 $f(x)$的一条积分曲线. $\int f(x)\mathrm{d}x$ 表示一族积分曲线,且该族积分曲线在同一个横坐标点处的切线斜率相等.

2. 不定积分的性质

(1) $\frac{\mathrm{d}}{\mathrm{d}x}\int f(x)\mathrm{d}x=f(x)$ 或 $\mathrm{d}\int f(x)\mathrm{d}x=f(x)\mathrm{d}x$;

(2) $\int f'(x)\mathrm{d}x=f(x)+C$ 或$\int \mathrm{d}f(x)=f(x)+C$;

(3) $\int [af(x)+bg(x)]\mathrm{d}x=a\int f(x)\mathrm{d}x+b\int g(x)\mathrm{d}x$($a,b$ 不全为 0).

4.1.2 第一类换元积分法(凑微分法)

设 $F(u)$ 是 $f(u)$ 的一个原函数，$u=\varphi(x)$ 可导，则有

$$\int f[\varphi(x)]\varphi'(x)\mathrm{d}x=\int f[\varphi(x)]\mathrm{d}\varphi(x)\xlongequal{u=\varphi(x)}\int f(u)\mathrm{d}u$$
$$=F(u)+C=F[\varphi(x)]+C.$$

常见的凑微分公式[假设 $f(x)$ 可积]：

(1) $\int f(ax+b)\mathrm{d}x=\frac{1}{a}\int f(ax+b)\mathrm{d}(ax+b)\quad(a\neq0)$；

(2) $\int\frac{1}{x}f(\ln x)\mathrm{d}x=\int f(\ln x)\mathrm{d}(\ln x)$；

(3) $\int x^{n-1}f(ax^n+b)\mathrm{d}x=\frac{1}{an}\int f(ax^n+b)\mathrm{d}(ax^n+b)$；

特别地：$\int\frac{1}{x^2}f\left(\frac{1}{x}\right)\mathrm{d}x=-\int f\left(\frac{1}{x}\right)\mathrm{d}\left(\frac{1}{x}\right)$，$\int\frac{1}{\sqrt{x}}f(\sqrt{x})\mathrm{d}x=2\int f(\sqrt{x})\mathrm{d}(\sqrt{x})$；

(4) $\int a^xf(a^x)\mathrm{d}x=\frac{1}{\ln a}\int f(a^x)\mathrm{d}a^x$；特别地：$\int \mathrm{e}^xf(\mathrm{e}^x)\mathrm{d}x=\int f(\mathrm{e}^x)\mathrm{d}\mathrm{e}^x$；

(5) $\int\cos x\cdot f(\sin x)\mathrm{d}x=\int f(\sin x)\mathrm{d}\sin x$；

(6) $\int\sin x\cdot f(\cos x)\mathrm{d}x=-\int f(\cos x)\mathrm{d}\cos x$；

(7) $\int\sec^2x\cdot f(\tan x)\mathrm{d}x=\int f(\tan x)\mathrm{d}\tan x$；

(8) $\int\csc^2x\cdot f(\cot x)\mathrm{d}x=-\int f(\cot x)\mathrm{d}\cot x$；

(9) $\int\frac{1}{1+x^2}f(\arctan x)\mathrm{d}x=\int f(\arctan x)\mathrm{d}\arctan x$；

(10) $\int\frac{1}{\sqrt{1-x^2}}f(\arcsin x)\mathrm{d}x=\int f(\arcsin x)\mathrm{d}\arcsin x$；

(11) $\int\sec x\tan x\cdot f(\sec x)\mathrm{d}x=\int f(\sec x)\mathrm{d}\sec x$；

(12) $\int f'(x)f(x)\mathrm{d}x=\frac{1}{2}[f(x)]^2+C$；

(13) $\int\frac{f'(x)}{f(x)}\mathrm{d}x=\ln|f(x)|+C.$

4.1.3 第二类换元积分法

设函数 $x=\varphi(t)$ 可微，且 $\varphi(t)\neq0$，又设 $f[\varphi(t)]\varphi'(t)$ 具有原函数 $F(t)$，则

$$\int f(x)\mathrm{d}x=\int f[\varphi(t)]\mathrm{d}\varphi(t)=\int f[\varphi(t)]\varphi'(t)\mathrm{d}t=F(t)+C=F[\varphi^{-1}(x)]+C,$$

其中 $t=\varphi^{-1}(x)$ 是 $x=\varphi(t)$ 的反函数.

表 4.1 给出了常见的三角代换公式.

表 4.1　常见的三角代换

$\sqrt{a^2-x^2}$	$\sqrt{a^2+x^2}$	$\sqrt{x^2-a^2}$
$x=a\sin t$， $t\in\left(-\frac{\pi}{2},\frac{\pi}{2}\right)$	$x=a\tan t$， $t\in\left(-\frac{\pi}{2},\frac{\pi}{2}\right)$	当 $x>a$ 时，令 $x=a\sec t$， $t\in\left(0,\frac{\pi}{2}\right)$①
$\mathrm{d}x=a\cos t\mathrm{d}t$	$\mathrm{d}x=a\sec^2 t\mathrm{d}t$	$\mathrm{d}x=a\sec t\tan t\mathrm{d}t$
$\sqrt{a^2-x^2}=a\cos t$	$\sqrt{a^2+x^2}=a\sec t$	$\sqrt{x^2-a^2}=a\tan t$
$t=\arcsin\frac{x}{a}$	$t=\arctan\frac{x}{a}$	$t=\arccos\frac{a}{x}$
a, x, t, $\sqrt{a^2-x^2}$	$\sqrt{a^2+x^2}$, x, t, a	x, $\sqrt{x^2-a^2}$, t, a

4.1.4　分部积分法

设函数 $u=u(x)$，$v=v(x)$具有连续的导数，则

$$\int uv'\mathrm{d}x=\int u\mathrm{d}v=uv-\int v\mathrm{d}u=uv-\int vu'\mathrm{d}x.$$

分部积分的两个原则：

(1) $v=v(x)$容易得到；

(2) $\int vu'\mathrm{d}x$ 的计算比 $\int v'u\mathrm{d}x$ 简单. 常用的凑微分思路有三种：①幂函数与指数函数、三角函数相乘时，指数函数、三角函数凑微分；②幂函数与对数函数、反三角函数相乘时，幂函数凑微分；③指数函数与三角函数相乘时，哪一个凑微分都可以，使用循环积分法.

4.1.5　有理函数积分法

利用多项式的除法可以将有理函数的积分转化为多项式与真分式的积分，而通过真分式的分解可以将真分式的积分转化为如下四大类简单真分式(部分分式)的积分.

(1) $\int\frac{A}{x-a}\mathrm{d}x$；　　(2) $\int\frac{A}{(x-a)^n}\mathrm{d}x\quad(n>1)$；

(3) $\int\frac{Bx+C}{x^2+px+q}\mathrm{d}x\quad(p^2-4q<0)$；(4) $\int\frac{Bx+C}{(x^2+px+q)^n}\mathrm{d}x\quad(p^2-4q<0,n>1)$.

将真分式分解为部分分式之和时，若真分式的分母中含有因式$(x-a)^k$，则分解后的

① 当 $x<-a$ 时，可令 $u=-x$.

式子应该含有如下表达式

$$\frac{A_1}{x-a}+\frac{A_2}{(x-a)^2}+\cdots+\frac{A_k}{(x-a)^k},$$

若真分式的分母中含有因式$(x^2+px+q)^k(p^2-4q<0)$,则分解后的式子应该含有如下表达式

$$\frac{B_1x+C_1}{x^2+px+q}+\frac{B_2x+C_2}{(x^2+px+q)^2}+\cdots+\frac{B_kx+C_k}{(x^2+px+q)^k}.$$

4.1.6 三角函数有理式的积分法

对于三角函数有理式的积分,如果没有简易的求解方法,可以尝试利用**万能替换**方法进行求解,即令 $u=\tan\frac{x}{2}$,则 $\sin x=\frac{2u}{1+u^2}$,$\cos x=\frac{1-u^2}{1+u^2}$, $dx=\frac{2}{1+u^2}du$.

4.1.7 常用积分公式表

(1) $\int 0dx=C$;

(2) $\int x^{\alpha}dx=\frac{1}{\alpha+1}x^{\alpha+1}+C\quad(\alpha\neq-1)$;

(3) $\int\frac{1}{x}dx=\ln|x|+C$;

(4) $\int a^x dx=\frac{1}{\ln a}a^x+C\quad(a>0,a\neq1)$;

(5) $\int e^x dx=e^x+C$;

(6) $\int\sin x dx=-\cos x+C$;

(7) $\int\cos x dx=\sin x+C$;

(8) $\int\tan x dx=-\ln|\cos x|+C$;

(9) $\int\cot x dx=\ln|\sin x|+C$;

(10) $\int\sec x dx=\ln|\sec x+\tan x|+C$;

(11) $\int\csc x dx=\ln|\csc x-\cot x|+C$;

(12) $\int\sec^2 x dx=\tan x+C$;

(13) $\int\csc^2 x dx=-\cot x+C$;

(14) $\int\sec x\tan x dx=\sec x+C$;

(15) $\int\csc x\cot x dx=-\csc x+C$;

(16) $\int\frac{1}{\sqrt{x^2\pm a^2}}dx=\ln|x+\sqrt{x^2\pm a^2}|+C\ (a>0)$;

(17) $\int\frac{1}{\sqrt{a^2-x^2}}dx=\arcsin\frac{x}{a}+C\ (a>0)$;

(18) $\int\frac{1}{a^2+x^2}dx=\frac{1}{a}\arctan\frac{x}{a}+C\ (a>0)$;

(19) $\int\frac{1}{a^2-x^2}dx=\frac{1}{2a}\ln\left|\frac{a+x}{a-x}\right|+C\ (a>0)$;

(20) $\int\sqrt{a^2-x^2}dx=\frac{x}{2}\sqrt{a^2-x^2}+\frac{a^2}{2}\arcsin\frac{x}{a}+C\ (a>0)$;

(21) $\int\sqrt{x^2-a^2}dx=\frac{x}{2}\sqrt{x^2-a^2}-\frac{1}{2}a^2\ln|x+\sqrt{x^2-a^2}|+C\ (a>0)$;

(22) $\int \sqrt{x^2+a^2}\,dx = \frac{x}{2}\sqrt{x^2+a^2}+\frac{1}{2}a^2\ln(x+\sqrt{x^2+a^2})+C\ (a>0)$.

4.2　典型例题分析

4.2.1　题型一　利用积分基本公式计算不定积分

例 4.1　求下列不定积分：

(1) $\int \frac{1}{x^2(1+x^2)}dx$；　　(2) $\int \frac{1}{\sin^2 x\cos^2 x}dx$.

解

(1) $\int \frac{1}{x^2(1+x^2)}dx = \int \frac{1+x^2-x^2}{x^2(1+x^2)}dx = \int\left(\frac{1}{x^2}-\frac{1}{1+x^2}\right)dx = -\frac{1}{x}-\arctan x+C$.

(2) $\int \frac{1}{\sin^2 x\cos^2 x}dx = \int \frac{\sin^2 x+\cos^2 x}{\sin^2 x\cos^2 x}dx = \int\left(\frac{1}{\cos^2 x}+\frac{1}{\sin^2 x}\right)dx = \tan x-\cot x+C$.

4.2.2　题型二　利用凑微分法计算不定积分

例 4.2　求下列不定积分：

(1) $\int x\sqrt{x^2-4}\,dx$；　　(2) $\int \frac{1}{e^x-1}dx$；　　(3) $\int \frac{1}{\sqrt{x(9-x)}}dx$.

解

(1) $\int x\sqrt{x^2-4}\,dx = \frac{1}{2}\int\sqrt{x^2-4}\,d(x^2-4) = \frac{1}{3}(x^2-4)^{\frac{3}{2}}+C$；

(2) $\int \frac{1}{e^x-1}dx = \int\frac{1-e^x+e^x}{e^x-1}dx = \int\left(\frac{e^x}{e^x-1}-1\right)dx = -x+\int\frac{1}{e^x-1}d(e^x-1)$
$= \ln|e^x-1|-x+C$；

(3) $\int\frac{1}{\sqrt{x(9-x)}}dx = 2\int\frac{1}{\sqrt{9-x}}d\sqrt{x} = 2\int\frac{1}{\sqrt{3^2-(\sqrt{x})^2}}d\sqrt{x} = 2\arcsin\frac{\sqrt{x}}{3}+C$.

例 4.3　求不定积分 $\int\frac{1}{1+\cos x}dx$.

解法 1　原式 $=\int\frac{1-\cos x}{1-\cos^2 x}dx = \int\left(\frac{1}{\sin^2 x}-\frac{\cos x}{\sin^2 x}\right)dx = \int\csc^2 x\,dx-\int\frac{1}{\sin^2 x}d(\sin x)$
$=-\cot x+\frac{1}{\sin x}+C$.

解法 2　原式 $=\int\frac{1}{2\cos^2\frac{x}{2}}dx = \int\sec^2\frac{x}{2}\,d\left(\frac{x}{2}\right) = \tan\frac{x}{2}+C$.

注　在求解不定积分时，一个常用的技巧就是将分母化为一个式子，然后将积分拆成一些简单积分的代数和. 本题的两种解法用的都是这个思想.

4.2.3 题型三　利用第二类换元积分法计算不定积分

例 4.4 求下列不定积分：

(1) $\int \frac{1}{\sqrt{x}+\sqrt[3]{x}}dx$；　(2) $\int \frac{1}{(1+x^2)^2}dx$；　(3) $\int \frac{1}{x\sqrt{x^2-1}}dx(x>1)$.

解 (1) 令 $t=\sqrt[6]{x}$，则 $x=t^6$，$dx=6t^5dt$，$\sqrt{x}=t^3$，$\sqrt[3]{x}=t^2$，则

$$\begin{aligned}原式&=\int \frac{6t^5}{t^3+t^2}dt=6\int \frac{t^3}{t+1}dt=6\int \frac{t^3+1-1}{t+1}dt\\&=6\int\left(t^2-t+1-\frac{1}{t+1}\right)dt=2t^3-3t^2+6t-6\ln|t+1|+C\\&=2\sqrt{x}-3\sqrt[3]{x}+6\sqrt[6]{x}-6\ln(\sqrt[6]{x}+1)+C;\end{aligned}$$

(2) 令 $x=\tan t$，$t\in\left(-\frac{\pi}{2},\frac{\pi}{2}\right)$，则 $dx=\sec^2 tdt$，$\sqrt{1+x^2}=\sec t$，则

$$\begin{aligned}原式&=\int \frac{\sec^2 t}{\sec^4 t}dt=\int \cos^2 tdt=\int \frac{1+\cos 2t}{2}dt\\&=\frac{1}{2}t+\frac{1}{4}\sin 2t+C=\frac{1}{2}t+\frac{1}{2}\sin t\cos t+C\\&=\frac{1}{2}\arctan x+\frac{1}{2}\frac{x}{\sqrt{1+x^2}}\frac{1}{\sqrt{1+x^2}}+C\\&=\frac{1}{2}\arctan x+\frac{1}{2}\frac{x}{1+x^2}+C;\end{aligned}$$

(3) 令 $x=\sec t$，$t\in\left(0,\frac{\pi}{2}\right)$，则 $dx=\sec t\tan tdt$，$\sqrt{x^2-1}=\tan t$，$t=\arccos\frac{1}{x}$，从而

$$原式=\int 1dt=t+C=\arccos\frac{1}{x}+C.$$

例 4.5 求不定积分 $\int\sqrt{\frac{a+x}{a-x}}dx\quad(a>0)$.

解 令 $t=\sqrt{\frac{a+x}{a-x}}$，解得 $x=\frac{a(t^2-1)}{t^2+1}$，$dx=\frac{4at}{(1+t^2)^2}dt$，因此

$$\begin{aligned}原式&=\int \frac{4at^2}{(1+t^2)^2}dt=4a\int \frac{1}{1+t^2}dt-4a\int \frac{1}{(1+t^2)^2}dt\\&=2a\cdot\arctan t-2a\frac{t}{1+t^2}+C\\&=2a\cdot\arctan\sqrt{\frac{a+x}{a-x}}-\sqrt{a^2-x^2}+C.\end{aligned}$$

注 本题也可以利用第一类换元法进行求解，

$$\begin{aligned}原式&=\int \frac{a+x}{\sqrt{a^2-x^2}}dx=a\int \frac{1}{\sqrt{a^2-x^2}}dx+\int \frac{x}{\sqrt{a^2-x^2}}dx\\&=a\cdot\arcsin\frac{x}{a}-\frac{1}{2}\int \frac{1}{\sqrt{a^2-x^2}}d(a^2-x^2)\end{aligned}$$

$$= a \cdot \arcsin \frac{x}{a} - \sqrt{a^2 - x^2} + C.$$

例 4.6 求不定积分 $\int \frac{1}{\sqrt[3]{(x+1)^2(x-1)^4}} dx$.

解 由于原式 $= \int \sqrt[3]{\frac{x+1}{x-1}} \cdot \frac{1}{(x+1)(x-1)} dx$，故令 $t = \sqrt[3]{\frac{x+1}{x-1}}$，则

$$x = \frac{2}{t^3 - 1} + 1, \quad dx = \frac{-6t^2}{(t^3-1)^2} dt,$$

从而

$$\text{原式} = \int t \cdot \frac{1}{\left(\frac{2}{t^3-1} + 2\right) \cdot \frac{2}{t^3-1}} \cdot \frac{-6t^2}{(t^3-1)^2} dt = -\frac{3}{2} \int dt$$

$$= -\frac{3}{2} t + C = -\frac{3}{2} \sqrt[3]{\frac{x+1}{x-1}} + C.$$

4.2.4 题型四 利用分部积分法计算不定积分

例 4.7 求下列不定积分：

(1) $\int x^2 \sin x dx$； (2) $\int x^2 \arctan x dx$； (3) $\int \sec^3 x dx$；

(4) $\int x^2 (\ln x)^2 dx$； (5) $\int \frac{x e^x}{(1+e^x)^2} dx$.

解 (1) $\int x^2 \sin x dx = -\int x^2 d\cos x = -x^2 \cos x + 2\int x \cos x dx$

$$= -x^2 \cos x + 2\int x d\sin x = -x^2 \cos x + 2\left(x \sin x - \int \sin x dx\right)$$

$$= -x^2 \cos x + 2x \sin x + 2\cos x + C;$$

(2) $\int x^2 \arctan x dx = \frac{1}{3} \int \arctan x d(x^3) = \frac{1}{3}\left(x^3 \arctan x - \int \frac{x^3}{1+x^2} dx\right)$

$$= \frac{1}{3}\left(x^3 \arctan x - \int \frac{x^3 + x - x}{1+x^2} dx\right)$$

$$= \frac{1}{3} x^3 \arctan x - \frac{1}{3} \int \left(x - \frac{x}{1+x^2}\right) dx$$

$$= \frac{1}{3} x^3 \arctan x - \frac{1}{6} x^2 - \frac{1}{6} \ln(1+x^2) + C;$$

(3) $\int \sec^3 x dx = \int \sec x d\tan x = \sec x \tan x - \int \tan x d\sec x$

$$= \sec x \tan x - \int \sec x \tan^2 x dx = \sec x \tan x - \int \sec x (\sec^2 x - 1) dx$$

$$= \sec x \tan x - \int \sec^3 x dx + \int \sec x dx$$

$$= \sec x \tan x - \int \sec^3 x dx + \ln|\sec x + \tan x|,$$

所以

$$\int \sec^3 x\mathrm{d}x = \frac{1}{2}\sec x\tan x + \frac{1}{2}\ln|\sec x + \tan x| + C;$$

(4) $\int x^2(\ln x)^2\mathrm{d}x = \frac{1}{3}\int (\ln x)^2\mathrm{d}(x^3) = \frac{1}{3}\left[x^3(\ln x)^2 - 2\int x^2\ln x\mathrm{d}x\right]$

$$= \frac{1}{3}x^3(\ln x)^2 - \frac{2}{9}\int \ln x\mathrm{d}(x^3) = \frac{1}{3}x^3(\ln x)^2 - \frac{2}{9}\left(x^3\ln x - \int x^2\mathrm{d}x\right)$$

$$= \frac{1}{3}x^3(\ln x)^2 - \frac{2}{9}x^3\ln x + \frac{2}{27}x^3 + C$$

$$= \frac{1}{3}x^3\left[(\ln x)^2 - \frac{2}{3}\ln x + \frac{2}{9}\right] + C;$$

(5) $\int \frac{x\mathrm{e}^x}{(1+\mathrm{e}^x)^2}\mathrm{d}x = -\int x\mathrm{d}\frac{1}{(1+\mathrm{e}^x)} = -\frac{x}{1+\mathrm{e}^x} + \int \frac{1}{1+\mathrm{e}^x}\mathrm{d}x$

$$= -\frac{x}{1+\mathrm{e}^x} + \int \frac{1+\mathrm{e}^x-\mathrm{e}^x}{1+\mathrm{e}^x}\mathrm{d}x = -\frac{x}{1+\mathrm{e}^x} + \int\left(1 - \frac{\mathrm{e}^x}{1+\mathrm{e}^x}\right)\mathrm{d}x$$

$$= -\frac{x}{1+\mathrm{e}^x} + x - \ln(1+\mathrm{e}^x) + C.$$

4.2.5 题型五 求解有理函数的不定积分

例 4.8 求下列不定积分:

(1) $\int \frac{x+4}{x^2+2x+5}\mathrm{d}x$; (2) $\int \frac{x+4}{x^2-x-2}\mathrm{d}x$; (3) $\int \frac{1}{x(x-1)^2}\mathrm{d}x$;

(4) $\int \frac{3x}{1-x^3}\mathrm{d}x$; (5) $\int \frac{x^4-3}{x^2+2x+1}\mathrm{d}x$; (6) $\int \frac{x^3+2x^2+x-5}{(x-1)^{2016}}\mathrm{d}x$.

解 (1) 原式 $= \int \frac{x+4}{x^2+2x+5}\mathrm{d}x = \int \frac{x+1+3}{x^2+2x+5}\mathrm{d}x$

$$= \int \frac{x+1}{x^2+2x+5}\mathrm{d}x + \int \frac{3}{x^2+2x+5}\mathrm{d}x$$

$$= \frac{1}{2}\int \frac{1}{x^2+2x+5}\mathrm{d}(x^2+2x+5) + 3\int \frac{1}{(x+1)^2+2^2}\mathrm{d}(x+1)$$

$$= \frac{1}{2}\ln(x^2+2x+5) + \frac{3}{2}\arctan\frac{x+1}{2} + C;$$

(2) 设

$$\frac{x+4}{x^2-x-2} = \frac{x+4}{(x-2)(x+1)} = \frac{a}{x-2} + \frac{b}{x+1} = \frac{(a+b)x+a-2b}{(x-2)(x+1)},$$

则 $a+b=1, a-2b=4$,解得 $a=2, b=-1$,从而

原式 $= \int \frac{x+4}{x^2-x-2}\mathrm{d}x = 2\int \frac{1}{x-2}\mathrm{d}x - \int \frac{1}{x+1}\mathrm{d}x = 2\ln|x-2| - \ln|x+1| + C$

$$= \ln\frac{(x-2)^2}{|x+1|} + C;$$

（3）设

$$\frac{1}{x(x-1)^2}=\frac{a}{x}+\frac{b}{x-1}+\frac{c}{(x-1)^2}=\frac{(a+b)x^2+(c-2a-b)x+a}{x(x-1)^2},$$

解得 $a=1,b=-1,c=1$，从而

$$\int\frac{1}{x(x-1)^2}\mathrm{d}x=\int\frac{1}{x}\mathrm{d}x-\int\frac{1}{x-1}\mathrm{d}x+\int\frac{1}{(x-1)^2}\mathrm{d}x=\ln|x|-\ln|x-1|-\frac{1}{x-1}+C$$

$$=\ln\left|\frac{x}{x-1}\right|-\frac{1}{x-1}+C;$$

（4）设

$$\frac{3x}{1-x^3}=\frac{3x}{(1-x)(1+x+x^2)}=\frac{a}{1-x}+\frac{bx+c}{1+x+x^2}$$

$$=\frac{(a-b)x^2+(a+b-c)x+a+c}{(1-x)(1+x+x^2)},$$

则 $a-b=0,a+b-c=3,a+c=0$，解得 $a=1,b=1,c=-1$，从而

$$原式=\int\frac{3x}{1-x^3}\mathrm{d}x=\int\frac{1}{1-x}\mathrm{d}x+\int\frac{x-1}{1+x+x^2}\mathrm{d}x=-\ln|1-x|+\int\frac{x+\frac{1}{2}-\frac{3}{2}}{1+x+x^2}\mathrm{d}x$$

$$=-\ln|1-x|+\frac{1}{2}\int\frac{2x+1}{1+x+x^2}\mathrm{d}x-\frac{3}{2}\int\frac{1}{1+x+x^2}\mathrm{d}x$$

$$=-\ln|1-x|+\frac{1}{2}\int\frac{1}{1+x+x^2}\mathrm{d}(x^2+x+1)-\frac{3}{2}\int\frac{1}{\left(x+\frac{1}{2}\right)^2+\frac{3}{4}}\mathrm{d}x$$

$$=-\ln|1-x|+\frac{1}{2}\ln(x^2+x+1)-\frac{3}{2}\frac{1}{\frac{\sqrt{3}}{2}}\arctan\frac{x+\frac{1}{2}}{\frac{\sqrt{3}}{2}}+C$$

$$=\ln\frac{\sqrt{x^2+x+1}}{|1-x|}-\sqrt{3}\arctan\frac{2x+1}{\sqrt{3}}+C;$$

（5）利用多项式的除法，有

$$\frac{x^4-3}{x^2+2x+1}=x^2-2x+3-\frac{4x+6}{x^2+2x+1}=x^2-2x+3-\frac{4x+4+2}{(x+1)^2}$$

$$=x^2-2x+3-\frac{4}{x+1}-\frac{2}{(x+1)^2},$$

因此

$$原式=\int\frac{x^4-3}{x^2+2x+1}\mathrm{d}x=\int\left[x^2-2x+3-\frac{4}{x+1}-\frac{2}{(x+1)^2}\right]\mathrm{d}x$$

$$=\frac{1}{3}x^3-x^2+3x-4\ln|x+1|+\frac{2}{x+1}+C;$$

（6）令 $t=x-1$，则 $x=t+1$，从而

$$x^3+2x^2+x-5=(t+1)^3+2(t+1)^2+t+1-5=t^3+5t^2+8t-1,$$

则

$$原式=\int\frac{x^3+2x^2+x-5}{(x-1)^{2016}}\mathrm{d}x=\int\frac{t^3+5t^2+8t-1}{t^{2016}}\mathrm{d}t$$

$$=\int\frac{1}{t^{2013}}\mathrm{d}t+5\int\frac{1}{t^{2014}}\mathrm{d}t+8\int\frac{1}{t^{2015}}\mathrm{d}t-\int\frac{1}{t^{2016}}\mathrm{d}t$$

$$=-\frac{1}{2012}\frac{1}{t^{2012}}-\frac{5}{2013}\frac{1}{t^{2013}}-\frac{8}{2014}\frac{1}{t^{2014}}+\frac{1}{2015}\frac{1}{t^{2015}}+C$$

$$=-\frac{1}{2012}\frac{1}{(x-1)^{2012}}-\frac{5}{2013}\frac{1}{(x-1)^{2013}}-\frac{8}{2014}\frac{1}{(x-1)^{2014}}+\frac{1}{2015}\frac{1}{(x-1)^{2015}}+C.$$

4.2.6 题型六 有关三角函数的不定积分的求解

例 4.9 求下列不定积分：

(1) $\int\cos^3x\mathrm{d}x$；　(2) $\int\tan^4x\mathrm{d}x$；　(3) $\int\cos(5x)\sin(7x)\mathrm{d}x$；

(4) $\int\frac{1}{1+\sin x}\mathrm{d}x$；　(5) $\int\frac{1}{\cos x\sqrt{\sin x}}\mathrm{d}x$；　(6) $\int\frac{1}{1+\sin x+\cos x}\mathrm{d}x$.

解 (1) $\int\cos^3x\cdot\mathrm{d}x=\int(1-\sin^2x)\mathrm{d}\sin x=\sin x-\frac{1}{3}\sin^3x+C$；

(2) $$\int\tan^4x\mathrm{d}x=\int\tan^2x(\sec^2x-1)\mathrm{d}x=\int\tan^2x\sec^2x\mathrm{d}x-\int\tan^2x\mathrm{d}x$$

$$=\int\tan^2x\mathrm{d}\tan x-\int(\sec^2x-1)\mathrm{d}x=\frac{1}{3}\tan^3x-\tan x+x+C;$$

(3) $\int\cos(5x)\sin(7x)\mathrm{d}x=\frac{1}{2}\int(\sin2x+\sin12x)\mathrm{d}x=-\frac{1}{4}\cos2x-\frac{1}{24}\cos12x+C$；

(4) $$\int\frac{1}{1+\sin x}\mathrm{d}x=\int\frac{1-\sin x}{1-\sin^2x}\mathrm{d}x=\int\frac{1-\sin x}{\cos^2x}\mathrm{d}x=\int\frac{1}{\cos^2x}\mathrm{d}x-\int\frac{\sin x}{\cos^2x}\mathrm{d}x$$

$$=\tan x+\int\frac{1}{\cos^2x}\mathrm{d}\cos x=\tan x-\frac{1}{\cos x}+C;$$

(5) $$\int\frac{1}{\cos x\sqrt{\sin x}}\mathrm{d}x=\int\frac{\cos x}{\cos^2x\sqrt{\sin x}}\mathrm{d}x=\int\frac{1}{(1-\sin^2x)\sqrt{\sin x}}\mathrm{d}\sin x$$

$$=2\int\frac{1}{(1-\sin^2x)}\mathrm{d}\sqrt{\sin x}\xlongequal{t=\sqrt{\sin x}}2\int\frac{1}{(1-t^4)}\mathrm{d}t$$

$$=\int\left[\frac{1}{(1+t^2)}+\frac{1}{1-t^2}\right]\mathrm{d}t=\arctan t+\frac{1}{2}\ln\left|\frac{1+t}{1-t}\right|+C$$

$$=\arctan\sqrt{\sin x}+\frac{1}{2}\ln\left|\frac{1+\sqrt{\sin x}}{1-\sqrt{\sin x}}\right|+C;$$

(6) 作万能代换，令 $u=\tan\frac{x}{2}$，$x\in(-\pi,\pi)$，则

$$\sin x=\frac{2u}{1+u^2},\quad\cos x=\frac{1-u^2}{1+u^2},\quad\mathrm{d}x=\frac{2}{1+u^2}\mathrm{d}u,$$

从而

$$\text{原式}=\int\frac{1}{1+\sin x+\cos x}\mathrm{d}x=\int\frac{1}{1+\frac{2u}{1+u^2}+\frac{1-u^2}{1+u^2}}\frac{2}{1+u^2}\mathrm{d}u=\int\frac{1}{1+u}\mathrm{d}u$$

$$=\ln|1+u|+C=\ln\left|1+\tan\frac{x}{2}\right|+C.$$

4.2.7　题型七　分段函数的不定积分问题

例 4.10　设函数 $f(x)=\begin{cases}x^2-1, & x>0,\\ e^{3x}-2, & x\leqslant 0,\end{cases}$ 求 $\int f(x)\,dx$.

解　当 $x>0$ 时，$\int f(x)\,dx=\int(x^2-1)\,dx=\frac{1}{3}x^3-x+C_1$.

当 $x\leqslant 0$ 时，$\int f(x)\,dx=\int(e^{3x}-2)\,dx=\frac{1}{3}e^{3x}-2x+C_2$.

由于 $\int f(x)\,dx$ 在 $x=0$ 处连续，因此

$$\lim_{x\to 0^+}\left(\frac{1}{3}x^3-x+C_1\right)=\lim_{x\to 0^-}\left(\frac{1}{3}e^{3x}-2x+C_2\right),$$

从而 $C_1=\frac{1}{3}+C_2$，因此

$$\int f(x)\,dx=\begin{cases}\frac{1}{3}x^3-x+C, & x>0,\\ \frac{1}{3}e^{3x}-2x-\frac{1}{3}+C, & x\leqslant 0.\end{cases}$$

例 4.11　求不定积分 $\int\max\{2,|x|\}\,dx$.

解　由于

$$\max\{2,|x|\}=\begin{cases}-x, & x<-2,\\ 2, & -2\leqslant x<2,\\ x, & x\geqslant 2,\end{cases}$$

当 $x<-2$ 时，$\int(-x)\,dx=-\frac{1}{2}x^2+C_1$；

当 $-2\leqslant x<2$ 时，$\int 2\,dx=2x+C_2$；

当 $x\geqslant 2$ 时，$\int x\,dx=\frac{1}{2}x^2+C_3$.

由于 $\int\max\{2,|x|\}\,dx$ 在 $x=-2$，$x=2$ 处连续，因此有

$$\lim_{x\to -2^-}\left(-\frac{1}{2}x^2+C_1\right)=\lim_{x\to -2^+}(2x+C_2),\quad \lim_{x\to 2^-}(2x+C_2)=\lim_{x\to 2^+}\left(\frac{1}{2}x^2+C_3\right).$$

解得 $C_2=2+C_1$，$C_3=4+C_1$. 从而

$$\int\max\{2,|x|\}\,dx=\begin{cases}-\frac{1}{2}x^2+C, & x<-2,\\ 2x+2+C, & -2\leqslant x<2,\\ \frac{1}{2}x^2+4+C, & x\geqslant 2.\end{cases}$$

4.2.8 题型八 综合题

例 4.12 求下列不定积分：

(1) $\int \frac{x^2\arctan x}{1+x^2}dx$； (2) $\int e^x\left(\frac{1}{\sqrt{1-x^2}}+\arcsin x\right)dx$； (3) $\int \frac{x+1}{x(1+xe^x)}dx$；

**(4) $\int \frac{1}{1+\tan x}dx$； (5) $\int \frac{\sqrt{x}\sqrt{x+1}}{\sqrt{x}+\sqrt{x+1}}dx$.

解 (1) 原式 $=\int \frac{x^2\arctan x}{1+x^2}dx=\int \frac{(x^2+1-1)\arctan x}{1+x^2}dx=\int\left(\arctan x-\frac{\arctan x}{1+x^2}\right)dx$

$$=\int\arctan x dx-\int\frac{\arctan x}{1+x^2}dx=x\arctan x$$

$$-\int\frac{x}{1+x^2}dx-\int\arctan x d\arctan x$$

$$=x\arctan x-\frac{1}{2}\ln(1+x^2)-\frac{1}{2}(\arctan x)^2+C;$$

(2) 原式 $=\int e^x\left(\frac{1}{\sqrt{1-x^2}}+\arcsin x\right)dx=\int e^x\frac{1}{\sqrt{1-x^2}}dx+\int e^x\arcsin x dx$

$$=\int e^x d\arcsin x+\int e^x\arcsin x dx$$

$$=e^x\arcsin x-\int e^x\arcsin x dx+\int e^x\arcsin x dx$$

$$=e^x\arcsin x+C;$$

(3) 原式 $=\int\frac{x+1}{x(1+xe^x)}dx=\int\frac{(x+1)e^x}{xe^x(1+xe^x)}dx=\int\frac{(xe^x)'}{xe^x(1+xe^x)}dx$

$$=\int\frac{1}{xe^x(1+xe^x)}d(xe^x)$$

$$\overset{t=xe^x}{=\!=\!=}\int\frac{1}{t(1+t)}dt=\int\left(\frac{1}{t}-\frac{1}{t+1}\right)dt=\ln|t|-\ln|1+t|+C$$

$$=\ln|xe^x|-\ln|1+xe^x|+C=\ln\left|\frac{xe^x}{1+xe^x}\right|+C;$$

(4) 原式 $=\int\frac{1}{1+\tan x}dx=\int\frac{\cos x}{\sin x+\cos x}dx$. 令

$$A=\int\frac{\cos x}{\sin x+\cos x}dx,\quad B=\int\frac{\sin x}{\sin x+\cos x}dx$$

则 $A+B=\int 1dx=x+C$，

$$A-B=\int\frac{\cos x-\sin x}{\sin x+\cos x}dx=\int\frac{1}{\sin x+\cos x}d(\sin x+\cos x)=\ln|\sin x+\cos x|+C,$$

因此 $A=\frac{1}{2}x+\frac{1}{2}\ln|\sin x+\cos x|+C$，即

$$\int\frac{1}{1+\tan x}dx=\frac{1}{2}x+\frac{1}{2}\ln|\sin x+\cos x|+C;$$

注　①类似方法可以得到$\int\frac{1}{1+\cot x}\mathrm{d}x=\frac{1}{2}x-\frac{1}{2}\ln|\sin x+\cos x|+C$；②本题也可以利用万能替换方法求解，请读者自行求解.

（5）原式$=\int\frac{\sqrt{x}\sqrt{x+1}}{\sqrt{x}+\sqrt{x+1}}\mathrm{d}x=\int\frac{\sqrt{x}\sqrt{x+1}(\sqrt{x+1}-\sqrt{x})}{(\sqrt{x}+\sqrt{x+1})(\sqrt{x+1}-\sqrt{x})}\mathrm{d}x$

$$=\int[\sqrt{x}(x+1)-x\sqrt{x+1}]\mathrm{d}x$$

$$=\int x^{\frac{3}{2}}\mathrm{d}x+\int x^{\frac{1}{2}}\mathrm{d}x-\int(x+1-1)\sqrt{x+1}\mathrm{d}x$$

$$=\int x^{\frac{3}{2}}\mathrm{d}x+\int x^{\frac{1}{2}}\mathrm{d}x-\int(x+1)^{\frac{3}{2}}\mathrm{d}x+\int(x+1)^{\frac{1}{2}}\mathrm{d}x$$

$$=\frac{2}{5}x^{\frac{5}{2}}+\frac{2}{3}x^{\frac{3}{2}}-\frac{2}{5}(x+1)^{\frac{5}{2}}+\frac{2}{3}(x+1)^{\frac{3}{2}}+C.$$

例 4.13　设$I_n=\int\cos^n x\mathrm{d}x$，证明：$I_n=\frac{1}{n}\sin x\cos^{n-1}x+\frac{n-1}{n}I_{n-2}$.

证　由于

$$I_n=\int\cos^n x\mathrm{d}x=\int\cos^{n-1}x\mathrm{d}\sin x=\cos^{n-1}x\sin x-\int\sin x\mathrm{d}\cos^{n-1}x$$

$$=\cos^{n-1}x\sin x+(n-1)\int\sin^2 x\cos^{n-2}x\mathrm{d}x$$

$$=\cos^{n-1}x\sin x+(n-1)\int\cos^{n-2}x\mathrm{d}x-(n-1)\int\cos^n x\mathrm{d}x,$$

因此

$$I_n=\sin x\cos^{n-1}x+(n-1)I_{n-2}-(n-1)I_n,$$

从而有$I_n=\frac{1}{n}\sin x\cos^{n-1}x+\frac{n-1}{n}I_{n-2}$，结论得证.

例 4.14　设$I_n=\int\frac{1}{\sin^n x}\mathrm{d}x,n\geqslant 2$，证明：$I_n=-\frac{1}{n-1}\cdot\frac{\cos x}{\sin^{n-1}x}+\frac{n-2}{n-1}I_{n-2}$.

证　由于

$$I_n=\int\frac{\sin^2 x+\cos^2 x}{\sin^n x}\mathrm{d}x=\int\frac{\sin x}{\sin^{n-1}x}\mathrm{d}x+\int\frac{\cos^2 x}{\sin^n x}\mathrm{d}x$$

$$=-\int\frac{1}{\sin^{n-1}x}\mathrm{d}\cos x+\int\frac{\cos^2 x}{\sin^n x}\mathrm{d}x$$

$$=-\frac{\cos x}{\sin^{n-1}x}+\int\cos x\mathrm{d}\frac{1}{\sin^{n-1}x}+\int\frac{\cos^2 x}{\sin^n x}\mathrm{d}x$$

$$=-\frac{\cos x}{\sin^{n-1}x}+(2-n)\int\frac{1-\sin^2 x}{\sin^n x}\mathrm{d}x$$

$$=-\frac{\cos x}{\sin^{n-1}x}+(2-n)I_n+(n-2)I_{n-2},$$

整理得

$$I_n=-\frac{1}{n-1}\cdot\frac{\cos x}{\sin^{n-1}x}+\frac{n-2}{n-1}I_{n-2}.$$

4.3 习题精选

1. 填空题

(1) 若 $\int f(x)\mathrm{d}x = 2\cos\frac{x}{3}+C$，则 $f(x)=$______.

(2) 若 $f(x)$的一个原函数是 e^{-x}，则 $\int f(x)\mathrm{d}x =$ ______，$\int f'(x)\mathrm{d}x =$ ______，$\int \mathrm{e}^{x}f'(x)\mathrm{d}x =$ ______.

(3) 设 $f(x)=\sin x+\cos x$，则 $\int f(x)\mathrm{d}x =$ ______，$\int f'(x)\mathrm{d}x =$ ______.

(4) 设 $f(x)=\ln x$，则 $\int \mathrm{e}^{2x}f'(\mathrm{e}^{x})\mathrm{d}x =$ ______.

(5) $\mathrm{d}\int \mathrm{d}f(x) =$ ______.

(6) 已知 $f(x) = \ln(1+ax^2) - b\int \frac{1}{1+ax^2}\mathrm{d}x$，且 $f'(0)=3$，$f''(0)=4$，则 $a=$______，$b=$______.

(7) 若 $f'(\mathrm{e}^{x})=1+\mathrm{e}^{2x}$ 且 $f(0)=1$，则 $f(x)=$______.

(8) 已知 $\int xf(x)\mathrm{d}x = x\sin x-\int \sin x\mathrm{d}x$，则 $f(x)=$______.

(9) 设 $f(x)$可导且 $f'(x)\neq 0$，若 $\int \sin f(x)\mathrm{d}x = x\sin f(x) - \int \cos f(x)\mathrm{d}x$，则 $f(x)=$______.

(10) 设 $f'(\cos x)=\sin^2 x$，则 $f(x)=$______.

(11) $\int f'(ax+b)\mathrm{d}x =$ ______.

(12) $\int xf'(ax^2+b)\mathrm{d}x =$ ______.

(13) $\int \frac{f'(x)}{\sqrt{1-[f(x)]^2}}\mathrm{d}x =$ ______.

(14) $\int \mathrm{e}^{f(x)}f'(x)\mathrm{d}x =$ ______.

(15) $\int \frac{f'(x)}{\sqrt{f(x)}}\mathrm{d}x =$ ______.

(16) $\int \left(1+\frac{1}{\cos^2 x}\right)\mathrm{d}\cos x =$ ______.

(17) $\int \left(\frac{\sin x}{25+\cos^2 x}\right)\mathrm{d}x =$ ______.

(18) $\int \left(\frac{\mathrm{e}^{\sin\sqrt{x}}\cos\sqrt{x}}{\sqrt{x}}\right)\mathrm{d}x =$ ______.

(19) 若 $\int f(x)\mathrm{d}x = x^3 + C$,则 $\int x^2 f(1+x^3)\mathrm{d}x =$ ________.

(20) 若 $\int f(x)\mathrm{d}x = F(x) + C$,则 $\int \frac{f(\ln x)}{x}\mathrm{d}x =$ ________.

(21) $\int \frac{\cos^3 x}{\sqrt{\sin x}}\mathrm{d}x =$ ________.

(22) $\int \frac{x}{x+\sqrt{x^2+1}}\mathrm{d}x =$ ________.

(23) $\int \frac{1}{\sqrt{\mathrm{e}^x - 1}}\mathrm{d}x =$ ________.

(24) 设 $f(x)$的一个原函数是$\frac{\sin x}{x}$,则 $\int x f'(x)\mathrm{d}x =$ ________.

(25) $\int x f''(x)\mathrm{d}x =$ ________.

2. 单项选择题

(1) 设 C 是不为 1 的常数,则下列选项中不是 $f(x)=\frac{1}{x}$的原函数的是(　　).

(A) $\ln|x|$　　(B) $\ln|x|+C$

(C) $\ln|Cx|$　　(D) $C\ln|x|$

(2)下列函数中原函数为 $\log_a kx\,(k\neq 0)$的是(　　).

(A) $\frac{k}{x}$　　(B) $\frac{k}{ax}$　　(C) $\frac{1}{kx}$　　(D) $\frac{1}{x\ln a}$

(3) 设 $f(x)$的一个原函数是 $\ln x$,则 $f'(x)=$(　　).

(A) $\frac{1}{x}$　　(B) $-\frac{1}{x^2}$　　(C) $x\ln x$　　(D) e^x

(4) 设 $f(x)$的导函数是 a^x,其中 $a>0, a\neq 1$,则 $f(x)$的全体原函数是(　　).

(A) $\frac{1}{\ln a}a^x + C$　　(B) $\frac{1}{\ln^2 a}a^x + C$

(C) $\frac{1}{\ln^2 a}a^x + C_1 x + C_2$　　(D) $a^x \ln^2 a + C_1 x + C_2$

(5) 若 $\int f(x)\mathrm{d}x = x\ln(1+x) + C$, 则$\lim\limits_{x\to 0}\frac{f(x)}{x}=$(　　).

(A) 2　　(B) -2　　(C) 1　　(D) -1

(6) 设 $\int f(x)\mathrm{e}^{-\frac{1}{x}}\mathrm{d}x = -\mathrm{e}^{-\frac{1}{x}} + C$, 则 $f(x)=$(　　).

(A) $\frac{1}{x}$　　(B) $\frac{1}{x^2}$　　(C) $-\frac{1}{x}$　　(D) $-\frac{1}{x^2}$

(7) $\int \mathrm{e}^{1-x}\mathrm{d}x =$ (　　).

(A) $\mathrm{e}^{1-x}+C$　　(B) e^{1-x}　　(C) $x\mathrm{e}^{1-x}+C$　　(D) $-\mathrm{e}^{1-x}+C$

(8) 若 $\int f(x)\mathrm{d}x = F(x) + C$,则 $\int \mathrm{e}^{-x} f(\mathrm{e}^{-x})\mathrm{d}x =$ (　　).

(A) $F(\mathrm{e}^{-x})+C$　　(B) $F(\mathrm{e}^{x})+C$

(C) $-F(\mathrm{e}^{x})+C$　　(D) $-F(\mathrm{e}^{-x})+C$

(9) 若 $\int f(x)\mathrm{d}x=\sqrt{2x^2+1}+C$,则 $\int xf(2x^2+1)\mathrm{d}x=($　　$)$.

(A) $x\sqrt{2x^2+1}+C$　　(B) $\frac{1}{2}\sqrt{2x^2+1}+C$

(C) $\frac{1}{4}\sqrt{2x^2+1}+C$　　(D) $\frac{1}{4}\sqrt{2(2x^2+1)^2+1}+C$

(10) 若 $f(x)=2^x+x^2$,则 $\int f'(2x)\mathrm{d}x=($　　$)$.

(A) $\frac{1}{2}(2^x+x^2)+C$　　(B) $2^{2x}+4x^2+C$

(C) $\frac{1}{2}2^{2x}+2x^2+C$　　(D) $\frac{1}{2}2^{2x}+x^2+C$

**(11) 已知 $f'(\cos x)=\sin x$,则 $f(\cos x)=($　　$)$.

(A) $-\cos x+C$　　(B) $\cos x+C$

(C) $\frac{1}{2}\sin x\cos x-\frac{1}{2}x+C$　　(D) $\frac{1}{2}\sin x\cos x+\frac{1}{2}x+C$

(12) 设 e^{-x} 是 $f(x)$ 的一个原函数,则 $\int xf(x)\mathrm{d}x=($　　$)$.

(A) $\mathrm{e}^{-x}(1-x)+C$　　(B) $\mathrm{e}^{-x}(1+x)+C$

(C) $\mathrm{e}^{-x}(x-1)+C$　　(D) $-\mathrm{e}^{-x}(1+x)+C$

(13) $\int \mathrm{e}^{\sin x}\sin x\cos x\mathrm{d}x=($　　$)$.

(A) $\mathrm{e}^{\sin x}+C$　　(B) $\mathrm{e}^{\sin x}\sin x+C$

(C) $\mathrm{e}^{\sin x}\cos x+C$　　(D) $\mathrm{e}^{\sin x}(\sin x-1)+C$

3. 若 $f(x)$ 的一个原函数为 $x\ln x$,求 $\int xf(x)\mathrm{d}x$.

4. 利用第一类换元积分法计算下列不定积分.

(1) $\int \mathrm{e}^x\sqrt{1+3\mathrm{e}^x}\mathrm{d}x$;　　(2) $\int x\cot(x^2+1)\mathrm{d}x$;

(3) $\int \frac{\arctan\sqrt{x}}{(1+x)\sqrt{x}}\mathrm{d}x$;　　(4) $\int \frac{1}{\mathrm{e}^x-\mathrm{e}^{-x}}\mathrm{d}x$;

(5) $\int \frac{x}{(1-x)^3}\mathrm{d}x$;　　(6) $\int \frac{x^2}{a^6-x^6}\mathrm{d}x(a>0)$;

(7) $\int \frac{1+\cos x}{x+\sin x}\mathrm{d}x$;　　(8) $\int \frac{\sin x\cos x}{1+\sin^4 x}\mathrm{d}x$;

(9) $\int \sin x\sin 2x\sin 3x\mathrm{d}x$;　　(10) $\int \frac{1}{\sqrt{x(1+x)}}\mathrm{d}x$;

(11) $\int \frac{1}{x^2\sqrt{x^2-1}}\mathrm{d}x$;　　(12) $\int \frac{1}{(1+\mathrm{e}^x)^2}\mathrm{d}x$;

(13) $\int \frac{e^{3x}+e^{x}}{e^{4x}-e^{2x}+1}dx$.

5. 利用第二类换元积分法求解下列不定积分.

(1) $\int \frac{\sqrt{x^2-1}}{x}dx$；　　(2) $\int \frac{1}{(2-x)\sqrt{1-x}}dx$；

(3) $\int \frac{1}{x\sqrt{a^2-x^2}}dx$；　　(4) $\int \frac{1}{x^2\sqrt{1+x^2}}dx$；

(5) $\int \sqrt{e^x-1}\,dx$；　　(6) $\int \frac{1}{\sqrt{e^x+1}}dx$；

(7) $\int \frac{1}{(a^2-x^2)^{\frac{5}{2}}}dx$；　　(8) $\int \frac{1}{x^4\sqrt{x^2+1}}dx$；

(9) $\int \frac{\sqrt[3]{x}}{x(\sqrt{x}+\sqrt[3]{x})}dx$.

6. 利用分部积分法计算下列不定积分.

(1) $\int \frac{\ln x-1}{x^2}dx$；　　(2) $\int e^{2x}\cos e^{x}dx$；

(3) $\int e^{2x}(\tan x+1)^2dx$；　　(4) $\int e^{ax}\cos bx\,dx$；

(5) $\int x\cos^2 x\,dx$；　　(6) $\int \ln(1+x^2)dx$；

(7) $\int \frac{x+\sin x}{1+\cos x}dx$；　　(8) $\int e^{\sin x}\frac{x\cos^3 x-\sin x}{\cos^2 x}dx$；

(9) $\int \frac{xe^x}{(e^x+1)^2}dx$；　　(10) $\int \ln^2(x+\sqrt{1+x^2})dx$.

7. 求解下列不定积分.

(1) $\int \frac{x^3}{1+x^2}dx$；　　(2) $\int \frac{1}{x(x^6+4)}dx$；

(3) $\int \frac{\sin^2 x}{\cos^3 x}dx$；　　**(4) $\int \frac{\sqrt{1+\cos x}}{\sin x}dx$；

(5) $\int \frac{x^{11}}{x^8+3x^4+2}dx$；　　(6) $\int \frac{1}{16-x^4}dx$；

(7) $\int \frac{\sin x}{1+\sin x}dx$；　　(8) $\int \frac{\cot x}{1+\sin x}dx$；

(9) $\int \frac{1}{\sin^3 x\cos x}dx$；　　(10) $\int \frac{1}{(2+\cos x)\sin x}dx$.

8. 求解下列不定积分.

(1) $\int e^{\sqrt{2x-1}}dx$；　　(2) $\int e^{2x}\sin^2 x\,dx$；

(3) $\int \frac{\arcsin\sqrt{x}}{\sqrt{x}}dx$；　　(4) $\int \ln(x+\sqrt{1+x^2})dx$；

(5) $\int \frac{\ln\ln x}{x}\mathrm{d}x$；

(6) $\int \sqrt{x}\sin\sqrt{x}\,\mathrm{d}x$；

(7) $\int \arctan\sqrt{x}\,\mathrm{d}x$；

(8) $\int \frac{x^3}{(1+x^8)^2}\mathrm{d}x$；

(9) $\int \frac{\ln x}{(1+x^2)^{\frac{3}{2}}}\mathrm{d}x$；

(10) $\int \sqrt{1-x^2}\arcsin x\mathrm{d}x$；

(11) $\int \frac{x^3\arccos x}{\sqrt{1-x^2}}\mathrm{d}x$.

4.4 习题详解

1. 填空题

(1) $-\frac{2}{3}\sin\frac{x}{3}$；

(2) $\mathrm{e}^{-x}+C,-\mathrm{e}^{-x}+C,x+C$；**提示** $(\mathrm{e}^{-x})'=-\mathrm{e}^{-x}=f(x)$.

(3) $-\cos x+\sin x+C,\sin x+\cos x+C$；

(4) e^x+C；**提示** $f'(x)=\frac{1}{x},f'(\mathrm{e}^x)=\frac{1}{\mathrm{e}^x},\mathrm{e}^{2x}f'(\mathrm{e}^x)=\mathrm{e}^x$.

(5) $f'(x)\mathrm{d}x$；

(6) $2,-3$；**提示** $f'(x)=\frac{2ax-b}{1+ax^2},f''(x)=\frac{2a(1+ax^2)-2ax(2ax-b)}{(1+ax^2)^2}$.

(7) $x+\frac{1}{3}x^3+1$；**提示** $f'(x)=1+x^2,f(x)=x+\frac{1}{3}x^3+C$.

(8) $\cos x$；**提示** 求导得 $xf(x)=\sin x+x\cos x-\sin x$.

(9) $\ln x+C$；**提示** 求导得

$$\sin f(x)=\sin f(x)+x\cos f(x)f'(x)-\cos f(x),\quad f'(x)=\frac{1}{x}.$$

(10) $x-\frac{1}{3}x^3+C$；**提示** $f'(x)=1-x^2$.

(11) $\frac{1}{a}f(ax+b)+C$；

(12) $\frac{1}{2a}f(ax^2+b)+C$；

(13) $\arcsin f(x)+C$；

(14) $\mathrm{e}^{f(x)}+C$；

(15) $2\sqrt{f(x)}+C$；

(16) $\cos x-\frac{1}{\cos x}+C$；

(17) $-\frac{1}{5}\arctan\frac{\cos x}{5}+C$；

(18) $2\mathrm{e}^{\sin\sqrt{x}}+C$；

(19) $\frac{1}{3}(1+x^3)^3+C$；

(20) $F(\ln x)+C$；

(21) $2\sqrt{\sin x}-\frac{2}{5}\sin^2 x\sqrt{\sin x}+C$；

(22) $\frac{1}{3}(x^2+1)\sqrt{x^2+1}-\frac{1}{3}x^3+C$；**提示** $\int\frac{x}{x+\sqrt{x^2+1}}\mathrm{d}x=\int(x\sqrt{x^2+1}-x^2)\mathrm{d}x$.

(23) $2\arctan\sqrt{e^x-1}+C$；

提示　令 $t=\sqrt{e^x-1}$，$x=\ln(t^2+1)$，$dx=\dfrac{2t}{t^2+1}dt$，则

$$\int\frac{1}{\sqrt{e^x-1}}dx=\int\frac{2}{t^2+1}dt=2\arctan t+C.$$

(24) $\cos x-2\dfrac{\sin x}{x}+C$；

提示　$\left(\dfrac{\sin x}{x}\right)'=\dfrac{x\cos x-\sin x}{x^2}=f(x)$，另外

$$\int xf'(x)dx=\int xdf(x)=xf(x)-\int f(x)dx.$$

(25) $xf'(x)-f(x)+C$；**提示**　$\int xf''(x)dx=\int xdf'(x)=xf'(x)-\int f'(x)dx.$

2. 单项选择题

(1) D；　(2) D；　(3) B；　(4) C；

(5) A；**提示**　$f(x)=\ln(1+x)+\dfrac{x}{1+x}$.

(6) D；**提示**　$f(x)e^{-\frac{1}{x}}=-\dfrac{1}{x^2}e^{-\frac{1}{x}}$.

(7) D；　(8) D；　(9) D；

(10) C；**提示**　$\int f'(2x)dx=\dfrac{1}{2}\int f'(2x)d(2x)=\dfrac{1}{2}f(2x)+C.$

(11) C；**提示**　**解法1**　令 $t=\cos x$，$x\in(0,\pi)$，则 $f'(t)=\sqrt{1-t^2}$，因此

$$f(x)=\int\sqrt{1-x^2}dx=x\sqrt{1-x^2}+\int\frac{x^2}{\sqrt{1-x^2}}dx=x\sqrt{1-x^2}+\int\frac{x^2-1+1}{\sqrt{1-x^2}}dx$$
$$=x\sqrt{1-x^2}+\int\frac{1}{\sqrt{1-x^2}}dx-\int\sqrt{1-x^2}dx,$$

故

$$f(x)=\frac{1}{2}x\sqrt{1-x^2}+\frac{1}{2}\int\frac{1}{\sqrt{1-x^2}}dx=\frac{1}{2}x\sqrt{1-x^2}-\frac{1}{2}\arccos x+C,$$

从而 $f(\cos x)=\dfrac{1}{2}\sin x\cos x-\dfrac{1}{2}x+C$.

解法2　由于

$$[f(\cos x)]'=f'(\cos x)\cdot(-\sin x)=-\sin^2x=-\frac{1-\cos 2x}{2},$$

因此

$$f(\cos x)=-\int\frac{1-\cos 2x}{2}dx=\frac{1}{2}\int(\cos 2x-1)dx=\frac{1}{4}\sin(2x)-\frac{1}{2}x+C.$$

(12) B；**提示**　$(e^{-x})'=-e^{-x}=f(x)$.

(13) D.

3. 由于$(x\ln x)'=\ln x+1=f(x)$，则

$$\int xf(x)\mathrm{d}x=\int(x\ln x+x)\mathrm{d}x=\frac{1}{2}\int\ln x\mathrm{d}x^2+\frac{1}{2}x^2+C$$

$$=\frac{1}{2}\left(x^2\ln x-\int x\mathrm{d}x\right)+\frac{1}{2}x^2+C=\frac{1}{2}x^2\ln x+\frac{1}{4}x^2+C.$$

4. (1) $\int \mathrm{e}^x\sqrt{1+3\mathrm{e}^x}\mathrm{d}x=\frac{1}{3}\int\sqrt{1+3\mathrm{e}^x}\mathrm{d}(3\mathrm{e}^x+1)=\frac{2}{9}(1+3\mathrm{e}^x)^{\frac{3}{2}}+C$；

(2) $\int x\cot(x^2+1)\mathrm{d}x=\frac{1}{2}\int\cot(x^2+1)\mathrm{d}(x^2+1)=\frac{1}{2}\ln|\sin(x^2+1)|+C$；

(3) $\int\frac{\arctan\sqrt{x}}{(1+x)\sqrt{x}}\mathrm{d}x=2\int\frac{\arctan\sqrt{x}}{(1+x)}\mathrm{d}\sqrt{x}=2\int\arctan\sqrt{x}\mathrm{d}(\arctan\sqrt{x})$

$$=(\arctan\sqrt{x})^2+C;$$

(4) $\int\frac{1}{\mathrm{e}^x-\mathrm{e}^{-x}}\mathrm{d}x=\int\frac{\mathrm{e}^x}{\mathrm{e}^{2x}-1}\mathrm{d}x=\int\frac{1}{\mathrm{e}^{2x}-1}\mathrm{d}\mathrm{e}^x=\frac{1}{2}\ln\left|\frac{1-\mathrm{e}^x}{1+\mathrm{e}^x}\right|+C$；

(5) $\int\frac{x}{(1-x)^3}\mathrm{d}x=\int\frac{x-1+1}{(1-x)^3}\mathrm{d}x=\int\frac{-1}{(1-x)^2}\mathrm{d}x+\int\frac{1}{(1-x)^3}\mathrm{d}x$

$$=\int\frac{1}{(1-x)^2}\mathrm{d}(1-x)-\int\frac{1}{(1-x)^3}\mathrm{d}(1-x)$$

$$=\frac{1}{2(1-x)^2}-\frac{1}{1-x}+C;$$

(6) $\int\frac{x^2}{a^6-x^6}\mathrm{d}x=\frac{1}{3}\int\frac{1}{a^6-x^6}\mathrm{d}x^3=\frac{1}{6a^3}\ln\left|\frac{a^3+x^3}{a^3-x^3}\right|+C$；

(7) $\int\frac{1+\cos x}{x+\sin x}\mathrm{d}x=\int\frac{1}{x+\sin x}\mathrm{d}(x+\sin x)=\ln|x+\sin x|+C$；

(8) $\int\frac{\sin x\cos x}{1+\sin^4x}\mathrm{d}x=\int\frac{\sin x}{1+\sin^4x}\mathrm{d}\sin x=\frac{1}{2}\int\frac{1}{1+\sin^4x}\mathrm{d}\sin^2x$

$$=\frac{1}{2}\arctan t^2+C=\frac{1}{2}\arctan(\sin^2x)+C;$$

(9) $\int\sin x\cdot\sin 2x\cdot\sin 3x\mathrm{d}x=\int\frac{1}{2}(\cos x-\cos 3x)\sin 3x\mathrm{d}x$

$$=\int\left(\frac{1}{2}\cos x\sin 3x-\frac{1}{2}\cos 3x\sin 3x\right)\mathrm{d}x$$

$$=\int\left(\frac{1}{4}\sin 4x+\frac{1}{4}\sin 2x-\frac{1}{4}\sin 6x\right)\mathrm{d}x$$

$$=-\frac{1}{16}\cos 4x-\frac{1}{8}\cos 2x+\frac{1}{24}\cos 6x+C;$$

(10) $\int\frac{1}{\sqrt{x(1+x)}}\mathrm{d}x=\int\frac{1}{\sqrt{x^2+x}}\mathrm{d}x=\int\frac{1}{\sqrt{\left(x+\frac{1}{2}\right)^2-\left(\frac{1}{2}\right)^2}}\mathrm{d}\left(x+\frac{1}{2}\right)$

$$=\ln\left|x+\frac{1}{2}+\sqrt{\left(x+\frac{1}{2}\right)^2-\left(\frac{1}{2}\right)^2}\right|+C$$

$$=\ln\left|x+\frac{1}{2}+\sqrt{x(1+x)}\right|+C;$$

(11) $\int \frac{1}{x^2\sqrt{x^2-1}}dx = \int \frac{1}{x^3\sqrt{1-\frac{1}{x^2}}}dx = -\int \frac{1}{2\sqrt{1-\frac{1}{x^2}}}d\frac{1}{x^2}$

$$= \int \frac{1}{2\sqrt{1-\frac{1}{x^2}}}d\left(1-\frac{1}{x^2}\right)$$

$$= \sqrt{1-\frac{1}{x^2}} + C = \frac{\sqrt{x^2-1}}{x} + C;$$

(12) $\int \frac{1}{(1+e^x)^2}dx = \int \frac{1+e^x-e^x}{(1+e^x)^2}dx = \int\left[\frac{1}{1+e^x} - \frac{e^x}{(1+e^x)^2}\right]dx$

$$= \int\left[1-\frac{e^x}{1+e^x} - \frac{e^x}{(1+e^x)^2}\right]dx = x - \ln(1+e^x) + \frac{1}{1+e^x} + C;$$

(13) $\int \frac{e^{3x}+e^x}{e^{4x}-e^{2x}+1}dx = \int \frac{e^x+e^{-x}}{e^{2x}-1+e^{-2x}}dx = \int \frac{1}{1+(e^x-e^{-x})^2}d(e^x-e^{-x})$

$$= \arctan(e^x - e^{-x}) + C.$$

5. (1) 令 $x=\sec t, dx=\sec t\tan t dt$,因此

原式 $= \int \tan^2 t dt = \int(\sec^2 t - 1)dt = \tan t - t + C = \sqrt{x^2-1} - \arccos\frac{1}{x} + C;$

(2) 令 $t=\sqrt{1-x}, x=1-t^2, dx=-2tdt$,则

原式 $= \int \frac{-2t}{(2-1+t^2)t}dt = -2\int\frac{1}{1+t^2}dt = -2\arctan t + C = -2\arctan\sqrt{1-x} + C;$

(3) 令 $x=a\sin t, t\in\left(-\frac{\pi}{2},\frac{\pi}{2}\right), \sqrt{a^2-x^2}=a\cos t, dx=a\cos t dt$,则

原式 $= \int\frac{1}{a\sin t}dt = \frac{1}{a}\ln|\csc t - \cot t| + C = \frac{1}{a}\ln\left|\frac{a-\sqrt{a^2-x^2}}{x}\right| + C;$

(4) 令 $x=\tan t, dx=\sec^2 t dt$,则

原式 $= \int\frac{\sec^2 t}{\tan^2 t\sec t}dt = \int\frac{\cos t}{\sin^2 t}dt = \int\frac{1}{\sin^2 t}d\sin t = -\frac{1}{\sin t} + C = -\frac{\sqrt{1+x^2}}{x} + C;$

(5) 令 $t=\sqrt{e^x-1}, x=\ln(t^2+1), dx=\frac{2t}{t^2+1}dt$,则

原式 $= \int\frac{2t^2}{t^2+1}dt = \int\frac{2t^2+2-2}{t^2+1}dt = \int\left(2-\frac{2}{t^2+1}\right)dt = 2t - 2\arctan t + C$

$$= 2\sqrt{e^x-1} - 2\arctan\sqrt{e^x-1} + C;$$

(6) 令 $t=\sqrt{e^x+1}, x=\ln(t^2-1), dx=\frac{2t}{t^2-1}dt$,则

原式 $= 2\int\frac{1}{t^2-1}dx = -2\int\frac{1}{1-t^2}dx = -\ln\left|\frac{1+t}{1-t}\right| + C$

$$= \ln\left|\frac{1-t}{1+t}\right| + C = \ln\left|\frac{1-\sqrt{e^x+1}}{1+\sqrt{e^x+1}}\right| + C;$$

(7) 令 $x=a\sin t, t\in\left(-\frac{\pi}{2},\frac{\pi}{2}\right)$, $\sqrt{a^2-x^2}=a\cos t$, $dx=a\cos t dt$

$$\text{原式}=\int\frac{1}{a^5\cos^5 t}a\cos t dt=\int\frac{1}{a^4\cos^4 t}dt=\frac{1}{a^4}\int\sec^4 t dt=\frac{1}{a^4}\int\sec^2 t d\tan t$$

$$=\frac{1}{a^4}\int(\tan^2 t+1)d\tan t=\frac{1}{3a^4}\tan^3 t+\frac{1}{a^4}\tan t+C$$

$$=\frac{1}{3a^4}\cdot\frac{x^3}{(a^2-x^2)^{\frac{3}{2}}}+\frac{1}{a^4}\cdot\frac{x}{(a^2-x^2)^{\frac{1}{2}}}+C;$$

(8) 令 $x=\tan t, t\in\left(-\frac{\pi}{2},\frac{\pi}{2}\right)$,则 $\sqrt{x^2+1}=\sec t$, $dx=\sec^2 t dt$,从而

$$\text{原式}=\int\frac{1}{\tan^4 t\sec t}\sec^2 t dt=\int\frac{\sec t}{\tan^4 t}dt=\int\frac{\cos^3 t}{\sin^4 t}dt=\int\frac{\cos^2 t}{\sin^4 t}d\sin t$$

$$=\int\frac{1-\sin^2 t}{\sin^4 t}d\sin t=\int\left(\frac{1}{\sin^4 t}-\frac{1}{\sin^2 t}\right)d\sin t=-\frac{1}{3\sin^3 t}+\frac{1}{\sin t}+C$$

$$=-\frac{(x^2+1)^{\frac{3}{2}}}{3x^3}+\frac{(x^2+1)^{\frac{1}{2}}}{x}+C;$$

(9) 令 $t=\sqrt[6]{x}$,则 $x=t^6$, $dx=6t^5dt$, $\sqrt{x}=t^3$, $\sqrt[3]{x}=t^2$,则

$$\text{原式}=\int\frac{\sqrt[3]{x}}{x(\sqrt{x}+\sqrt[3]{x})}dx=6\int\frac{t^7}{t^6(t^3+t^2)}dt=6\int\frac{1}{t(t+1)}dt=6\int\left(\frac{1}{t}-\frac{1}{t+1}\right)dt$$

$$=6\ln\left|\frac{t}{t+1}\right|+C=\ln\frac{t^6}{(t+1)^6}+C=\ln\frac{x}{(\sqrt[6]{x}+1)^6}+C.$$

6. (1) $\int\frac{\ln x-1}{x^2}dx=\int\left(\frac{\ln x}{x^2}-\frac{1}{x^2}\right)dx=-\int\ln x d\frac{1}{x}-\int\frac{1}{x^2}dx$

$$=-\left(\frac{\ln x}{x}-\int\frac{1}{x^2}dx\right)-\int\frac{1}{x^2}dx=-\frac{\ln x}{x}+C;$$

(2) $\int e^{2x}\cos e^x dx=\int e^x d\sin e^x=e^x\sin e^x-\int\sin e^x de^x=e^x\sin e^x+\cos e^x+C;$

(3) $\int e^{2x}(\tan x+1)^2dx=\int e^{2x}(\tan^2 x+1+2\tan x)dx=\int e^{2x}(\sec^2 x+2\tan x)dx$

$$=\int e^{2x}\sec^2 x dx+2\int e^{2x}\tan x dx=\int e^{2x}d\tan x+2\int e^{2x}\tan x dx$$

$$=e^{2x}\tan x-2\int e^{2x}\tan x dx+2\int e^{2x}\tan x dx=e^{2x}\tan x+C;$$

(4) 当 $a\neq 0$ 时,

$$\int e^{ax}\cos bx dx=\frac{1}{a}\int\cos bx de^{ax}=\frac{1}{a}(e^{ax}\cos bx-\int e^{ax}d\cos bx)$$

$$=\frac{1}{a}(e^{ax}\cos bx+b\int e^{ax}\sin bx dx)=\frac{1}{a}(e^{ax}\cos bx+\frac{b}{a}\int\sin bx de^{ax})$$

$$=\frac{1}{a}e^{ax}\cos bx+\frac{b}{a^2}(e^{ax}\sin bx-\int e^{ax}d\sin bx)$$

$$=\frac{1}{a}e^{ax}\cos bx+\frac{b}{a^2}(e^{ax}\sin bx-b\int e^{ax}\cos bx dx)$$

$$= \frac{1}{a}e^{ax}\cos bx + \frac{b}{a^2}e^{ax}\sin bx - \frac{b^2}{a^2}\int e^{ax}\cos bx\,dx$$

所以

$$\left(1+\frac{b^2}{a^2}\right)\int e^{ax}\cos bx\,dx = \frac{1}{a}e^{ax}\cos bx + \frac{b}{a^2}e^{ax}\sin bx$$

从而

$$\int e^{ax}\cos bx\,dx = \frac{a}{a^2+b^2}e^{ax}\cos bx + \frac{b}{a^2+b^2}e^{ax}\sin bx + C$$

$$= \frac{1}{a^2+b^2}e^{ax}(a\cos bx + b\sin bx) + C,$$

当 $a=0$ 时，

$$\int e^{ax}\cos bx\,dx = \int \cos bx\,dx = \begin{cases} x+C, & b=0 \\ \frac{1}{b}\sin bx + C, & b\neq 0 \end{cases};$$

(5) $$\int x\cos^2 x\,dx = \frac{1}{2}\int x(1+\cos 2x)\,dx = \frac{1}{2}\int x\,dx + \frac{1}{2}\int x\cos 2x\,dx$$

$$= \frac{1}{4}x^2 + \frac{1}{4}\int x\,d\sin 2x = \frac{1}{4}x^2 + \frac{1}{4}x\sin 2x - \frac{1}{4}\int \sin 2x\,dx$$

$$= \frac{1}{4}x^2 + \frac{1}{4}x\sin 2x + \frac{1}{8}\cos 2x + C;$$

(6) $$\int \ln(1+x^2)\,dx = x\ln(1+x^2) - 2\int \frac{x^2}{1+x^2}dx = x\ln(1+x^2) - 2\int\left(1-\frac{1}{1+x^2}\right)dx$$

$$= x\ln(1+x^2) - 2x + 2\arctan x + C;$$

(7) $$\int \frac{x+\sin x}{1+\cos x}dx = \int \frac{x+\sin x}{2\cos^2\frac{x}{2}}dx = \int\left(\frac{x}{2\cos^2\frac{x}{2}} + \frac{2\sin\frac{x}{2}\cos\frac{x}{2}}{2\cos^2\frac{x}{2}}\right)dx$$

$$= \int x\,d\tan\frac{x}{2} + \int \tan\frac{x}{2}dx = x\tan\frac{x}{2} - \int\tan\frac{x}{2}dx + \int\tan\frac{x}{2}dx$$

$$= x\tan\frac{x}{2} + C;$$

(8) $$\int e^{\sin x}\frac{x\cos^3 x - \sin x}{\cos^2 x}dx = \int xe^{\sin x}\cos x\,dx - \int e^{\sin x}\frac{\sin x}{\cos^2 x}dx$$

$$= \int x\,de^{\sin x} - \int e^{\sin x}d\frac{1}{\cos x} = xe^{\sin x} - \int e^{\sin x}dx - \frac{1}{\cos x}e^{\sin x} + \int \frac{1}{\cos x}e^{\sin x}\cos x\,dx$$

$$= xe^{\sin x} - \frac{1}{\cos x}e^{\sin x} + C;$$

(9) $$\int \frac{xe^x}{(e^x+1)^2}dx = -\int x\,d\frac{1}{e^x+1} = -\frac{x}{e^x+1} + \int\frac{1}{e^x+1}dx$$

$$= -\frac{x}{e^x+1} + \int\left(1-\frac{e^x}{e^x+1}\right)dx = -\frac{x}{e^x+1} + x - \ln(e^x+1) + C$$

$$=\frac{xe^x}{e^x+1}-\ln(e^x+1)+C;$$

(10) $\int\ln^2(x+\sqrt{1+x^2})dx=x\ln^2(x+\sqrt{1+x^2})-2\int\frac{x}{\sqrt{1+x^2}}\ln(x+\sqrt{1+x^2})dx$

$$=x\ln^2(x+\sqrt{1+x^2})-2\int\ln(x+\sqrt{1+x^2})d\sqrt{1+x^2}$$

$$=x\ln^2(x+\sqrt{1+x^2})-2\sqrt{1+x^2}\ln(x+\sqrt{1+x^2})+2\int 1dx$$

$$=x\ln^2(x+\sqrt{1+x^2})-2\sqrt{1+x^2}\ln(x+\sqrt{1+x^2})+2x+C.$$

7. (1) $\int\frac{x^3}{1+x^2}dx=\frac{1}{2}\int\frac{x^2}{1+x^2}dx^2=\frac{1}{2}\int\left(1-\frac{1}{1+x^2}\right)dx^2=\frac{1}{2}x^2-\frac{1}{2}\ln(1+x^2)+C;$

(2) 由于

$$\int\frac{1}{x(x^6+4)}dx=\int\frac{x^5}{x^6(x^6+4)}dx=\frac{1}{6}\int\frac{1}{x^6(x^6+4)}dx^6,$$

令 $t=x^6$，则

$$原式=\frac{1}{6}\int\frac{1}{t(t+4)}dt=\frac{1}{24}\int\frac{4}{t(t+4)}dt=\frac{1}{24}\int\frac{4+t-t}{t(t+4)}dt=\frac{1}{24}\int\left(\frac{1}{t}-\frac{1}{t+4}\right)dt$$

$$=\frac{1}{24}(\ln|t|-\ln|t+4|)+C=\frac{1}{24}(\ln|x^6|-\ln|x^6+4|)+C$$

$$=\frac{1}{4}\ln|x|-\frac{1}{24}\ln|x^6+4|+C;$$

(3) 由于

$$\int\frac{\sin^2x}{\cos^3x}dx=\int\frac{1-\cos^2x}{\cos^3x}dx=\int\sec^3xdx-\int\sec xdx,$$

而

$$\int\sec^3xdx=\int\sec xd\tan x=\sec x\tan x-\int\tan xd\sec x=\sec x\tan x-\int\tan^2x\sec xdx$$

$$=\sec x\tan x-\int(\sec^2x-1)\sec xdx=\sec x\tan x-\int\sec^3xdx+\int\sec xdx,$$

所以

$$\int\sec^3xdx=\frac{1}{2}\sec x\tan x+\frac{1}{2}\int\sec xdx+C.$$

从而

$$原式=\frac{1}{2}\sec x\tan x-\frac{1}{2}\int\sec xdx+C=\frac{1}{2}\sec x\tan x-\frac{1}{2}\ln|\sec x+\tan x|+C;$$

(4) 由于

$$\int\frac{\sqrt{1+\cos x}}{\sin x}dx=\int\frac{\sqrt{2}\left|\cos\frac{x}{2}\right|}{\sin x}dx=\int\frac{\sqrt{2}\left|\cos\frac{x}{2}\right|}{2\sin\frac{x}{2}\cos\frac{x}{2}}dx,$$

当 $\cos\frac{x}{2}>0$ 时，

$$原式=\sqrt{2}\int \frac{1}{\sin \frac{x}{2}}\mathrm{d}\,\frac{x}{2}=\sqrt{2}\int \csc \frac{x}{2}\mathrm{d}\,\frac{x}{2}=\sqrt{2}\ln\left|\csc \frac{x}{2}-\cot \frac{x}{2}\right|+C$$

$$=\sqrt{2}\ln\left|\frac{1}{\sin \frac{x}{2}}-\frac{\cos \frac{x}{2}}{\sin \frac{x}{2}}\right|+C=\sqrt{2}\ln\frac{1-\cos \frac{x}{2}}{\left|\sin \frac{x}{2}\right|}+C$$

$$=\sqrt{2}\ln\frac{1-\left|\cos \frac{x}{2}\right|}{\left|\sin \frac{x}{2}\right|}+C=\sqrt{2}\ln\left(\left|\csc \frac{x}{2}\right|-\left|\cot \frac{x}{2}\right|\right)+C;$$

当 $\cos \frac{x}{2}<0$ 时，

$$\int \frac{\sqrt{1+\cos x}}{\sin x}\mathrm{d}x=-\sqrt{2}\int \csc \frac{x}{2}\mathrm{d}\,\frac{x}{2}=-\sqrt{2}\ln\left|\csc \frac{x}{2}-\cot \frac{x}{2}\right|+C$$

$$=-\sqrt{2}\ln\left|\frac{1}{\sin \frac{x}{2}}-\frac{\cos \frac{x}{2}}{\sin \frac{x}{2}}\right|+C=-\sqrt{2}\ln\left|\frac{1-\cos \frac{x}{2}}{\sin \frac{x}{2}}\right|+C$$

$$=\sqrt{2}\ln\left|\frac{\sin \frac{x}{2}}{1-\cos \frac{x}{2}}\right|+C=\sqrt{2}\ln\left|\frac{\sin \frac{x}{2}}{1-\cos \frac{x}{2}}\cdot\frac{1+\cos \frac{x}{2}}{1+\cos \frac{x}{2}}\right|+C$$

$$=\sqrt{2}\ln\left|\frac{1+\cos \frac{x}{2}}{\sin \frac{x}{2}}\right|+C=\sqrt{2}\ln\frac{1+\cos \frac{x}{2}}{\left|\sin \frac{x}{2}\right|}+C$$

$$=\sqrt{2}\ln\frac{1-\left|\cos \frac{x}{2}\right|}{\left|\sin \frac{x}{2}\right|}+C=\sqrt{2}\ln\left(\left|\csc \frac{x}{2}\right|-\left|\cot \frac{x}{2}\right|\right)+C;$$

综上，

$$\int \frac{\sqrt{1+\cos x}}{\sin x}\mathrm{d}x=\sqrt{2}\ln\left(\left|\csc \frac{x}{2}\right|-\left|\cot \frac{x}{2}\right|\right)+C.$$

(5) $$\int \frac{x^{11}}{x^8+3x^4+2}\mathrm{d}x=\frac{1}{4}\int \frac{x^8}{x^8+3x^4+2}\mathrm{d}x^4 \xlongequal{t=x^4} \frac{1}{4}\int \frac{t^2}{t^2+3t+2}\mathrm{d}t$$

$$=\frac{1}{4}\int\left(1-\frac{3t+2}{t^2+3t+2}\right)\mathrm{d}t=\frac{1}{4}\int\left[1-\frac{3t+2}{(t+1)(t+2)}\right]\mathrm{d}t$$

$$=\frac{1}{4}\int\left[1-\frac{a}{t+1}-\frac{b}{t+2}\right]\mathrm{d}t=\frac{1}{4}\int\left[1+\frac{1}{t+1}-\frac{4}{t+2}\right]\mathrm{d}t$$

$$=\frac{1}{4}[t+\ln(t+1)-4\ln(t+2)]+C$$

$$=\frac{1}{4}[x^4+\ln(x^4+1)-4\ln(x^4+2)]+C;$$

(6) $\int \frac{1}{16-x^4}dx = \int \frac{1}{(4-x^2)(4+x^2)}dx = \frac{1}{8}\int\left(\frac{1}{4-x^2}+\frac{1}{4+x^2}\right)dx$

$= \frac{1}{8}\int \frac{1}{4-x^2}dx + \frac{1}{8}\int \frac{1}{4+x^2}dx = \frac{1}{32}\ln\left|\frac{2+x}{2-x}\right| + \frac{1}{16}\arctan\frac{x}{2} + C$;

(7) $\int \frac{\sin x}{1+\sin x}dx = \int \frac{\sin x}{1+\sin x}\cdot\frac{1-\sin x}{1-\sin x}dx = \int \frac{\sin x - \sin^2 x}{\cos^2 x}dx$

$= \int \frac{\sin x - 1 + \cos^2 x}{\cos^2 x}dx = \int \frac{\sin x}{\cos^2 x}dx - \int \sec^2 x dx + \int dx$

$= \frac{1}{\cos x} - \tan x + x + C$;

(8) $\int \frac{\cot x}{1+\sin x}dx = \int \frac{\cos x}{\sin x(1+\sin x)}dx = \int \frac{1}{\sin x(1+\sin x)}d\sin x$

$= \int \frac{1+\sin x - \sin x}{\sin x(1+\sin x)}d\sin x = \int\left(\frac{1}{\sin x} - \frac{1}{1+\sin x}\right)d\sin x$

$= \ln\left|\frac{\sin x}{1+\sin x}\right| + C$;

(9) $\int \frac{1}{\sin^3 x\cos x}dx = -\int \frac{1}{\sin x\cos x}d\cot x = -\int \frac{\sin^2 x + \cos^2 x}{\sin x\cos x}d\cot x$

$= -\int \frac{1+\frac{\cos^2 x}{\sin^2 x}}{\frac{\cos x}{\sin x}}d\cot x = -\int \frac{1+\cot^2 x}{\cot x}d\cot x$

$= -\int\left(\cot x + \frac{1}{\cot x}\right)d\cot x = -\frac{1}{2}\cot^2 x - \ln|\cot x| + C$;

(10) $\int \frac{1}{(2+\cos x)\sin x}dx = \int \frac{\sin x}{(2+\cos x)\sin^2 x}dx = -\int \frac{1}{(2+\cos x)(1-\cos^2 x)}d\cos x$

$\overset{t=\cos x}{=\!=\!=} \int \frac{1}{(t+2)(t+1)(t-1)}dt.$

令

$$\frac{1}{(t+2)(t+1)(t-1)} = \frac{A}{t+2} + \frac{B}{t+1} + \frac{C}{t-1}$$
$$= \frac{A(t^2-1) + B(t^2+t-2) + C(t^2+3t+2)}{(t+2)(t+1)(t-1)}$$
$$= \frac{(A+B+C)t^2 + (B+3C)t + (-A-2B+2C)}{(t+2)(t+1)(t-1)},$$

比较同类项系数得 $A=\frac{1}{3}, B=-\frac{1}{2}, C=\frac{1}{6}$，因此

原式 $= \frac{1}{3}\int \frac{1}{t+2}dx - \frac{1}{2}\int \frac{1}{t+1}dx + \frac{1}{6}\int \frac{1}{t-1}dx$

$= \frac{1}{3}\ln|t+2| - \frac{1}{2}\ln|t+1| + \frac{1}{6}\ln|t-1| + C$

$= \frac{1}{3}\ln|\cos x+2| - \frac{1}{2}\ln|\cos x+1| + \frac{1}{6}\ln|\cos x-1| + C.$

8. (1) 令 $t=\sqrt{2x-1}$，$x=\frac{1}{2}(t^2+1)$，$\mathrm{d}x=t\mathrm{d}t$，则

原式 $=\int te^t\mathrm{d}t=\int t\mathrm{d}e^t=te^t-\int e^t\mathrm{d}t=te^t-e^t+C=(\sqrt{2x-1}-1)e^{\sqrt{2x-1}}+C$；

(2) $\int e^{2x}\sin^2x\mathrm{d}x=\int e^{2x}\cdot\frac{1-\cos 2x}{2}\mathrm{d}x=\frac{1}{2}\int e^{2x}\mathrm{d}x-\frac{1}{2}\int e^{2x}\cos(2x)\mathrm{d}x.$

这里 $\frac{1}{2}\int e^{2x}\mathrm{d}x=\frac{1}{4}e^{2x}+C$，而

$$\frac{1}{2}\int e^{2x}\cos(2x)\mathrm{d}x=\frac{1}{4}\int e^{2x}\cos(2x)\mathrm{d}(2x)\xlongequal{t=2x}\frac{1}{4}\int e^t\cos t\mathrm{d}t.$$

又因为

$$\int e^t\cos t\mathrm{d}t=\int\cos t\mathrm{d}e^t=e^t\cos t-\int e^t\mathrm{d}\cos t=e^t\cos x+\int e^t\sin t\mathrm{d}t$$

$$=e^t\cos x+\int\sin t\mathrm{d}e^t=e^t\cos x+e^t\sin t-\int e^t\cos t\mathrm{d}t,$$

所以

$$\int e^t\cos t\mathrm{d}t=\frac{1}{2}e^t(\cos t+\sin t)+C,$$

从而

$$原式=\int e^{2x}\sin^2x\mathrm{d}x=\frac{1}{4}e^{2x}-\frac{1}{8}e^{2x}[\cos(2x)+\sin(2x)]+C;$$

(3) $\int\frac{\arcsin\sqrt{x}}{\sqrt{x}}\mathrm{d}x=2\int\arcsin\sqrt{x}\mathrm{d}\sqrt{x}=2\int\arcsin t\mathrm{d}t$

$$=2t\arcsin t-2\int\frac{t}{\sqrt{1-t^2}}\mathrm{d}t=2t\arcsin t+2\sqrt{1-t^2}+C$$

$$=2\sqrt{x}\arcsin\sqrt{x}+2\sqrt{1-x}+C;$$

(4) $\int\ln(x+\sqrt{1+x^2})\mathrm{d}x=x\ln(x+\sqrt{1+x^2})-\int\frac{x}{\sqrt{1+x^2}}\mathrm{d}x$

$$=x\ln(x+\sqrt{1+x^2})-\frac{1}{2}\int\frac{1}{\sqrt{1+x^2}}\mathrm{d}(1+x^2)$$

$$=x\ln(x+\sqrt{1+x^2})-\sqrt{1+x^2}+C;$$

(5) $\int\frac{\ln\ln x}{x}\mathrm{d}x=\int\ln\ln x\mathrm{d}\ln x=\int\ln t\mathrm{d}t=t\ln t-\int 1\mathrm{d}t$

$$=t\ln t-t+C=\ln x\cdot\ln\ln x-\ln x+C;$$

(6) 令 $t=\sqrt{x}$，$x=t^2$，$\mathrm{d}x=2t\mathrm{d}t$，则

原式 $=2\int t^2\sin t\mathrm{d}t=-2\int t^2\mathrm{d}\cos t=-2t^2\cos t+4\int t\cos t\mathrm{d}t=-2t^2\cos t+4\int t\mathrm{d}\sin t$

$$=-2t^2\cos t+4t\sin t-4\int\sin t\mathrm{d}t=-2t^2\cos t+4t\sin t+4\cos t+C$$

$$=-2x\cos\sqrt{x}+4\sqrt{x}\sin\sqrt{x}+4\cos\sqrt{x}+C;$$

(7) 令 $t=\sqrt{x}, x=t^2, \mathrm{d}x=\mathrm{d}(t^2)=2t\mathrm{d}t$，则

$$\text{原式}=\int \arctan t \mathrm{d}t^2 = t^2\arctan t-\int \frac{t^2}{1+t^2}\mathrm{d}t = t^2\arctan t-\int\left(1-\frac{1}{1+t^2}\right)\mathrm{d}t$$
$$= t^2\arctan t - t+\arctan t + C = x\arctan\sqrt{x}-\sqrt{x}+\arctan\sqrt{x}+C$$
$$=(x+1)\arctan\sqrt{x}-\sqrt{x}+C;$$

(8) 由题意

$$\int\frac{x^3}{(1+x^8)^2}\mathrm{d}x=\frac{1}{4}\int\frac{1}{(1+x^8)^2}\mathrm{d}x^4 \xlongequal{t=x^4} \frac{1}{4}\int\frac{1}{(1+t^2)^2}\mathrm{d}t=\frac{1}{4}\int\frac{1}{(1+t^2)^2}\mathrm{d}t.$$

解法 1 由于

$$\int\frac{1}{1+t^2}\mathrm{d}t=\frac{t}{1+t^2}-\int t\mathrm{d}\frac{1}{1+t^2}=\frac{t}{1+t^2}+2\int\frac{t^2}{(1+t^2)^2}\mathrm{d}t$$
$$=\frac{t}{1+t^2}+2\int\frac{t^2+1-1}{(1+t^2)^2}\mathrm{d}t=\frac{t}{1+t^2}+2\int\frac{1}{1+t^2}\mathrm{d}t-2\int\frac{1}{(1+t^2)^2}\mathrm{d}t,$$

整理得

$$\int\frac{1}{(1+t^2)^2}\mathrm{d}t=\frac{1}{2}\frac{t}{1+t^2}+\frac{1}{2}\int\frac{1}{1+t^2}\mathrm{d}t=\frac{t}{2(1+t^2)}+\frac{1}{2}\arctan t+C,$$

因此

$$\text{原式}=\frac{1}{8}\left(\arctan x^4+\frac{x^4}{1+x^8}\right)+C.$$

解法 2 令 $t=\tan u, u\in\left(-\frac{\pi}{2},\frac{\pi}{2}\right)$，则 $1+t^2=\sec^2 u=\frac{1}{\cos^2 t}$，$\mathrm{d}t=\sec^2 u\mathrm{d}u$，从而

$$\text{原式}=\frac{1}{4}\int\frac{\sec^2 u}{\sec^4 u}\mathrm{d}u=\frac{1}{4}\int\cos^2 u\mathrm{d}u=\frac{1}{8}\int(1+\cos 2u)\mathrm{d}u=\frac{1}{8}\left(u+\frac{1}{2}\sin 2u\right)+C$$
$$=\frac{1}{8}(u+\sin u\cos u)+C=\frac{1}{8}\left(\arctan t+\frac{t}{1+t^2}\right)+C$$
$$=\frac{1}{8}\left(\arctan x^4+\frac{x^4}{1+x^8}\right)+C;$$

(9) $$\int\frac{\ln x}{(1+x^2)^{\frac{3}{2}}}\mathrm{d}x \xlongequal{x=\frac{1}{t}} -\int\frac{\ln\frac{1}{t}}{\left(1+\frac{1}{t^2}\right)^{\frac{3}{2}}}\cdot\frac{1}{t^2}\mathrm{d}t=\int\frac{t\ln t}{(1+t^2)^{\frac{3}{2}}}\mathrm{d}t$$
$$=-\int\ln t\mathrm{d}(1+t^2)^{-\frac{1}{2}}=-\frac{\ln t}{(1+t^2)^{\frac{1}{2}}}+\int\frac{1}{t(1+t^2)^{\frac{1}{2}}}\mathrm{d}t$$
$$=-\frac{\ln\frac{1}{x}}{\left(1+\frac{1}{x^2}\right)^{\frac{1}{2}}}-\int\frac{1}{\frac{1}{x}\left(1+\frac{1}{x^2}\right)^{\frac{1}{2}}}\cdot\frac{1}{x^2}\mathrm{d}t$$
$$=\frac{x\ln x}{(1+x^2)^{\frac{1}{2}}}-\int\frac{1}{(1+x^2)^{\frac{1}{2}}}\mathrm{d}t$$
$$=\frac{x\ln x}{\sqrt{1+x^2}}-\ln(x+\sqrt{1+x^2})+C;$$

(10) 令 $x=\sin t, t\in\left(-\frac{\pi}{2},\frac{\pi}{2}\right)$，则 $\sqrt{1-x^2}=\cos t, dx=\cos t dt$，从而

$$\begin{aligned}
\text{原式}&=\int t\cos^2 t dt=\frac{1}{2}\int t(1+\cos 2t)dt=\frac{1}{2}\int(t+t\cos 2t)dt\\
&=\frac{1}{4}t^2+\frac{1}{4}\int t d\sin 2t=\frac{1}{4}t^2+\frac{1}{4}\int t d\sin 2t\\
&=\frac{1}{4}t^2+\frac{1}{4}t\sin 2t-\frac{1}{4}\int\sin 2t dt=\frac{1}{4}t^2+\frac{1}{4}t\sin 2t-\frac{1}{4}\int 2\sin t\cos t dt\\
&=\frac{1}{4}t^2+\frac{1}{2}t\sin t\cos t-\frac{1}{4}\sin^2 t+C\\
&=\frac{1}{4}\arcsin^2 x+\frac{1}{2}x\sqrt{1-x^2}\arcsin x-\frac{1}{4}x^2+C;
\end{aligned}$$

(11) 令 $x=\cos t, t\in(0,\pi)$，则 $\sqrt{1-x^2}=\sin t, dx=-\sin t dt$，从而

$$\begin{aligned}
\text{原式}&=-\int t\cos^3 t dt=-\int t(1-\sin^2 t)d\sin t=-\int t d\left(\sin t-\frac{1}{3}\sin^3 t\right)\\
&=-t\sin t+\frac{1}{3}t\sin^3 t+\int(\sin t-\frac{1}{3}\sin^3 t)dt\\
&=-t\sin t+\frac{1}{3}t\sin^3 t-\cos t+\frac{1}{3}\int(1-\cos^2 t)d\cos t\\
&=-t\sin t+\frac{1}{3}t\sin^3 t-\cos t+\frac{1}{3}\cos t-\frac{1}{9}\cos^3 t+C\\
&=-\frac{1}{3}t\sin t(3-\sin^2 t)-\frac{1}{9}\cos t(6+\cos^2 t)+C\\
&=-\frac{1}{3}\sqrt{1-x^2}(2+x^2)\arccos x-\frac{1}{9}x(6 | x^2)+C.
\end{aligned}$$

第5章

定　积　分

5.1　内容提要

5.1.1　定积分的定义

设函数 $y=f(x)$在$[a,b]$上有界，在区间$[a,b]$中任意插入若干个分点

$$a=x_0<x_1<x_2<\cdots<x_{n-1}<x_n=b,$$

把区间$[a,b]$分成 n 个小区间$[x_0,x_1],[x_1,x_2],\cdots,[x_{n-1},x_n]$，每个小区间的长度为 $\Delta x_i=x_i-x_{i-1},i=1,2,\cdots,n$，每个小区间$[x_{i-1},x_i](i=1,2,\cdots,n)$上任取一点 ξ_i，作出乘积的和式 $\sum\limits_{i=1}^{n}f(\xi_i)\Delta x_i$，记 $\lambda=\max\{\Delta x_1,\cdots,\Delta x_n\}$，如果不论对$[a,b]$如何划分，不论点 ξ_i 在小区间$[x_{i-1},x_i]$上如何选取，当$\lambda\to 0$时，$\sum\limits_{i=1}^{n}f(\xi_i)\Delta x_i$ 总趋于相同的极限 I，则称极限 I 为函数 $f(x)$ 在区间$[a,b]$上的**定积分**(简称**积分**)，记作$\int_a^b f(x)\mathrm{d}x$，即

$$\int_a^b f(x)\mathrm{d}x=\lim_{\lambda\to 0}\sum_{i=1}^{n}f(\xi_i)\Delta x_i,$$

其中 $f(x)$称为**被积函数**，$f(x)\mathrm{d}x$ 称为**被积表达式**，x 称为**积分变量**，a 为**积分下限**，b 为**积分上限**，$[a,b]$为**积分区间**，$\sum\limits_{i=1}^{n}f(\xi_i)\Delta x_i$ 称为 $f(x)$在区间$[a,b]$上的**积分和**. 如果$f(x)$在区间$[a,b]$上定积分存在，也称 $f(x)$在区间$[a,b]$上**可积**.

关于定积分的几个注解：

(1) 若已知函数 $f(x)$在区间$[a,b]$上可积，则积分值 I 仅与被积函数 $f(x)$和区间$[a,b]$有关系，与积分变量的记法没关系，例如

$$\int_a^b f(x)\mathrm{d}x=\int_a^b f(u)\mathrm{d}u=\int_a^b f(t)\mathrm{d}t.$$

(2) 当 $f(x)$在区间$[a,b]$上无界时，对于任意大的 $M>0$，总可以选取适当的点 $\xi_i(i=$

$1,2,\cdots,n)$，使得 $\left|\sum_{i=1}^{n} f(\xi_i)\Delta x_i\right| > M$，从而极限 $\lim_{\lambda\to 0}\sum_{i=1}^{n} f(\xi_i)\Delta x_i$ 不存在，故函数 $f(x)$ 在区间 $[a,b]$ 上不可积. 即无界函数一定不可积，或者说函数有界是函数可积的必要条件.

(3) 定积分存在的充分条件：若 $f(x)$ 在 $[a,b]$ 上连续，或 $[a,b]$ 上有界且只有有限个间断点，则 $f(x)$ 在 $[a,b]$ 上可积.

(4) 规定 $\int_a^a f(x)\mathrm{d}x = 0$，$\int_a^b f(x)\mathrm{d}x = -\int_b^a f(x)\mathrm{d}x$.

5.1.2　定积分的几何意义与物理意义

(1) 若在 $[a,b]$ 上 $f(x)\geqslant 0$，则定积分 $\int_a^b f(x)\mathrm{d}x$ 表示由曲线 $y=f(x)$，直线 $x=a$，直线 $x=b$ 以及 x 轴所围成的曲边梯形的面积.

(2) 若在 $[a,b]$ 上 $f(x)\leqslant 0$，则定积分 $\int_a^b f(x)\mathrm{d}x$ 表示由曲线 $y=f(x)$，直线 $x=a$，直线 $x=b$ 以及 x 轴所围成的曲边梯形面积的负值.

(3) 若 $f(x)$ 在 $[a,b]$ 上有正有负，则定积分 $\int_a^b f(x)\mathrm{d}x$ 表示由曲线 $y=f(x)$，直线 $x=a$，直线 $x=b$ 以及 x 轴所围成平面图形面积的代数和，即等于 x 轴上方的平面图形面积减去 x 轴下方的平面图形面积，如图 5.1 所示，

$$\int_a^b f(x)\mathrm{d}x = A_1 - A_2 + A_3.$$

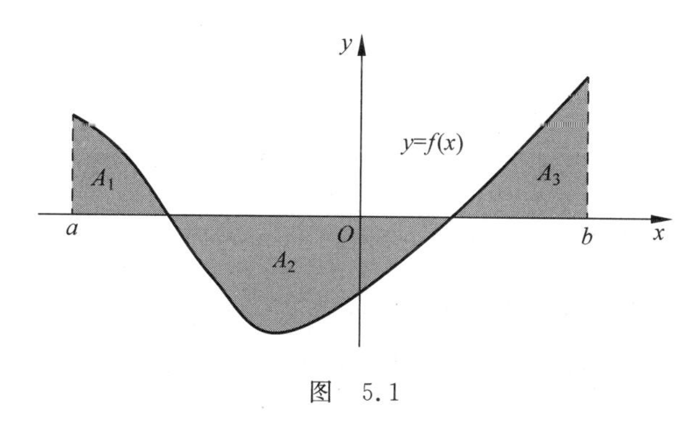

图　5.1

(4) 定积分的物理意义：$\int_a^b v(t)\mathrm{d}t$ 表示作变速直线运动物体以速度 $v=v(t)$ 在时间段 $[a,b]$ 内走过的路程.

5.1.3　定积分的性质

假设下面所涉及的定积分都存在，则有

(1) **线性性质**　设 k 和 l 为常数，则对于任意的实数 a 和 b，有

$$\int_a^b [kf(x) \pm lg(x)]\mathrm{d}x = k\int_a^b f(x)\mathrm{d}x \pm l\int_a^b g(x)\mathrm{d}x.$$

(2) **积分对区间的可加性** 对于任意的实数 a,b 和 c,有

$$\int_a^b f(x)\mathrm{d}x = \int_a^c f(x)\mathrm{d}x + \int_c^b f(x)\mathrm{d}x.$$

(3) $\int_a^b 1\mathrm{d}x = \int_a^b \mathrm{d}x = b-a.$

(4) **保号性** 如果在区间$[a,b]$上,$f(x)\geqslant 0$,则$\int_a^b f(x)\mathrm{d}x \geqslant 0.$

特别地,若 $f(x)$在$[a,b]$上连续,$f(x)\geqslant 0$,且 $f(x)$不恒等于 0,则$\int_a^b f(x)\mathrm{d}x > 0.$

(5) 若对于任意的 $x\in[a,b]$,有 $f(x)\leqslant g(x)$,则

$$\int_a^b f(x)\mathrm{d}x \leqslant \int_a^b g(x)\mathrm{d}x.$$

特别地,若 $f(x)$和 $g(x)$在$[a,b]$上连续,对于任意的 $x\in[a,b]$,有 $f(x)\leqslant g(x)$,且 $f(x)$不恒等于 $g(x)$,则$\int_a^b f(x)\mathrm{d}x < \int_a^b g(x)\mathrm{d}x.$

(6) $\left|\int_a^b f(x)\mathrm{d}x\right| \leqslant \int_a^b |f(x)|\mathrm{d}x$,其中 $a<b$.

(7) **估值定理** 设 M 及 m 分别是函数 $f(x)$在区间$[a,b]$上的最大值及最小值,则

$$m(b-a) \leqslant \int_a^b f(x)\mathrm{d}x \leqslant M(b-a) \quad (a<b).$$

(8) **积分中值定理** 如果函数 $f(x)$在积分区间$[a,b]$上连续,则在$[a,b]$上至少存在一点 ξ,使下式成立:

$$\int_a^b f(x)\mathrm{d}x = f(\xi)(b-a) \quad (a\leqslant \xi \leqslant b).$$

这里 $f(\xi)=\dfrac{1}{b-a}\int_a^b f(x)\mathrm{d}x$ 也称为 $f(x)$在$[a,b]$上的**平均值或积分均值**.

注 在定积分中值定理中,也可以在开区间(a,b)内找到一点 ξ,使得$\int_a^b f(x)\mathrm{d}x = f(\xi)(b-a)$. 该结论的证明需要用到变上限积分函数.

5.1.4 积分上限的函数及其性质

设 $f(x)$在$[a,b]$上可积,则对于任意的 $x\in[a,b]$, $\Phi(x)=\int_a^x f(x)\mathrm{d}x$ 称为 $f(x)$的积分上限的函数(也称为变上限积分).

(1) 若 $f(x)$在区间$[a,b]$上连续,则积分上限的函数 $\Phi(x)=\int_a^x f(x)\mathrm{d}x$ 在$[a,b]$上可导,且

$$\Phi'(x)=\frac{\mathrm{d}}{\mathrm{d}x}\int_a^x f(t)\mathrm{d}t = f(x) \quad (x\in[a,b]).$$

(2) 一般地,若 $f(t)$连续,$g(x)$和 $h(x)$可导,则

$$\frac{\mathrm{d}}{\mathrm{d}x}\int_a^{g(x)} f(t)\mathrm{d}t = f[g(x)]\cdot g'(x);$$

$$\frac{\mathrm{d}}{\mathrm{d}x}\int_{g(x)}^{h(x)} f(t)\mathrm{d}t = f[h(x)]h'(x) - f[g(x)]g'(x).$$

(3) **原函数存在定理** 若 $f(x)$在区间$[a,b]$上连续，则函数 $\Phi(x) = \int_a^x f(x)\mathrm{d}x$ 是 $f(x)$在$[a,b]$上的一个原函数.

5.1.5 定积分的计算

1. 牛顿—莱布尼茨公式

如果函数 $F(x)$是连续函数 $f(x)$在区间$[a,b]$上的一个原函数，则

$$\int_a^b f(x)\mathrm{d}x = F(x)\big|_a^b = F(b) - F(a).$$

2. 定积分的换元法

假设函数 $f(x)$在区间$[a,b]$上连续，函数 $x=\varphi(t)$满足条件：

(1) $\varphi(\alpha)=a,\varphi(\beta)=b$;

(2) $\varphi(t)$在$[\alpha,\beta]$(或$[\beta,\alpha]$上)具有连续导数，且其值域 $R_\varphi=[a,b]$，则有

$$\int_a^b f(x)\mathrm{d}x = \int_\alpha^\beta f[\varphi(t)]\varphi'(t)\mathrm{d}t.$$

3. 定积分的分部积分法

设 $u=u(x),v=v(x)$在$[a,b]$上有连续导数，则 $\int_a^b u\mathrm{d}v = uv\big|_a^b - \int_a^b v\mathrm{d}u$.

5.1.6 反常积分与 Γ 函数

1. 无穷限的反常积分(或广义积分)

设函数 $y=f(x)$在$[a,+\infty)$上有定义，若对于任意的实数 $b>a$，函数 $f(x)$在$[a,b]$上可积，若 $\lim\limits_{b\to+\infty}\int_a^b f(x)\mathrm{d}x$ 存在，则称此极限值为函数 $f(x)$ 在$[a,+\infty)$上的广义积分，记作 $\int_a^{+\infty} f(x)\mathrm{d}x$，即

$$\int_a^{+\infty} f(x)\mathrm{d}x = \lim_{b\to+\infty}\int_a^b f(x)\mathrm{d}x.$$

此时也称广义积分 $\int_a^{+\infty} f(x)\mathrm{d}x$ 收敛，若上述极限不存在，也称广义积分$\int_a^{+\infty} f(x)\mathrm{d}x$ 发散. 类似可以定义

$$\int_{-\infty}^a f(x)\mathrm{d}x = \lim_{b\to-\infty}\int_b^a f(x)\mathrm{d}x.$$

若对某个常数 c，广义积分 $\int_{-\infty}^c f(x)\mathrm{d}x$ 和$\int_c^{+\infty} f(x)\mathrm{d}x$ 都收敛，则称广义积分

$\int_{-\infty}^{+\infty} f(x)\mathrm{d}x$ 收敛,且

$$\int_{-\infty}^{+\infty} f(x)\mathrm{d}x = \int_{-\infty}^{c} f(x)\mathrm{d}x + \int_{c}^{+\infty} f(x)\mathrm{d}x.$$

2. 无界函数的反常积分(或广义积分)

若函数 $f(x)$在 $x=b$ 的任一个邻域内无界,则称 $x=b$ 为函数 $f(x)$的**瑕点**.若函数在$[a,b)$上有定义,$x=b$ 为 $f(x)$的瑕点,对于任意的 $\varepsilon>0$,$f(x)$在$[a,b-\varepsilon]$上可积,若$\lim\limits_{\varepsilon\to0^+}\int_a^{b-\varepsilon} f(x)\mathrm{d}x$ 存在,则称此极限值为函数 $f(x)$ 在$[a,b)$ 上的广义积分,也称为瑕积分,记为$\int_a^b f(x)\mathrm{d}x$,即

$$\int_a^b f(x)\mathrm{d}x = \lim_{\varepsilon\to0^+}\int_a^{b-\varepsilon} f(x)\mathrm{d}x.$$

此时也称瑕积分 $\int_a^b f(x)\mathrm{d}x$ 收敛,若上述极限不存在,也称瑕积分$\int_a^b f(x)\mathrm{d}x$ 发散.若 a 为瑕点,可以类似定义$\int_a^b f(x)\mathrm{d}x = \lim\limits_{\varepsilon\to0^+}\int_{a+\varepsilon}^{b} f(x)\mathrm{d}x$.

若对某个 $c\in(a,b)$,且 c 为瑕点,$\int_a^c f(x)\mathrm{d}x$ 和 $\int_c^b f(x)\mathrm{d}x$ 都收敛,则称瑕积分$\int_a^b f(x)\mathrm{d}x$ 收敛,且

$$\int_a^b f(x)\mathrm{d}x = \int_a^c f(x)\mathrm{d}x + \int_a^c f(x)\mathrm{d}x = \lim_{\varepsilon_1\to0^+}\int_a^{c-\varepsilon_1} f(x)\mathrm{d}x + \lim_{\varepsilon_2\to0^+}\int_{c+\varepsilon_2}^{b} f(x)\mathrm{d}x.$$

3. Γ 函数

对于 $\forall\, t>0$,Γ 函数的定义为:$\Gamma(t) = \int_0^{+\infty} \mathrm{e}^{-x}x^{t-1}\mathrm{d}x$. Γ 函数的性质主要包括:

$\Gamma(1) = 1$;$\Gamma\left(\frac{1}{2}\right) = \sqrt{\pi}$;$\Gamma(t+1) = t\Gamma(t)$;$\Gamma(n+1) = n\Gamma(n)$;$\Gamma(n+1) = n!$.

5.1.7 几个重要的结论

(1) 设 $f(x)$在$[-a,a]$上连续,则

$$\int_{-a}^{a} f(x)\mathrm{d}x = \begin{cases} 0, & \text{若 } f(x) \text{ 为奇函数} \\ 2\int_0^a f(x)\mathrm{d}x, & \text{若 } f(x) \text{ 为偶函数} \end{cases}.$$

(2) 设 $f(x)$在$(-\infty,+\infty)$内连续,且 $f(x)$是周期为 T 的周期函数,对于任意的实数 a 和正整数 n 有

$$\int_a^{a+T} f(x)\mathrm{d}x = \int_0^T f(x)\mathrm{d}x,$$

$$\int_a^{a+nT} f(x)\mathrm{d}x = n\int_0^T f(x)\mathrm{d}x.$$

(3) 若 $f(x)$ 在 $[0,1]$ 上连续，则有

$$\int_0^{\frac{\pi}{2}} f(\sin x)\mathrm{d}x = \int_0^{\frac{\pi}{2}} f(\cos x)\mathrm{d}x;$$

$$\int_0^{\pi} xf(\sin x)\mathrm{d}x = \frac{\pi}{2}\int_0^{\pi} f(\sin x)\mathrm{d}x = \pi\int_0^{\frac{\pi}{2}} f(\sin x)\mathrm{d}x.$$

(4) $$\int_0^{\frac{\pi}{2}} \sin^n x\,\mathrm{d}x = \int_0^{\frac{\pi}{2}} \cos^n x\,\mathrm{d}x = \begin{cases} \dfrac{n-1}{n}\cdot\dfrac{n-3}{n-2}\cdot\cdots\cdot\dfrac{4}{5}\cdot\dfrac{2}{3}, & n\text{ 为奇数} \\ \dfrac{n-1}{n}\cdot\dfrac{n-3}{n-2}\cdot\cdots\cdot\dfrac{3}{4}\cdot\dfrac{1}{2}\cdot\dfrac{\pi}{2}, & n\text{ 为偶数} \end{cases}.$$

(5) 若 $f(x)$ 在 $[-a,a]$ 上连续，则

$$\int_0^x f(t)\mathrm{d}t\text{ 为}\begin{cases} \text{偶函数}, & \text{若 } f(x) \text{ 为奇函数} \\ \text{奇函数}, & \text{若 } f(x) \text{ 为偶函数} \end{cases}.$$

注　若 $f(x)$ 为奇函数，则 $f(x)$ 的原函数均为偶函数.

若 $f(x)$ 为偶函数，则原函数中只有一个原函数是奇函数.

5.2　典型例题分析

5.2.1　题型一　利用定积分的定义求极限

如果函数 $f(x)$ 在 $[0,1]$ 上可积，根据定积分的定义，

$$\int_0^1 f(x)\mathrm{d}x = \lim_{\lambda\to 0}\sum_{i=1}^{n} f(\xi_i)\Delta x_i.$$

不论区间 $[0,1]$ 如何划分，点 $\xi_i(i=1,2,\cdots,n)$ 如何选取，极限 $\lim\limits_{\lambda\to 0}\sum\limits_{i=1}^{n} f(\xi_i)\Delta x_i$ 都存在且相等，因此在 $\int_0^1 f(x)\mathrm{d}x$ 存在的前提下，我们可以选取一种简单的区间划分方式和一种简单的 $\xi_i(i=1,2,\cdots,n)$ 的选取方式. 特别地，将 $[0,1]$ 进行 n 等分，每个小区间的长度都等于 $\frac{1}{n}$，即 $\Delta x_i = \frac{1}{n}$，选取 ξ_i 为每个小区间的右端点值，即 $\xi_i = \frac{i}{n}$，则

$$\lim_{n\to\infty}\frac{1}{n}\cdot\sum_{i=1}^{n} f\left(\frac{i}{n}\right) = \int_0^1 f(x)\mathrm{d}x.$$

一般地，若函数 $f(x)$ 在 $[a,b]$ 上可积，则有

$$\lim_{n\to\infty}\frac{b-a}{n}\cdot\sum_{i=1}^{n} f\left(a+(b-a)\cdot\frac{i}{n}\right) = \int_a^b f(x)\mathrm{d}x.$$

例 5.1　求极限 $\lim\limits_{n\to\infty}\left(\frac{1}{n+1}+\frac{1}{n+2}+\cdots+\frac{1}{n+n}\right)$.

分析　记 $x_n = \frac{1}{n+1}+\frac{1}{n+2}+\cdots+\frac{1}{n+n}$，如果采用放缩方法，则有

$$\frac{1}{2} = \frac{n}{n+n} \leqslant x_n \leqslant \frac{n}{n+1},$$

显然$\lim\limits_{n\to\infty}\dfrac{n}{n+1}=1$，$\lim\limits_{n\to\infty}\dfrac{1}{2}=\dfrac{1}{2}$，不等式两边的极限不相等，故夹逼定理方法失效．本题需要利用定积分的定义来求解．

解 原式$=\lim\limits_{n\to\infty}\left(\dfrac{1}{1+\dfrac{1}{n}}+\dfrac{1}{1+\dfrac{2}{n}}+\cdots+\dfrac{1}{1+\dfrac{n}{n}}\right)\cdot\dfrac{1}{n}$

$$=\lim_{n\to\infty}\frac{1}{n}\cdot\sum_{i=1}^{n}\frac{1}{1+\dfrac{i}{n}}=\int_0^1\frac{1}{1+x}\mathrm{d}x$$

$$=\ln(1+x)\big|_0^1=\ln 2.$$

例 5.2 求极限 $\lim\limits_{n\to\infty}\left(\sqrt{\dfrac{1+\cos\dfrac{\pi}{n}}{n^2}}+\sqrt{\dfrac{1+\cos\dfrac{2\pi}{n}}{n^2}}+\cdots+\sqrt{\dfrac{1+\cos\dfrac{n\pi}{n}}{n^2}}\right)$.

解 原式$=\lim\limits_{n\to\infty}\dfrac{1}{n}\left(\sqrt{1+\cos\dfrac{\pi}{n}}+\sqrt{1+\cos\dfrac{2\pi}{n}}+\cdots+\sqrt{1+\cos\dfrac{n\pi}{n}}\right)$

$$=\lim_{n\to\infty}\frac{1}{n}\cdot\sum_{i=1}^{n}\sqrt{1+\cos\pi\frac{i}{n}}$$

$$=\int_0^1\sqrt{1+\cos\pi x}\,\mathrm{d}x=\int_0^1\sqrt{2}\cos\frac{\pi x}{2}\mathrm{d}x=\sqrt{2}\,\frac{2}{\pi}\sin\frac{\pi x}{2}\bigg|_0^1=\frac{2\sqrt{2}}{\pi}.$$

5.2.2 题型二 利用几何意义计算定积分

例 5.3 利用定积分的几何意义求解下列积分．

(1) $\int_{-a}^{a}\sqrt{a^2-x^2}\,\mathrm{d}x\ (a>0)$； (2) $\int_0^{2\pi}\sin x\mathrm{d}x$.

解 (1) 积分$\int_{-a}^{a}\sqrt{a^2-x^2}\,\mathrm{d}x$等于由曲线$f(x)=\sqrt{a^2-x^2}$与$x$轴围成的半圆的面积，如图 5.2 所示，由于整圆的面积为πa^2，因此$\int_{-a}^{a}\sqrt{a^2-x^2}\,\mathrm{d}x=\dfrac{1}{2}\pi a^2$.

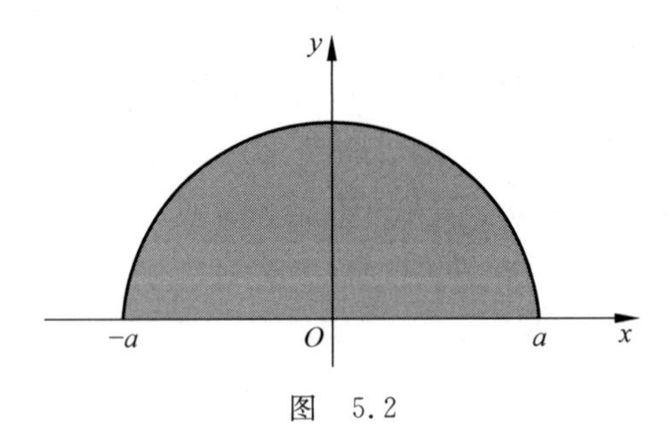

图 5.2

注 类似可以得到$\int_0^{a}\sqrt{a^2-x^2}\,\mathrm{d}x=\dfrac{1}{4}\pi a^2\quad(a>0)$.

(2) 设 $f(x)=\sin x$，曲线 $f(x)=\sin x$ 与 x 轴在区间$[0,2\pi]$围成的平面图形如图 5.3 所示，根据对称性，$\int_0^{2\pi}\sin x\mathrm{d}x=0$.

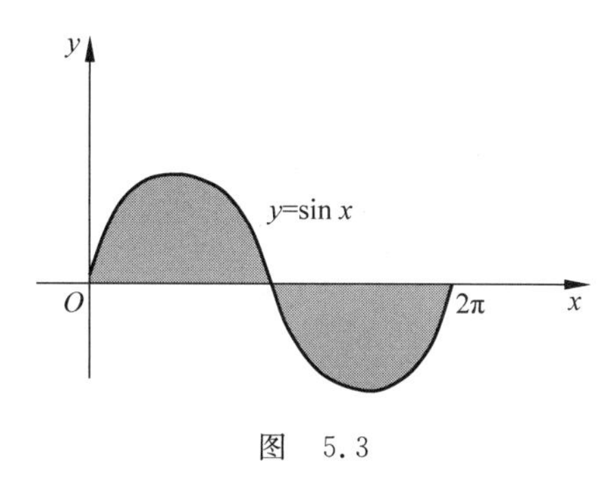

图　5.3

5.2.3　题型三　有关定积分的性质问题

例 5.4　已知连续函数 $f(x)$满足 $f(x)=\dfrac{1}{1+x^2}+x^3\int_0^1 f(x)\mathrm{d}x$,求：(1) $\int_0^1 f(x)\mathrm{d}x$；(2) $f(x)$的表达式；(3) $\int_0^2 f(x)\mathrm{d}x$.

解　由于定积分是一个常数,因此设 $\int_0^1 f(x)\mathrm{d}x=A$,则有

$$f(x)=\frac{1}{1+x^2}+Ax^3,$$

等式两边同时取定积分,得

$$\int_0^1 f(x)\mathrm{d}x=\int_0^1\frac{1}{1+x^2}\mathrm{d}x+A\int_0^1 x^3\mathrm{d}x,$$

因此有 $A=\arctan x\big|_0^1+\dfrac{1}{4}Ax^4\big|_0^1$, $\dfrac{3}{4}A=\dfrac{\pi}{4}$,解得 $A=\dfrac{\pi}{3}$,从而

(1) $\int_0^1 f(x)\mathrm{d}x=\dfrac{\pi}{3}$；

(2) $f(x)=\dfrac{1}{1+x^2}+\dfrac{\pi}{3}x^3$；

(3) $\int_0^2 f(x)\mathrm{d}x=\int_0^2\left(\dfrac{1}{1+x^2}+\dfrac{\pi}{3}x^3\right)\mathrm{d}x=\arctan 2+\dfrac{4\pi}{3}$.

例 5.5　已知连续函数 $f(x)$满足 $f(x)=x^2-x\int_0^2 f(x)\mathrm{d}x+2\int_0^1 f(x)\mathrm{d}x$,求 $f(x)$.

解　由于定积分是一个常数,因此设 $\int_0^1 f(x)\mathrm{d}x=A$, $\int_0^2 f(x)\mathrm{d}x=B$,则有

$$f(x)=x^2-Bx+2A,$$

等式两边在区间[0,1]上同时取定积分,得

$$\int_0^1 f(x)\mathrm{d}x=\int_0^1 x^2\mathrm{d}x-\int_0^1 Bx\mathrm{d}x+\int_0^1 2A\mathrm{d}x,$$

因此有

$$A=\frac{1}{3}-\frac{1}{2}B+2A.\tag{1}$$

对等式 $f(x)=x^2-Bx+2A$ 两边在区间[0,2]上同时取定积分,

$$\int_0^2 f(x)\mathrm{d}x = \int_0^2 x^2\mathrm{d}x - \int_0^2 Bx\mathrm{d}x + \int_0^2 2A\mathrm{d}x,$$

因此有

$$B = \frac{8}{3} - 2B + 4A. \tag{2}$$

联立(1)(2),解得

$$A = \frac{1}{3}, \quad B = \frac{4}{3}.$$

从而

$$f(x) = x^2 - \frac{4}{3}x + \frac{2}{3}.$$

例 5.6 证明不等式 $\frac{1}{2} < \int_0^{\frac{1}{2}} \frac{1}{\sqrt{1-x^n}}\mathrm{d}x < \frac{\pi}{6}$,其中 $n>2$ 为正整数.

证 由于当 $x\in\left[0,\frac{1}{2}\right]$,$n>2$ 时,

$$1 \leqslant \frac{1}{\sqrt{1-x^n}} \leqslant \frac{1}{\sqrt{1-x^2}},$$

且等号当且仅当 $x=0$ 时成立,根据定积分的保号性,有

$$\frac{1}{2} = \int_0^{\frac{1}{2}}\mathrm{d}x < \int_0^{\frac{1}{2}} \frac{1}{\sqrt{1-x^n}}\mathrm{d}x < \int_0^{\frac{1}{2}} \frac{1}{\sqrt{1-x^2}}\mathrm{d}x = \frac{\pi}{6},$$

结论得证.

例 5.7 设 $f(x)$ 可导,且 $\lim\limits_{x\to+\infty} f(x)=\frac{1}{6}$,求极限 $\lim\limits_{x\to+\infty}\int_x^{x+2} tf(t)\arctan\left(\frac{3t}{t^2+2}\right)\mathrm{d}t$.

解 根据积分中值定理,存在一点 $\xi\in(x,x+2)$,使得

$$\int_x^{x+2} tf(t)\arctan\left(\frac{3t}{t^2+2}\right)\mathrm{d}t = 2\xi f(\xi)\arctan\left(\frac{3\xi}{\xi^2+2}\right),$$

由夹逼定理可知,当 $x\to+\infty$ 时,$\xi\to+\infty$,且 $\frac{3\xi}{\xi^2+2}\to 0^+$,因此

$$\text{原极限} = \lim_{\xi\to+\infty} 2\xi f(\xi)\arctan\left(\frac{3\xi}{\xi^2+2}\right) = \lim_{\xi\to+\infty} 2f(\xi)\,\frac{3\xi^2}{\xi^2+2} = 6\times\frac{1}{6} = 1.$$

5.2.4 题型四 积分上限的函数及其导数问题

例 5.8 求由方程 $\int_0^y te^t\mathrm{d}t + \int_x^{x^2}(\sqrt{1+t}\cos t)\mathrm{d}t = 1$ 所确定的隐函数 $y=f(x)$ 的导数 $\frac{\mathrm{d}y}{\mathrm{d}x}$.

解 等式两边同时对 x 求导数,并将 y 视为 x 的函数,得

$$ye^y\cdot y' + 2x\sqrt{1+x^2}\cos(x^2) - \sqrt{1+x}\cos x = 0,$$

因此

$$y' = \frac{\sqrt{1+x}\cos x - 2x\sqrt{1+x^2}\cos(x^2)}{ye^y}.$$

例 5.9 设 $f(x)=\int_0^{2x}(2x-t)\varphi(t)\mathrm{d}t$,其中 $\varphi(t)$ 为连续函数,试求 $f'(x)$.

解 由题意,

$$f(x)=2x\int_0^{2x}\varphi(t)\mathrm{d}t-\int_0^{2x}t\varphi(t)\mathrm{d}t,$$

因此

$$f'(x)=2\int_0^{2x}\varphi(t)\mathrm{d}t+4x\varphi(2x)-4x\varphi(2x)=2\int_0^{2x}\varphi(t)\mathrm{d}t.$$

例 5.10 (2016 年考研题)求极限 $\lim\limits_{x\to0}\dfrac{\int_0^x t\ln(1+t\sin t)\mathrm{d}t}{1-\cos x^2}$.

解 原极限 $=\lim\limits_{x\to0}\dfrac{\int_0^x t\ln(1+t\sin t)\mathrm{d}t}{\frac{1}{2}x^4}=\lim\limits_{x\to0}\dfrac{x\ln(1+x\sin x)}{2x^3}=\lim\limits_{x\to0}\dfrac{x^3}{2x^3}=\dfrac{1}{2}$.

例 5.11 设 $f(x)=\int_0^{\sin^2x}\ln(1+t)\mathrm{d}t$,$g(x)=(\sqrt{1+x^2}-1)\cdot\int_0^x\arcsin t\mathrm{d}t$,则当 $x\to0$ 时,$f(x)$ 是 $g(x)$ 的(　　).

(A) 高阶无穷小量;　　　　(B) 低阶无穷小量;

(C) 同阶但是不等价的无穷小量;　　　　(D) 等价无穷小量.

解 无穷小量阶的比较,实际就是求极限 $\lim\limits_{x\to0}\dfrac{\int_0^{\sin^2x}\ln(1+t)\mathrm{d}t}{(\sqrt{1+x^2}-1)\cdot\int_0^x\arcsin t\mathrm{d}t}$. 由于

$$\lim_{x\to0}\frac{\int_0^x\arcsin t\mathrm{d}t}{x^2}=\lim_{x\to0}\frac{\arcsin x}{2x}=\frac{1}{2},$$

所以当 $x\to0$ 时,$\int_0^x\arcsin t\mathrm{d}t\sim\frac{1}{2}x^2$. 结合用等价无穷小量替换和洛必达法则,有

$$\begin{aligned}\text{原极限}&=4\lim_{x\to0}\frac{\int_0^{\sin^2x}\ln(1+t)\mathrm{d}t}{x^4}=4\lim_{x\to0}\frac{\ln(1+\sin^2x)\cdot2\sin x\cos x}{4x^3}\\&=\lim_{x\to0}\frac{2\sin^3x\cos x}{x^3}=\lim_{x\to0}\frac{2x^3\cos x}{x^3}=2.\end{aligned}$$

从而选 C.

例 5.12 设 $f(x)=\int_0^x\dfrac{\sin t}{\pi-t}\mathrm{d}t$,求$\int_0^\pi f(x)\mathrm{d}x$.

解 由已知可得 $f'(x)=\dfrac{\sin x}{\pi-x}$,$f(0)=0$ 及 $f(\pi)=\int_0^\pi\dfrac{\sin t}{\pi-t}\mathrm{d}t$,从而利用分部积分公式可得

$$\begin{aligned}\int_0^\pi f(x)\mathrm{d}x&=xf(x)\Big|_0^\pi-\int_0^\pi x\mathrm{d}f(x)=\pi f(\pi)-\int_0^\pi xf'(x)\mathrm{d}x\\&=\pi f(\pi)-\int_0^\pi x\frac{\sin x}{\pi-x}\mathrm{d}x=\pi\int_0^\pi\frac{\sin x}{\pi-x}\mathrm{d}x+\int_0^\pi\frac{(\pi-x-\pi)\sin x}{\pi-x}\mathrm{d}x\end{aligned}$$

$$= \pi\int_0^{\pi}\frac{\sin x}{\pi - x}dx + \int_0^{\pi}\sin x dx - \pi\int_0^{\pi}\frac{\sin x}{\pi - x}dx$$

$$= \int_0^{\pi}\sin x dx = -\cos x \big|_0^{\pi} = 2.$$

注 此题可以改为：设 $f'(x)=\dfrac{\sin x}{\pi - x}$，$f(0)=0$，求 $\int_0^{\pi}f(x)dx$. 解题过程完全一样.

例 5.13 设 $f(x) = \int_0^{2x}\left(\int_0^{\sin t}\sqrt{1+3u^4}\,du\right)dt$，求二阶导数 $f''(x)$.

解 根据复合函数求导法则，有

$$f'(x) = 2\int_0^{\sin(2x)}\sqrt{1+3u^4}\,du,$$

$$f''(x) = 4\cos(2x)\sqrt{1+3\,(\sin(2x))^4}.$$

例 5.14 设函数 $f(x)$ 在实数域 R 内连续，且满足 $\int_0^x tf(2x-t)dt = \dfrac{1}{2}\arctan(x^2)$，已知 $f(1) = 1$，求 $\int_1^2 f(x)dx$.

分析 由于被积函数中同时含有积分变量 t 和 x，因此需要进行积分变量替换.

解 令 $u=2x-t$，则 $t=2x-u$，$dt=-du$，当 $t=0$ 时，$u=2x$；当 $t=x$ 时，$u=x$. 因此

$$\int_0^x tf(2x-t)dt = -\int_{2x}^x (2x-u)f(u)du = \int_x^{2x}(2x-u)f(u)du,$$

$$= 2x\int_x^{2x}f(u)du - \int_x^{2x}uf(u)du,$$

因此

$$2x\int_x^{2x}f(u)du - \int_x^{2x}uf(u)du = \frac{1}{2}\arctan(x^2).$$

等式两边同时对 x 求导数，得

$$2\int_x^{2x}f(u)du + 2x[f(2x)\cdot 2 - f(x)] - [2xf(2x)\cdot 2 - xf(x)] = \frac{1}{1+x^4}x,$$

$$2\int_x^{2x}f(u)du - xf(x) = \frac{1}{1+x^4}x,$$

从而

$$\int_x^{2x}f(u)du = \frac{1}{2}\left[xf(x) + \frac{x}{1+x^4}\right].$$

令 $x=1$ 得，$\int_1^2 f(u)du = \dfrac{1}{2}\left[f(1)+\dfrac{1}{2}\right] = \dfrac{3}{4}$，所以，$\int_1^2 f(x)dx = \dfrac{3}{4}$.

例 5.15 设曲线 $y = f(x)$ 在点 $M(1, f(1))$ 处的切线为 $y = x - 1$，求 $\lim\limits_{x\to 0}\dfrac{\int_0^{x^2}e^t f(1+e^{x^2}-e^t)dt}{x^2\ln\cos x}$.

解 令 $u=1+e^{x^2}-e^t$，则 $du=-e^t dt$，当 $t=0$ 时，$u=e^{x^2}$；当 $t=x^2$ 时，$u=1$. 因此

$$\int_0^{x^2}e^t f(1+e^{x^2}-e^t)dt = \int_{e^{x^2}}^1 f(u)(-du) = \int_1^{e^{x^2}}f(u)du.$$

$$\ln\cos x = \ln[1+(\cos x-1)] \sim \cos x - 1 \sim -\frac{1}{2}x^2,$$

$$\lim_{x\to 0}\frac{\int_0^{x^2} e^t f(1+e^{x^2}-e^t)dt}{x^2\ln\cos x} = \lim_{x\to 0}\frac{\int_1^{e^{x^2}} f(u)du}{-\frac{1}{2}x^4} = -2\lim_{x\to 0}\frac{\int_1^{e^{x^2}} f(u)du}{x^4}$$

$$= -2\lim_{x\to 0}\frac{f(e^{x^2})\cdot e^{x^2}\cdot 2x}{4x^3} = -\lim_{x\to 0}\frac{f(e^{x^2})}{x^2}.$$

又由题设曲线 $y=f(x)$在点 $M(1,f(1))$处的切线为 $y=x-1$,得 $f(1)=0,f'(1)=1$,从而

$$原式 = -\lim_{x\to 0}\frac{f(e^{x^2})-f(1)}{e^{x^2}-1}\cdot\frac{e^{x^2}-1}{x^2} = -f'(1)\cdot 1 = -1.$$

5.2.5 题型五 利用换元法、分部积分法求解定积分

例 5.16 计算下列定积分:

(1) $\int_0^{\frac{\pi}{2}}\frac{\sin^3 x}{3+\sin^2 x}dx$; (2) $\int_0^4\frac{1}{x+\sqrt{x}}dx$;

(3) $\int_0^{\ln 2}\sqrt{1-e^{-2x}}\,dx$; (4) $\int_0^a\frac{1}{x+\sqrt{a^2-x^2}}dx$,其中 $a>0$;

(5) $\int_0^{\frac{\pi}{4}}\frac{x}{1+\cos(2x)}dx$ (6) $\int_0^1\frac{\ln(1+x)}{(2-x)^2}dx$.

解 (1) $原式=-\int_0^{\frac{\pi}{2}}\frac{\sin^2 x}{3+\sin^2 x}d(\cos x) = -\int_0^{\frac{\pi}{2}}\frac{1-\cos^2 x}{4-\cos^2 x}d(\cos x) = -\int_1^0\frac{1-t^2}{4-t^2}dt$

$$= \int_0^1\frac{4-t^2-3}{4-t^2}dt = \int_0^1\left(1-\frac{3}{4-t^2}\right)dt$$

$$= \left(t-\frac{3}{4}\ln\left|\frac{2+t}{2-t}\right|\right)\Big|_0^1 = 1-\frac{3}{4}\ln 3.$$

(2) **解法 1** $\int_0^4\frac{1}{x+\sqrt{x}}dx = \int_0^4\frac{1}{\sqrt{x}(1+\sqrt{x})}dx = 2\int_0^4\frac{1}{1+\sqrt{x}}d(1+\sqrt{x})$

$$= 2\ln(1+\sqrt{x})\big|_0^4 = 2\ln 3.$$

解法 2 令 $t=\sqrt{x}$,当 $x=0$ 时,$t=0$;当 $x=4$ 时,$t=2$.

$$原式 = \int_0^2\frac{1}{t+t^2}\cdot 2tdt = 2\int_0^2\frac{1}{1+t}dt = 2\ln(1+t)\big|_0^2 = 2\ln 3.$$

(3) **解法 1** 令 $t=\sqrt{1-e^{-2x}}$,$x=-\frac{1}{2}\ln(1-t^2)$,$dx=\frac{t}{1-t^2}dt$,当 $x=0$ 时,$t=0$;当 $x=\ln 2$ 时,$x=\frac{\sqrt{3}}{2}$.

$$原式 = \int_0^{\frac{\sqrt{3}}{2}} t\frac{t}{1-t^2}dt = \int_0^{\frac{\sqrt{3}}{2}}\frac{t^2}{1-t^2}dt = \int_0^{\frac{\sqrt{3}}{2}}\left(-1+\frac{1}{1-t^2}\right)dt$$

$$=-\frac{\sqrt{3}}{2}+\int_0^{\frac{\sqrt{3}}{2}}\frac{1}{1-t^2}\mathrm{d}t=-\frac{\sqrt{3}}{2}+\frac{1}{2}\int_0^{\frac{\sqrt{3}}{2}}\left(\frac{1}{1-t}+\frac{1}{1+t}\right)\mathrm{d}t$$

$$=-\frac{\sqrt{3}}{2}+\frac{1}{2}(\ln|1+t|-\ln|1-t|)\Big|_0^{\frac{\sqrt{3}}{2}}$$

$$=\ln(2+\sqrt{3})-\frac{\sqrt{3}}{2}.$$

解法 2 令 $e^{-x}=\sin t, x=-\ln\sin t$. 当 $x=0$ 时, $t=\frac{\pi}{2}$; 当 $x=\ln 2$ 时, $t=\frac{\pi}{6}$. 此时 $\sqrt{1-e^{-2x}}=\cos t, \mathrm{d}x=-\frac{\cos t}{\sin t}\mathrm{d}t$, 因此

$$\int_0^{\ln 2}\sqrt{1-e^{-2x}}\mathrm{d}x=\int_{\frac{\pi}{2}}^{\frac{\pi}{6}}\cos t\left(-\frac{\cos t}{\sin t}\right)\mathrm{d}t=\int_{\frac{\pi}{6}}^{\frac{\pi}{2}}\frac{\cos^2 t}{\sin t}\mathrm{d}t=\int_{\frac{\pi}{6}}^{\frac{\pi}{2}}\frac{1-\sin^2 t}{\sin t}\mathrm{d}t$$

$$=\int_{\frac{\pi}{6}}^{\frac{\pi}{2}}\left(\frac{1}{\sin t}-\sin t\right)\mathrm{d}t=\int_{\frac{\pi}{6}}^{\frac{\pi}{2}}\left(\frac{\sin t}{\sin^2 t}-\sin t\right)\mathrm{d}t=\int_{\frac{\pi}{6}}^{\frac{\pi}{2}}\left(\frac{\sin t}{1-\cos^2 t}-\sin t\right)\mathrm{d}t$$

$$=-\int_{\frac{\pi}{6}}^{\frac{\pi}{2}}\frac{1}{1-\cos^2 t}\mathrm{d}\cos t+\cos t\Big|_{\frac{\pi}{6}}^{\frac{\pi}{2}}=-\frac{1}{2}\ln\frac{1+\cos t}{1-\cos t}\Big|_{\frac{\pi}{6}}^{\frac{\pi}{2}}+0-\frac{\sqrt{3}}{2}$$

$$=\ln(2+\sqrt{3})-\frac{\sqrt{3}}{2}.$$

(4) 令 $x=a\sin t$, 当 $x=0$ 时, $t=0$; 当 $x=a$ 时, $t=\frac{\pi}{2}$. 此时 $\sqrt{a^2-x^2}=a\cos t, \mathrm{d}x=a\cos t\mathrm{d}t$, 因此

$$原式=\int_0^{\frac{\pi}{2}}\frac{a\cos t}{a\sin t+a\cos t}\mathrm{d}t=\int_0^{\frac{\pi}{2}}\frac{\cos t}{\sin t+\cos t}\mathrm{d}t$$

$$=\frac{1}{2}\int_0^{\frac{\pi}{2}}\frac{(\sin t+\cos t)+(\cos t-\sin t)}{\sin t+\cos t}\mathrm{d}t$$

$$=\frac{\pi}{4}+\int_0^{\frac{\pi}{2}}\frac{\cos t-\sin t}{\sin t+\cos t}\mathrm{d}t=\frac{\pi}{4}+\int_0^{\frac{\pi}{2}}\frac{1}{\sin t+\cos t}\mathrm{d}(\sin t+\cos t)$$

$$=\frac{\pi}{4}+\ln(\sin t+\cos t)\Big|_0^{\frac{\pi}{2}}=\frac{\pi}{4}.$$

(5) $原式=\frac{1}{2}\int_0^{\frac{\pi}{4}}\frac{x}{\cos^2 x}\mathrm{d}x=\frac{1}{2}\int_0^{\frac{\pi}{4}}x\mathrm{d}(\tan x)=\frac{1}{2}x\tan x\Big|_0^{\frac{\pi}{4}}-\frac{1}{2}\int_0^{\frac{\pi}{4}}\tan x\mathrm{d}x$

$$=\frac{\pi}{8}-\frac{1}{2}(-\ln|\cos x|)\Big|_0^{\frac{\pi}{4}}=\frac{\pi}{8}-\frac{\ln 2}{4}.$$

(6) $原式=\int_0^1\ln(1+x)\frac{1}{(2-x)^2}\mathrm{d}x=\int_0^1\ln(1+x)\mathrm{d}(2-x)^{-1}$

$$=\frac{\ln(1+x)}{2-x}\Big|_0^1-\int_0^1\frac{1}{2-x}\cdot\frac{1}{1+x}\mathrm{d}x$$

$$=\ln 2+\frac{1}{3}\int_0^1\left(\frac{1}{x-2}-\frac{1}{1+x}\right)\mathrm{d}x$$

$$=\ln 2+\frac{1}{3}(\ln|x-2|-\ln|x+1|)\Big|_0^1=\frac{\ln 2}{3}.$$

例 5.17　计算定积分 $\int_0^{\pi}\frac{x\sin^n x}{\sin^n x+\cos^n x}\mathrm{d}x$，其中 n 为正整数.

解　记 $I_n=\int_0^{\pi}\frac{x\sin^n x}{\sin^n x+\cos^n x}\mathrm{d}x$，由于

$$\cos^n x=(\cos^2 x)^{\frac{n}{2}}=(1-\sin^2 x)^{\frac{n}{2}},$$

由结论 $\int_0^{\pi}xf(\sin x)\mathrm{d}x=\frac{\pi}{2}\int_0^{\pi}f(\sin x)\mathrm{d}x=\pi\int_0^{\frac{\pi}{2}}f(\sin x)\mathrm{d}x$（参见内容提要 5.1.7），可得

$$I_n=\pi\int_0^{\frac{\pi}{2}}\frac{\sin^n x}{\sin^n x+\cos^n x}\mathrm{d}x.$$

又根据结论 $\int_0^{\frac{\pi}{2}}f(\sin x)\mathrm{d}x=\int_0^{\frac{\pi}{2}}f(\cos x)\mathrm{d}x$（参见内容提要 5.1.7），可知

$$I_n=\pi\int_0^{\frac{\pi}{2}}\frac{\cos^n x}{\cos^n x+\sin^n x}\mathrm{d}x.$$

于是 $2I_n=\pi\int_0^{\frac{\pi}{2}}\mathrm{d}x=\frac{\pi^2}{2}$，故 $I_n=\frac{\pi^2}{4}$.

5.2.6　题型六　对称区间上计算定积分

例 5.18　求解定积分 $\int_{-1}^{1}\frac{x^2+\ln(1+x^2)\arctan x}{1+\sqrt{1-x^2}}\mathrm{d}x$.

解　原式 $=\int_{-1}^{1}\frac{x^2}{1+\sqrt{1-x^2}}\mathrm{d}x+\int_{-1}^{1}\frac{\ln(1+x^2)\arctan x}{1+\sqrt{1-x^2}}\mathrm{d}x$

$$=2\int_0^1\frac{x^2}{1+\sqrt{1-x^2}}\mathrm{d}x+0=2\int_0^1\frac{x^2(1-\sqrt{1-x^2})}{x^2}\mathrm{d}x$$

$$=2\int_0^1(1-\sqrt{1-x^2})\mathrm{d}x=2-2\int_0^1\sqrt{1-x^2}\,\mathrm{d}x$$

$$=2-2\cdot\frac{\pi}{4}=2-\frac{\pi}{2}.$$

注　利用结论 $\int_0^1\sqrt{1-x^2}\,\mathrm{d}x=\frac{\pi}{4}$，参见例题 5.3(1)的注.

例 5.19　求解定积分 $I=\int_{-\frac{\pi}{4}}^{\frac{\pi}{4}}\frac{\sin^2 x}{1+\mathrm{e}^{-x}}\mathrm{d}x$.

解　令 $x=-u$，则 $I=-\int_{\frac{\pi}{4}}^{-\frac{\pi}{4}}\frac{\sin^2 u}{1+\mathrm{e}^u}\mathrm{d}u=\int_{-\frac{\pi}{4}}^{\frac{\pi}{4}}\frac{\sin^2 x}{1+\mathrm{e}^x}\mathrm{d}x$.

$$2I=\int_{-\frac{\pi}{4}}^{\frac{\pi}{4}}\frac{\sin^2 x}{1+\mathrm{e}^x}\mathrm{d}x+\int_{-\frac{\pi}{4}}^{\frac{\pi}{4}}\frac{\sin^2 x}{1+\mathrm{e}^{-x}}\mathrm{d}x=\int_{-\frac{\pi}{4}}^{\frac{\pi}{4}}\left(\frac{1}{1+\mathrm{e}^x}+\frac{1}{1+\mathrm{e}^{-x}}\right)\sin^2 x\mathrm{d}x$$

$$=\int_{-\frac{\pi}{4}}^{\frac{\pi}{4}}\sin^2 x\mathrm{d}x=2\int_0^{\frac{\pi}{4}}\sin^2 x\mathrm{d}x=\frac{1}{4}(\pi-2),$$

因此

$$I=\frac{1}{8}(\pi-2).$$

5.2.7 题型七 分段函数的积分问题

例 5.20 设 $f(x)=\begin{cases}2x, & 0\leqslant x\leqslant\dfrac{1}{2}\\ 1, & \dfrac{1}{2}<x\leqslant 1\end{cases}$,求 $\Phi(x)=\int_0^x f(t)\mathrm{d}t$.

解 当 $0\leqslant x\leqslant\dfrac{1}{2}$时,

$$\Phi(x)=\int_0^x f(t)\mathrm{d}t=\int_0^x 2t\mathrm{d}t=x^2;$$

当$\dfrac{1}{2}<x\leqslant 1$时,

$$\Phi(x)=\int_0^x f(t)\mathrm{d}t=\int_0^{\frac{1}{2}} f(t)\mathrm{d}t+\int_{\frac{1}{2}}^x f(t)\mathrm{d}t=\int_0^{\frac{1}{2}} 2t\mathrm{d}t+\int_{\frac{1}{2}}^x 1\mathrm{d}t=x-\frac{1}{4}.$$

因此

$$\Phi(x)=\int_0^x f(t)\mathrm{d}t=\begin{cases}x^2, & 0\leqslant x\leqslant\dfrac{1}{2}\\ x-\dfrac{1}{4}, & \dfrac{1}{2}<x\leqslant 1\end{cases}.$$

例 5.21 求解定积分 $\int_0^{\frac{\pi}{2}}\sqrt{1-\sin 2x}\,\mathrm{d}x$.

解 原式$=\int_0^{\frac{\pi}{2}}\sqrt{1-2\sin x\cos x}\,\mathrm{d}x=\int_0^{\frac{\pi}{2}}|\sin x-\cos x|\,\mathrm{d}x$

$$=\int_0^{\frac{\pi}{4}}(\cos x-\sin x)\mathrm{d}x+\int_{\frac{\pi}{4}}^{\frac{\pi}{2}}(\sin x-\cos x)\mathrm{d}x$$

$$=(\sin x+\cos x)\Big|_0^{\frac{\pi}{4}}+(-\cos x-\sin x)\Big|_{\frac{\pi}{4}}^{\frac{\pi}{2}}$$

$$=(\sqrt{2}-1)+(-1+\sqrt{2})=2\sqrt{2}-2.$$

例 5.22 求解定积分 $\int_{-1}^3\max\{x,x^2\}\mathrm{d}x$.

解 由于

$$\max\{x,x^2\}=\begin{cases}x^2, & -1\leqslant x\leqslant 0,\\ x, & 0<x\leqslant 1,\\ x^2, & 1<x\leqslant 3,\end{cases}$$

因此

$$\int_{-1}^3\max\{x,x^2\}\mathrm{d}x=\int_{-1}^0 x^2\mathrm{d}x+\int_0^1 x\mathrm{d}x+\int_1^3 x^2\mathrm{d}x=\frac{1}{3}+\frac{1}{2}+\frac{26}{3}=\frac{19}{2}.$$

例 5.23 设 $f(x)=\begin{cases}\dfrac{1}{x+1}, & x\geqslant 0,\\ \dfrac{1}{1+\mathrm{e}^x}, & -1\leqslant x<0,\end{cases}$ 求 $\int_0^2 f(x-1)\mathrm{d}x$.

解 令 $u=x-1$,则 $\mathrm{d}u=\mathrm{d}x$,

$$\int_0^2 f(x-1)\mathrm{d}x=\int_{-1}^1 f(u)\mathrm{d}u=\int_{-1}^1 f(x)\mathrm{d}x=\int_{-1}^0 f(x)\mathrm{d}x+\int_0^1 f(x)\mathrm{d}x$$

$$=\int_{-1}^0 \frac{1}{1+\mathrm{e}^x}\mathrm{d}x+\int_0^1 \frac{1}{x+1}\mathrm{d}x=\int_{-1}^0\left(1-\frac{\mathrm{c}^x}{1+\mathrm{e}^x}\right)\mathrm{d}x+\int_0^1\frac{1}{x+1}\mathrm{d}x$$

$$=[x-\ln(1+\mathrm{e}^x)]\Big|_{-1}^0+\ln|x+1|\Big|_0^1=\ln(1+\mathrm{e}).$$

5.2.8　题型八　积分等式问题

例 5.24　已知 $f(\pi)=2$，且 $\int_0^\pi[f(x)+f''(x)]\sin x\mathrm{d}x=5$，求 $f(0)$.

解　由于

$$\int_0^\pi f''(x)\sin x\mathrm{d}x=\int_0^\pi \sin x\mathrm{d}f'(x)=f'(x)\sin x\Big|_0^\pi-\int_0^\pi f'(x)\cos x\mathrm{d}x$$

$$=-\int_0^\pi\cos x\mathrm{d}f(x)=-f(x)\cos x\Big|_0^\pi-\int_0^\pi f(x)\sin x\mathrm{d}x$$

$$=f(\pi)+f(0)-\int_0^\pi f(x)\sin x\mathrm{d}x,$$

因此

$$\int_0^\pi[f(x)+f''(x)]\sin x\mathrm{d}x=f(\pi)+f(0).$$

而由已知有

$$\int_0^\pi f(x)\sin x\mathrm{d}x+\int_0^\pi f''(x)\sin x\mathrm{d}x=5,$$

所以，$f(\pi)+f(0)=5$，从而 $f(0)=3$.

例 5.25　已知 $f(x)$连续，

(1) 证明：$\int_0^{2a}f(x)\mathrm{d}x=\int_0^a[f(x)+f(2a-x)]\mathrm{d}x$；

(2) 计算定积分 $\int_0^\pi\frac{x\sin x}{1+\cos^2x}\mathrm{d}x$.

证　(1) 根据积分对区间的可加性，有 $\int_0^{2a}f(x)\mathrm{d}x=\int_0^a f(x)\mathrm{d}x+\int_a^{2a}f(x)\mathrm{d}x$.

对于定积分 $\int_a^{2a}f(x)\mathrm{d}x$，令 $x=2a-t$，当 $x=a$ 时，$t=a$；当 $x=2a$ 时，$t=0$. $\mathrm{d}x=-\mathrm{d}t$，因此

$$\int_a^{2a}f(x)\mathrm{d}x=\int_a^0 f(2a-y)(-\mathrm{d}t)=\int_0^a f(2a-t)\mathrm{d}t=\int_0^a f(2a-x)\mathrm{d}x,$$

故有

$$\int_0^{2a}f(x)\mathrm{d}x=\int_0^a f(x)\mathrm{d}x+\int_0^a f(2a-x)\mathrm{d}x,$$

结论得证.

解　(2) 由(1)有，

$$\int_0^\pi\frac{x\sin x}{1+\cos^2x}\mathrm{d}x=\int_0^{\frac{\pi}{2}}\left[\frac{x\sin x}{1+\cos^2x}+\frac{(\pi-x)\sin(\pi-x)}{1+\cos^2(\pi-x)}\right]\mathrm{d}x$$

$$=\int_0^{\frac{\pi}{2}}\left[\frac{x\sin x}{1+\cos^2 x}+\frac{(\pi-x)\sin x}{1+\cos^2 x}\right]\mathrm{d}x$$

$$=\int_0^{\frac{\pi}{2}}\frac{\pi\sin x}{1+\cos^2 x}\mathrm{d}x=-\pi\int_0^{\frac{\pi}{2}}\frac{1}{1+\cos^2 x}\mathrm{d}(\cos x)$$

$$=-\pi\arctan(\cos x)\Big|_0^{\frac{\pi}{2}}=\frac{\pi^2}{4}.$$

例 5.26 设 $f(x)$在$[0,1]$上可导,且满足 $f(1)=2\int_0^{\frac{1}{2}}xf(x)\mathrm{d}x$. 证明至少存在一点 $\xi\in(0,1)$,使得 $\xi f'(\xi)+f(\xi)=0$.

证 构造辅助函数 $F(x)=xf(x)$,则 $F(x)$在$[0,1]$上连续,在$(0,1)$内可导. 由积分中值定理可知,至少存在一点 $x_0\in\left(0,\frac{1}{2}\right)$,使得

$$2\int_0^{\frac{1}{2}}xf(x)\mathrm{d}x=x_0f(x_0),$$

从而有 $F(1)=f(1)=F(x_0)$,故 $F(x)$在$[x_0,1]$上满足罗尔定理的条件,由罗尔定理可知,至少存在一点 $\xi\in(x_0,1)\subset(0,1)$,使得 $F'(\xi)=0$,即有 $\xi f'(\xi)+f(\xi)=0$,结论得证.

例 5.27 (积分第一中值定理)若函数 $f(x)$在$[a,b]$上连续,$g(x)$在$[a,b]$上可积且不变号,则至少存在一点 $\xi\in[a,b]$,使得

$$\int_a^b f(x)g(x)\mathrm{d}x=f(\xi)\int_a^b g(x)\mathrm{d}x.$$

证 由于 $f(x)$在$[a,b]$上连续,因此 $f(x)$在$[a,b]$上一定有最大值 M 和最小值 m. 于是,在$[a,b]$上,$mg(x)\leqslant f(x)g(x)\leqslant Mg(x)$. 根据定积分的性质有

$$\int_a^b mg(x)\mathrm{d}x\leqslant\int_a^b f(x)g(x)\mathrm{d}x\leqslant\int_a^b Mg(x)\mathrm{d}x,$$

$$m\int_a^b g(x)\mathrm{d}x\leqslant\int_a^b f(x)g(x)\mathrm{d}x\leqslant M\int_a^b g(x)\mathrm{d}x.$$

若$\int_a^b g(x)\mathrm{d}x=0$,根据上式,有$\int_a^b f(x)g(x)\mathrm{d}x=0$.

若$\int_a^b g(x)\mathrm{d}x\neq 0$,上式两边同除$\int_a^b g(x)\mathrm{d}x$,得

$$m\leqslant\frac{\int_a^b f(x)g(x)\mathrm{d}x}{\int_a^b g(x)\mathrm{d}x}\leqslant M,$$

于是,由介值定理可知,至少存在一点 $\xi\in[a,b]$,使得

$$\frac{\int_a^b f(x)g(x)\mathrm{d}x}{\int_a^b g(x)\mathrm{d}x}=f(\xi),$$

即

$$\int_a^b f(x)g(x)\mathrm{d}x=f(\xi)\int_a^b g(x)\mathrm{d}x.$$

5.2.9 题型九　积分不等式问题

例 5.28　若 $f(x)$和 $g(x)$在$[a,b]$上可积,试证明

$$\left(\int_a^b f(x)g(x)\mathrm{d}x\right)^2 \leqslant \int_a^b f^2(x)\mathrm{d}x \cdot \int_a^b g^2(x)\mathrm{d}x.$$

证　对于任意的实数 λ, $\int_a^b [f(x)-\lambda g(x)]^2\mathrm{d}x \geqslant 0$,即

$$\int_a^b [f(x)-\lambda g(x)]^2\mathrm{d}x = \lambda^2\int_a^b g^2(x)\mathrm{d}x - 2\lambda\int_a^b f(x)g(x)\mathrm{d}x + \int_a^b f^2(x)\mathrm{d}x \geqslant 0,$$

上式是关于 λ 的二次三项式,所以判别式

$$\Delta = 4\left(\int_a^b f(x)g(x)\mathrm{d}x\right)^2 - 4\int_a^b f^2(x)\mathrm{d}x \cdot \int_a^b g^2(x)\mathrm{d}x \leqslant 0,$$

从而

$$\left(\int_a^b f(x)g(x)\mathrm{d}x\right)^2 \leqslant \int_a^b f^2(x)\mathrm{d}x \cdot \int_a^b g^2(x)\mathrm{d}x.$$

注　上述不等式也称为柯西—施瓦兹不等式.

例 5.29　设 $f(x)$在$[a,b]$上连续,且 $f(x)>0$,试证明

$$\int_a^b f(x)\mathrm{d}x \cdot \int_a^b \frac{1}{f(x)}\mathrm{d}x \geqslant (b-a)^2.$$

证　**证法 1**　作辅助函数 $F(x) = \int_a^x f(t)\mathrm{d}t \cdot \int_a^x \frac{1}{f(t)}\mathrm{d}t - (x-a)^2$,

$$\begin{aligned} F'(x) &= f(x)\cdot\int_a^x \frac{1}{f(t)}\mathrm{d}t + \int_a^x f(t)\mathrm{d}t \cdot \frac{1}{f(x)} - 2(x-a) \\ &= \int_a^x \frac{f(x)}{f(t)}\mathrm{d}t + \int_a^x \frac{f(t)}{f(x)}\mathrm{d}t - \int_a^x 2\mathrm{d}t \\ &= \int_a^x \left(\frac{f(x)}{f(t)} + \frac{f(t)}{f(x)} - 2\right)\mathrm{d}t \geqslant 0, \end{aligned}$$

其中上面用到结果：由于 $f(x)>0$,从而$\frac{f(x)}{f(t)}+\frac{f(t)}{f(x)}\geqslant 2$. 所以,$F(x)$在$[a,b]$上单调增加. 又 $F(a)=0$,所以,$F(b)\geqslant F(a)=0$. 即 $\int_a^b f(x)\mathrm{d}x \cdot \int_a^b \frac{1}{f(x)}\mathrm{d}x \geqslant (b-a)^2$.

证法 2　由柯西—施瓦兹不等式(见例 5.25)：

$$\begin{aligned} \int_a^b f(x)\mathrm{d}x \cdot \int_a^b \frac{1}{f(x)}\mathrm{d}x &= \int_a^b [\sqrt{f(x)}]^2\mathrm{d}x \cdot \int_a^b \left[\frac{1}{\sqrt{f(x)}}\right]^2\mathrm{d}x \\ &\geqslant \left[\int_a^b \sqrt{f(x)}\cdot\frac{1}{\sqrt{f(x)}}\mathrm{d}x\right]^2 = (b-a)^2. \end{aligned}$$

例 5.30　(2014 年考研题) 设 $f(x)$和 $g(x)$在$[a,b]$上连续,$f(x)$单调递增,$0\leqslant g(x)\leqslant 1$,证明：

(1) $0 \leqslant \int_a^x g(t)\mathrm{d}t \leqslant x-a, x\in[a,b]$;

(2) $\int_a^{a+\int_a^b g(t)\mathrm{d}t} f(x)\mathrm{d}x \leqslant \int_a^b f(x)g(x)\mathrm{d}x$.

证 (1) 当 $x\in[a,b]$时，函数 $g(x)$在$[a,x]$上使用积分中值定理，则至少存在一点$\xi\in[a,x]$，使得

$$\int_a^x g(t)\mathrm{d}t = g(\xi)(x-a),$$

又因为 $0\leqslant g(x)\leqslant 1$，因此 $0\leqslant g(\xi)(x-a)\leqslant x-a$，结论(1)得证.

(2) 构造辅助函数

$$F(x) = \int_a^x f(t)g(t)\mathrm{d}t - \int_a^{a+\int_a^x g(t)\mathrm{d}t} f(u)\mathrm{d}u,$$

当 $x\in(a,b)$时，

$$F'(x) = f(x)g(x) - f\left(a+\int_a^x g(t)\mathrm{d}t\right)g(x) \geqslant f(x)g(x) - f(a+x-a)g(x) = 0,$$

所以 $F(x)$在$[a,b]$上单调递增，因此 $F(b)\geqslant F(a)=0$，结论(2)得证.

5.2.10 题型十 广义积分问题

例 5.31 (2013 年考研题) $\int_1^{+\infty} \frac{\ln x}{(1+x)^2}\mathrm{d}x =$ ________.

解 原式$=\int_1^{+\infty} \frac{\ln x}{(1+x)^2}\mathrm{d}x = -\int_1^{+\infty} \ln x\mathrm{d}(1+x)^{-1}$

$$= -\frac{\ln x}{1+x}\Bigg|_1^{+\infty} + \int_1^{+\infty} \frac{1}{1+x}\cdot\frac{1}{x}\mathrm{d}x$$

$$= \int_1^{+\infty}\left(\frac{1}{x}-\frac{1}{1+x}\right)\mathrm{d}x = [\ln x - \ln(1+x)]\big|_1^{+\infty} = \ln\frac{x}{1+x}\Bigg|_1^{+\infty} = \ln 2.$$

例 5.32 求解广义积分 $\int_0^1 \ln\frac{1}{1-x^2}\mathrm{d}x$.

解 原式$=-\int_0^1 \ln(1-x^2)\mathrm{d}x = -\int_0^1 \ln[(1-x)(1+x)]\mathrm{d}x$

$$= -\int_0^1 \ln(1-x)\mathrm{d}x - \int_0^1 \ln(1+x)\mathrm{d}x,$$

结合定积分的分部积分法，有

$$\int_0^1 \ln(1+x)\mathrm{d}x = x\ln(1+x)\big|_0^1 - \int_0^1 \frac{x}{1+x}\mathrm{d}x = \ln 2 - \int_0^1 \frac{x+1-1}{1+x}\mathrm{d}x$$

$$= \ln 2 - (1-\ln 2) = 2\ln 2 - 1.$$

令 $t=1-x$，则瑕积分

$$\int_0^1 \ln(1-x)\mathrm{d}x = -\int_1^0 \ln t\mathrm{d}t = \int_0^1 \ln t\mathrm{d}t = \lim_{\varepsilon\to 0^+}\int_\varepsilon^1 \ln t\mathrm{d}t$$

$$= \lim_{\varepsilon\to 0^+}\left(t\ln t\big|_\varepsilon^1 - \int_\varepsilon^1 \mathrm{d}t\right)$$

$$= \lim_{\varepsilon\to 0^+}(-\varepsilon\ln\varepsilon - (1-\varepsilon)) = -1,$$

所以

$$\int_0^1 \ln\frac{1}{1-x^2}\mathrm{d}x = -2\ln2+1+1 = 2(1-\ln2).$$

例 5.33 计算 $I=\int_0^{+\infty}\frac{1}{\sqrt{x}\,(x+1)^3}\mathrm{d}x$.

解 积分上限为$+\infty$,且 0 为瑕点. 令$\sqrt{x}=t$,则

$$I=\int_0^{+\infty}\frac{2t}{t\,(t^2+1)^{\frac{3}{2}}}\mathrm{d}t = 2\int_0^{+\infty}\frac{1}{(t^2+1)^{\frac{3}{2}}}\mathrm{d}t.$$

令 $t=\tan u$,则 $\mathrm{d}t=\sec^2 u\mathrm{d}u$,从而

$$I=2\int_0^{\frac{\pi}{2}}\cos u\mathrm{d}u = 2\sin u\Big|_0^{\frac{\pi}{2}} = 2.$$

例 5.34 讨论广义积分$\int_2^{+\infty}\frac{\mathrm{d}x}{x\,(\ln x)^k}$的敛散性,其中 k 为整数.

解 当 $k=1$ 时,$\int_2^{+\infty}\frac{\mathrm{d}x}{x\ln x}=\int_2^{+\infty}\frac{1}{\ln x}\mathrm{d}(\ln x)=\ln\ln x\Big|_2^{+\infty}=\infty$.

当 $k\neq1$ 时,原式$=\int_2^{+\infty}\frac{1}{(\ln x)^k}\mathrm{d}(\ln x)-\frac{1}{1-k}(\ln x)^{1-k}\Big|_2^{+\infty}$

$$=\begin{cases}\frac{1}{k-1}(\ln 2)^{1-k}, & k>1,\\ \infty, & k<1.\end{cases}$$

综上,当 $k\leqslant1$ 时,广义积分$\int_2^{+\infty}\frac{\mathrm{d}x}{x\,(\ln x)^k}$发散,当 $k>1$ 时,广义积分收敛.

例 5.35 若等式$\int_{-\infty}^{a}x\mathrm{e}^{2x}\mathrm{d}x=\lim\limits_{x\to+\infty}\left(\frac{x+a}{x-a}\right)^x$成立,求常数 a.

解 当 $a=0$ 时,题设等式不成立,故 $a\neq0$. 由于

$$\int_{-\infty}^{a}x\mathrm{e}^{2x}\mathrm{d}x=\frac{1}{2}\int_{-\infty}^{a}x\,\mathrm{d}\mathrm{e}^{2x}=\frac{1}{2}\left[(x\mathrm{e}^{2x})\,\Big|_{-\infty}^{a}-\int_{-\infty}^{a}\mathrm{e}^{2x}\mathrm{d}x\right]$$

$$=\frac{1}{2}\left[(x\mathrm{e}^{2x})\,\Big|_{-\infty}^{a}-\frac{1}{2}\mathrm{e}^{2x}\,\Big|_{-\infty}^{a}\right]=\frac{1}{2}a\mathrm{e}^{2a}-\frac{1}{4}\mathrm{e}^{2a};$$

而

$$\lim_{x\to+\infty}\left(\frac{x+a}{x-a}\right)^x=\lim_{x\to+\infty}\left(1+\frac{2a}{x-a}\right)^x=\lim_{x\to+\infty}\left(1+\frac{2a}{x-a}\right)^{\frac{x-a}{2a}\cdot\frac{2ax}{x-a}}=\mathrm{e}^{2a},$$

所以$\frac{1}{2}a\mathrm{e}^{2a}-\frac{1}{4}\mathrm{e}^{2a}=\mathrm{e}^{2a}$,解得 $a=\frac{5}{2}$.

5.3 习题精选

1. 填空题

(1) 函数 $f(x)$在$[a,b]$上有界是函数 $f(x)$在$[a,b]$上可积的________条件,函数 $f(x)$在$[a,b]$上连续是函数 $f(x)$在$[a,b]$上可积的________条件.

(2) $\frac{\mathrm{d}}{\mathrm{d}x}\int_0^1\sin x\mathrm{d}x=$________.

(3) 若$\int_0^{x^2} f(t)\mathrm{d}t = x^2(1+x)$,则 $f(0) =$ ________.

(4) 极限$\lim\limits_{x\to 0}\dfrac{\int_0^{x^2}\ln(1+t)\mathrm{d}t}{1-\mathrm{e}^{x^3}} =$ ________.

(5) 极限$\lim\limits_{n\to\infty}\int_0^1 \dfrac{n}{1+n^2x^2}\mathrm{d}x =$ ________.

(6) $\int_0^{\frac{\pi}{2}} \left|\dfrac{1}{2}-\sin x\right|\mathrm{d}x =$ ________.

(7) $\int_0^4 \mathrm{e}^{\sqrt{2x+1}}\mathrm{d}x =$ ________.

(8) 已知 n 为正整数,$n\int_0^1 xf''(2x)\mathrm{d}x = \int_0^2 tf''(t)\mathrm{d}t$,则 $n =$ ________.

(9) 已知 $f(0)=a, f(1)=b, f'(1)=c$ 则 $\int_0^1 xf''(x)\mathrm{d}x =$ ________.

(10) (2012 年北京市竞赛题) $\int_{-1}^1 [x^7\ln(1+x^2)+\sqrt{1-x^2}]\mathrm{d}x =$ ________.

(11) 设 $f(x)$在$[-2,2]$上有定义,则 $\int_{-2}^2 x[f(x)+f(-x)]\mathrm{d}x =$ ________.

(12) 已知广义积分 $\int_{-\infty}^{+\infty}\mathrm{e}^{k|x|}\mathrm{d}x = 2$,则 $k =$ ________.

2. 单项选择题

(1) 下列积分中,积分值为零的是(　　).

(A) $\int_0^1 \ln x\mathrm{d}x$　　(B) $\int_{-1}^1 x\sin^2 x\mathrm{d}x$

(C) $\int_{-1}^1 \dfrac{1}{x}\mathrm{d}x$　　(D) $\int_{-1}^1 \mathrm{e}^x\mathrm{d}x$

(2) 已知 $F'(x)=f(x)$,则 $\int_a^b f(x+a)\mathrm{d}x =$ (　　).

(A) $F(b)-F(a)$　　(B) $F(b+a)-F(a)$

(C) $F(b+a)-F(2a)$　　(D) $F(b)-F(2a)$

(3) 函数 $f(x)=\sin(2x)$在区间$\left[0,\dfrac{\pi}{2}\right]$上的积分均值为(　　).

(A) $-\dfrac{2}{\pi}$　　(B) $\dfrac{2}{\pi}$　　(C) $\dfrac{\pi}{2}$　　(D) π

(4) $\lim\limits_{x\to 0^+}\dfrac{\int_0^{\ln 2}(1-\cos\sqrt{x})\mathrm{d}x}{x^2} =$ (　　).

(A) 1　　(B) ln2　　(C) 0　　(D) 不存在

(5) 设 $I_1 = \int_0^{\frac{\pi}{2}} x\mathrm{d}x, I_2 = \int_0^{\frac{\pi}{2}}\sin x\mathrm{d}x, I_3 = \int_0^{\frac{\pi}{2}}\sin(\sin x)\mathrm{d}x$,则三者之间的大小关系为(　　).

(A) $I_1<I_2<I_3$　　(B) $I_2<I_1<I_3$

(C) $I_3<I_2<I_1$　　(D) $I_2<I_3<I_1$

(6) 设 $f(x)$在$[-1,1]$上连续,则$\int_{-1}^{1}f(x)\mathrm{d}x=$(　　).

(A) $\int_{-1}^{0}[f(x)+f(-x)]\mathrm{d}x$　　(B) $\int_{0}^{1}[f(x)-f(-x)]\mathrm{d}x$

(C) 0　　(D) $2\int_{0}^{1}f(x)\mathrm{d}x$

(7) $\int_{0}^{+\infty}x^n\mathrm{e}^{-x}\mathrm{d}x=$(　　)(其中 n 为正整数).

(A) $n!$　　(B) $(n+1)!$　　(C) $(n-1)!$　　(D) n

(8) 下列广义积分等于零的是(　　).

(A) $\int_{-\infty}^{+\infty}\frac{x}{1+x^2}\mathrm{d}x$　　(B) $\int_{-1}^{1}\frac{1}{x}\mathrm{d}x$　　(C) $\int_{-1}^{1}\frac{1}{\sqrt[3]{x}}\mathrm{d}x$　　(D) $\int_{-1}^{1}\frac{1}{\sqrt{x^3}}\mathrm{d}x$

(9) 设 $p>0$,若广义积分$\int_{1}^{+\infty}\frac{1}{x^p}\mathrm{d}x$ 收敛,则 p 的取值范围为(　　).

(A) $p\leqslant1$　　(B) $p\geqslant1$　　(C) $p<1$　　(D) $p>1$

(10) 设 $p>0$,若广义积分$\int_{1}^{2}\frac{1}{(x-1)^p}\mathrm{d}x$ 收敛,则 p 的取值范围为(　　).

(A) $p\leqslant1$　　(B) $p\geqslant1$　　(C) $p<1$　　(D) $p>1$

(11) 下列广义积分发散的是(　　).

(A) $\int_{-\infty}^{+\infty}\frac{1}{1+x^2}\mathrm{d}x$　　(B) $\int_{0}^{1}\frac{1}{\sqrt{1-x^2}}\mathrm{d}x$　　(C) $\int_{0}^{+\infty}\mathrm{e}^{-x}\mathrm{d}x$　　(D) $\int_{\mathrm{e}}^{+\infty}\frac{\ln x}{x}\mathrm{d}x$

(12)(2016 年考研题) 若广义积分$\int_{0}^{+\infty}\frac{1}{x^a(1+x)^b}\mathrm{d}x$ 收敛,则(　　).

(A) $a<1$ 且 $b>1$　　(B) $a>1$ 且 $b>1$

(C) $a<1$ 且 $a+b>1$　　(D) $a>1$ 且 $a+b>1$

3. 比较$\int_{0}^{\frac{\pi}{2}}\sin(\sin x)\mathrm{d}x$,$\int_{0}^{\frac{\pi}{2}}\tan x\mathrm{d}x$ 以及$\int_{0}^{\frac{\pi}{2}}\tan(\sin x)\mathrm{d}x$ 的大小关系.

4. 求下列函数的导数[其中 $f(x)$为连续函数]:

(1) $y=\int_{\sin x}^{x}t^2f(t)\mathrm{d}t$;　　(2) $y=\int_{0}^{x}t^2f(t)\mathrm{d}t$;

(3) $y=\int_{0}^{x}x^2f(t)\mathrm{d}t$;　　(4) $y=\int_{0}^{x}(x-t)^2f(t)\mathrm{d}t$.

5. 求解下列极限.

(1) $\lim\limits_{x\to0}\frac{\int_{0}^{x^2}(1-\cos\sqrt{t})\mathrm{d}t}{x^4}$;　　(2) $\lim\limits_{x\to0}\frac{\int_{0}^{\sin x}\ln(1+t^2)\mathrm{d}t}{1-\sqrt{1-x^3}}$.

6. 计算下列定积分.

(1) $\int_{-1}^{1}|x^2-2x|\mathrm{d}x$;　　(2) $\int_{-1}^{1}(x^2\arctan x+2)\sqrt{1-x^2}\mathrm{d}x$;

(3) $\int_{1}^{3}\frac{1}{(1+x)\sqrt{x}}\mathrm{d}x$;　　(4) $\int_{\ln2}^{\ln4}\frac{1}{\sqrt{\mathrm{e}^x-1}}\mathrm{d}x$;

(5) $\int_0^1 \frac{1}{1+e^x}dx$；　　(6) $\int_0^1 \frac{xe^x}{(1+e^x)^2}dx$；

(7) $\int_0^\pi x\cos^2\left(\frac{x}{2}\right)dx$；　　(8) $\int_0^\pi e^{-x}\cos x dx$.

7. 计算下列广义积分.

(1) $\int_{-\infty}^{+\infty} \frac{1}{x^2+2x+5}dx$；　　(2) $\int_0^{+\infty} e^{-\sqrt{x}}dx$；

(3) $\int_1^e \frac{1}{x\sqrt{1-\ln^2 x}}dx$；　　**(4) $\int_0^1 \frac{x}{(2-x^2)\sqrt{1-x^2}}dx$.

8. 设存在正常数 a 和 b 满足关系式 $\lim\limits_{x\to 0}\frac{1}{ax-\sin x}\int_0^x \frac{t^2}{\sqrt{b+t^2}}dt=2$，试求 a 和 b 的值.

9. 求极限 $\lim\limits_{n\to\infty}\int_0^1 \frac{x^n}{1+x^2}dx$.

10. 求极限$\lim\limits_{n\to\infty}\left(\sqrt{\frac{n+1}{n^3}}+\sqrt{\frac{n+1}{n^3}}+\cdots+\sqrt{\frac{n+n}{n^3}}\right)$.

11. 设函数 $f(x)$在区间[0,1]上连续，且取正值，试证：

$$\lim_{n\to\infty}\sqrt[n]{f\left(\frac{1}{n}\right)\cdot f\left(\frac{2}{n}\right)\cdots f\left(\frac{n}{n}\right)}=e^{\int_0^1 \ln f(x)dx}.$$

12. 求极限$\lim\limits_{n\to\infty}\ln\frac{\sqrt[n]{n!}}{n}$.

13. 已知 $f'(x)\int_0^2 f(x)dx=2$，且 $f(0)=0$，求 $f(x)$的表达式.

14. 已知 $f(x)=\int_1^{\sqrt{x}} e^{-t^2}dt$，求$\int_0^1 \frac{f(x)}{\sqrt{x}}dx$.

15. 设 $f(x)$在[0,1]上连续，单调减少且取正值. 证明：对于满足 $0<\alpha<\beta<1$ 的任意 α,β 有 $\beta\int_0^\alpha f(x)dx>\alpha\int_\alpha^\beta f(x)dx$.

16. 设 $y=f(x)$是由方程 $\int_1^y \frac{\sin t}{t}dt+\int_x^{x^2}\ln(1+t)dt=0$ 所确定的隐函数，求$\frac{dy}{dx}$.

17. 求下列函数的极值.

(1) $F(x)=\int_0^x t(t-4)dt$；　　(2) $f(x)=\int_0^x te^{-t}\ln(2+t^2)dt$.

18. 设函数 $f(x)=\int_0^x \frac{t+2}{t^2+2t+2}dt$ 在区间[0,1]上的最值.

19. 设 $f(x)=\begin{cases}x^2, & -1\leqslant x\leqslant 0\\ 1+x, & 0<x\leqslant 1\end{cases}$，求 $\Phi(x)=\int_{-1}^x f(t)dt$ 在[−1,1]上的表达式，并研究 $\Phi(x)$在 $x=0$ 的连续性.

20. 若 $f(x)$在[0,1]上有二阶连续导数，证明

$$\int_0^1 f(x)dx=\frac{1}{2}[f(0)+f(1)]-\frac{1}{2}\int_0^1 x(1-x)f''(x)dx.$$

21. 已知 $f(n)=\int_0^{\frac{\pi}{4}}\tan^n x\,\mathrm{d}x$，其中 n 为正整数，证明：

(1) 当 $n>2$ 时，$f(n)+f(n-2)=\frac{1}{n-1}$；

(2) $\frac{1}{2(n+1)}<f(n)<\frac{1}{2(n-1)}$；

(3) 求极限 $\lim\limits_{n\to\infty}nf(n)$.

22. 设 $f(x)=\int_1^x\frac{2\ln u}{1+u}\mathrm{d}u, x\in(0,+\infty)$，求 $f(x)+f\left(\frac{1}{x}\right)$.

23. 设 $f(x)$ 在 $(-\infty,+\infty)$ 内连续，且 $F(x)=\int_0^x f(t)\mathrm{d}t$，试证明若 $f(x)$ 为奇函数，则 $F(x)$ 为偶函数；若 $f(x)$ 为偶函数，则 $F(x)$ 为奇函数.

24. 设 $f(x)$ 在 $[0,+\infty)$ 区间上连续，$f'(x)\geqslant 0$ 且 $f(0)\geqslant 0$. 又设

$$F(x)=\begin{cases}\frac{1}{x}\int_0^x t^n f(t)\mathrm{d}t, & x>0\\ 0, & x=0\end{cases},$$

其中 n 为正整数.

试证：(1) $F(x)$ 在 $[0,+\infty)$ 区间上连续；(2) 在 $(0,+\infty)$ 内 $F'(x)\geqslant 0$.

25. 设函数 $f(x)$ 在实数域 R 内连续，且满足 $\int_0^x \mathrm{e}^t f(x-t)\mathrm{d}t=x$，试求 $f(x)$ 的表达式.

26. 设函数 $f(x)$ 在 $(-L,L)$ 内连续，在 $x=0$ 处可导，且 $f'(x)\neq 0$.

(1) 证明：对于任意给定的 $0<x<L$，存在 $0<\theta<1$，使得

$$\int_0^x f(t)\mathrm{d}t+\int_0^{-x}f(t)\mathrm{d}t=x[f(\theta x)-f(-\theta x)];$$

(2) 求极限 $\lim\limits_{x\to 0^+}\theta$.

27. 设 $f(x)$，$g(x)$ 在 $[0,a]$ 上连续，满足 $f(x)=f(a-x)$，$g(x)+g(a-x)=k$，证明 $\int_0^a f(x)g(x)\mathrm{d}x=\frac{1}{2}k\int_0^a f(x)\mathrm{d}x$，并求 $\int_0^{\pi}\frac{x\sin x}{1+\cos^2 x}\mathrm{d}x$.

28. 设 $f(x)$，$g(x)$ 在 $[a,b]$ 上连续，证明存在 $\xi\in(a,b)$，使得 $f(\xi)\int_{\xi}^b g(x)\mathrm{d}x=g(\xi)\int_a^{\xi}f(x)\mathrm{d}x$.

29. 设函数 $f(x)$ 在 $\left[0,\frac{\pi}{2}\right]$ 上连续，在 $\left(0,\frac{\pi}{2}\right)$ 内可导，且满足 $\int_0^{\frac{\pi}{2}}\cos^2 x f(x)\mathrm{d}x=0$，证明：至少存在一点 $\xi\in\left(0,\frac{\pi}{2}\right)$，使得 $f'(\xi)=2f(\xi)\tan\xi$.

30. 设 $f(x)$ 在 $[0,1]$ 上连续、单调减少且取正值，证明对于任意的 $0<a<b<1$，有

$$b\int_0^a f(x)\mathrm{d}x>a\int_a^b f(x)\mathrm{d}x.$$

31. 设 $f(x)$ 在区间 $[0,+\infty)$ 上连续、单调减少且取非负，

$$a_n = \sum_{k=1}^{n} f(k) - \int_1^n f(x)\mathrm{d}x \quad (n = 1,2,\cdots)$$

证明数列$\{a_n\}$极限存在.

32. 若 k 为整数,试讨论广义积分 $\int_{\mathrm{e}}^{+\infty} \frac{(\ln x)^k}{x}\mathrm{d}x$ 的敛散性.

5.4 习题详解

1. 填空题

(1) 必要;充分;　(2) 0;　(3) 1;　(4) 0;　(5) $\frac{\pi}{2}$;

(6) $\sqrt{3}-1-\frac{\pi}{12}$;**提示** $\int_0^{\frac{\pi}{2}}\left|\frac{1}{2}-\sin x\right|\mathrm{d}x = \int_0^{\frac{\pi}{6}}\left(\frac{1}{2}-\sin x\right)\mathrm{d}x + \int_{\frac{\pi}{6}}^{\frac{\pi}{2}}\left(\sin x - \frac{1}{2}\right)\mathrm{d}x$;

(7) $2\mathrm{e}^3$;　(8) 4;　(9) $c-b+a$;

(10) $\frac{\pi}{2}$;**提示** 利用对称区间上的奇偶性结论和几何意义.

(11) 0;　(12) -1.

2. 单项选择题

(1) B;　(2) C;　(3) B;　(4) D;　(5) C;

(6) A;　(7) A;　(8) C;　(9) D;　(10) C;

(11) D;

(12) C;**提示** 将原式分解为两部分考虑:

$\int_0^1 \frac{1}{x^a(1+x)^b}\mathrm{d}x + \int_1^{+\infty}\frac{1}{x^a(1+x)^b}\mathrm{d}x$,$\frac{1}{x^a}$在 $x=0$ 为瑕积分,在 $x=+\infty$为无穷限的广义积分,$\frac{1}{(1+x)^b}$在 $x=+\infty$为无穷限的广义积分,从而由广义积分的性质,可以得到 C 选项.

3. 当 $x\in\left(0,\frac{\pi}{2}\right)$时,有 $\sin x<x<\tan x$,因此有

$$\sin(\sin x) < \tan(\sin x) < \tan x.$$

因此有

$$\int_0^{\frac{\pi}{2}}\sin(\sin x)\mathrm{d}x < \int_0^{\frac{\pi}{2}}\tan(\sin x)\mathrm{d}x < \int_0^{\frac{\pi}{2}}\tan x\mathrm{d}x.$$

4. (1) $y'=x^2 f(x)-\cos x\sin^2 x f(\sin x)$;

(2) $y'=x^2 f(x)$;

(3) 由于 $y = x^2\cdot\int_0^x f(t)\mathrm{d}t$,因此 $y' = 2x\int_0^x f(t)\mathrm{d}t + x^2 f(x)$;

(4) 由于

$$y = \int_0^x (x^2-2xt+t^2)f(t)\mathrm{d}t = x^2\int_0^x f(t)\mathrm{d}t - 2x\int_0^x tf(t)\mathrm{d}t + \int_0^x t^2 f(t)\mathrm{d}t,$$

因此

$$y' = 2x\int_0^x f(t)\mathrm{d}t + x^2 f(x) - 2\int_0^x tf(t)\mathrm{d}t - 2x^2 f(x) + x^2 f(x)$$

$$= 2x\int_0^x f(t)\mathrm{d}t - 2\int_0^x tf(t)\mathrm{d}t.$$

5. (1) 原式$=\lim\limits_{x\to 0}\dfrac{(1-\cos x)\cdot 2x}{4x^3}=\lim\limits_{x\to 0}\dfrac{\frac{1}{2}x^2\cdot 2x}{4x^3}=\dfrac{1}{4}$；

(2) 原式$= 2\lim\limits_{x\to 0}\dfrac{\int_0^{\sin x}\ln(1+t^2)\mathrm{d}t}{x^3} = 2\lim\limits_{x\to 0}\dfrac{\ln(1+\sin^2 x)\cdot\cos x}{3x^2}$

$= 2\lim\limits_{x\to 0}\dfrac{\sin^2 x\cdot\cos x}{3x^2} = \dfrac{2}{3}.$

6. (1) 原式$=\int_{-1}^0 (x^2-2x)\mathrm{d}x + \int_0^1 (2x-x^2)\mathrm{d}x$

$= \left(\dfrac{1}{3}x^3 - x^2\right)\Big|_{-1}^0 + \left(x^2 - \dfrac{1}{3}x^3\right)\Big|_0^1 = 2$；

(2) 原式 $= 0 + \int_{-1}^1 2\sqrt{1-x^2}\,\mathrm{d}x = 4\int_0^1\sqrt{1-x^2}\,\mathrm{d}x = 4\times\dfrac{\pi}{4} = \pi$；

(3) 原式 $= 2\int_1^3 \dfrac{1}{1+x}\mathrm{d}\sqrt{x} = 2\arctan\sqrt{x}\Big|_1^3 = \dfrac{\pi}{6}$；

(4) 令 $t=\sqrt{\mathrm{e}^x-1}$，则 $x=\ln(1+t^2)$，$\mathrm{d}x=\dfrac{2t}{1+t^2}\mathrm{d}t$，当 $x=\ln 2$ 时，$t=1$，当 $x=\ln 4$ 时，$t=\sqrt{3}$，因此原式 $=\int_{\ln 2}^{\ln 4}\dfrac{1}{\sqrt{\mathrm{e}^x-1}}\mathrm{d}x = \int_1^{\sqrt{3}}\dfrac{1}{t}\cdot\dfrac{2t}{1+t^2}\mathrm{d}t = 2\int_1^{\sqrt{3}}\dfrac{1}{1+t^2}\mathrm{d}t = \dfrac{\pi}{6}$；

(5) **解法 1**：原式 $=\int_0^1\dfrac{\mathrm{e}^x}{(1+\mathrm{e}^x)\mathrm{e}^x}\mathrm{d}x = \int_0^1\dfrac{1}{(1+\mathrm{e}^x)\mathrm{e}^x}\mathrm{d}(\mathrm{e}^x) = \int_0^1\left(\dfrac{1}{\mathrm{e}^x} - \dfrac{1}{1+\mathrm{e}^x}\right)\mathrm{d}(\mathrm{e}^x)$

$=[x-\ln(1+\mathrm{e}^x)]_0^1 = 1-\ln(1+\mathrm{e})+\ln 2$；

解法 2：原式 $=\int_0^1\dfrac{\mathrm{e}^{-x}}{\mathrm{e}^{-x}(1+\mathrm{e}^x)}\mathrm{d}x = \int_0^1\dfrac{\mathrm{e}^{-x}}{\mathrm{e}^{-x}+1}\mathrm{d}x = -\int_0^1\dfrac{1}{\mathrm{e}^{-x}+1}\,\mathrm{d}(\mathrm{e}^{-x}+1)$

$=-\ln(\mathrm{e}^{-x}+1)\big|_0^1 = -\ln(\mathrm{e}^{-1}+1)+\ln 2 = 1-\ln(\mathrm{e}+1)+\ln 2$；

解法 3：原式 $=\int_0^1\dfrac{1+\mathrm{e}^x-\mathrm{e}^x}{1+\mathrm{e}^x}\mathrm{d}x = \int_0^1\left(1-\dfrac{\mathrm{e}^x}{1+\mathrm{e}^x}\right)\mathrm{d}x = [x-\ln(\mathrm{e}^x+1)]\Big|_0^1$

$=1-\ln(\mathrm{e}+1)+\ln 2$；

(6) 原式 $=\int_0^1\dfrac{x\mathrm{e}^x}{(1+\mathrm{e}^x)^2}\mathrm{d}x = \int_0^1\dfrac{x}{(1+\mathrm{e}^x)^2}\mathrm{d}(1+\mathrm{e}^x) = -\int_0^1 x\mathrm{d}(1+\mathrm{e}^x)^{-1}$

$=-[x(1+\mathrm{e}^x)^{-1}]_0^1 + \int_0^1\dfrac{1}{1+\mathrm{e}^x}\mathrm{d}x = -\dfrac{1}{1+\mathrm{e}} + 1 - \ln(1+\mathrm{e}) + \ln 2$；

(7) 原式 $=\int_0^\pi x\dfrac{1+\cos x}{2}\mathrm{d}x = \dfrac{1}{2}\int_0^\pi (x+x\cos x)\mathrm{d}x = \dfrac{\pi^2}{4} + \dfrac{1}{2}(x\sin x + \cos x)\Big|_0^\pi$

$=\dfrac{\pi^2}{4} - 1$；

(8) $\int_0^{\pi} e^{-x}\cos x dx = \int_0^{\pi} e^{-x} d(\sin x) = e^{-x}\sin x \Big|_0^{\pi} + \int_0^{\pi} e^{-x}\sin x dx = -\int_0^{\pi} e^{-x} d(\cos x)$

$$= -e^{-x}\cos x \Big|_0^{\pi} - \int_0^{\pi} e^{-x}\cos x dx = e^{-\pi} + 1 - \int_0^{\pi} e^{-x}\cos x dx,$$

从而，$\int_0^{\pi} e^{-x}\cos x dx = \frac{1}{2}(e^{-\pi}+1)$.

7. (1) 由于

$$\int_0^{+\infty} \frac{1}{x^2+2x+5}dx = \int_0^{+\infty} \frac{1}{(x+1)^2+4}dx = \frac{1}{2}\arctan\frac{x+1}{2}\Big|_0^{+\infty} = \frac{\pi}{4} - \frac{1}{2}\arctan\left(\frac{1}{2}\right),$$

$$\int_{-\infty}^0 \frac{1}{x^2+2x+5}dx = \int_{-\infty}^0 \frac{1}{(x+1)^2+4}dx = \frac{1}{2}\arctan\frac{x+1}{2}\Big|_{-\infty}^0 = \frac{1}{2}\arctan\left(\frac{1}{2}\right) + \frac{\pi}{4},$$

因此

$$\int_{-\infty}^{+\infty} \frac{1}{x^2+2x+5}dx = \int_0^{+\infty} \frac{1}{x^2+2x+5}dx + \int_{-\infty}^0 \frac{1}{x^2+2x+5}dx = \frac{\pi}{2};$$

(2) 令 $t=\sqrt{x}$，则 $x=t^2$，因此

$$\text{原式} = \int_0^{+\infty} e^{-\sqrt{x}} dx = 2\int_0^{+\infty} te^{-t}dt = -2\int_0^{+\infty} t\, d(e^{-t}) = -2\left(te^{-t}\Big|_0^{+\infty} - \int_0^{+\infty} e^{-t}dt\right)$$

$$= -2\left(te^{-t}\Big|_0^{+\infty} + e^{-t}\Big|_0^{+\infty}\right) = -2\lim_{b\to+\infty}(be^{-b} + e^{-b} - 1) = 2;$$

(3) $\text{原式} = \int_1^{e} \frac{1}{\sqrt{1-\ln^2 x}}d(\ln x) = \arcsin(\ln x)\Big|_1^{e} = \frac{\pi}{2};$

(4) $$\int_0^1 \frac{x}{(2-x^2)\sqrt{1-x^2}}dx = \lim_{b\to1^-}\int_0^b \frac{x}{(2-x^2)\sqrt{1-x^2}}dx$$

$$\xlongequal{x=\sin t} \lim_{b\to1^-}\int_0^{\arcsin b} \frac{\sin t\cos t}{(2-\sin^2 t)\cos t}dt$$

$$= -\lim_{b\to1^-}\int_0^{\arcsin b} \frac{1}{1+\cos^2 t}d(\cos t)$$

$$= -\lim_{b\to1^-}\arctan(\cos t)\Big|_0^{\arcsin b}$$

$$= -\lim_{b\to1^-}\{\arctan[\cos(\arcsin b)] - \arctan(\cos 0)\} = \frac{\pi}{4}.$$

8. 由洛必达法则，得

$$\lim_{x\to0}\frac{1}{ax-\sin x}\int_0^x \frac{t^2}{\sqrt{b+t^2}}dt = \lim_{x\to0}\frac{\int_0^x \frac{t^2}{\sqrt{b+t^2}}dt}{ax-\sin x} = \lim_{x\to0}\frac{\frac{x^2}{\sqrt{b+x^2}}}{a-\cos x} = 2,$$

由于上述分式的极限存在，且分子的极限为 0，因此分母的极限必为 0，即$\lim\limits_{x\to0}(a-\cos x)=0$，从而 $a=1$. 又因为

$$2 = \lim_{x\to0}\frac{\frac{x^2}{\sqrt{b+x^2}}}{a-\cos x} = \lim_{x\to0}\frac{x^2}{(1-\cos x)\sqrt{b+x^2}} = \lim_{x\to0}\frac{2x^2}{x^2\sqrt{b+x^2}} = \frac{2}{\sqrt{b}},$$

所以 $b=1$.

9. 由于当 $x\in[0,1]$时，$0\leqslant\frac{x^n}{1+x^2}\leqslant x^n$，因此

$$0 \leqslant \int_0^1 \frac{x^n}{1+x^2}\mathrm{d}x \leqslant \int_0^1 x^n \mathrm{d}x = \frac{1}{n+1},$$

由夹逼定理可知 $\lim\limits_{n\to\infty}\int_0^1 \frac{x^n}{1+x^2}\mathrm{d}x = 0.$

10. 原式$=\lim\limits_{n\to\infty}\frac{1}{n}\left(\sqrt{1+\frac{1}{n}}+\sqrt{1+\frac{2}{n}}+\cdots+\sqrt{1+\frac{n}{n}}\right)$

$$= \lim_{n\to\infty}\frac{1}{n}\sum_{k=1}^{n}\sqrt{1+\frac{k}{n}} = \int_0^1 \sqrt{1+x}\,\mathrm{d}x = \frac{4\sqrt{2}-2}{3}.$$

11. 原式$=\lim\limits_{n\to\infty}\mathrm{e}^{\ln\sqrt[n]{f\left(\frac{1}{n}\right)\cdot f\left(\frac{2}{n}\right)\cdots f\left(\frac{n}{n}\right)}}=\mathrm{e}^{\lim\limits_{n\to\infty}\ln\sqrt[n]{f\left(\frac{1}{n}\right)\cdot f\left(\frac{2}{n}\right)\cdots f\left(\frac{n}{n}\right)}}$

$$=\mathrm{e}^{\lim\limits_{n\to\infty}\frac{1}{n}\left[\ln f\left(\frac{1}{n}\right)+\ln f\left(\frac{2}{n}\right)+\cdots+\ln f\left(\frac{n}{n}\right)\right]}$$

$$= \mathrm{e}^{\lim\limits_{n\to\infty}\frac{1}{n}\sum\limits_{i=1}^{n}\ln f\left(\frac{i}{n}\right)} = \mathrm{e}^{\int_0^1 \ln f(x)\mathrm{d}x}.$$

12. 原式$=\lim\limits_{n\to\infty}\frac{1}{n}\ln\frac{n!}{n^n}=\lim\limits_{n\to\infty}\frac{1}{n}\left(\ln\frac{1}{n}+\ln\frac{2}{n}+\cdots+\ln\frac{n}{n}\right)$

$$= \lim_{n\to\infty}\frac{1}{n}\sum_{k=1}^{n}\ln\left(\frac{k}{n}\right) = \int_0^1 \ln x\mathrm{d}x = -1.$$

13. 由于定积分是一个常数，因此设 $\int_0^2 f(x)\mathrm{d}x = A$，显然 $A\neq 0$，从而

$$f'(x) = \frac{2}{A},$$

积分得 $f(x)=\frac{2}{A}x+C$. 又 $f(0)=0$，所以，

$$f(x) = \frac{2}{A}x.$$

在区间$[0,2]$上对上述函数取定积分，得

$$\int_0^2 f(x)\mathrm{d}x = \int_0^2 \frac{2}{A}x\,\mathrm{d}x,$$

则有 $A=\frac{4}{A}$，从而 $A=\pm 2$，所以，$f(x)=\pm x$.

14. 由已知得 $f'(x)=\frac{\mathrm{e}^{-x}}{2\sqrt{x}}$，$f(1)=0$，从而由分部积分法得

$$\int_0^1 \frac{f(x)}{\sqrt{x}}\mathrm{d}x = 2\int_0^1 f(x)\mathrm{d}\sqrt{x} = 2\sqrt{x}f(x)\Big|_0^1 - 2\int_0^1 \sqrt{x}f'(x)\mathrm{d}x$$

$$= -2\int_0^1 \sqrt{x}\,\frac{\mathrm{e}^{-x}}{2\sqrt{x}}\mathrm{d}x = \mathrm{e}^{-x}\Big|_0^1 = \mathrm{e}^{-1}-1.$$

15. 由定积分中值定理知，

$$\beta\int_0^\alpha f(x)\mathrm{d}x = \alpha\beta f(\xi),\quad \xi\in[0,\alpha];$$

$$\alpha\int_\alpha^\beta f(x)\mathrm{d}x = \alpha(\beta-\alpha)f(\eta),\quad \eta\in[\alpha,\beta].$$

由 $f(x)$单调减少且取正值可得

$$\alpha\beta f(\xi) \geqslant \alpha\beta f(\eta) > \alpha(\beta-\alpha)f(\eta),$$

结论得证.

16. 方程 $\int_1^y \frac{\sin t}{t}\mathrm{d}t + \int_x^{x^2} \ln(1+t)\mathrm{d}t = 0$ 两边同时对 x 求导数,得

$$\frac{\sin y}{y} \cdot y' + 2x\ln(1+x^2) - \ln(1+x) = 0,$$

因此

$$y' = \frac{y\ln(1+x) - 2xy\ln(1+x^2)}{\sin y}.$$

17. (1) 令 $F'(x)=x(x-4)=0$,得驻点 $x=0,x=4$. 又因为

$$F''(x) = 2x-4. \quad F''(0) = -4 < 0, \quad F''(4) = 4 > 0,$$

从而 $x=0$ 为极大值点,$x=4$ 为极小值点. 计算积分得

$$F(x) = \frac{x^3}{3} - 2x^2,$$

于是 $F(x)$在 $x=0$ 取得极大值 0,在 $x=4$ 取得极小值$-\frac{32}{3}$;

(2) 由于 $f'(x)=xe^{-x}\ln(2+x^2)$,令 $f'(x)=0$,得到唯一驻点 $x=0$. 又因为当 $x>0$ 时,$f'(x)>0$,当 $x<0$ 时,$f'(x)<0$,因此 $x=0$ 为函数 $f(x)$的极小值点,极小值为 $f(0)=0$.

18. 当 $x\in(0,1)$时,由于 $f'(x)=\frac{x+2}{x^2+2x+x}>0$,因此 $f(x)$在$[0,1]$上单调递增,因此函数 $f(x)$在$[0,1]$上的最小值为 $f(0)=0$,最大值为 $f(1) = \int_0^1 \frac{t+2}{t^2+2t+2}\mathrm{d}t$. 而

$$\int_0^1 \frac{t+2}{t^2+2t+2}\mathrm{d}t = \int_0^1 \frac{t+2}{(t+1)^2+1}\mathrm{d}t = \int_1^2 \frac{u+1}{u^2+1}\mathrm{d}u = \int_1^2 \frac{u}{u^2+1}\mathrm{d}u + \int_1^2 \frac{1}{u^2+1}\mathrm{d}u$$

$$= \frac{1}{2}\ln(u^2+1)\Big|_1^2 + \arctan u\Big|_1^2 = \frac{1}{2}\ln\frac{5}{2} + \arctan 2 - \frac{\pi}{4}.$$

因此函数 $f(x)$在$[0,1]$上的最大值为

$$f(1) = \frac{1}{2}\ln\frac{5}{2} + \arctan 2 - \frac{\pi}{4}.$$

19. 当$-1\leqslant x\leqslant 0$ 时,

$$\Phi(x) = \int_{-1}^x f(t)\mathrm{d}t = \int_{-1}^x t^2\mathrm{d}t = \frac{1}{3}x^3 + \frac{1}{3};$$

当 $0<x\leqslant 1$ 时,

$$\Phi(x) = \int_{-1}^x f(t)\mathrm{d}t = \int_{-1}^0 f(t)\mathrm{d}t + \int_0^x f(t)\mathrm{d}t = \int_{-1}^0 t^2\mathrm{d}t + \int_0^x (1+t)\mathrm{d}t = \frac{1}{2}x^2 + x + \frac{1}{3}.$$

因此

$$\Phi(x) = \int_{-1}^x f(t)\mathrm{d}t = \begin{cases} \frac{1}{3}x^3 + \frac{1}{3}, & -1\leqslant x\leqslant 0 \\ \frac{1}{2}x^2 + x + \frac{1}{3}, & 0 < x\leqslant 1 \end{cases}.$$

另外,

$$\lim_{x\to0^+}\Phi(x)=\lim_{x\to0^+}\left(\frac{1}{2}x^2+x+\frac{1}{3}\right)=\frac{1}{3},\quad \lim_{x\to0^-}\Phi(x)=\lim_{x\to0^-}\left(\frac{1}{3}x^3+\frac{1}{3}\right)=\frac{1}{3},$$

$\Phi(0)=\dfrac{1}{3}$,从而 $\Phi(x)$ 在 $x=0$ 连续.

20. 因为

$$\int_0^1 x(1-x)f''(x)\mathrm{d}x=\int_0^1(x-x^2)\mathrm{d}f'(x)=-\int_0^1(1-2x)f'(x)\mathrm{d}x=-\int_0^1(1-2x)\mathrm{d}f(x)$$

$$=-(1-2x)f(x)\Big|_0^1-2\int_0^1 f(x)\mathrm{d}x=f(1)+f(0)-2\int_0^1 f(x)\mathrm{d}x,$$

所以

$$\int_0^1 f(x)\mathrm{d}x=\frac{1}{2}[f(0)+f(1)]-\frac{1}{2}\int_0^1 x(1-x)f''(x)\mathrm{d}x.$$

21. (1) 当 $n>2$ 时,

$$f(n)=\int_0^{\frac{\pi}{4}}\tan^n x\mathrm{d}x=\int_0^{\frac{\pi}{4}}\tan^{n-2}x\cdot(\sec^2x-1)\mathrm{d}x$$

$$=\int_0^{\frac{\pi}{4}}\tan^{n-2}x\cdot\sec^2x\mathrm{d}x-\int_0^{\frac{\pi}{4}}\tan^{n-2}x\mathrm{d}x$$

$$=\int_0^{\frac{\pi}{4}}\tan^{n-2}x\mathrm{d}(\tan x)-f(n-2),$$

因此

$$f(n)+f(n-2)=\frac{1}{n-1}\tan^{n-1}x\Big|_0^{\frac{\pi}{4}}=\frac{1}{n-1};$$

(2) 由(1)的结果知,当 $n>2$ 时,有

$$f(n)+f(n-2)=\frac{1}{n-1},$$

又因为当 $x\in\left(0,\dfrac{\pi}{4}\right)$时,$0<\tan x<1$,从而$\tan^n x>\tan^{n+1}x$,所以,$f(n)>f(n+1)$,因此 $f(n)$单调减少,所以

$$2f(n)<\frac{1}{n-1}<2f(n-2),$$

故有 $f(n)<\dfrac{1}{2(n-1)}$,$\dfrac{1}{2(n-1)}<f(n-2)$,从而$\dfrac{1}{2(n+1)}<f(n)$,结论得证;

(3) 由(2)有,

$$\frac{n}{2(n+1)}<nf(n)<\frac{n}{2(n-1)},$$

而$\lim\limits_{n\to\infty}\dfrac{n}{2(n+1)}=\dfrac{1}{2}$,$\lim\limits_{n\to\infty}\dfrac{n}{2(n-1)}=\dfrac{1}{2}$,从而由夹逼定理得$\lim\limits_{n\to\infty}nf(n)=\dfrac{1}{2}$.

22. 由已知,有 $f\left(\dfrac{1}{x}\right)=\displaystyle\int_1^{\frac{1}{x}}\frac{2\ln u}{1+u}\mathrm{d}u$. 令 $u=\dfrac{1}{t}$,则 $\mathrm{d}u=-\dfrac{1}{t^2}\mathrm{d}t$. 当 $x=1$ 时, $u=1$. 当 $u=\dfrac{1}{x}$时,$t=x$. 从而

$$f\left(\frac{1}{x}\right)=\int_1^x \frac{2\ln t}{1+t}\cdot\frac{1}{t}\mathrm{d}t=\int_1^x \frac{2\ln u}{1+u}\cdot\frac{1}{u}\mathrm{d}u.$$

所以,

$$f(x)+f\left(\frac{1}{x}\right)=\int_1^x \frac{2\ln u}{1+u}\mathrm{d}u+\int_1^x \frac{2\ln u}{1+u}\cdot\frac{1}{u}\mathrm{d}u=\int_1^x \frac{2\ln u}{1+u}\left(1+\frac{1}{u}\right)\mathrm{d}u$$

$$=\int_1^x \frac{2\ln u}{u}\mathrm{d}u=\ln^2 x.$$

23. 由于

$$F(-x)=\int_0^{-x} f(t)\mathrm{d}t \xlongequal{u=-t} -\int_0^x f(-u)\mathrm{d}u,$$

若 $f(x)$为奇函数,则 $F(-x)=F(x)$,从而 $F(x)$为偶函数;若 $f(x)$为偶函数,则 $F(-x)=-F(x)$,$F(x)$为奇函数.

24. (1) 只要证 $F(x)$在 $x=0$ 右连续即可.事实上,由洛必达法则

$$\lim_{x\to 0^+}F(x)=\lim_{x\to 0^+}\frac{1}{x}\int_0^x t^n f(t)\mathrm{d}t=\lim_{x\to 0^+}x^n f(x)=0=F(0),$$

右连续得证;

(2) 当 $x\in(0,+\infty)$时,

$$F'(x)=\frac{x^{n+1}f(x)-\int_0^x t^n f(t)\mathrm{d}t}{x^2},$$

再由积分中值定理,得

$$x^{n+1}f(x)-\int_0^x t^n f(t)\mathrm{d}t=x^{n+1}f(x)-x\xi^n f(\xi)=x[x^n f(x)-\xi^n f(\xi)]$$

其中 $0<\xi<x$.再设 $G(x)=x^n f(x)$,由于

$$G'(x)=nx^{n-1}f(x)+x^n f'(x)\geqslant 0,$$

从而 $G(x)=x^n f(x)$在 $x>0$ 单增,从而 $G(x)\geqslant G(\xi)$,所以当 $x\in(0,+\infty)$时,$F'(x)\geqslant 0$.

25. 令 $u=x-t$,则 $t=x-u$,$\mathrm{d}t=-\mathrm{d}u$,当 $t=0$ 时,$u=x$;当 $t=x$ 时,$u=0$.因此

$$\int_0^x \mathrm{e}^t f(x-t)\mathrm{d}t=-\int_x^0 \mathrm{e}^{x-u}f(u)\mathrm{d}u=\mathrm{e}^x\int_0^x \mathrm{e}^{-u}f(u)\mathrm{d}u,$$

因此 $\mathrm{e}^x\int_0^x \mathrm{e}^{-u}f(u)\mathrm{d}u=x$,即有

$$\int_0^x \mathrm{e}^{-u}f(u)\mathrm{d}u=x\mathrm{e}^{-x}.$$

等式两边同时对 x 求导数,得

$$\mathrm{e}^{-x}f(x)=\mathrm{e}^{-x}-x\mathrm{e}^{-x}=(1-x)\mathrm{e}^{-x},$$

故 $f(x)=1-x$.

26. (1) 令 $t=-u$,则 $\int_0^{-x} f(t)\mathrm{d}t=-\int_0^x f(-u)\mathrm{d}u$,从而由中值定理,

$$\int_0^x f(t)\mathrm{d}t+\int_0^{-x} f(t)\mathrm{d}t=\int_0^x [f(t)-f(-t)]\mathrm{d}t=x[f(\theta x)-f(-\theta x)].$$

(2) 由(1)有,

$$\frac{f(\theta x)-f(-\theta x)}{x}=\frac{\int_0^x f(t)\mathrm{d}t+\int_0^{-x} f(t)\mathrm{d}t}{x^2}.$$

一方面，

$$\begin{aligned}\lim_{x\to 0^+}\frac{f(\theta x)-f(-\theta x)}{x}&=\lim_{x\to 0^+}\theta\lim_{x\to 0^+}\frac{f(\theta x)-f(-\theta x)}{\theta x}\\&=\lim_{x\to 0^+}\theta\lim_{x\to 0^+}\left[\frac{f(\theta x)-f(0)}{\theta x}-\frac{f(-\theta x)-f(0)}{\theta x}\right]\\&=2\lim_{x\to 0^+}\theta f'(0);\end{aligned}$$

另一方面，

$$\lim_{x\to 0^+}\frac{\int_0^x f(t)\mathrm{d}t+\int_0^{-x} f(t)\mathrm{d}t}{x^2}=\lim_{x\to 0^+}\frac{f(x)-f(-x)}{2x}=f'(0),$$

从而 $\lim_{x\to 0^+}\theta=\frac{1}{2}$.

27. 令 $t=a-x$，则

$$\int_0^a f(x)g(x)\mathrm{d}x=\int_0^a f(t)g(a-t)\mathrm{d}t=\int_0^a f(x)g(a-x)\mathrm{d}x.$$

从而

$$2\int_0^a f(x)g(x)\mathrm{d}x=\int_0^a f(x)[g(x)+g(a-x)]\mathrm{d}x=k\int_0^a f(x)\mathrm{d}x,$$

从而结论得证. 在上式中，令 $f(x)=\frac{\sin x}{1+\cos^2 x}$，$g(x)=x$，$a=\pi$，则可验证满足题目的条件，

$$\int_0^\pi \frac{x\sin x}{1+\cos^2 x}\mathrm{d}x=\frac{\pi}{2}\int_0^\pi \frac{\sin x}{1+\cos^2 x}\mathrm{d}x=-\frac{\pi}{2}\arctan(\cos x)\Big|_0^\pi=\frac{\pi^2}{4}.$$

28. 设

$$F(x)=\int_a^x f(x)\mathrm{d}x\cdot\int_x^b g(x)\mathrm{d}x,$$

则 $F(x)$ 在 $[a,b]$ 上连续，在 (a,b) 内可导，且 $F(a)=F(b)=0$，从而由罗尔定理可知，存在 $\xi\in(a,b)$，使得 $F'(\xi)=0$，即

$$f(\xi)\int_\xi^b g(x)\mathrm{d}x=g(\xi)\int_a^\xi f(x)\mathrm{d}x.$$

29. 由积分中值定理可知，存在 $x_0\in\left(0,\frac{\pi}{2}\right)$，使得 $\cos^2 x_0 f(x_0)=0$，但 $\cos^2 x_0\neq 0$，所以 $f(x_0)=0$. 令

$$F(x)=\cos^2 x f(x),$$

则 $F(x)$ 在 $\left[0,\frac{\pi}{2}\right]$ 上连续，在 $\left(0,\frac{\pi}{2}\right)$ 内可导，且 $F(x_0)=F\left(\frac{\pi}{2}\right)$，从而由罗尔定理知存在 $\xi\in\left(x_0,\frac{\pi}{2}\right)\subset\left(0,\frac{\pi}{2}\right)$，使得

$$F'(\xi)=-2\sin\xi\cos\xi f(\xi)+\cos^2\xi f'(\xi)=0,$$

从而结论 $f'(\xi)=2f(\xi)\tan\xi$ 成立.

30. 由积分中值定理可知,存在 $\xi_1\in[0,a]$,$\xi_2\in[a,b]$,使得

$$b\int_0^a f(x)\mathrm{d}x=baf(\xi_1),\quad a\int_a^b f(x)\mathrm{d}x=a(b-a)f(\xi_2),$$

由于 $f(x)$ 单调减少,且 $\xi_1\leqslant\xi_2$,因此 $f(\xi_1)\geqslant f(\xi_2)>0$,故有

$$baf(\xi_1)>a(b-a)f(\xi_2),$$

从而不等式 $b\int_0^a f(x)\mathrm{d}x>a\int_a^b f(x)\mathrm{d}x$ 成立.

31. 由已知,在区间 $[k,k+1]$ 上有

$$f(k+1)\leqslant f(x)\leqslant f(k),$$

从而由积分中值定理有

$$f(k+1)\leqslant\int_k^{k+1}f(x)\mathrm{d}x\leqslant f(k).$$

一方面,

$$\begin{aligned}a_n&=\sum_{k=1}^n f(k)-\int_1^n f(x)\mathrm{d}x=\sum_{k=1}^n f(k)-\sum_{k=1}^{n-1}\int_k^{k+1}f(x)\mathrm{d}x\\&=\sum_{k=1}^{n-1}\left[f(k)-\int_k^{k+1}f(x)\mathrm{d}x\right]+f(n)\geqslant 0;\end{aligned}$$

所以,数列 $\{a_n\}$ 有下界.

另一方面,

$$\begin{aligned}a_{n+1}-a_n&=\left(\sum_{k=1}^{n+1}f(k)-\int_1^{n+1}f(x)\mathrm{d}x\right)-\left(\sum_{k=1}^n f(k)-\int_1^n f(x)\mathrm{d}x\right)\\&=f(n+1)-\int_n^{n+1}f(x)\mathrm{d}x\leqslant 0,\end{aligned}$$

即数列 $\{a_n\}$ 单调减少,从而有数列 $\{a_n\}$ 极限存在.

32. 当 $k\neq-1$ 时,

$$\text{原式}=\int_{\mathrm{e}}^{+\infty}(\ln x)^k\mathrm{d}(\ln x)=\frac{1}{k+1}(\ln x)^{k+1}\Big|_{\mathrm{e}}^{+\infty}=\begin{cases}+\infty, & k>-1,\\ -\dfrac{1}{k+1}, & k<-1.\end{cases}$$

当 $k=-1$ 时,原式 $=\int_{\mathrm{e}}^{+\infty}\frac{1}{x\ln x}\mathrm{d}x=\int_{\mathrm{e}}^{+\infty}\frac{1}{\ln x}\mathrm{d}(\ln x)=\ln(\ln x)\Big|_{\mathrm{e}}^{+\infty}=+\infty$,积分发散.

综上,当 $k\geqslant-1$ 时,广义积分发散,当 $k<-1$ 时,广义积分收敛.

第6章

定积分的应用

6.1 内容提要

6.1.1 定积分的元素法

1. 元素法的适用对象

所求量 U 符合下列条件：①U 是与一个变量的变化区间$[a,b]$有关的量；②U 对于区间$[a,b]$具有可加性；③部分量 ΔU_i 的近似值可表示为 $f(\xi_i)\Delta x_i$.

2. 元素法

如图 6.1 所示，在$[a,b]$的任意取一个子区间$[x,x+\mathrm{d}x]$，建立所求量 U 的微分 $\mathrm{d}U$ 与某一函数 $f(x)$及自变量 x 的微分 $\mathrm{d}x$ 之间的关系式

$$\mathrm{d}U = f(x)\mathrm{d}x,$$

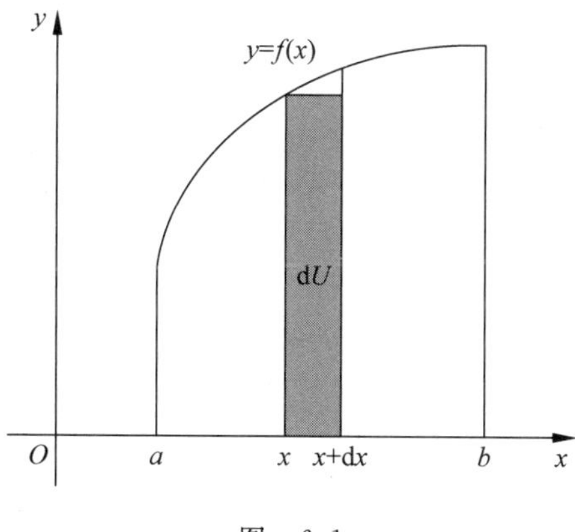

图 6.1

以 $f(x)\mathrm{d}x$ 为被积表达式,在区间$[a,b]$上作定积分,得 $U=\int_a^b f(x)\mathrm{d}x$,这就是所求量 U 的积分表达式.该方法称为**元素法**(或**微元法**).

6.1.2 定积分在几何上的应用

1. 平面图形的面积

如图 6.2 所示,曲边梯形 $f_1(x)\leqslant y\leqslant f_2(x),a\leqslant x\leqslant b$ 的面积为

$$A=\int_a^b[f_2(x)-f_1(x)]\mathrm{d}x.$$

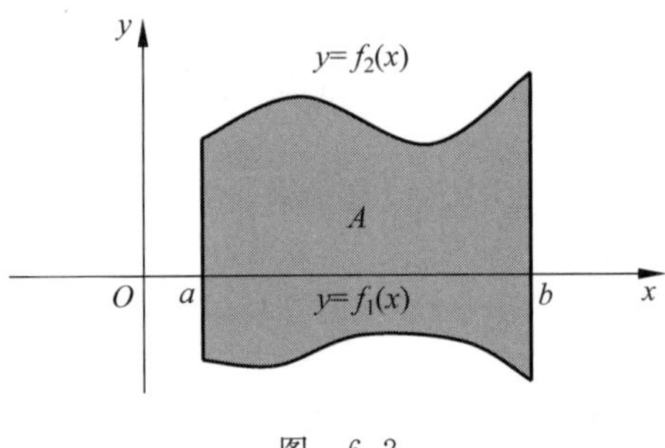

图 6.2

如图 6.3 所示,曲边梯形 $g_1(y)\leqslant x\leqslant g_2(y),c\leqslant y\leqslant d$ 面积为

$$A=\int_c^d[g_2(y)-g_1(y)]\mathrm{d}y.$$

如图 6.4 所示,曲边扇形 $0\leqslant r\leqslant r(\theta),\alpha\leqslant\theta\leqslant\beta$ 的面积为

$$A=\frac{1}{2}\int_\alpha^\beta[r(\theta)]^2\mathrm{d}\theta.$$

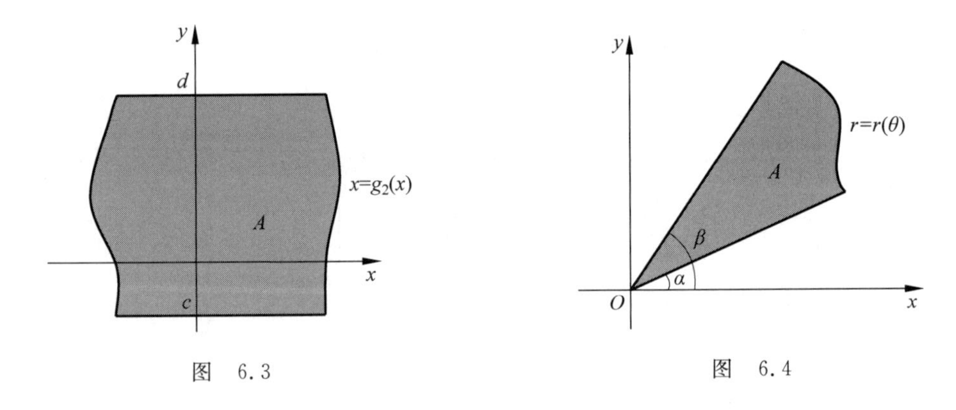

图 6.3

图 6.4

2. 旋转体的体积

(1) 如图 6.5 所示,区间$[a,b]$上由曲线 $y=f(x)\geqslant 0$ 与 x 轴所围成的平面图形,绕 x 轴旋转一周所得的旋转体的体积为

$$V_x = \pi \int_a^b f^2(x)\mathrm{d}x;$$

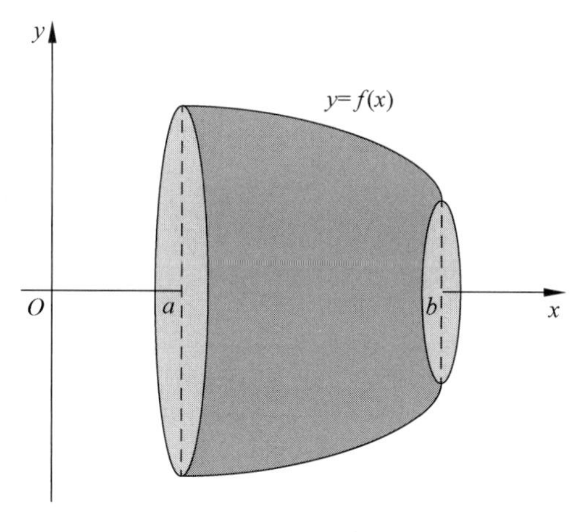

图　6.5

(2) 如图 6.6 所示，区间$[a,b]$上由曲线 $y=f(x)$与 $y=g(x)$所围成的平面图形绕 x 轴旋转一周所得的旋转体的体积为

$$V_x = \pi \int_a^b [f^2(x) - g^2(x)]\mathrm{d}x \quad [f(x) \geqslant g(x) \geqslant 0].$$

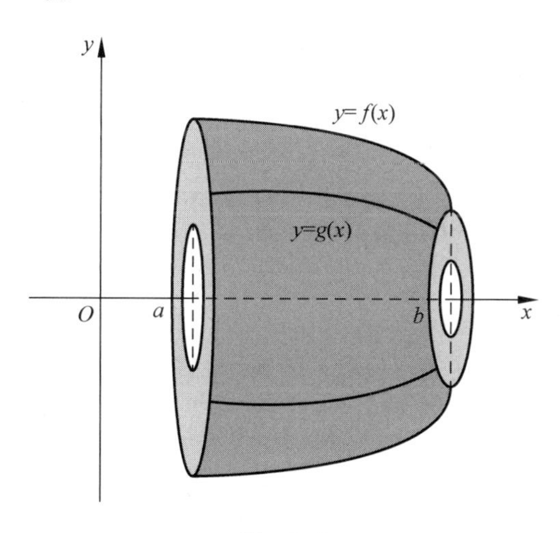

图　6.6

(3) 如图 6.7 所示，区间$[c,d]$上由曲线 $x=\varphi(y)\geqslant 0$ 与 y 轴所围成的平面图形绕 y 轴旋转一周所得的旋转体的体积为

$$V_y = \pi \int_c^d \varphi^2(y)\mathrm{d}y.$$

(4) 如图 6.8 所示，区间$[c,d]$上由曲线 $x=\varphi(y)$与 $x=\phi(y)$所围成的平面图形绕 y 轴旋转一周所得的旋转体的体积为

$$V_y = \pi \int_c^d [\varphi^2(y) - \phi^2(y)]\mathrm{d}y \quad [\varphi(y) \geqslant \phi(y) \geqslant 0].$$

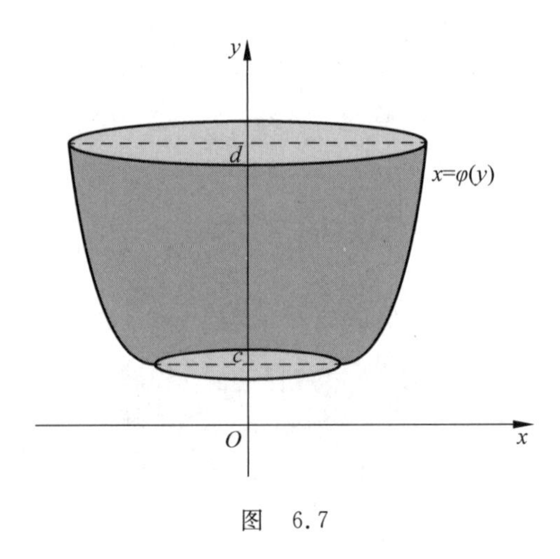

图 6.7

3. 平行截面面积已知的立体的体积

如图 6.9 所示，设一立体位于过$[a,b]$的端点且垂直于 x 轴的两个平面之间，$A(x)$表示过点 x 且垂直于 x 轴的截面面积，则该立体的体积为

$$V=\int_a^b A(x)\mathrm{d}x.$$

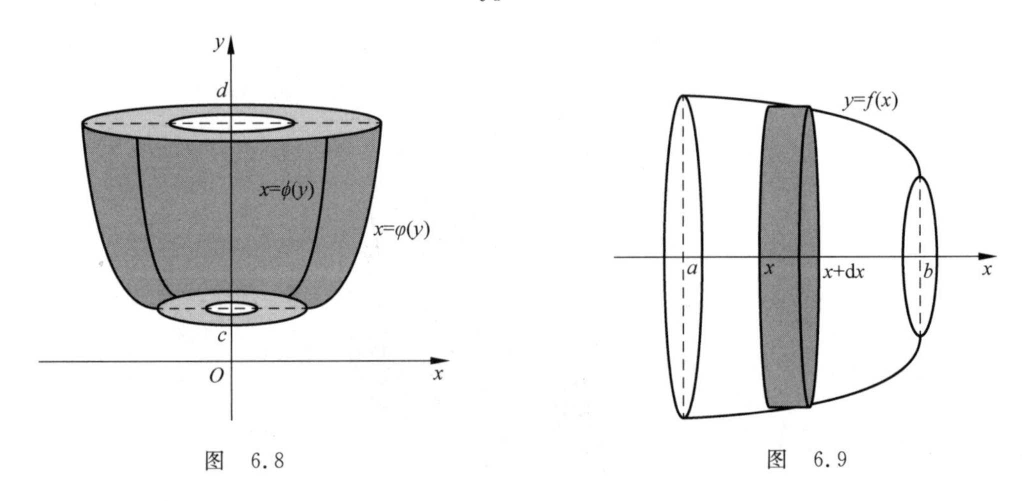

图 6.8　　图 6.9

4. 平面曲线的弧长

(1) 曲线弧由参数方程$\begin{cases}x=x(t)\\y=y(t)\end{cases}$$(\alpha\leqslant t\leqslant\beta)$给出，其中 $x=x(t)$，$y=y(t)$在$[\alpha,\beta]$上具有连续导数，且导数不同时为零，则曲线弧长为 $s=\int_\alpha^\beta\sqrt{x'^2(t)+y'^2(t)}\,\mathrm{d}t$.

(2) 如图 6.10 所示，曲线弧由直角坐标方程 $y=f(x)(a\leqslant x\leqslant b)$给出，其中 $f(x)$在$[a,b]$上具有一阶连续导数，则曲线弧长为 $s=\int_a^b\sqrt{1+y'^2}\,\mathrm{d}x$.

(3) 如图 6.11 所示，曲线弧由极坐标方程 $r=r(\theta)(\alpha\leqslant\theta\leqslant\beta)$ 给出，其中 $r(\theta)$ 在 $[\alpha,\beta]$ 上具有连续导数，则曲线弧长为 $s=\int_{\alpha}^{\beta}\sqrt{r^2+r'^2}\,\mathrm{d}\theta$.

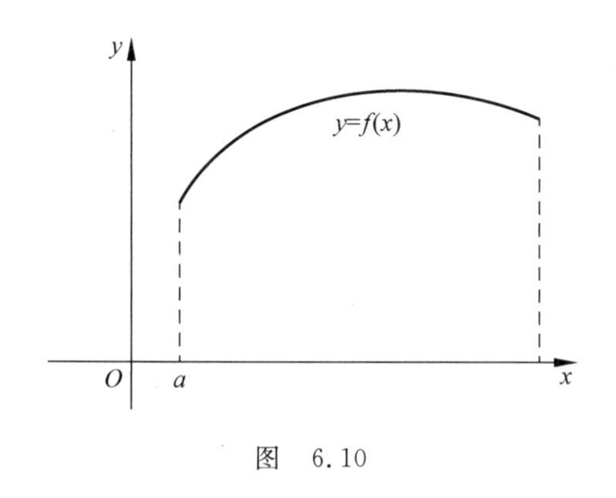

图　6.10

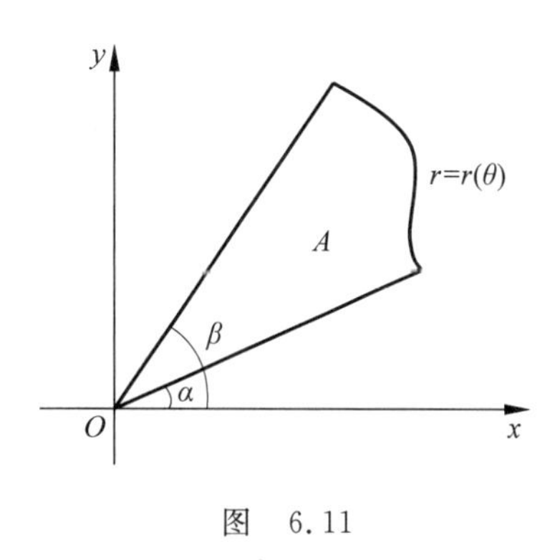

图　6.11

6.1.3　定积分在物理学上的应用

1. 变力沿直线所做的功

设物体在变力 $F(x)$ 的作用下，沿变力的方向由 $x=a$ 移动到 $x=b$，则全部功为

$$W=\int_a^b F(x)\,\mathrm{d}x.$$

2. 水压力

在水下深为 h 处，由水重量产生的压强为 ρgh，其中 ρ 为水的密度.

(1) 设有一面积为 A 的平薄板水平地放置在深为 h 处的均匀静止液体中，则平板一侧所受的压力为

$$F=pA=\rho ghA.$$

(2) 设有一高为 h、宽为 $f(x)\geqslant 0$ 的平薄板垂直地放置在均匀静止水中，平薄板的上方与水面的距离为 a，则该平薄板所受的侧压力为

$$F=\int_a^{a+h}\rho gxf(x)\,\mathrm{d}x,$$

这里建立原点在水面上，正向为垂直向下的 x 轴，如图 6.12 所示.

3. 引力

质量分别为 m_1,m_2，相距为 r 的两质点间的引力的大小为

$$F=G\frac{m_1\cdot m_2}{r^2},$$

其中 G 为引力系数，引力的方向沿着两质点的连线方向. 如要计算一个细棒对一个质点的引力，那么，由于细棒上各点与该质点的距离是变化的，且各点对该质点的引力的方向也是变化的，常用元素法来解决.

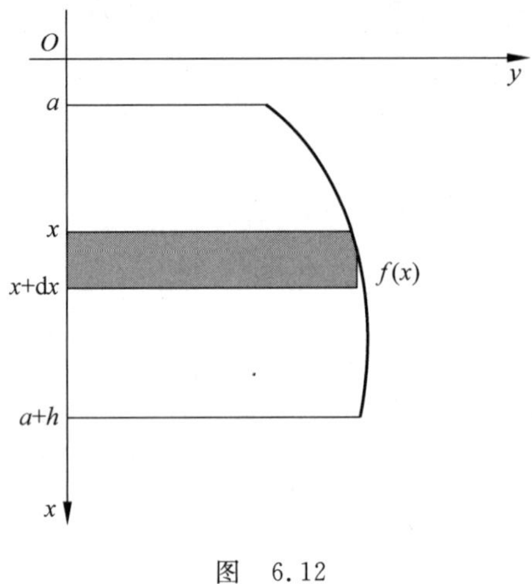

图 6.12

6.2 典型例题分析

6.2.1 题型一 积分在几何上的应用

例 6.1 求由曲线 $y=xe^x$ 和曲线 $y=e^x$ 所围成的向左无限延伸的平面图形的面积 S.

解 如图 6.13 所示，根据广义积分的几何意义，有

$$A=\int_{-\infty}^{1}(e^x-xe^x)dx=\int_{-\infty}^{1}(1-x)e^x dx=\int_{-\infty}^{1}(1-x)\ de^x$$

$$=(1-x)e^x\ |_{-\infty}^{1}+\int_{-\infty}^{1}e^x dx=(1-x)e^x\ |_{-\infty}^{1}+e^x\ |_{-\infty}^{1}=e.$$

例 6.2 求曲线 $y=\ln x(2\leqslant x\leqslant 6)$ 的一条切线，使得切线与直线 $x=2,x=6$ 及曲线 $y=\ln x$ 所围成的图形的面积最小.

解 如图 6.14 所示. 曲线 $y=\ln x$ 在点 $(c,\ln c)$ 的切线方程为 $y=\dfrac{x}{c}+\ln c-1$，于是

$$A=\int_{2}^{6}\left(\frac{x}{c}+\ln c-1-\ln x\right)dx=4\left(\ln c+\frac{4}{c}\right)+2\ln 2-6\ln 6.$$

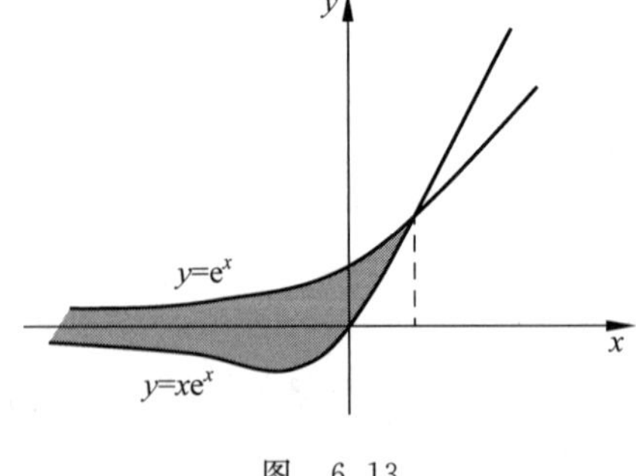

图 6.13

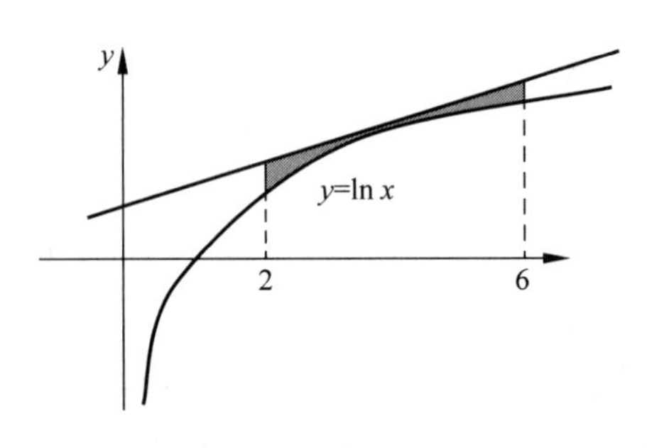

图 6.14

令$\dfrac{\mathrm{d}A}{\mathrm{d}c}=4\left(\dfrac{1}{c}-\dfrac{4}{c^2}\right)=0$,解得唯一驻点 $c=4$. 由极值存在的第一充分条件可知 $c=4$ 时,A 取得极小值,因而也取得最小值. 此时的切线方程为 $y=\ln4+\dfrac{1}{4}(x-4)$.

例 6.3　求双纽线 $\rho^2=a^2\cos2\theta$ 所围的面积.

解　如图 6.15 所示,由对称性,所求面积应该是第一象限部分的面积的 4 倍. 第一象限部分的面积为

$$A_1=\int_0^{\frac{\pi}{4}}\frac{1}{2}\rho^2\mathrm{d}\theta=\frac{a^2}{2}\int_0^{\frac{\pi}{4}}\cos2\theta\mathrm{d}\theta-\frac{a^2}{4}\sin2\theta\Big|_0^{\frac{\pi}{4}}=\frac{a^2}{4},$$

从而所求面积为 $A=4A_1=a^2$.

例 6.4　(2013 年考研题) 如图 6.16 所示,设 D 是由 $y=x^{\frac{1}{3}}$,$x=a(a>0)$ 及 x 轴围成的平面图形,V_x 和 V_y 分别是 D 绕 x 轴和 y 轴旋转一周得到的旋转体的体积,若 $V_y=10V_x$,求 a 的值.

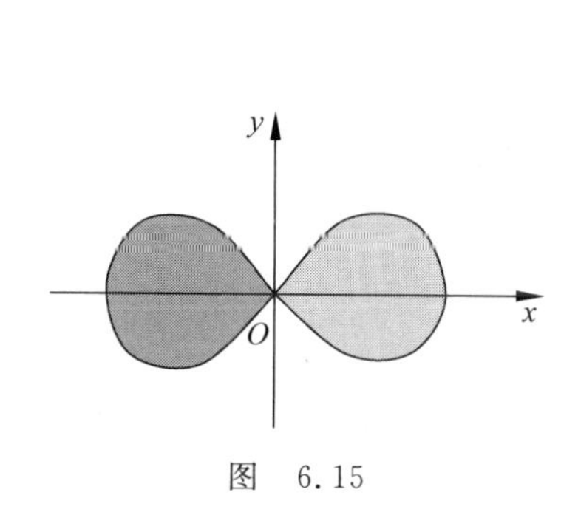

图　6.15

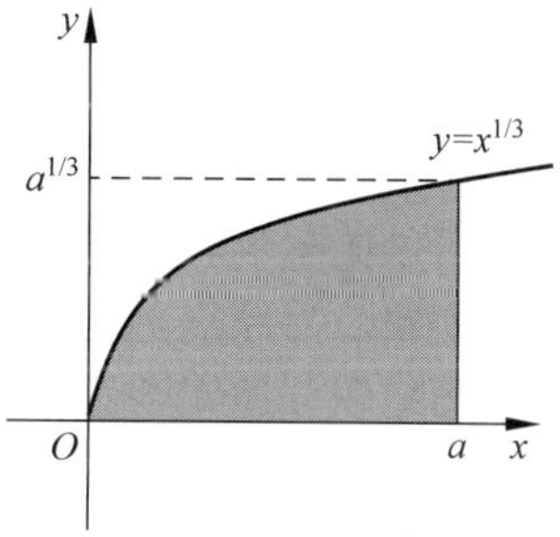

图　6.16

解　根据旋转体体积的计算公式,有

$$V_x=\int_0^a\pi(x^{\frac{1}{3}})^2\mathrm{d}x=\pi\cdot\frac{3}{5}a^{\frac{5}{3}},$$

$$V_y=\pi\cdot a^2a^{\frac{1}{3}}-\int_0^{a^{\frac{1}{3}}}\pi(y^3)^2\mathrm{d}y=\pi\cdot a^2a^{\frac{1}{3}}-\frac{1}{7}\pi\cdot a^{\frac{7}{3}}=\frac{6}{7}\pi a^{\frac{7}{3}},$$

由题设 $V_y=10V_x$,可解得 $a=7\sqrt{7}$.

例 6.5　如图 6.17 所示,求摆线$\begin{cases}x=1-\cos\theta\\y=\theta-\sin\theta\end{cases}$一拱$(0\leqslant\theta\leqslant2\pi)$的弧长.

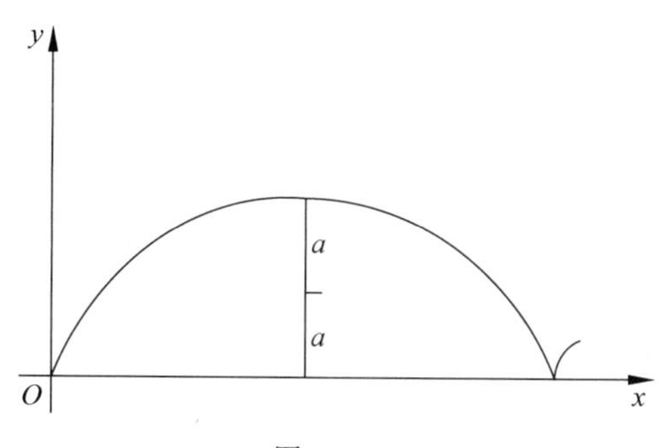

图　6.17

解 $\mathrm{d}s=\sqrt{x'^2(\theta)+y'^2(\theta)}\,\mathrm{d}\theta=\sqrt{\sin^2\theta+(1-\cos\theta)^2}\,\mathrm{d}\theta=\sqrt{2(1-\cos\theta)}\,\mathrm{d}\theta$，
所以，

$$s=\int_0^{2\pi}\sqrt{2(1-\cos\theta)}\,\mathrm{d}\theta=2\int_0^{2\pi}\sin\frac{\theta}{2}\mathrm{d}\theta=8.$$

6.2.2 题型二 积分在物理学上的应用

例 6.6 半径为1的球正好有一半浸入水中，球的密度为1，求将球从水中取出需做的功.

解 把球提出水面的力等于球露出水面部分的重量，其数值等于球露出水面部分的体积. 由平行截面面积为已知的立体的体积的公式（也可用旋转体体积公式），得把球提出水面的力为

$$F=\frac{2}{3}\pi+\int_0^h\pi(1-z^2)\mathrm{d}z=\frac{2}{3}\pi+\pi\left(h-\frac{h^3}{3}\right),$$

其中 h 为球心向上的移动距离，z 轴过球心方向向下. 将球从水面取出所做的功为

$$W=\int_0^1\left[\frac{2}{3}\pi+\pi\left(h-\frac{h^3}{3}\right)\right]\mathrm{d}h=\frac{13}{12}\pi.$$

例 6.7 半径为 R 的半球形水池充满水，将水从池中抽出，当抽出的水所做的功为将水全部抽出时所做的一半时，试问水面下降的高度 H 的值.

解 取截面圆心为原点，竖直向下方向为 x 轴正方向，如图 6.18 所示. 用定积分的元素法，得功的元素为

$$\mathrm{d}W=\rho g\pi(R^2-x^2)x\mathrm{d}x.$$

其中 ρ 为水的密度，g 为重力加速度.

故水面下降的深度为 H 时，做的功为

$$W(H)=\int_0^H\rho g\pi(R^2-x^2)x\mathrm{d}x=\frac{\pi\rho g}{4}H^2(2R^2-H^2).$$

将水全部抽空所做的功为

$$W(R)=\frac{\pi\rho g}{4}R^4.$$

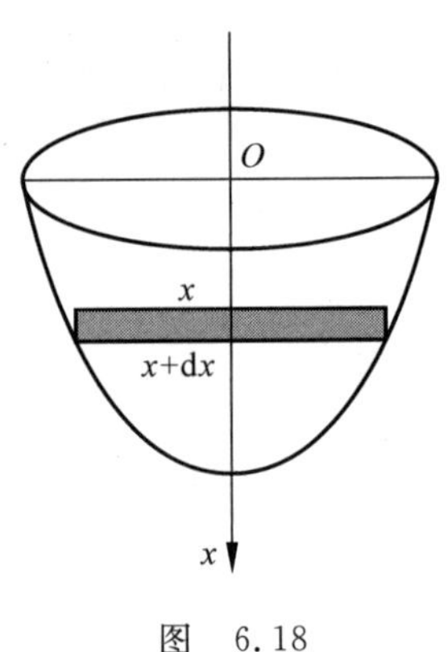

图 6.18

令 $W(H)=\frac{1}{2}W(R)$，可解得 $H=\sqrt{1-\frac{\sqrt{2}}{2}}R$.

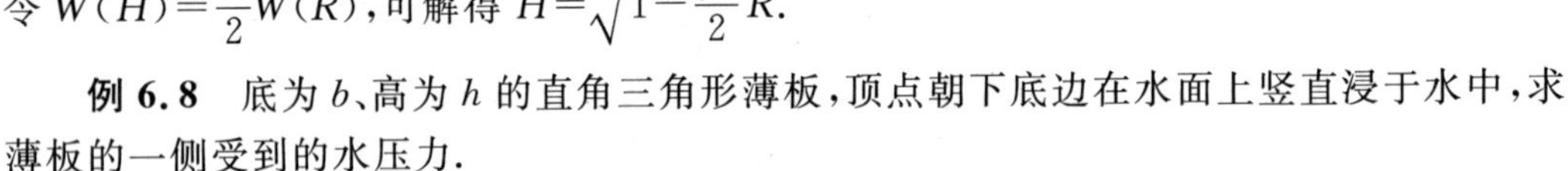

例 6.8 底为 b、高为 h 的直角三角形薄板，顶点朝下底边在水面上竖直浸于水中，求薄板的一侧受到的水压力.

解 以薄板的直角的顶点为原点，x 轴的方向铅直向下建立坐标系. 用定积分的元素法可得，水压力元素为

$$\mathrm{d}P=\rho gx(h-x)\frac{b}{h}\mathrm{d}x,$$

于是薄板所受的水压力为

$$P=\int_0^h\rho gx(h-x)\frac{b}{h}\mathrm{d}x=\frac{\rho g}{6}bh^2.$$

例 6.9 设有半径为 a 的圆板竖直浸没在水中，圆心到水面的距离为 $b(b>a)$，求此圆板的一侧所受的水压力.

解　以圆板的圆心为坐标原点，x 轴的方向铅直向下建立坐标系，如图 6.19 所示. 用定积分的元素法可得，水压力元素为

$$dP = 2\rho g(x+b)\sqrt{a^2-x^2}\,dx,$$

于是水压力为

$$P = \int_{-a}^{a} 2\rho g(x+b)\sqrt{a^2-x^2}\,dx = \pi\rho g a^2 b.$$

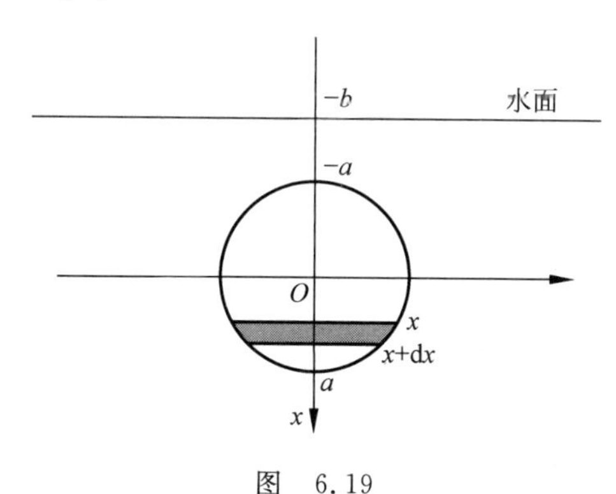

图　6.19

6.3　习题精选

1. 填空题

(1)（2014 年考研题）设 D 是由 $xy+1=0, y+x=0, y=2$ 围成的有界区域，则 D 的面积=________.

(2) 抛物线 $y^2=ax(a>0)$ 与 $x=1$ 在第一象限所围图形的面积为 $\frac{2}{3}$，则 $a=$ ________.

(3)（2012 年考研题）由曲线 $y=\frac{4}{x}$ 和直线 $y=x$ 及 $y=4x$ 在第一象限围成的平面图形的面积为________.

(4) 曲线 $r=3\cos\theta, r=1+\cos\theta$ 所围图形的面积是________.

(5) 曲线 $x=\cos t+t\sin t, y=\sin t-t\cos t$ 上相应于 t 从 0 到 π 的一段弧长 $s=$ ________.

(6) 设由 y 轴，$y=x^2$，$y=a\ (0<a<1)$ 在第一象限所围成的平面图形，由 $y=a, y=x^2, x=1$ 所围成的平面图形都绕 y 轴旋转，所得的旋转体的体积相等，则 $a=$ ________.

(7) 弹簧在拉伸过程中需要的力与弹簧的伸长成正比，又 1N 的力能使弹簧伸长 0.01m，现要使弹簧伸长 0.1m，需做的功为________.

(8) 一个横放着的圆柱形油桶，设桶的底半径为 R，油体的密度为 ρ，则桶的一个端面上所受到的油的压力是________.

2. 单项选择题

(1) 曲线 $y=x(x-1)(2-x)$ 与 x 轴所围图形面积可以表示为(　　).

(A) $-\int_0^2 x(x-1)(2-x)\,dx$;

(B) $\int_0^1 x(x-1)(2-x)\mathrm{d}x-\int_1^2 x(x-1)(2-x)\mathrm{d}x$；

(C) $-\int_0^1 x(x-1)(2-x)\mathrm{d}x+\int_1^2 x(x-1)(2-x)\mathrm{d}x$；

(D) $\int_0^2 x(x-1)(2-x)\mathrm{d}x$.

(2) 由 $y=\ln x$，y 轴与直线 $y=\ln a$，$y=\ln b(b>a>0)$围成图形的面积为(　　).

(A) $b-a$；　(B) $2b-a$；　(C) $b-2a$；　(D) $a-b$.

(3) 曲线 $y=x^2$，$x=y^2$ 所围成的图形绕 x 轴旋转而成的旋转体的体积为(　　).

(A) $\frac{3}{5}\pi$；　(B) $\frac{3}{10}\pi$；　(C) 2π；　(D) $\frac{3}{4}\pi$.

(4) 设 $f(x)$在$[a,b]$连续，$f(x)>0$，$f'(x)<0$，$f''(x)>0$. 令 $I_1=\int_a^b f(x)\mathrm{d}x$，$I_2=(b-a)f(b)$，$I_3=\frac{1}{2}(b-a)[f(a)+f(b)]$，则(　　).

(A) $I_1<I_2<I_3$；　(B) $I_2<I_1<I_3$；

(C) $I_3<I_1<I_2$；　(D) $I_1\leqslant I_3<I_2$.

(5) 设函数 $f(x)$，$g(x)$在$[a,b]$上连续，且 $g(x)<f(x)<M$(M 为常数)，则曲线 $y=f(x)$，$y=g(x)$，$x=a$，$x=b$ 所围图形绕直线 $y=M$ 旋转而成的旋转体体积为(　　).

(A) $\int_a^b \pi[M-f(x)+g(x)][f(x)-g(x)]\mathrm{d}x$；

(B) $\int_a^b \pi[M-f(x)-g(x)][f(x)-g(x)]\mathrm{d}x$；

(C) $\int_a^b \pi[2M-f(x)+g(x)][f(x)-g(x)]\mathrm{d}x$；

(D) $\int_a^b \pi[2M-f(x)-g(x)][f(x)-g(x)]\mathrm{d}x$.

3. 曲线 $f(x)=2\sqrt{x}$与 $g(x)=ax^2+bx+c(a>0)$相切于点(1,2)，它们与 y 轴所围图形的面积为$\frac{5}{6}$，求 a，b，c 的值.

4. 设平面图形由曲线 $y=x^2$ 与直线 $y=x$ 所围成，试求该平面图形的面积 A，以及该平面图形分别绕 x 轴、y 轴旋转形成的旋转体的体积 V_x 和 V_y.

5. 设平面图形由曲线 $y=\frac{3}{x}$和直线 $x+y=4$ 所围成，试求该平面图形的面积 A，以及该平面图形分别绕 x 轴、y 轴旋转形成的旋转体的体积 V_x 和 V_y.

6. 设平面图形由曲线 $y=\mathrm{e}^x$，$y=\mathrm{e}^{-x}$及直线 $y=\mathrm{e}$ 所围成，试求该平面图形的面积 A，以及该平面图形分别绕 x 轴、y 轴旋转形成的旋转体的体积 V_x 和 V_y.

7. 设 $V(t)$是由曲线 $y=\sqrt{2x-x^2}$ 与直线 $y=0$，$x=t$，$x=2t(0<t\leqslant 1)$所围图形的绕 x 轴旋转而成的旋转体的体积. 问 t 为何值时，$V(t)$最大？

8. 求由曲线 $r=\sin\theta$，$r=\sin\theta+\cos\theta$ 所围成的公共部分的面积.

9. 求抛物线 $y=\frac{1}{2}x^2$ 被圆 $x^2+y^2=3$ 所截下的有限部分的弧长.

10. 一个圆柱形的水池，高为 5m，底面半径为 3m，水面离池口 1m 深，要将水池内的水抽尽，需做功多少？

6.4　习题详解

1. 填空题

(1) $\frac{3}{2}-\ln 2$；**提示**　如图 6.20 所示，$xy+1=0$，$y+x=0$，$y=2$ 的三个交点坐标分别是$(-2,2)\left(-\frac{1}{2},2\right)$，$(-1,1)$. 区域 D 可以分为一个直角三角形和一个曲边三角形，故面积

$$A=\frac{1}{2}+\int_{-1}^{-\frac{1}{2}}\left[2-\left(-\frac{1}{x}\right)\right]\mathrm{d}x$$

$$=\frac{1}{2}+(2x+\ln|x|)\bigg|_{-1}^{-\frac{1}{2}}=\frac{3}{2}-\ln 2.$$

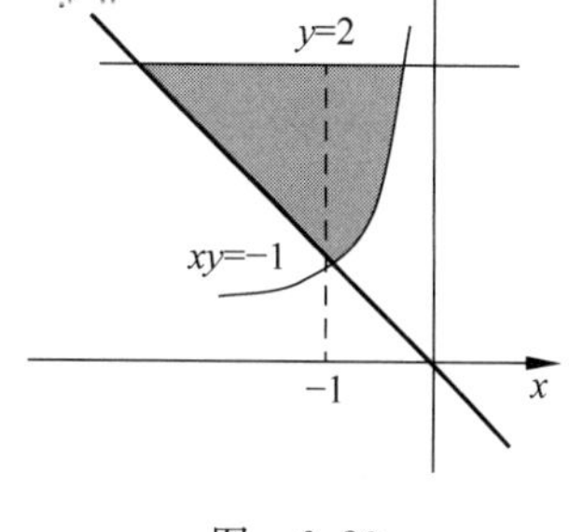

图　6.20

(2) 1；**提示**　$A=\int_0^1\sqrt{ax}\,\mathrm{d}x=\frac{2}{3}$.

(3) $4\ln 2$；**提示**　$A=\int_0^1(4x-x)\mathrm{d}x+\int_1^2\left(\frac{4}{x}-x\right)\mathrm{d}x$.

(4) $\frac{5}{4}\pi$；**提示**　$A=\int_0^{\frac{\pi}{3}}(1+\cos\theta)^2\mathrm{d}\theta+\int_{\frac{\pi}{3}}^{\frac{\pi}{2}}9\cos^2\theta\mathrm{d}\theta$.

(5) $\frac{1}{2}\pi^2$；**提示**　$s=\int_0^{\pi}\sqrt{(t\cos t)^2+(t\sin t)^2}\,\mathrm{d}t$.

(6) $\frac{1}{2}$；**提示**　$\pi\int_0^a y\mathrm{d}y=\pi\int_a^1 1^2\mathrm{d}y-\pi\int_a^1 y\mathrm{d}y$.

(7) 0.5；**提示**　$F=100x$，$W=\int_0^{0.1}100x\mathrm{d}x$.

(8) $\rho g\pi R^3$.

2. 单项选择题

(1) C；　(2) A；**提示**　$A=\int_{\ln a}^{\ln b}\mathrm{e}^y\mathrm{d}y$.　(3) B；**提示**　$V_x=\pi\int_0^1(x-x^4)\mathrm{d}x$.

(4) B；　(5) D.

3. 如图 6.21 所示.

由 $A=\int_0^1(ax^2+bx+c-2\sqrt{x})\mathrm{d}x=\frac{5}{6}$，得 $\frac{a}{3}+\frac{b}{2}+c=\frac{13}{6}$，　(1)

由 $g(1)=2$，得 $a+b+c=2$，　(2)

由 $f'(1)=g'(1)$ 得 $2a+b=1$，　(3)

联立三个方程(1)(2)(3)，得 $a=2$，$b=-3$，$c=3$.

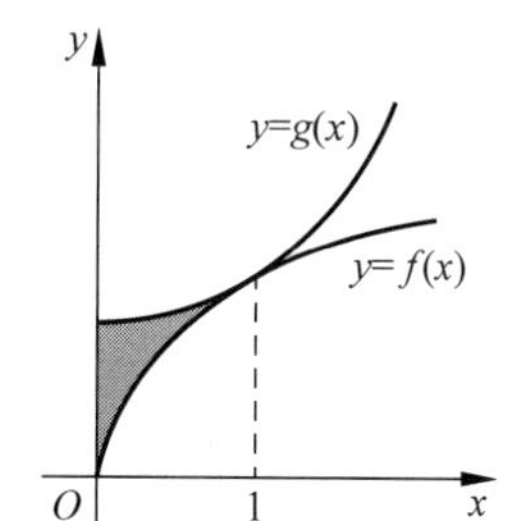

图　6.21

4. 由题意

$$A=\int_0^1 (x-x^2)\mathrm{d}x=\left(\frac{1}{2}x^2-\frac{1}{3}x^3\right)\Big|_0^1=\frac{1}{6},$$

$$V_x=\pi\int_0^1 (x^2-x^4)\mathrm{d}x=\pi\left(\frac{1}{3}x^3-\frac{1}{5}x^5\right)\Big|_0^1=\frac{2}{15}\pi,$$

$$V_y=\pi\int_0^1 (y-y^2)\mathrm{d}y=\pi\left(\frac{1}{2}y^2-\frac{1}{3}y^3\right)\Big|_0^1=\frac{1}{6}\pi.$$

5. 由$\begin{cases}y=\dfrac{3}{x}\\ x+y=4\end{cases}$ 可以解得 $x_1=1,x_2=3$. 从而

$$A=\int_1^3\left(4-x-\frac{3}{x}\right)\mathrm{d}x=\left(4x-\frac{1}{2}x^2-3\ln x\right)\Big|_1^3=4-3\ln 3,$$

$$V_x=\pi\int_1^3\left[(4-x)^2-\frac{9}{x^2}\right]\mathrm{d}x=\pi\left[-\frac{1}{3}(4-x)^3+\frac{9}{x}\right]\Big|_1^3=\frac{8}{3}\pi,$$

$$V_y=\pi\int_1^3\left[(4-y)^2-\frac{9}{y^2}\right]\mathrm{d}y=\frac{8}{3}\pi.$$

6. 由对称性可得面积

$$A=2\int_0^1(\mathrm{e}-\mathrm{e}^x)\mathrm{d}x=2(\mathrm{e}x-\mathrm{e}^x)\Big|_0^1=2,$$

体积

$$V_x=2\pi\int_0^1(\mathrm{e}^2-\mathrm{e}^{2x})\mathrm{d}x=2\pi\left(\mathrm{e}^2x-\frac{1}{2}\mathrm{e}^{2x}\right)\Big|_0^1=\pi(1+\mathrm{e}^2),$$

$$V_y=\pi\int_1^{\mathrm{e}}(\ln y)^2\mathrm{d}y=\pi y(\ln y)^2\Big|_1^{\mathrm{e}}-2\pi\int_1^{\mathrm{e}}\ln y\mathrm{d}y$$

$$=\pi\mathrm{e}-2\pi y\ln y\Big|_1^{\mathrm{e}}+2\pi y\Big|_1^{\mathrm{e}}=\pi(\mathrm{e}-2).$$

7. 如图 6.22 所示,体积

$$V(t)=\pi\int_t^{2t}(\sqrt{2x-x^2})^2\mathrm{d}x=\pi\left(3t^2-\frac{7}{3}t^3\right),$$

从而 $V'(t)=\pi(6t-7t^2)$,令 $V'(t)=0$,得 $t=\dfrac{6}{7}$.

又因为

$$V''(t)=\pi(6-14t),\quad V''\left(\frac{6}{7}\right)<0,$$

故 $t=\dfrac{6}{7}$ 为极大值点,也为最大值点,从而 $t=\dfrac{6}{7}$ 时,$V(t)$最大.

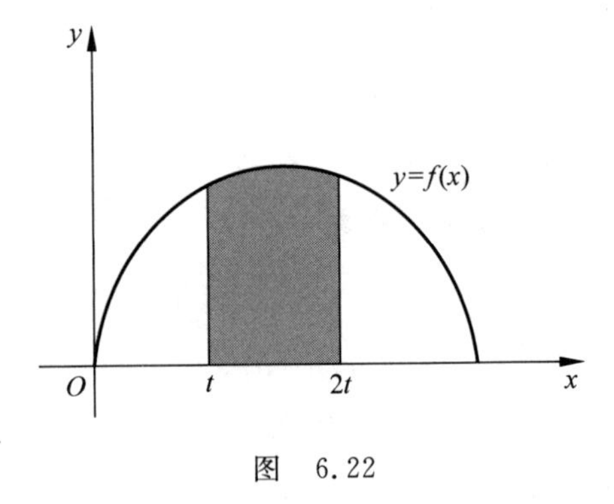

图 6.22

8. 如图 6.23 所示,面积由两部分构成,其中

$$A_1=\left\{(r,\theta)\,\middle|\,0\leqslant\theta\leqslant\frac{\pi}{2},0\leqslant r\leqslant\sin\theta\right\},$$

$$A_2=\left\{(r,\theta)\,\middle|\,\frac{\pi}{2}\leqslant\theta\leqslant\frac{3\pi}{4},0\leqslant r\leqslant\sin\theta+\cos\theta\right\}.$$

因此

$$A=\frac{1}{2}\int_{0}^{\frac{\pi}{2}}\sin^{2}\theta\mathrm{d}\theta+\frac{1}{2}\int_{\frac{\pi}{2}}^{\frac{3\pi}{4}}(\sin\theta+\cos\theta)^{2}\mathrm{d}\theta$$

$$=\frac{1}{4}\int_{0}^{\frac{\pi}{2}}(1-\cos2\theta)\mathrm{d}\theta+\frac{1}{2}\int_{\frac{\pi}{2}}^{\frac{3\pi}{4}}(1+\sin2\theta)\mathrm{d}\theta$$

$$=\frac{1}{4}\left(\theta-\frac{1}{2}\sin2\theta\right)\Bigg|_{0}^{\frac{\pi}{2}}+\frac{1}{2}\left(\theta-\frac{1}{2}\cos2\theta\right)\Bigg|_{\frac{\pi}{2}}^{\frac{3\pi}{4}}=\frac{\pi-1}{4}.$$

9. 如图 6.24 所示,由$\begin{cases}y=\frac{1}{2}x^{2}\\x^{2}+y^{2}=3\end{cases}$可以解得 $x=\pm\sqrt{2}$. 又因为函数 $y=\frac{1}{2}x^{2}$ 的导数为 $y'=x$,从而由对称性得弧长

$$s=2\int_{0}^{\sqrt{2}}\sqrt{1+x^{2}}\,\mathrm{d}x=\ln(\sqrt{2}+\sqrt{3})+\sqrt{6}.$$

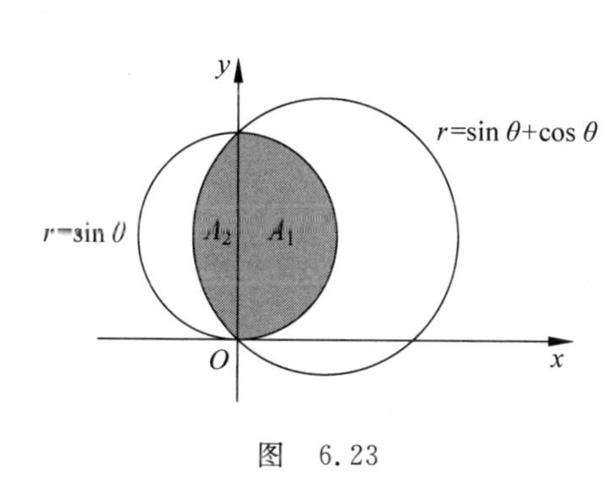

图　6.23

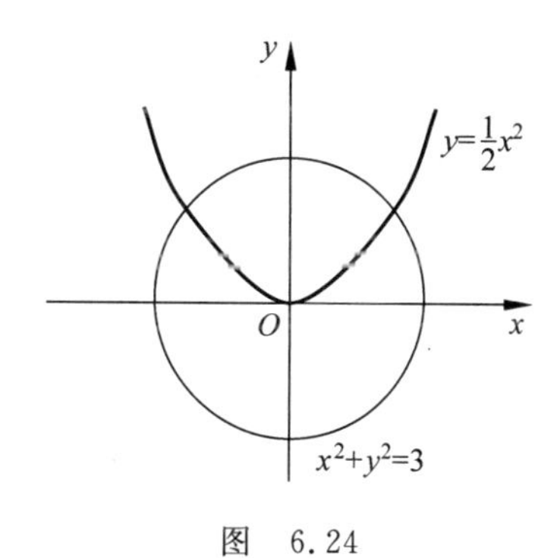

图　6.24

10. 由条件可以得到所做的功为

$$W=\int_{1}^{5}9\pi gx\,\mathrm{d}x=\frac{9\pi g}{2}x^{2}\Bigg|_{1}^{5}=108\pi g.$$

第7章

微分方程

7.1 内容提要

7.1.1 微分方程的基本概念

表示未知函数、未知函数的导数和自变量之间的关系的方程称为**微分方程**. n 阶微分方程一般形如

$$F(x,y,y',y'',\cdots,y^{(n)})=0 \quad 或 \quad y^{(n)}=f(x,y,y',y'',\cdots,y^{(n-1)}).$$

微分方程中所出现的未知函数的最高阶导数的阶数称为微分方程的**阶**. 使微分方程成为恒等式的函数称为微分方程的**解**. 如果微分方程的解中含有独立的任意常数的个数等于微分方程的阶数，称此解为微分方程的**通解**. 对于微分方程，给定 $x=x_0$ 时的一些值(如函数值、导数值等)，则可将任意常数唯一确定. 这个唯一解称为**特解**. 确定特解的条件称为**初始条件**(**定解条件**).

常见的**初始条件**为

$$y\big|_{x=x_0}=y_0,\quad y'\big|_{x=x_0}=y_1,\quad y''\big|_{x=x_0}=y_2,\cdots,y^{(n-1)}\big|_{x=x_0}=y_{n-1},$$

其中 $y_0,y_1,\cdots,y_{n-1}$ 为已知常数.

7.1.2 一阶微分方程及解法

一阶微分方程形式 $y'=f(x,y)$，也写为对称形式 $P(x,y)\mathrm{d}x+Q(x,y)\mathrm{d}y=0$.

1. 可分离变量的微分方程

一般地，如果一个一阶微分方程能写成

$$g(y)\mathrm{d}y=f(x)\mathrm{d}x$$

的形式，就是说，能把微分方程写成一端只含 y 的函数和 $\mathrm{d}y$，另一端只含 x 的函数和 $\mathrm{d}x$，那么原方程就称为可分离变量的微分方程.

解 将变量分离等式两端，两端同时积分即可，即

$$\int g(y)\mathrm{d}y=\int f(x)\mathrm{d}x.$$

2. 齐次方程

如果一阶微分方程可化成

$$\frac{\mathrm{d}y}{\mathrm{d}x}=\varphi\left(\frac{y}{x}\right)$$

的形式,那么就称该方程为齐次方程.

解 令 $u=\frac{y}{x}$,$y=xu$,$\frac{\mathrm{d}y}{\mathrm{d}x}=u+x\frac{\mathrm{d}u}{\mathrm{d}x}$,代入齐次方程得

$$x\frac{\mathrm{d}u}{\mathrm{d}x}=\varphi(u)-u,$$

化为可分离变量微分方程.分离变量后再积分得

$$\int\frac{\mathrm{d}u}{\varphi(u)-u}=\int\frac{1}{x}\mathrm{d}x,$$

求出积分后回代 $u=\frac{y}{x}$,即可得到所给齐次方程的通解.

*3. 可化为齐次的方程

对于方程

$$\frac{\mathrm{d}y}{\mathrm{d}x}=\frac{ax+by+c}{a_1x+b_1y+c_1},$$

当 $c=c_1$ 时是齐次的,否则不是齐次的.

在非齐次的情形下,作变换:

$$x=X+h,\quad y=Y+k\quad(\text{其中 } h \text{ 和 } k \text{ 为常数}),$$

将上面的非齐次方程变为齐次方程来解决.

4. 一阶线性微分方程

方程

$$\frac{\mathrm{d}y}{\mathrm{d}x}+P(x)y=Q(x)$$

称为一阶线性微分方程.

若 $Q(x)=0$,则方程$\frac{\mathrm{d}y}{\mathrm{d}x}+P(x)y=0$ 称为齐次的;如果 $Q(x)\neq0$,则方程$\frac{\mathrm{d}y}{\mathrm{d}x}+P(x)y=Q(x)$称为非齐次的.

一阶线性非齐次微分方程$\frac{\mathrm{d}y}{\mathrm{d}x}+P(x)y=Q(x)$的通解为:

$$y=\mathrm{e}^{-\int P(x)\mathrm{d}x}\left(\int Q(x)\mathrm{e}^{\int P(x)\mathrm{d}x}\mathrm{d}x+C\right).$$

注 一阶线性非齐次微分方程的通解中的$\int P(x)\mathrm{d}x$ 和$\int Q(x)\mathrm{e}^{\int P(x)\mathrm{d}x}\mathrm{d}x$ 分别理解为

一个原函数,即不再含有任意常数.

一阶线性方程的另一种形式为 $\frac{dx}{dy}+P(y)x=Q(y)$. 通解为

$$x=e^{-\int P(y)dy}\left(\int Q(y)e^{\int P(y)dy}dy+C\right).$$

*5. 伯努利方程

方程

$$\frac{dy}{dx}+P(x)y=Q(x)y^n \quad (n\neq 0,1),$$

称为伯努利方程.

解 令 $z=y^{1-n}$, $\frac{dz}{dx}=(1-n)y^{-n}\frac{dy}{dx}$,则方程变为

$$\frac{dz}{dx}+(1-n)P(x)z=(1-n)Q(x).$$

这是一个非齐次的一阶线性微分方程. 可以用前面的方法进行求解,然后回代 $z=y^{1-n}$ 即可.

7.1.3 可降阶的高阶微分方程及解法

1. 形如 $y^{(n)}=f(x)$ 的微分方程

解 方程两边对 x 依次连续积分 n 次,即可得到原方程的通解,该通解中含有 n 个相互独立的任意常数.

2. 形如 $y''=f(x,y')$ 的微分方程

解 令 $y'=p(x)$,则 $y''=\frac{dp}{dx}=p'$,代入方程得

$$p'=f(x,p),$$

这是一个关于变量 x 和 p 的一阶微分方程. 求出通解为 $p=\varphi(x,C_1)$,而 $p=\frac{dy}{dx}$,则有 $\frac{dy}{dx}=\varphi(x,C_1)$,对其积分即可得到方程的通解 $y=\int\varphi(x,C_1)dx+C_2$.

3. 形如 $y''=f(y,y')$ 的微分方程

解 令 $y'=p(y)$,则 $y''=\frac{dp}{dy}\frac{dy}{dx}=p\frac{dp}{dy}$,代入原方程得 $p\frac{dp}{dy}=f(y,p)$,这是关于变量 y 和 p 的一阶微分方程. 求出通解为 $p=\varphi(y,C_1)$,即

$$\frac{dy}{dx}=\varphi(y,C_1),$$

分离变量后,积分即可得通解为 $\int\frac{dy}{\varphi(y,C_1)}=x+C_2$.

7.1.4 二阶线性微分方程

形如

$$y''+P(x)y'+Q(x)y=f(x)$$

的方程称为二阶线性微分方程. 当 $f(x)\equiv 0$ 时,方程称为齐次的; 当 $f(x)\neq 0$ 时,方程称为非齐次的.

1. 二阶线性微分方程的解的结构

(1) 如果函数 $y_1(x)$ 与 $y_2(x)$ 是齐次线性微分方程 $y''+P(x)y'+Q(x)y=0$ 的两个解,则 $y(x)=C_1y_1(x)+C_2y_2(x)$ 也是该方程的解,其中 C_1,C_2 是任意实数.

(2) 如果函数 $y_1(x)$ 与 $y_2(x)$ 是齐次线性微分方程 $y''+P(x)y'+Q(x)y=0$ 的两个线性无关的解,则 $y(x)=C_1y_1(x)+C_2y_2(x)$ 是该方程的通解,其中 C_1,C_2 是任意实数.

注 对于区间 I 上的 n 个函数 $y_1(x),y_2(x),\cdots,y_n(x)$,若存在 n 个不全为 0 的常数 $k_1,k_2,\cdots,k_n$,使得当 $x\in I$ 时有恒等式

$$k_1y_1(x)+k_2y_2(x)+\cdots+k_ny_n(x)\equiv 0,$$

则称 $y_1(x),y_2(x),\cdots,y_n(x)$ 在区间 I 上**线性相关**,否则称为**线性无关**.

(3) 如果函数 $y_1(x)$ 与 $y_2(x)$ 是非齐次线性微分方程 $y''+P(x)y'+Q(x)y=f(x)$ 的两个特解,那么 $y_1(x)-y_2(x)$ 是对应齐次线性微分方程 $y''+P(x)y'+Q(x)y=0$ 的解.

(4) 设 $y^*(x)$ 是二阶非齐次线性方程 $y''+P(x)y'+Q(x)y=f(x)$ 的一个特解, $Y(x)$ 是对应的齐次方程 $y''+P(x)y'+Q(x)y=0$ 的通解,那么 $y(x)=y^*(x)+Y(x)$ 是方程 $y''+P(x)y'+Q(x)y=f(x)$ 的通解.

(5) (叠加原理) 若函数 $y_1(x)$ 与 $y_2(x)$ 分别是微分方程 $y''+P(x)y'+Q(x)y=f_1(x)$ 与 $y''+P(x)y'+Q(x)y=f_2(x)$ 的解,那么 $y(x)=y_1(x)+y_2(x)$ 是微分方程 $y''+P(x)y'+Q(x)y=f_1(x)+f_2(x)$ 的解.

2. 二阶常系数齐次线性微分方程的解

二阶常系数齐次微分方程的形式为

$$y''+py'+qy=0,$$

其中 p 和 q 均为常数. 方程 $r^2+pr+q=0$ 称为二阶常系数齐次微分方程 $y''+py'+qy=0$ 的特征方程. 二阶常系数齐次微分方程的特征方程与解的关系见表 7.1.

表 7.1

特征方程 $r^2+pr+q=0$ 的两个根 r_1,r_2	微分方程 $y''+py'+qy=0$ 的通解
两个不相等的实根 r_1,r_2	$y=C_1e^{r_1x}+C_2e^{r_2x}$
两个相同的实根 $r_1=r_2$	$y=(C_1+C_2x)e^{r_1x}$
一对共轭复根 $r_{1,2}=\alpha\pm i\beta$	$y=e^{\alpha x}(C_1\cos\beta x+C_2\sin\beta x)$

3. 二阶常系数非齐次线性微分方程的解

二阶常系数非齐次线性微分方程的形式为

$$y'' + py' + qy = f(x),$$

其中 p 和 q 为常数. 对于非齐次线性微分方程，只需求出一个特解，再求出其对应的齐次线性微分方程 $y''+py'+qy=0$ 的通解，将二者相加即可为常系数非齐次线性微分方程 $y''+py'+qy=f(x)$ 的通解. 求特解有多种方法，常用的有待定系数法.

非齐次线性微分方程的右端函数类型与特征根及特解的关系见表 7.2.

表 7.2

$f(x)$的类型	特征根	特解的形式
$f(x)=e^{\lambda x}P_m(x)$	λ 不是特征方程的根	$y^*=e^{\lambda x}Q_m(x)$
	λ 是特征方程的单根	$y^*=xe^{\lambda x}Q_m(x)$
	λ 是特征方程的重根	$y^*=x^2e^{\lambda x}Q_m(x)$
$f(x)=e^{\lambda x}[P_l(x)\cos\omega x+P_n(x)\sin\omega x]$	$\lambda\pm i\omega$ 不是特征方程的根	$y^*=e^{\lambda x}[R_m^{(1)}(x)\cos\omega x+R_m^{(2)}(x)\sin\omega x]$
	$\lambda\pm i\omega$ 是特征方程的共轭复根	$y^*=xe^{\lambda x}[R_m^{(1)}(x)\cos\omega x+R_m^{(2)}(x)\sin\omega x]$

这里 $P_m(x)$为已知的 m 次多项式，$Q_m(x)$为待定的 m 次多项式；$P_l(x)$为已知的 l 次多项式，$P_n(x)$为已知的 n 次多项式，$R_m^{(1)}(x)$，$R_m^{(2)}(x)$为两个待定的 m 次多项式，$m=\max\{l,n\}$.

7.1.5 高阶线性微分方程

n 阶常系数齐次线性微分方程的一般形式是

$$y^{(n)} + p_1y^{(n-1)} + p_2y^{(n-2)} + \cdots + p_{n-1}y' + p_ny = 0,$$

其中 $p_1,p_2,\cdots,p_n$ 都是常数.

其对应的特征方程是

$$r^n + p_1r^{n-1} + p_2r^{n-2} + \cdots + p_{n-1}r + p_n = 0.$$

根据特征方程的根，可以写出其对应的微分方程的解，见表 7.3.

表 7.3

特征方程的根	微分方程通解中的对应项
单实根 r	给出一项：Ce^{rx}
一对单复根 $r_{1,2}=\alpha\pm i\beta$	给出两项：$e^{\alpha x}(C_1\cos\beta x+C_2\sin\beta x)$
k 重实根 r	给出 k 项：$e^{rx}(C_1+C_2x+\cdots+C_kx^{k-1})$
一对 k 重复根 $r_{1,2}=\alpha\pm i\beta$	给出 $2k$ 项：$e^{\alpha x}[(C_1+C_2x+\cdots+C_kx^{k-1})\cos\beta x+(D_1+D_2x+\cdots+D_kx^{k-1})\sin\beta x]$

从代数学知道，n 次代数方程有 n 个根(重根按重数计算). 而特征方程的每一个根都对应着通解中的一项，且每项各含一个任意常数. 这样就得到 n 阶常系数齐次线性微分方程的通解

$$y = C_1y_1 + C_2y_2 + \cdots + C_ny_n.$$

7.1.6 欧拉方程

形如

$$x^ny^{(n)} + p_1x^{n-1}y^{(n-1)} + \cdots + p_{n-1}xy' + p_ny = f(x)$$

的方程(其中 $p_1, p_2, \cdots, p_n$ 是常数),称为**欧拉方程**.

作代换: $x=e^t$ 或 $t=\ln x$,得

$$x\frac{dy}{dx}=x\frac{dy}{dt}\cdot\frac{dt}{dx}=\frac{dy}{dt}=Dy,$$

$$x^2\frac{d^2y}{dx^2}=\frac{d^2y}{dt^2}-\frac{dy}{dt}=D(D-1)y,$$

$$\cdots$$

$$x^n\frac{d^ny}{dx^n}=D(D-1)\cdots(D-n+1)y,$$

代入原方程,将原方程化为以 t 为自变量的常系数线性微分方程,在求出这个方程的解后,把 t 换为 $\ln x$,即得原方程的解.

7.2　典型例题分析

7.2.1　题型一　求解一阶微分方程

例 7.1　求下列方程的通解.

(1) $(1+x^2)dy=\sqrt{1-y^2}\,dx$;

(2) $(3x^2+2xy-y^2)dx+(x^2-2xy)dy=0$;

(3) $\frac{dy}{dx}=\frac{y-x+1}{x+y+5}$;

(4) $\csc x\frac{dy}{dx}+y=\csc x\cdot e^{\cos x}$;

(5) $\frac{dy}{dx}=\frac{y}{x+y^3}$;

(6) $\frac{dy}{dx}+xy=x^3y^3$;

*(7) $y\,dx-(x-\sqrt{-x^2+y^2})dy=0, y>0$.

解　(1) 分离变量得 $\frac{dy}{\sqrt{1-y^2}}=\frac{dx}{1+x^2}$,两端积分,得

$$\int\frac{dy}{\sqrt{1-y^2}}=\int\frac{dx}{1+x^2},$$

解得

$$\arcsin y=\arctan x+C,$$

因此方程的通解为 $\arcsin y=\arctan x+C$,其中 C 为任意常数.

(2) 将方程化为齐次方程的标准形式

$$\frac{dy}{dx}=\frac{y^2-2xy-3x^2}{x^2-2xy}=\frac{\left(\frac{y}{x}\right)^2-2\frac{y}{x}-3}{1-2\frac{y}{x}},$$

令 $u=\frac{y}{x}$,则 $y=xu, \frac{dy}{dx}=u+x\frac{du}{dx}$,代入上式得 $u+x\frac{du}{dx}=\frac{u^2-2u-3}{1-2u}$,化简整理并分离变量得

$$\frac{2u-1}{u^2-u-1}du=-\frac{3}{x}dx$$

两端积分，得

$$\ln|u^2-u-1|=-3\ln|x|+C_1,$$

即

$$x^3(u^2-u-1)=C.$$

将 $u=\frac{y}{x}$ 回代，得原方程的通解为

$$xy^2-x^2y-x^3=C.$$

（3）解方程组

$$\begin{cases}y-x+1=0\\x+y+5=0\end{cases}$$

得
$$\begin{cases}x=-2\\y=-3\end{cases}.$$

令 $X=x+2, Y=y+3$，代入原方程，得

$$\frac{\mathrm{d}Y}{\mathrm{d}X}=\frac{Y-X}{Y+X}=\frac{\frac{Y}{X}-1}{\frac{Y}{X}+1},$$

再令 $u=\frac{Y}{X}$，则 $Y=uX, \frac{\mathrm{d}Y}{\mathrm{d}X}=u+X\frac{\mathrm{d}u}{\mathrm{d}X}$，代入上式得 $u+X\frac{\mathrm{d}u}{\mathrm{d}X}=\frac{u-1}{u+1}$，化简整理并分离变量得

$$\frac{u+1}{u^2+1}\mathrm{d}u=-\frac{1}{X}\mathrm{d}X,$$

两端积分，得

$$\arctan u+\frac{1}{2}\ln(1+u^2)=-\ln|X|+C,$$

将 $u=\frac{Y}{X}=\frac{y+3}{x+2}$ 回代，得原方程的通解为

$$\arctan\frac{y+3}{x+2}+\frac{1}{2}\ln\left[1+\left(\frac{y+3}{x+2}\right)^2\right]+\ln|x+2|=C.$$

（4）将方程 $\csc x\frac{\mathrm{d}y}{\mathrm{d}x}+y=\csc x\cdot \mathrm{e}^{\cos x}$ 变形为

$$\frac{\mathrm{d}y}{\mathrm{d}x}+y\sin x=\mathrm{e}^{\cos x},$$

其为一阶线性非齐次微分方程.

解法 1 常数变易法. 对应的齐次方程为

$$\frac{\mathrm{d}y}{\mathrm{d}x}+y\sin x=0,$$

变量分离得 $\frac{\mathrm{d}y}{y}=-\sin x\mathrm{d}x$，解得 $\ln|y|=\cos x+\ln|C|$，通解为 $y=C\mathrm{e}^{\cos x}$. 设非齐次方程的解为 $y=u(x)\mathrm{e}^{\cos x}$，求导得

$$\frac{dy}{dx}=\frac{du}{dx}e^{\cos x}-e^{\cos x}\sin x\cdot u(x),$$

代入非齐次方程，得$\frac{du}{dx}=1$，积分得 $u=x+C$，因此非齐次方程的通解为 $y=e^{\cos x}(x+C)$，其中 C 为任意常数.

解法 2　公式法. 对于一阶线性非齐次微分方程$\frac{dy}{dx}+y\sin x=e^{\cos x}$，由于 $P(x)=\sin x$，$Q(x)=e^{\cos x}$，因此方程的通解为

$$y=e^{-\int P(x)dx}\left[\int Q(x)e^{\int P(x)dx}dx+C\right]=e^{-\int \sin x dx}\left(\int e^{\cos x}e^{\int \sin x dx}dx+C\right)=e^{\cos x}(x+C).$$

(5) 当 $y=0$ 时，方程显然成立. 当 $y\neq 0$ 时，方程可化成$\frac{dx}{dy}=\frac{1}{y}x+y^2$，则$\frac{dx}{dy}-\frac{1}{y}x=y^2$，这是以 y 为自变量，以 x 为因变量的一阶非齐次线性微分方程，其中

$$P(y)=-\frac{1}{y},\quad Q(y)=y^2,$$

因此

$$\begin{aligned}x&=e^{-\int P(y)dy}\left[\int Q(y)e^{\int P(y)dy}dy+C\right]=e^{\int\frac{1}{y}dy}\left(\int y^2e^{-\int\frac{1}{y}dy}dy+C\right)\\&=y\left(\int ydy+C\right)=y\left(\frac{1}{2}y^2+C\right)=\frac{1}{2}y^3+Cy.\end{aligned}$$

综上，方程的通解为 $x=\frac{1}{2}y^3+Cy$ 和 $y=0$.

(6) 当 $y=0$ 时，方程显然成立. 当 $y\neq 0$ 时，方程$\frac{dy}{dx}+xy=x^3y^3$ 为伯努利方程. 令 $z=y^{-2}$，则$\frac{dz}{dx}=-2y^{-3}\frac{dy}{dx}$，代入原方程得$\frac{dz}{dx}=2xz-2x^3$，即

$$\frac{dz}{dx}-2xz=-2x^3.$$

该方程为一阶非齐次线性微分方程，其中

$$P(x)=-2x,\quad Q(x)=-2x^3,$$

因此方程的通解为

$$\begin{aligned}z&=e^{-\int P(x)dx}\left[\int Q(x)e^{\int P(x)dx}dx+C\right]=e^{\int 2xdx}\left[\int(-2x^3)e^{-\int 2xdx}dx+C\right]\\&=e^{x^2}\left[\int(-2x^3)e^{-x^2}dx+C\right]=e^{x^2}[(x^2+1)e^{-x^2}+C]=Ce^{x^2}+x^2+1.\end{aligned}$$

而 $z=y^{-2}$，因此原方程的通解为 $y^2(Ce^{x^2}+x^2+1)=1$ 和 $y=0$.

*(7) 原方程可以变为

$$\frac{dx}{dy}=\frac{x-\sqrt{-x^2+y^2}}{y}=\frac{x}{y}-\sqrt{1-\left(\frac{x}{y}\right)^2}.$$

令 $u=\frac{x}{y}$，$\frac{dx}{dy}=u+y\frac{du}{dy}$，代入上式得 $u+y\frac{du}{dy}=u-\sqrt{1-u^2}$，化简 $y\frac{du}{dy}=-\sqrt{1-u^2}$，分离变量$\frac{du}{\sqrt{1-u^2}}=-\frac{dy}{y}$，两端积分，得 $\arcsin u=-\ln|y|+C$. 将 $u=\frac{x}{y}$回代，得原方程的通

解为

$$\arcsin\frac{x}{y}+\ln|y|=C.$$

例 7.2 设 $y=y(x)$为连续函数,且由方程 $y=\mathrm{e}^x+\int_0^x y(t)\mathrm{d}t$ 确定,求函数 y.

解 方程两边关于 x 求导,得 $y'=\mathrm{e}^x+y$,即

$$y'-y=\mathrm{e}^x.$$

这是一阶线性非齐次微分方程,$P(x)=-1,Q(x)=\mathrm{e}^x$,因此方程的通解为

$$y=\mathrm{e}^{-\int P(x)\mathrm{d}x}\left[\int Q(x)\mathrm{e}^{\int P(x)\mathrm{d}x}\mathrm{d}x+C\right]=\mathrm{e}^{\int 1\mathrm{d}x}\left(\int \mathrm{e}^x\mathrm{e}^{-\int 1\mathrm{d}x}\mathrm{d}x+C\right)=\mathrm{e}^x(x+C).$$

由于 $x=0$ 时,$y=1$,代入上式,得 $C=1$. 所以 $y=\mathrm{e}^x(x+1)$.

例 7.3 (2016 年考研题)若 $y_1=(1+x^2)^2-\sqrt{1+x^2}$,$y_2=(1+x^2)^2+\sqrt{1+x^2}$ 是微分方程 $y'+p(x)=q(x)$的两个解,求 $q(x)$.

解 由已知 $y_2-y_1=2\sqrt{1+x^2}$ 是一阶齐次线性微分方程 $y'+p(x)y=0$ 的解. 而$(y_2-y_1)'=\frac{2x}{\sqrt{1+x^2}}$,代入 $y'+p(x)y=0$,解得

$$p(x)=-\frac{x}{1+x^2}.$$

又因为 $y_2=(1+x^2)^2+\sqrt{1+x^2}$ 是 $y'+p(x)=q(x)$的特解. 求导得

$$y_2'=4x(1+x^2)+\frac{x}{\sqrt{1+x^2}},$$

代入方程 $y'+p(x)=q(x)$,解得 $q(x)=3x(1+x^2)$.

7.2.2 题型二 求解可降阶的微分方程

例 7.4 求解下列微分方程的通解或在初始条件下的特解.

(1) $y'''=x\mathrm{e}^x$; (2) $xy''-y'=x^2$; (3) $y''=\frac{3}{2}y^2$,$y|_{x=3}=1$,$y'|_{x=3}=1$.

解 (1) 对所给方程连续积分三次,得

$$y''=\int x\mathrm{e}^x\mathrm{d}x=(x-1)\mathrm{e}^x+C_1,$$

$$y'=\int(x-1)\mathrm{e}^x\mathrm{d}x+C_1x=(x-2)\mathrm{e}^x+C_1x+C_2,$$

$$y=\int(x-2)\mathrm{e}^x\mathrm{d}x+\frac{C_1}{2}x^2+C_2x+C_3=(x-3)\mathrm{e}^x+\frac{C_1}{2}x^2+C_2x+C_3.$$

(2) 此方程不显含 y,因此令 $y'=p$,则 $y''=p'$,代入原方程可得

$$xp'-p=x^2,$$

即 $p'-\frac{1}{x}p=x$. 它是一阶线性非齐次微分方程. 利用通解公式得

$$p=\mathrm{e}^{\int\frac{1}{x}\mathrm{d}x}\left[\int x\mathrm{e}^{\int\left(-\frac{1}{x}\right)\mathrm{d}x}\mathrm{d}x+C\right]=x(x+C)=x^2+Cx,$$

所以 $y'=x^2+Cx$,从而原方程的通解为

$$y=\frac{1}{3}x^3+C_1x^2+C_2.$$

(3) 方程不显含 x,因此令 $y'=p(y),y''=p\frac{\mathrm{d}p}{\mathrm{d}y}$,将其代入原方程得

$$2p\mathrm{d}p=3y^2\mathrm{d}y,$$

两边积分,得

$$p^2=y^3+C_1.$$

由 $y|_{x=3}=1,y'|_{x=3}=1$,得 $C_1=0,p=y^{\frac{3}{2}}$(因 $y'|_{x=3}=1>0$,所以取正号),即

$$y^{-\frac{3}{2}}\mathrm{d}y=\mathrm{d}x,$$

两边积分得

$$-2y^{-\frac{1}{2}}=x+C_2.$$

由 $y|_{x=3}=1$,得 $C_2=-5$,得特解为 $y=\frac{4}{(x-5)^2}$.

7.2.3 题型三 求解高阶线性微分方程

例 7.5 求解下列微分方程的通解.

(1) $y''-y=0$; (2) $y''-2y'+y=0$; (3) $y''-y'+y=0$.

解 (1) 特征方程为 $r^2-1=0$,解得特征根是 $r_1=-1,r_2=1$,所以通解为

$$y=C_1\mathrm{e}^{-x}+C_2\mathrm{e}^{x},\text{其中 } C_1 \text{ 和 } C_2 \text{ 为任意常数}.$$

(2) 特征方程是 $r^2-2r+1=0$,解得特征根为 $r_1=r_2=1$(二重实根),因此原方程的通解是 $y-(C_1+C_2x)\mathrm{e}^x$,其中 C_1 和 C_2 为任意常数.

(3) 特征方程是 $r^2-r+1=0$,解得特征根为 $r_{1,2}=\frac{1\pm\sqrt{3}\mathrm{i}}{2}$(一对共轭复根),因此原方程的通解为

$$y=\mathrm{e}^{\frac{1}{2}x}\left(C_1\cos\frac{\sqrt{3}}{2}x+C_2\sin\frac{\sqrt{3}}{2}x\right),$$

其中 C_1 和 C_2 为任意常数.

例 7.6 求微分方程 $y^{(5)}-4y^{(3)}=0$ 的通解.

解 特征方程是 $r^5-4r^3=r^3(r^2-4)=0$,解得特征根为三重特征根 $r_{1,2,3}=0$ 以及单根 $r_4=-2$, $r_5=2$,因此原方程的通解为

$$y=C_1+C_2x+C_3x^2+C_4\mathrm{e}^{-2x}+C_5\mathrm{e}^{2x},$$

其中 C_1,C_2,C_3,C_4,C_5 为任意常数.

例 7.7 求微分方程 $y''-2y'=\mathrm{e}^{2x}$ 的通解.

解 先求对应的齐次方程 $y''-2y'=0$ 的通解,它的特征方程为

$$r^2-2r=0,$$

解得特征根为 $r_1=0,r_2=2$,于是对应的齐次线性微分方程的通解为

$$\tilde{y}=C_1\mathrm{e}^{0x}+C_2\mathrm{e}^{2x}=C_1+C_2\mathrm{e}^{2x}.$$

再求非齐次线性微分方程 $y''-2y'=e^{2x}$ 的一个特解. 这里其右端 $f(x)=e^{2x}$，由于 $\lambda=2$ 是特征方程的单根，所以设特解为

$$y^*=Axe^{2x}.$$

则

$$y^{*\prime}=Ae^{2x}(1+2x),\quad y^{*\prime\prime}=4Ae^{2x}(1+x),$$

将其代入原方程，化简，得 $2A=1$，解得 $A=\frac{1}{2}$. 于是求得非齐次线性方程一个特解为

$$y^*=\frac{1}{2}xe^{2x},$$

从而所求的通解为

$$y=C_1+C_2e^{2x}+\frac{1}{2}xe^{2x},$$

其中 C_1 和 C_2 为任意常数.

例 7.8 求微分方程 $y''+2y'+5y=e^x\cos 2x$ 的一个特解.

解 特征方程为 $r^2+2r+5=0$，特征根为 $r=-1\pm 2i$. 这里

$$f(x)=e^x\cos 2x=e^x(\cos 2x+0\cdot\sin 2x),$$

由于这里 $\lambda+i\omega=1+2i$ 不是特征方程的根，所以应设特解为

$$y^*=e^x(a\cos 2x+b\sin 2x),$$

将其代入原方程，得

$$e^x[(4a+8b)\cos 2x-(8a-4b)\sin 2x]=e^x\cos 2x,$$

比较等式两端同类项的系数，得

$$\begin{cases}4a+8b=1\\-(8a-4b)=0\end{cases},$$

由此可得 $a=\frac{1}{20}$，$b=\frac{1}{10}$，于是求得一个特解为

$$y^*=e^x\left(\frac{1}{20}\cos 2x+\frac{1}{10}\sin 2x\right).$$

例 7.9 求微分方程 $y''+4y=x\sin x+3$ 的通解.

解 对应的齐次微分方程为 $y''+4y=0$，特征方程为 $r^2+4=0$，特征根为 $r=\pm 2i$，所以通解为

$$\tilde{y}=C_1\cos 2x+C_2\sin 2x.$$

设 $y''+4y=3$ 的特解为 $y_1^*=A$，则将其代入原方程，得 $y_1^*=\frac{3}{4}$；设 $y''+4y=x\sin x$ 的特解为

$$y_2^*=(ax+b)\cos x+(cx+d)\sin x.$$

将其代入原方程，比较等式两端同类项的系数，解得

$$y_2^*=-\frac{2}{9}\cos x+\frac{1}{3}x\sin x,$$

从而 $y''+4y=x\sin x+3$ 的特解为

$$y^*=y_1^*+y_2^*=\frac{3}{4}+\frac{1}{3}x\sin x-\frac{2}{9}\cos x,$$

原方程的通解为

$$y = C_1\cos 2x + C_2\sin 2x + \frac{3}{4} + \frac{x}{3}\sin x - \frac{2}{9}\cos x.$$

7.2.4　题型四　求解欧拉方程

例 7.10　求欧拉方程 $x^3\frac{d^3y}{dx^3}+3x^2\frac{d^2y}{dx^2}+x\frac{dy}{dx}-y=x\ln x$ 的通解.

解　令 $x=e^t$,则

$$x\frac{dy}{dx} = Dy,\quad x^2\frac{d^2y}{dx^2} = D(D-1)y,\quad x^3\frac{d^3y}{dx^3} = D(D-1)(D-2)y,$$

代入原方程,整理得,$(D^3-1)y=te^t$,即

$$y^{(3)} - y = te^t, \tag{*}$$

特征方程 $r^3-1=0$,特征根为 $r_1=1, r_{2,3}=-\frac{1}{2}\pm\frac{\sqrt{3}}{2}i$. 从而(*)式对应的齐次方程的通解为

$$\tilde{y} = C_1e^t + e^{-\frac{1}{2}t}\left(C_2\cos\frac{\sqrt{3}}{2}t + C_3\sin\frac{\sqrt{3}}{2}t\right).$$

特解设为 $y^*=t(at+b)e^t$,代入(*),求得 $a=\frac{1}{6}, b=-\frac{1}{3}$,从而特解为 $y^*=\frac{1}{6}t(t-2)e^t$.

综上,(*)式的通解为

$$y = C_1e^t + e^{-\frac{1}{2}t}\left(C_2\cos\frac{\sqrt{3}}{2}t + C_3\sin\frac{\sqrt{3}}{2}t\right) + \frac{1}{6}t(t-2)e^t.$$

所以,原方程的通解为

$$y = C_1x + \frac{1}{\sqrt{x}}\left[C_2\cos\left(\frac{\sqrt{3}}{2}\ln x\right) + C_3\sin\left(\frac{\sqrt{3}}{2}\ln x\right)\right] + \frac{1}{6}x\ln x(\ln x - 2).$$

7.2.5　题型五　微分方程应用

例 7.11　如图 7.1 所示,已知函数 $y=f(x)$的图形是经过 $A(0,4)$与 $C(2,0)$两点的一段向上凸的光滑曲线弧,$M(x,y)$为该曲线上的任一点,线段$\overline{BM}$平行于 x 轴,B 点在 y 轴上,y 轴、弧$\widehat{AM}$与线段$\overline{BM}$之间的面积为$\frac{2}{3}x^3$,试求函数 $y=f(x)$.

解　由题意得

$$\frac{2}{3}x^3 = \int_0^x y\,dx - yx = \int_0^x f(x)\,dx - f(x)\cdot x,$$

两边求导,得

$$2x^2 = f(x) - f(x) - xf'(x),$$

得到 $f'(x)=-2x$,得 $f(x)=-x^2+C$;由 $f(0)=4$,得 $C=4$. 所以

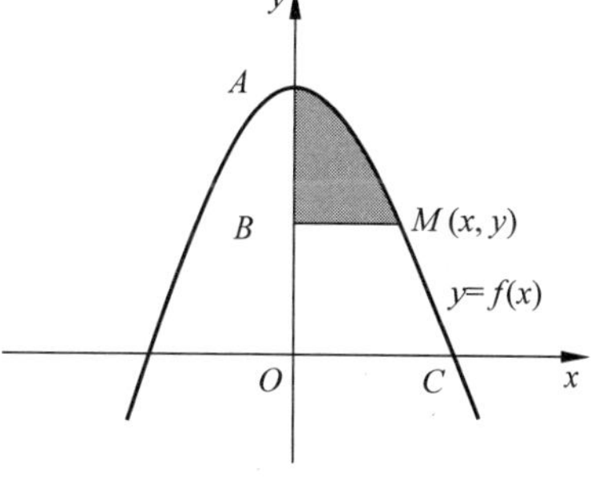

图　7.1

$$f(x)=-x^2+4.$$

例 7.12 质量为 m 的潜艇在下降时,已知所受阻力与下降速度成正比,若潜艇由静止状态开始运动,求潜艇在时刻 t 下降的速度 $v(t)$ 和距离 $s(t)$.

解 因为潜艇在下降时所受重力 mg 的方向与下降的速度 $v(t)$ 的方向一致,并受阻力 $R=-kv$(k 为比例系数且大于 0),负号是因为阻力的方向与 $v(t)$ 的方向相反,从而下降时潜艇所受的合力为

$$F=mg-kv.$$

根据牛顿第二定律 $F=ma$ 及 $a=\frac{\mathrm{d}v}{\mathrm{d}t}$(这里 a 表示加速度),得微分方程 $m\frac{\mathrm{d}v}{\mathrm{d}t}=mg-kv$,即

$$v'+\frac{k}{m}v=g,$$

这是一阶线性微分方程,通解为

$$v(t)=\mathrm{e}^{-\int\frac{k}{m}\mathrm{d}t}\left(\int g\mathrm{e}^{\int\frac{k}{m}\mathrm{d}t}\mathrm{d}t+C\right)=C\mathrm{e}^{-\frac{kt}{m}}+\frac{mg}{k},$$

因为潜艇是由静止状态开始运动的,所以初始条件为 $v|_{t=0}=0$,代入上式,得 $C=-\frac{mg}{k}$,从而

$$v(t)=\frac{mg}{k}(1-\mathrm{e}^{-\frac{kt}{m}}).$$

又因为 $s|_{t=0}=0$,于是有

$$s(t)=\int_0^t v(t)\mathrm{d}t=\int_0^t\frac{mg}{k}(1-\mathrm{e}^{-\frac{kt}{m}})\mathrm{d}t=\frac{mg}{k}\left[t+\frac{m}{k}(\mathrm{e}^{-\frac{kt}{m}}-1)\right].$$

从而,潜艇在时刻 t 下降的距离 $s(t)$ 为

$$s(t)=\frac{mg}{k}\left[t+\frac{m}{k}(\mathrm{e}^{-\frac{kt}{m}}-1)\right].$$

7.3 习题精选

1. 填空题

(1) 微分方程 $xy'+(y')^2+3y^3=0$ 的阶数是________.

(2) 方程 $y'=3x^2$ 的通解为________.

(3) 方程 $\mathrm{d}y=3x^2y\mathrm{d}x$ 的通解为________.

(4) (2006 年考研题)方程 $y'=\frac{y(1-x)}{x}$ 的通解为________.

(5) 微分方程 $y\mathrm{d}x+(x^2-4x)\mathrm{d}y=0$ 的通解为________.

(6) 方程 $y'=\mathrm{e}^{2x-y}$,$y|_{x=0}=0$ 的特解为________.

(7) $y'\tan x=y\ln y$ 且满足 $y|_{x=\frac{\pi}{2}}=\mathrm{e}$ 的解为________.

(8) 微分方程 $xy'+y=1$ 的通解为________.

(9) 微分方程 $y'=y-2$ 的通解为________.

(10) 方程 $y''-6y'-7y=0$ 的通解为________.

(11) 方程 $9y''-6y'+y=0$ 的通解为________.

(12) 微分方程 $y''-2y'+5y=0$ 的通解为________.

(13) 方程 $y''-4y'+4y=x^2e^{2x}$ 的特解形式为 $y^*=$________.

(14) 函数 $y=y(x)$ 图形上点 $(0,-2)$ 处的切线为 $2x-3y=6$，且 $y=y(x)$ 满足 $y''=6x$，则此函数为________.

(15) 设 C_1 与 C_2 为任意常数，$y=(C_1+x)e^x+C_2e^{-2x}$ 是首项系数为 1 的某常系数二阶非齐次线性方程的通解，则该微分方程为________.

(16) 微分方程 $y^{(4)}-y=0$ 的通解为________.

(17) 欧拉方程 $x^2\dfrac{d^2y}{dx^2}+4x\dfrac{dy}{dx}+2y=0\ (x>0)$ 的通解为________.

2. 单项选择题

(1) $3dx=(y^3-x)dy$ 是(　　).

(A) 可分离变量方程；　(B) 一阶线性方程；

(C) 伯努利方程；　(D) 其他类型方程.

(2) 方程 $xdy-[y+xy^3(1+\tan x)]dx=0$ 是(　　).

(A) 可分离变量方程；　(B) 齐次方程；

(C) 一阶线性方程；　(D) 伯努利方程.

(3) 方程 $y'=3y^{\frac{2}{3}}$ 的特解为(　　).

(A) $y=(x+2)^3$；　(B) $y=x^3+1$；

(C) $y=(x+C)^3$；　(D) $y=C(x+1)^3$.

(4) 下列表达式属于二阶微分方程的通解的是(　　).

(A) x^2+y^2-C；　(B) $y=C_1\sin^2x+C_2\cos^2x$；

(C) $y=C_1x^2+C_2x+C_3$；　(D) $y=\ln(C_1x)+\ln(C_2\sin x)$.

(5) 设函数 $y=y(x)$ 满足 $y'\cos^2x+y=\tan x$，且当 $x=\dfrac{\pi}{4}$ 时，$y=0$，则当 $x=0$ 时，$y=$(　　).

(A) $\dfrac{\pi}{4}$；　(B) $-\dfrac{\pi}{4}$；　(C) -1；　(D) 1.

(6) 设 y_1 和 y_2 是一阶非齐次线性微分方程 $y'+p(x)y=q(x)$ 的两个特解，并设 $\lambda y_1+\mu y_2$ 是该微分方程的解，$\lambda y_1-\mu y_2$ 是该方程对应的齐次方程的解，则常数 λ 与 μ 应满足的充要条件是 $(\lambda,\mu)=$(　　).

(A) $\left(\dfrac{1}{2},\dfrac{1}{2}\right)$；　(B) $\left(-\dfrac{1}{2},-\dfrac{1}{2}\right)$；　(C) $\left(\dfrac{2}{3},\dfrac{1}{3}\right)$；　(D) $\left(\dfrac{2}{3},\dfrac{2}{3}\right)$.

(7) 方程 $y''+y=0$ 的通解为(　　).

(A) $y=C_1\cos x+C_2\sin x$；　(B) $y=C_1e^x+C_2e^{-x}$；

(C) $y=(C_1+C_2x)e^x$；　(D) $y=C_1e^x+C_2e^{2x}$.

(8) 设方程 $y''-2y'-3y=f(x)$ 有特解 y^*，则其通解 $y=$(　　).

(A) $C_1e^{-x}+C_2e^{3x}$；　(B) $C_1e^{-x}+C_2e^{3x}+y^*$；

(C) $C_1xe^{-x}+C_2xe^{3x}+y^*$；　(D) $C_1e^x+C_2e^{-3x}+y^*$.

(9) 方程 $y''-3y'+2y=3x-2e^{x}$ 的特解 y^{*} 的形式为(　　).

(A) $(ax+b)e^{x}$；　　(B) $(ax+b)xe^{x}$；

(C) $(ax+b)+Ce^{x}$；　　(D) $(ax+b)+Cxe^{x}$.

(10) 方程 $y''+2y'+5y=e^{-x}\cos 2x$ 的特解的形式为(　　).

(A) $y^{*}=e^{-x}A\cos 2x$；　　(B) $y^{*}=e^{-x}(A\cos 2x+B\sin 2x)$；

(C) $y^{*}=xe^{-x}A\cos 2x$；　　(D) $y^{*}=xe^{-x}(A\cos 2x+B\sin 2x)$.

(11) 设 $p(x)$,$q(x)$与 $q(x)$均连续,已知 $y_1=x$,$y_2=e^{x}$ 与 $y_3=e^{-x}$为方程 $y''+p(x)y'+q(x)y=f(x)$的 3 个解,C_1 与 C_2 为任意常数,则该非齐次方程的通解为(　　).

(A) $(C_1+C_2)y_1+(C_1-C_2)y_2-(C_1+C_2)y_3$；

(B) $(C_1-C_2)y_1+(C_2-C_1)y_2+(C_1-C_2)y_3$；

(C) $(C_1+C_2)y_1+(1-C_1)y_2-(1+C_2)y_3$；

(D) $(C_1-C_2)y_1+(1-C_1)y_2+C_2y_3$.

(12) 设常系数线性微分方程方程 $y''+ay'+by=0$ 的通解为 $y=e^{-x}(C_1\cos x+C_2\sin x)$,其中 C_1 与 C_2 为任意常数,则 $a+b=$(　　).

(A) -2；　　(B) 0；　　(C) 2；　　(D) 4.

3. 求下列微分方程的通解或在给初值条件下的特解.

(1) $\dfrac{dy}{dx}=\dfrac{xy}{1+x^2}$；　　(2) $(1+y)dx-(1-x)dy=0$；

(3) $(1+y^2)dx-x(1-x)ydy=0$；　　(4) $-\dfrac{y^2}{2}\sin x dx+y\cos x dy=0$；

(5) $(xy^2+x)dx+(y-x^2y)dy=0$；　　(6) $xdy+2ydx=0,y|_{x=2}=1$.

4. 求下列微分方程的通解或在给初值条件下的特解.

(1) $\dfrac{dy}{dx}=x+2y$；　　(2) $\dfrac{dy}{dx}+y=e^{-x}$；

(3) $(x^2+y^2)dx-xydy=0$；　　(4) $x\dfrac{dy}{dx}=y(1+\ln y-\ln x)$；

(5) $y'=\dfrac{x}{y}+\dfrac{y}{x},y|_{x=1}=2$；

(6) $(y^2-3x^2)dy+2xydx=0,y|_{x=0}=1$.

5. 求下列微分方程的通解或在给初值条件下的特解.

(1) $y'+y\tan x=\sec x$；　　(2) $y\ln y dx-(x-\ln y)dy=0$；

(3) $\dfrac{dy}{dx}=\dfrac{2y}{6x-y^2}$；　　(4) $y'-\dfrac{y}{x+2}=x^2+2x,y|_{x=-1}=\dfrac{3}{2}$；

(5) $y'+2xy=(x\sin x)e^{-x^2},y|_{x=0}=1$；　　(6) $xy'-2y=x\ln x,y|_{x=1}=0$.

6. 求下列微分方程的通解.

(1) $y'+\dfrac{xy}{1+x^2}=xy^{\frac{1}{2}}$；　　(2) $y'-3xy=xy^2$；

(3) $xy'+y-y^2\ln x=0$；　　(4) $y-y'\cos x=y^2(1-\sin x)\cos x$.

7. 求下列非齐次线性微分方程的通解或在给定初值条件下的特解.

(1) $y'''=x-\cos x$；　　(2) $(1-x^2)y''-xy'=0,y|_{x=0}=0,y'|_{x=0}=1$；

(3) $y''=\frac{1}{x}y'+xe^{x}$；　　(4) $y^{3}y''+1=0$；

(5) $y'''=y''$；　　(6) $y''=3\sqrt{y'}, y|_{x=0}=1, y'|_{x=0}=2$.

8. 求下列齐次线性微分方程的通解或在给定初值条件下的特解.

(1) $y''-5y'+6y=0$；　　(2) $y''+y=0$；

(3) $y''-10y'+25y=0, y(0)=0, y'(0)=1$；

(4) $y''-2y'+10y=0, y|_{\frac{\pi}{2}}=0, y'|_{\frac{\pi}{6}}=e^{\frac{\pi}{6}}$.

9. 求下列非齐次线性微分方程的通解或在给定初值条件下的特解.

(1) $y''-2y'+2y=x^{2}$；　　(2) $y''+2y'+y=xe^{x}$；

(3) $y''-6y'+8y=8x^{2}+4x-2$；　　(4) $y''-2y'+5y=\cos 2x$；

(5) $y''-2y'-e^{2x}=0, y(0)=0, y'(0)=0$；　　(6) $y''-y=\sin^{2}x$.

10. 求下列微分方程的通解.

(1) $x^{2}y''+xy'-y=0$；　　(2) $x^{2}y''-4xy'+6y=x$；

(3) $x^{2}y''-3xy'-8y=x\ln x$；　　(4) $x^{2}y''-xy'+2y=18x\cos(\ln x)$.

11. 设 $f(x)$为连续函数，由 $\int_{0}^{x}tf(t)\mathrm{d}t=x^{2}+f(x)$ 所确定，求 $f(x)$.

12. 设 $f(x)$为连续函数，$f(x)=e^{x}+\int_{0}^{x}tf(x-t)\mathrm{d}t$，求 $f(x)$.

13. 已知函数 $y=f(x)$的图形是经过 $P(0,1)$与 $Q(1,0)$两点的一段向上凸的曲线弧，$M(x,y)$为该曲线上的任一点，弧$\overset{\frown}{PM}$与弦$\overline{PM}$之间的面积为 $2x^{3}$，试求函数 $f(x)$.

14. (2016 年考研题)设函数 $y(x)$满足方程 $y''+2y'+ky=0$，其中 $0<k<1$.

(1) 证明反常积分 $\int_{0}^{+\infty}y(x)\mathrm{d}x$ 收敛；

(2) 若 $y(0)=1, y'(0)=1$，求 $\int_{0}^{+\infty}y(x)\mathrm{d}x$ 的值.

15. 设 $f(x)$在$(0,+\infty)$内有定义，且对于任意 $x\in(0,+\infty)$，$y\in(0,+\infty)$有 $f(xy)=f(x)+f(y)+(x-1)(y-1)$. 又 $f'(1)=5x\in(0,+\infty)$，求 $f(x)$的表达式.

16. 设函数 $f(x)$在任意点 x 处的增量

$$\Delta y=\frac{x(1+2y)}{1+x^{2}}\Delta x+o(\Delta x),$$

其中 $o(\Delta x)$是 $\Delta x\to 0$ 时比 Δx 高阶的无穷小，且 $y(0)=0$，求 $y(x)$.

17. 设函数 $f(x)$在$[0,+\infty)$上可导，且 $f(0)=0$，其反函数为 $g(x)$，若 $\int_{0}^{f(x)}g(t)\mathrm{d}t=x^{2}e^{x}$，求 $f(x)$的表达式.

7.4　习题详解

1. 填空题

(1) 1；

(2) $y=x^{3}+C$；**提示**　$\int\mathrm{d}y=3\int x^{2}\mathrm{d}x$，解得 $y=x^{3}+C$.

(3) $y=Ce^{x^3}$；**提示** $\int \frac{1}{y}dy=3\int x^2 dx$，解得 $\ln|y|=x^3+C$，因此微分方程的通解为 $y=Ce^{x^3}$.

(4) $y=Cxe^{-x}$；**提示** 当 $y\neq 0$ 时，$\int \frac{1}{y}dy=\int \frac{1-x}{x}dx, \int \frac{1}{y}dy=\int\left(\frac{1}{x}-1\right)dx$

因此 $\ln|y|=\ln|x|-x+C_1$. 解得方程的通解为 $y=Cxe^{-x}$，其中 C 为任意实数. 当 $y=0$ 时，方程显然成立，可以认为上式中 $C=0$. 因此通解为 $y=Cxe^{-x}$.

(5) $y=C\left(\frac{x}{4-x}\right)^{\frac{1}{4}}$；**提示** 当 $y=0$ 时，方程显然成立. 当 $y\neq 0$ 时，

$$\int \frac{1}{y}dy=\int \frac{1}{4x-x^2}dx=\frac{1}{4}\int \frac{1}{x}dx+\frac{1}{4}\int \frac{1}{4-x}dx,$$

因此
$$\ln|y|=\frac{1}{4}\ln\left|\frac{x}{4-x}\right|+\ln|C|.$$

解得方程的通解为 $y=C\left(\frac{x}{4-x}\right)^{\frac{1}{4}}$，其中 C 为任意实数.

(6) $y=\ln\frac{e^{2x}+1}{2}$；**提示** $\int e^y dy=\int e^{2x}dx, e^y=\frac{1}{2}e^{2x}+C$，当 $y|_{x=0}=0, e^y=\frac{1}{2}e^{2x}+\frac{1}{2}$.

(7) $y=e^{\sin x}$；**提示** $\int \frac{1}{y\ln y}dy=\int \frac{\cos x}{\sin x}dx$，解得 $\ln|\ln y|=\ln|\sin x|+\ln|C|$，即有 $\ln y=C\sin x$，当 $y|_{x=\frac{\pi}{2}}=e, C=1$，故方程的特解为 $y=e^{\sin x}$.

(8) $y=1+\frac{C}{x}$；**提示** $y'+\frac{1}{x}y=\frac{1}{x}$，一阶线性微分方程的解为

$$y=e^{-\int\frac{1}{x}dx}\left(\int \frac{1}{x}e^{\int\frac{1}{x}dx}dx+C\right)=\frac{1}{x}\left(\int 1dx+C\right)=\frac{1}{x}(x+C).$$

(9) $y=2+Ce^x$；**提示** **解法 1** $y'=y-2$，可分离变量的微分方程，$\int \frac{1}{y-2}dy=\int dx, \ln|y-2|=x+\ln|C|$.

解法 2 $y'=y-2$，一阶线性微分方程的解为

$$y=e^{\int dx}\left[\int(-2)\cdot e^{-\int dx}dx+C\right]=e^x(2e^{-x}+C)=2+Ce^x.$$

(10) $y=C_1e^{-x}+C_2e^{7x}$；**提示** 特征方程为 $r^2-6r-7=0$，特征根为 $r_1=-1, r_2=7$.

(11) $y=e^{\frac{x}{3}}(C_1+C_2x)$；**提示** 特征方程为 $9r^2-6r+1=0$，特征根为 $r_1=r_2=\frac{1}{3}$.

(12) $y=e^x(C_1\cos 2x+C_2\sin 2x)$；**提示** 特征方程为 $r^2-2r+5=0$，特征根为 $r_{1,2}=1\pm 2i$.

(13) $x^2e^{2x}(ax^2+bx+c)$；**提示** 特征方程为 $r^2-4r+4=0$，特征根 $r_1=r_2=2$.

(14) $y(x)=x^3+\frac{2}{3}x-2$；**提示** 积分得 $y'=3x^2+C_1$，再次积分 $y(x)=x^3+C_1x+C_2$，由初值条件为 $y'(0)=\frac{2}{3}, y(0)=-2$，解得 $C_1=\frac{2}{3}, C_2=-2$.

(15) $y''+y'-2y=3e^x$；**提示** 通解为 $y=C_1e^x+C_2e^{-2x}+xe^x$，可以得到特征根为

$r_1=1, r_2=-2$，从而特征方程为 $r^2+r-2=0$. 对应的齐次方程为 $y''+y'-2y=0$. 设非齐次方程为 $y''+y'-2y=f(x)$，将 $y^*=xe^x$ 代入可以得到 $f(x)=3e^x$.

(16) $y=C_1\cos x+C_2\sin x+C_3e^{-x}+C_4e^x$；**提示** 特征方程为 $r^4-1=0$，特征根 $r_{1,2}=\pm i, r_{3,4}=\pm 1$.

(17) $y=\frac{C_1}{x}+\frac{C_2}{x^2}$；**提示** 令 $x=e^t$，则 $x\frac{dy}{dx}=\frac{dy}{dt}$，$x^2\frac{d^2y}{dx^2}=\frac{d^2y}{dt^2}-\frac{dy}{dt}$，代入原方程，整理得

$\frac{d^2y}{dt^2}+3\frac{dy}{dt}+2y=0$，得通解为 $y=C_1e^{-t}+C_2e^{-2t}=\frac{C_1}{x}+\frac{C_2}{x^2}$.

2. 单项选择题

(1) B；**提示** 整理得 $\frac{dx}{dy}+\frac{1}{3}x=\frac{1}{3}y^3$.

(2) D；**提示** 整理得 $\frac{dy}{dx}-\frac{1}{x}y=(1+\tan x)y^3$.

(3) A；**提示** 整理得 $\frac{dy}{y^{\frac{2}{3}}}=3dx$，$3y^{\frac{1}{3}}=3x+C_1$，通解为 $y=(x+C)^3$.

(4) B；**提示** 注意区别 D 选项，$y=\ln(C_1x)+\ln(C_2\sin x)$，因此有

$$y=\ln C_1+\ln C_2+\ln x+\ln\sin x=\ln x+\ln\sin x+C.$$

(5) C；**提示** 整理得

$$\frac{dy}{dx}+\frac{1}{\cos^2 x}y=\frac{\sin x}{\cos^3 x},$$

利用公式得

$$y=e^{-\int P(x)dx}\left[\int Q(x)e^{\int P(x)dx}dx+C\right]=\tan x-1+Ce^{-\tan x},$$

由初值条件，当 $x=\frac{\pi}{4}$ 时，$y=0$，解得 $C=0$，因此方程的特解为 $y=\tan x-1$.

(6) A；**提示**

将 $\lambda y_1+\mu y_2$ 代入方程 $y'+p(x)y=q(x)$ 得 $\lambda+\mu=1$，将 $\lambda y_1-\mu y_2$ 代入方程 $y'+p(x)y=0$ 得 $\lambda-\mu=0$，从而可以得到 $\lambda=\mu=\frac{1}{2}$.

(7) A；**提示** 特征方程为 $r^2+1=0$，解得特征根为 $r_1=i, r_2=-i$，因此微分方程的解为 $y=e^{\alpha x}(C_1\cos\beta x+C_2\sin\beta x)=C_1\cos x+C_2\sin x$.

(8) B；**提示** $y''-2y'-3y=0$ 的特征方程为 $r^2-2r-3=0$，特征根为 $-1,3$.

(9) D；**提示** $y''-3y'+2y=0$ 的特征方程为 $r^2-3r+2=0$，特征根为 1，2，利用叠加原理.

(10) D；**提示** $y''+2y'+5y=0$ 的特征方程为 $r^2+2r+5=0$，特征根为 $-1\pm 2i$. 而 $\lambda\pm i\omega=-1\pm 2i$ 是特征方程的根，因此非齐次微分方程的特解的形式为：$y^*=x(Ae^x\cos x+Be^x\sin x)$.

(11) D；**提示** 先验证 D 选项是非齐次微分方程的解，再验证是通解.

(12) D；**提示** 特征根为 $-1\pm i$，从而特征方程为 $r^2+2r+2=0$. 方程为 $y''+2y'+$

$2y=0y''+2y'+5y=0$.

3. (1) 当 $y=0$ 时,方程显然成立. 当 $y\neq 0$ 时,分离变量积分得

$$\int \frac{\mathrm{d}y}{y}=\int \frac{x}{1+x^2}\mathrm{d}x,$$

解得

$$\ln|y|=\frac{1}{2}\ln(1+x^2)+\ln|C|,$$

因此方程的通解为 $y=C\sqrt{1+x^2}$,其中 C 为任意实数.

(2) 当 $y=-1$ 时,方程显然成立. 当 $y\neq -1$ 时,分离变量再积分得 $\int \frac{\mathrm{d}y}{1+y}=\int \frac{1}{1-x}\mathrm{d}x$, 即

$$\ln|1+y|=-\ln|1-x|+\ln|C|,$$

因此方程的通解为 $y=\frac{C}{1-x}-1$,其中 C 为任意实数.

(3) 分离变量再积分得 $\int \frac{y\mathrm{d}y}{1+y^2}=\int \frac{1}{x(1-x)}\mathrm{d}x$, 即

$$\frac{1}{2}\ln(1+y^2)=\ln|x|-\ln|1-x|+\ln|C_1|,$$

因此方程的通解为 $y^2=C\left(\frac{x}{1-x}\right)^2-1$,其中 C 为任意正实数.

(4) 当 $y=0$ 时,方程显然成立. 当 $y\neq 0$ 时,分离变量积分得

$$\int \frac{1}{y}\mathrm{d}y=\frac{1}{2}\int \frac{\sin x}{\cos x}\mathrm{d}x,$$

解得

$$\ln|y|=-\frac{1}{2}\ln|\cos x|+\ln|C_1|,$$

因此方程的通解为 $y^2\cos x=C$,其中 C 为任意实数.

(5) 分离变量积分得

$$\int \frac{y}{1+y^2}\mathrm{d}y=\int \frac{x}{x^2-1}\mathrm{d}x,$$

解得

$$\frac{1}{2}\ln(1+y^2)=\frac{1}{2}\ln|x^2-1|+\frac{1}{2}\ln|C|,$$

因此方程的通解为

$$1+y^2=C(x^2-1).$$

(6) 当 $y=0$ 时,显然成立. 当 $y\neq 0$ 时,分离变量再积分得 $\int \frac{1}{y}\mathrm{d}y=-2\int \frac{1}{x}\mathrm{d}x$, 因此

$$\ln|y|=-2\ln|x|+\ln|C|,$$

故方程的通解为 $y=\frac{C}{x^2}$. 由初值条件 $y|_{x=2}=1$,解得 $C=4$,故方程的特解为 $y=\frac{4}{x^2}$.

4. (1) $y=\mathrm{e}^{-\int P(x)\mathrm{d}x}\left[\int Q(x)\mathrm{e}^{\int P(x)\mathrm{d}x}\mathrm{d}x+C\right]=\mathrm{e}^{\int 2\mathrm{d}x}\left(\int x\mathrm{e}^{-\int 2\mathrm{d}x}\mathrm{d}x+C\right)$

$$=\mathrm{e}^{2x}\left(\int x\mathrm{e}^{-2x}\mathrm{d}x+C\right)=\left(\frac{1}{2}x-\frac{1}{4}\right)+C\mathrm{e}^{2x}.$$

(2) $y=\mathrm{e}^{-\int P(x)\mathrm{d}x}\left[\int Q(x)\mathrm{e}^{\int P(x)\mathrm{d}x}\mathrm{d}x+C\right]=\mathrm{e}^{-\int \mathrm{d}x}\left(\int \mathrm{e}^{-x}\mathrm{e}^{\int \mathrm{d}x}\mathrm{d}x+C\right)=\mathrm{e}^{-x}(x+C).$

(3) 方程整理为

$$\frac{\mathrm{d}y}{\mathrm{d}x}=\frac{x^2+y^2}{xy}=\frac{1+\left(\frac{y}{x}\right)^2}{\frac{y}{x}},$$

令 $u=\frac{y}{x}$,则 $y=xu,\frac{\mathrm{d}y}{\mathrm{d}x}=u+x\frac{\mathrm{d}u}{\mathrm{d}x}$,代入方程得

$$u+x\frac{\mathrm{d}u}{\mathrm{d}x}=\frac{1+u^2}{u},$$

两端积分 $\int u\mathrm{d}u=\int\frac{1}{x}\mathrm{d}x$,解得

$$\frac{1}{2}u^2=\ln|x|+\ln|C_1|,$$

即有 $u^2=2\ln|x|+C$,回代 $u=\frac{y}{x}$,因此方程的通解为

$$y^2=(2\ln|x|+C)x^2.$$

(4) 方程整理得

$$\frac{\mathrm{d}y}{\mathrm{d}x}=\frac{y}{x}\left[1+\ln\left(\frac{y}{x}\right)\right],$$

令 $u=\frac{y}{x}$,则 $y=xu,\frac{\mathrm{d}y}{\mathrm{d}x}=u+x\frac{\mathrm{d}u}{\mathrm{d}x}$,代入方程得

$$u+x\frac{\mathrm{d}u}{\mathrm{d}x}=u(1+\ln u),$$

即有 $x\frac{\mathrm{d}u}{\mathrm{d}x}=u\ln u$,两边积分 $\int\frac{\mathrm{d}u}{u\ln u}=\int\frac{1}{x}\mathrm{d}x$,解得

$$\ln|\ln u|=\ln|x|+\ln|C|.$$

因此 $\ln u=Cx$,回代 $u=\frac{y}{x},\ln\left(\frac{y}{x}\right)=Cx,\frac{y}{x}=\mathrm{e}^{Cx}$,故方程的通解为 $y=x\mathrm{e}^{Cx}$.

(5) 令 $u=\frac{y}{x}$,则 $y=xu,\frac{\mathrm{d}y}{\mathrm{d}x}=u+x\frac{\mathrm{d}u}{\mathrm{d}x}$,代入方程得

$$u+x\frac{\mathrm{d}u}{\mathrm{d}x}=u+\frac{1}{u},$$

两边积分 $\int u\mathrm{d}u=\int\frac{1}{x}\mathrm{d}x$,解得 $\frac{1}{2}u^2=\ln|x|+C$,从而有

$$u^2=2\ln|x|+2C=\ln x^2+2C.$$

回代 $u=\frac{y}{x}$,得方程的通解为

$$y^2 = x^2(\ln x^2 + 2C).$$

代入初值条件为 $y|_{x=1}=2$，解得 $C=2$，因此方程的特解为 $y^2=x^2(\ln x^2+4)$.

(6) **解法 1** 方程整理得

$$\frac{\mathrm{d}y}{\mathrm{d}x} = \frac{2xy}{3x^2 - y^2} = \frac{2\left(\frac{y}{x}\right)}{3 - \left(\frac{y}{x}\right)^2},$$

令 $u=\frac{y}{x}$，则 $y=xu$，$\frac{\mathrm{d}y}{\mathrm{d}x}=u+x\frac{\mathrm{d}u}{\mathrm{d}x}$，代入方程得 $u+x\frac{\mathrm{d}u}{\mathrm{d}x}=\frac{2u}{3-u^2}$，从而

$$x\frac{\mathrm{d}u}{\mathrm{d}x} = \frac{u^3 - u}{3 - u^2},$$

积分得

$$\int \frac{3 - u^2}{u^3 - u}\mathrm{d}u = \int \frac{1}{x}\mathrm{d}x,$$

即有

$$\int \frac{1}{u-1}\mathrm{d}u + \int \frac{1}{u+1}\mathrm{d}u - \int \frac{3}{u}\mathrm{d}u = \int \frac{1}{x}\mathrm{d}x,$$

解得

$$\ln|u-1| + \ln|u+1| - 3\ln|u| = \ln|x| + \ln|C|,$$

即有 $\frac{u^2-1}{u^3}=Cx$，回代 $u=\frac{y}{x}$，$\frac{\left(\frac{y}{x}\right)^2-1}{\left(\frac{y}{x}\right)^3}=Cx$，整理得方程的通解为

$$Cy^3 - y^2 + x^2 = 0.$$

由初值条件 $y|_{x=0}=1$，解得 $C=1$，因此方程的特解为 $y^3-y^2+x^2=0$.

解法 2 方程整理为

$$\frac{\mathrm{d}y}{\mathrm{d}x} = \frac{2xy}{3x^2 - y^2},$$

将方程看成以 y 为自变量、以 x 为因变量的微分方程，即

$$\frac{\mathrm{d}x}{\mathrm{d}y} = \frac{3x^2 - y^2}{2xy} = \frac{3}{2}\cdot\frac{x}{y} - \frac{1}{2}\cdot\frac{y}{x}.$$

令 $u=\frac{x}{y}$，则 $x=yu$，$\frac{\mathrm{d}x}{\mathrm{d}y}=u+y\frac{\mathrm{d}u}{\mathrm{d}y}$，代入方程得

$$u + y\frac{\mathrm{d}u}{\mathrm{d}y} = \frac{3u}{2} - \frac{1}{2u},$$

从而 $y\frac{\mathrm{d}u}{\mathrm{d}y}=\frac{u^2-1}{2u}$，积分得

$$\int \frac{2u}{u^2 - 1}\mathrm{d}u = \int \frac{1}{y}\mathrm{d}y,$$

解得

$$\ln|u^2 - 1| = \ln|y| + \ln C,$$

整理得 $u^2-1=Cy$，回代 $u=\frac{x}{y}$，解得 $\left(\frac{x}{y}\right)^2-1=Cy$，因此方程的通解为 $Cy^3+y^2-x^2=0$. 由初值条件 $y|_{x=0}=1$，解得 $C=1$，因此方程的特解为 $y^3-y^2+x^2=0$.

5. (1) $y=\mathrm{e}^{-\int P(x)\mathrm{d}x}\left[\int Q(x)\mathrm{e}^{\int P(x)\mathrm{d}x}\mathrm{d}x+C\right]=\mathrm{e}^{-\int \tan x\mathrm{d}x}\left(\int \sec x\mathrm{e}^{\int \tan x\mathrm{d}x}\mathrm{d}x+C\right)$

$$=\mathrm{e}^{\ln\cos x}\left(\int \sec x\mathrm{e}^{-\ln\cos x}\mathrm{d}x+C\right)=\cos x\left(2\int \sec^2 x\mathrm{d}x+C\right)$$

$$=\cos x(\tan x+C).$$

(2) 整理得以 y 为自变量的一阶线性微分方程

$$\frac{\mathrm{d}x}{\mathrm{d}y}-\frac{1}{y\ln y}x=-\frac{1}{y},$$

因此

$$x=\mathrm{e}^{-\int P(y)\mathrm{d}y}\left[\int Q(y)\mathrm{e}^{\int P(y)\mathrm{d}y}\mathrm{d}y+C\right]=\mathrm{e}^{\int \frac{1}{y\ln y}\mathrm{d}y}\left(-\int \frac{1}{y}\mathrm{e}^{-\int \frac{1}{y\ln y}\mathrm{d}y}\mathrm{d}y+C\right)$$

$$=\left[-\int \frac{1}{y}\mathrm{e}^{-\ln(\ln y)}\mathrm{d}y+C\right]\mathrm{e}^{\ln(\ln y)}=\ln y\left(-\int \frac{1}{y\ln y}\mathrm{d}y+C\right)$$

$$=[-\ln(\ln y)+C]\ln y.$$

(3) 整理得以 y 为自变量的一阶线性微分方程为

$$\frac{\mathrm{d}x}{\mathrm{d}y}-\frac{3}{y}x=-\frac{1}{2}y,$$

因此

$$x=\mathrm{e}^{-\int P(y)\mathrm{d}y}\left[\int Q(y)\mathrm{e}^{\int P(y)\mathrm{d}y}\mathrm{d}y+C\right]=\mathrm{e}^{3\int \frac{1}{y}\mathrm{d}y}\left(-\frac{1}{2}\int y\mathrm{e}^{-3\int \frac{1}{y}\mathrm{d}y}\mathrm{d}y+C\right)$$

$$=\mathrm{e}^{3\ln y}\left(-\frac{1}{2}\int y\mathrm{e}^{-3\ln y}\mathrm{d}y+C\right)=y^3\left(-\frac{1}{2}\int y^{-2}\mathrm{d}y+C\right)$$

$$=y^3\left(\frac{1}{2y}+C\right)=\frac{1}{2}y^2+Cy^3.$$

(4) $y=\mathrm{e}^{-\int P(x)\mathrm{d}x}\left[\int Q(x)\mathrm{e}^{\int P(x)\mathrm{d}x}\mathrm{d}x+C\right]=\mathrm{e}^{\int \frac{1}{x+2}\mathrm{d}x}\left[\int (x^2+2x)\mathrm{e}^{-\int \frac{1}{x+2}\mathrm{d}x}\mathrm{d}x+C\right]$

$$=\mathrm{e}^{\ln(x+2)}\left[\int (x^2+2x)\mathrm{e}^{-\ln(x+2)}\mathrm{d}x+C\right]=(x+2)\left(\int x\mathrm{d}x+C\right)$$

$$=(x+2)\left(\frac{1}{2}x^2+C\right),$$

由初值条件 $y|_{x=-1}=\frac{3}{2}$，得 $C=1$，因此特解为

$$y=(x+2)\left(\frac{1}{2}x^2+1\right).$$

(5) $y=\mathrm{e}^{-\int P(x)\mathrm{d}x}\left[\int Q(x)\mathrm{e}^{\int P(x)\mathrm{d}x}\mathrm{d}x+C\right]=\mathrm{e}^{-\int 2x\mathrm{d}x}\left[\int (x\sin x)\mathrm{e}^{-x^2}\mathrm{e}^{\int 2x\mathrm{d}x}\mathrm{d}x+C\right]$

$$=\mathrm{e}^{-x^2}\left[\int (x\sin x)\mathrm{e}^{-x^2}\mathrm{e}^{x^2}\mathrm{d}x+C\right]=\mathrm{e}^{-x^2}\left(\int x\sin x\mathrm{d}x+C\right)$$

$$=\mathrm{e}^{-x^2}(-x\cos x+\sin x+C),$$

由 $y|_{x=0}=1$，解得 $C=1$，因此方程的特解为

$$y=e^{-x^2}(-x\cos x+\sin x+1).$$

(6) 方程变形为

$$y'-\frac{2}{x}y=\ln x,$$

$$y=\mathrm{e}^{-\int P(x)\mathrm{d}x}\left[\int Q(x)\mathrm{e}^{\int P(x)\mathrm{d}x}\mathrm{d}x+C\right]=\mathrm{e}^{\int\frac{2}{x}\mathrm{d}x}\left(\int\ln x\cdot\mathrm{e}^{-\int\frac{2}{x}\mathrm{d}x}\mathrm{d}x+C\right)$$

$$=x^2\left(\int\frac{\ln x}{x^2}\mathrm{d}x+C\right)=x^2\left[-\int\ln x\mathrm{d}\left(\frac{1}{x}\right)+C\right]$$

$$=x^2\left(-\frac{\ln x}{x}-\frac{1}{x}+C\right)=Cx^2-x\ln x-x,$$

由 $y|_{x=1}=0$,解得 $C=1$,因此方程的特解为

$$y=x^2-x\ln x-x.$$

6. (1) 方程整理为

$$y^{-\frac{1}{2}}y'+\frac{x}{1+x^2}y^{\frac{1}{2}}=x,$$

令 $u=y^{\frac{1}{2}}$,则 $u'=\frac{1}{2}y^{-\frac{1}{2}}y'$,代入方程得 $2u'+\frac{x}{1+x^2}u=x$,整理得

$$u'+\frac{1}{2}\frac{x}{1+x^2}u=\frac{1}{2}x,$$

因此通解为

$$u=\mathrm{e}^{-\int P(x)\mathrm{d}x}\left[\int Q(x)\mathrm{e}^{\int P(x)\mathrm{d}x}\mathrm{d}x+C\right]=\mathrm{e}^{-\frac{1}{2}\int\frac{x}{1+x^2}\mathrm{d}x}\left(\frac{1}{2}\int x\mathrm{e}^{\frac{1}{2}\int\frac{x}{1+x^2}\mathrm{d}x}\mathrm{d}x+C\right)$$

$$=\mathrm{e}^{-\frac{1}{4}\ln(1+x^2)}\left[\frac{1}{2}\int x\mathrm{e}^{\frac{1}{4}\ln(1+x^2)}\mathrm{d}x+C\right]=\frac{1}{\sqrt[4]{1+x^2}}\left[\frac{1}{5}(1+x^2)^{\frac{5}{4}}+C\right],$$

而 $u=y^{\frac{1}{2}}$,故原方程的通解为

$$y=\left[\frac{1}{5}(1+x^2)^{\frac{5}{4}}+C\right]^2\frac{1}{\sqrt{1+x^2}}.$$

(2) 方程整理为

$$y^{-2}y'-3xy^{-1}=x,$$

令 $u=y^{-1}$,$u'=-y^{-2}y'$,代入方程得 $-u'-3xu=x$,整理得

$$u'+3xu=-x.$$

因此通解为

$$u=\mathrm{e}^{-\int P(x)\mathrm{d}x}\left[\int Q(x)\mathrm{e}^{\int P(x)\mathrm{d}x}\mathrm{d}x+C\right]=\mathrm{e}^{-3\int x\mathrm{d}x}\left(-\int x\mathrm{e}^{3\int x\mathrm{d}x}\mathrm{d}x+C\right)$$

$$=\mathrm{e}^{-\frac{3}{2}x^2}\left(-\int x\mathrm{e}^{\frac{3}{2}x^2}\mathrm{d}x+C\right)=\mathrm{e}^{-\frac{3}{2}x^2}\left(-\frac{1}{3}\mathrm{e}^{\frac{3}{2}x^2}+C\right)=C\mathrm{e}^{-\frac{3}{2}x^2}-\frac{1}{3},$$

而 $u=y^{-1}$,故原方程的通解为

$$y=\left(C\mathrm{e}^{-\frac{3}{2}x^2}-\frac{1}{3}\right)^{-1}.$$

（3）方程整理为

$$y^{-2}y' + \frac{1}{x}y^{-1} = \frac{\ln x}{x},$$

令 $u=y^{-1}$，则 $u'=-y^{-2}y'$，代入方程得 $-u'+\frac{1}{x}u=\frac{\ln x}{x}$，化为标准形式为

$$u' - \frac{1}{x}u = -\frac{\ln x}{x}.$$

因此通解为

$$u = e^{-\int P(x)\mathrm{d}x}\left[\int Q(x)e^{\int P(x)\mathrm{d}x}\mathrm{d}x + C\right] = e^{\int\frac{1}{x}\mathrm{d}x}\left(-\int \frac{\ln x}{x}e^{-\int\frac{1}{x}\mathrm{d}x}\mathrm{d}x + C\right)$$

$$= x\left(-\int \frac{\ln x}{x^2}\mathrm{d}x + C\right) = x\left(\frac{\ln x+1}{x} + C\right) = \ln x + 1 + Cx.$$

回代 $u=y^{-1}$，故原方程的通解为

$$y = \frac{1}{\ln x + 1 + Cx}.$$

（4）方程整理为

$$y' - \frac{1}{\cos x}y = (\sin x - 1)y^2,$$

令 $u=y^{-1}$，则 $u'=-y^{-2}y'$，代入方程并化为标准形式

$$u' + \frac{1}{\cos x}u = 1 - \sin x.$$

因此通解为

$$u = e^{-\int P(x)\mathrm{d}x}\left[\int Q(x)e^{\int P(x)\mathrm{d}x}\mathrm{d}x + C\right] = e^{-\int\frac{1}{\cos x}\mathrm{d}x}\left[\int(1-\sin x)e^{\int\frac{1}{\cos x}\mathrm{d}x}\mathrm{d}x + C\right]$$

$$= e^{-\ln(\sec x+\tan x)}\left[\int(1-\sin x)e^{\ln(\sec x+\tan x)}\mathrm{d}x + C\right]$$

$$= \frac{\cos x}{1+\sin x}\left[\int(1-\sin x)\frac{1+\sin x}{\cos x}\mathrm{d}x + C\right] = \frac{\cos x}{1+\sin x}(\sin x + C).$$

回代 $u=y^{-1}$，故原方程的通解为

$$y = \frac{1+\sin x}{\cos x(\sin x + C)}.$$

7.（1）$y'' = \int(x - \cos x)\mathrm{d}x = \frac{1}{2}x^2 - \sin x + C_1,$

$$y' = \int\left(\frac{1}{2}x^2 - \sin x\right)\mathrm{d}x + C_1x = \frac{1}{6}x^3 + \cos x + C_1x + C_2,$$

$$y = \int\left(\frac{1}{6}x^3 + \cos x\right)\mathrm{d}x + \frac{C_1}{2}x^2 + C_2x = \frac{1}{24}x^4 + \sin x + Cx^2 + C_2x + C_3.$$

（2）令 $y'=p$，则 $y''=p'$，代入方程得 $(1-x^2)p'-xp=0$，分离变量积分得

$$\int \frac{1}{p}\mathrm{d}p = \int \frac{x}{1-x^2}\mathrm{d}x,$$

解得

$$\ln|p| = -\frac{1}{2}\ln|1-x^2| + \ln|C_1|.$$

整理得 $p=\frac{C_1}{\sqrt{1-x^2}}$，即 $y'=\frac{C_1}{\sqrt{1-x^2}}$，$y=C_1\arcsin x+C_2$，再由 $y|_{x=0}=0$，$y'|_{x=0}=1$，求出 $C_1=1$ 和 $C_2=0$，故原方程的特解为 $y=\arcsin x$.

(3) 令 $y'=p$，则 $y''=p'$，代入方程得

$$p'-\frac{1}{x}p=xe^x,$$

因此

$$p=e^{-\int P(x)dx}\left[\int Q(x)e^{\int P(x)dx}dx+C\right]=e^{\int\frac{1}{x}dx}\left(\int xe^x e^{-\int\frac{1}{x}dx}dx+C\right)$$

$$=x\left(\int e^x dx+C\right)=xe^x+Cx,$$

即 $y'=xe^x+Cx$，再积分得微分方程的通解为

$$y=xe^x-e^x+C_1x^2+C_2.$$

(4) 令 $y'=p(y)$，则 $y''=\frac{dp}{dy}p$，代入方程得

$$y^3\frac{dp}{dy}p=-1,$$

积分得 $\int p\,dp=-\int\frac{1}{y^3}dy$，$p^2=\frac{1}{y^2}+C_1$，解得

$$p=\sqrt{\frac{1}{y^2}+C_1}=\frac{\sqrt{1+C_1y^2}}{y},$$

即 $y'=\frac{\sqrt{1+C_1y^2}}{y}$，$\int\frac{y}{\sqrt{1+C_1y^2}}dy=\int dx$，$\frac{1}{C_1}\sqrt{1+C_1y^2}=x+C$，整理得

$$\sqrt{1+C_1y^2}=C_1x+C_1C=C_1x+C_2.$$

从而原方程的通解为 $1+C_1y^2=(C_1x+C_2)^2$.

(5) 令 $y''=p$，$y'''=p'$，代入方程得 $p'=p$，$\int\frac{1}{p}dp=\int dx+C$，解得

$$\ln|p|=x+C,$$

从而 $p=\pm e^{x+C}=C_1e^x$，即 $y''=C_1e^x$，再积分得 $y'=C_1e^x+C_2$，再积分得方程的通解为

$$y=C_1e^x+C_2x+C_3.$$

(6) 令 $y'=p$，则 $y''=\frac{dp}{dx}$，代入方程得 $\frac{dp}{dx}=3\sqrt{p}$，$\int\frac{1}{\sqrt{p}}dp=3\int dx$，解得

$$2\sqrt{p}=3x+C_1.$$

由初值条件 $y'|_{x=0}=2$，解得 $C_1=2\sqrt{2}$，因此 $2\sqrt{y'}=3x+2\sqrt{2}$. 整理得

$$\sqrt{y'}=\frac{3}{2}x+\sqrt{2},\quad y'=\frac{9}{4}x^2+3\sqrt{2}x+2,$$

因此方程的通解为

$$y=\frac{3}{4}x^3+\frac{3\sqrt{2}}{2}x^2+2x+C_2.$$

由初值条件 $y|_{x=0}=1$，解得 $C_2=1$，因此方程的特解为

$$y = \frac{3}{4}x^3 + \frac{3\sqrt{2}}{2}x^2 + 2x + 1.$$

8. (1) 特征方程为 $r^2-5r+6=0$,特征根为 $r_1=2,r_2=3$,则通解为

$$y = C_1 e^{2x} + C_2 e^{3x}.$$

(2) 特征方程为 $r^2+1=0$,特征根为 $r_{1,2}=\pm i$,因此方程的通解为

$$y = C_1\cos x + C_2\sin x,$$

其中 C_1,C_2 为任意实数.

(3) 特征方程为 $r^2-10r+25=0$,特征根为 $r_1=r_2=5$,则通解为

$$y = e^{5x}(C_1 + C_2 x).$$

由初值条件 $y(0)=0$,解得 $C_2=0$,因此 $y=C_1xe^{5x}$. 而 $y'=C_1(5x+1)e^{5x}$,由初值条件 $y'(0)=1$,解得 $C_1=1$,因此方程的特解为 $y=xe^{5x}$.

(4) 特征方程为 $r^2-2r+10=0$,特征根为 $r_{1,2}=1\pm 3i$,方程的通解为

$$y = e^x(C_1\sin 3x + C_2\cos 3x),$$

由初值条件 $y|_{\frac{\pi}{2}}=0$,解得 $C_1=0$. 因此,$y=C_2e^x\cos 3x$. 而 $y'=C_2e^x(\cos 3x-3\sin 3x)$,由初值条件 $y'|_{\frac{\pi}{6}}=e^{\frac{\pi}{6}}$,解得 $C_2=-\frac{\pi}{18}e^{-\frac{\pi}{6}}$,特解为

$$y = -\frac{\pi}{18}e^{-\frac{\pi}{6}+x}\cos 3x.$$

9. (1) 特征方程为 $r^2-2r+2=0$,特征根为 $r_{1,2}=1\pm i$,则齐次方程的通解为

$$y = e^x(C_1\sin x + C_2\cos x).$$

设非齐次方程的特解为

$$y^* = ax^2 + bx + c.$$

则 $y^{*\prime}=2ax+b, y^{*\prime\prime}=2a$,代入方程比较两端同次项系数得,$a=\frac{1}{2},b=1,c=\frac{1}{2}$,因此特解为

$$y^* = \frac{1}{2}x^2 + x + \frac{1}{2}.$$

故原方程的通解为

$$y = \frac{1}{2}x^2 + x + \frac{1}{2} + e^x(C_1\sin x + C_2\cos x).$$

(2) 特征方程为 $r^2+2r+1=0$,特征根为 $r_1=r_2=-1$,则齐次方程的通解为

$$y = e^{-x}(C_1 + C_2 x).$$

设非齐次方程的特解为

$$y^* = (ax + b)e^x.$$

代入方程比较两端同次项系数得,$a=\frac{1}{4},b=-\frac{1}{4}$,因此特解为

$$y^* = (-12x + 1)e^{-2x}.$$

故原方程的通解为

$$y = e^{-x}(C_1 + C_2 x) + \frac{1}{4}(x - 1)e^x.$$

(3) 特征方程为 $r^2-6r+8=0$,特征根为 $r_1=2,r_2=4$,则齐次方程的通解为

$$y=C_1e^{2x}+C_2e^{4x}.$$

设非齐次方程的特解为

$$y^*=ax^2+bx+c.$$

则

$$y^{*\prime}=2ax+b,\quad y^{*\prime\prime}=2a.$$

代入方程比较两端同次项系数得,$a=1,b=2,c=1$,因此特解为

$$y^*=x^2+2x+1.$$

故原方程的通解为 $y=x^2+2x+1+C_1e^{2x}+C_2e^{4x}$.

(4) 特征方程为 $r^2-2r+5=0$,特征根为 $r_{1,2}=1\pm2\mathrm{i}$,则齐次方程的通解为

$$y=e^x(C_1\sin2x+C_2\cos2x).$$

设非齐次方程的特解为

$$y*=a\sin2x+b\cos2x.$$

则

$$y^{*\prime}=2a\cos2x-2b\sin2x,\quad y^{*\prime\prime}=-4a\sin2x-4b\cos2x.$$

代入方程比较两端同次项系数得,$a=-\dfrac{4}{17},b=\dfrac{1}{17}$,因此特解为

$$y^*=-\frac{4}{17}\sin2x+\frac{1}{17}\cos2x.$$

故非齐次线性微分方程的通解为

$$y=-\frac{4}{17}\sin2x+\frac{1}{17}\cos2x+e^x(C_1\sin2x+C_2\cos2x).$$

(5) 特征方程为 $r^2-2r=0$,特征根为 $r_1=0,r_2=2$,则齐次方程的通解为

$$y=C_1+C_2e^{2x}.$$

设非齐次方程的特解为 $y^*=axe^{2x}$,则代入方程比较两端同次项系数得 $a=\dfrac{1}{2}$,特解为

$$y^*=\frac{1}{2}xe^{2x}.$$

因此非齐次方程的通解为

$$y=C_1+C_2e^{2x}+\frac{1}{2}xe^{2x}.$$

由初值条件 $y(0)=0,y'(0)=0$,解得 $C_1=\dfrac{3}{4},C_2=\dfrac{1}{4}$,因此原方程的特解为

$$y=\frac{3}{4}+\frac{1}{4}e^{2x}+\frac{1}{2}xe^{2x}.$$

(6) 方程整理得

$$y''-y=\frac{1}{2}-\frac{1}{2}\cos2x.$$

对应的齐次方程的特征方程为 $r^2-1=0$,特征根为 $r_1=-1,r_2=1$,则齐次方程的通解为

$$y=C_1e^{-x}+C_2e^x.$$

先求微分方程 $y''-y=\frac{1}{2}$ 的一个特解，显然 $y_1^*=-\frac{1}{2}$ 是此方程的一个特解；再求微分方程 $y''-y=-\frac{1}{2}\cos 2x$ 的一个特解，设

$$y_2^*=a\sin 2x+b\cos 2x.$$

则

$$y_2^{*\prime}=2a\cos 2x-2b\sin 2x,\quad y_2^{*\prime\prime}=-4a\sin 2x-4b\cos 2x.$$

代入方程得 $a=0,b=\frac{1}{10}$. 特解为 $y_2^*=\frac{1}{10}\cos 2x$，则非齐次微分方程的特解为

$$y_1^*+y_2^*=-\frac{1}{2}+\frac{1}{10}\cos 2x.$$

则非齐次方程的通解为

$$y=-\frac{1}{2}+\frac{1}{10}\cos 2x+C_1\mathrm{e}^{-x}+C_2\mathrm{e}^{x}.$$

10. (1) 欧拉方程. 令 $x=\mathrm{e}^t$，则

$$x\frac{\mathrm{d}y}{\mathrm{d}x}=Dy,\quad x^2\frac{\mathrm{d}^2y}{\mathrm{d}x^2}=D(D-1)y,\quad x^3\frac{\mathrm{d}^3y}{\mathrm{d}x^3}=D(D-1)(D-2)y,$$

代入原方程，整理得，$(D^2-1)y=0$，即

$$y''-y=0.$$

特征方程 $r^2-1=0$，特征根为 $r_1=1,r_2=-1$. 从而所求方程的通解为

$$y=C_1\mathrm{e}^t+C_2\mathrm{e}^{-t}=C_1x+C_2x^{-1}.$$

(2) 欧拉方程. 令 $x=\mathrm{e}^t$，则

$$x\frac{\mathrm{d}y}{\mathrm{d}x}=Dy,\quad x^2\frac{\mathrm{d}^2y}{\mathrm{d}x^2}=D(D-1)y,\quad x^3\frac{\mathrm{d}^3y}{\mathrm{d}x^3}=D(D-1)(D-2)y,$$

代入原方程，整理得 $(D^2-5D+6)y=\mathrm{e}^t$，即

$$y''-5y'+6y=\mathrm{e}^t,\tag{*}$$

特征方程 $r^2-5r+6=0$，特征根为 $r_1=2,r_2=3$. 从而(*)式对应的齐次方程的通解为 $\tilde{y}=C_1\mathrm{e}^{2t}+C_2\mathrm{e}^{3t}$. 利用待定系数法可以求得特解为 $y^*=\frac{1}{2}\mathrm{e}^t$. 因此(*)式的通解为

$$y=C_1\mathrm{e}^{2t}+C_2\mathrm{e}^{3t}+\frac{1}{2}\mathrm{e}^t.$$

所以，原方程的通解为

$$y=C_1x^2+C_2x^3+\frac{1}{2}x.$$

(3) 欧拉方程. 令 $x=\mathrm{e}^t$，则

$$x\frac{\mathrm{d}y}{\mathrm{d}x}=Dy,\quad x^2\frac{\mathrm{d}^2y}{\mathrm{d}x^2}=D(D-1)y,\quad x^3\frac{\mathrm{d}^3y}{\mathrm{d}x^3}=D(D-1)(D-2)y,$$

代入原方程，整理得，$(D^2-4D-8)y=t\mathrm{e}^t$，即

$$y''-4y'-8y=t\mathrm{e}^t,\tag{*}$$

特征方程 $r^2-4r-8=0$，特征根为 $r=2\pm2\sqrt{3}$. 从而(*)对应的齐次方程的通解为 $\tilde{y}=$

$C_1e^{(2-2\sqrt{3})t}+C_2e^{(2+2\sqrt{3})t}$. 利用待定系数法可以求得特解为 $y^*=\frac{1}{121}(2-11t)e^t$. 因此,(*)式的通解为

$$y=C_1e^{(2-2\sqrt{3})t}+C_2e^{(2+2\sqrt{3})t}+\frac{1}{121}(2-11t)e^t.$$

所以,原方程的通解为

$$y==C_1x^{2-2\sqrt{3}}+C_2x^{2+2\sqrt{3}}+\frac{x}{121}(2-11\ln x).$$

(4) 欧拉方程. 令 $x=e^t$,则

$$x\frac{dy}{dx}=Dy,\quad x^2\frac{d^2y}{dx^2}=D(D-1)y,\quad x^3\frac{d^3y}{dx^3}=D(D-1)(D-2)y,$$

代入原方程,整理得,

$$(D^2-2D+2)y=18e^t\cos t,$$

即

$$y''-2y'+2y=18e^t\cos t, \tag{*}$$

特征方程 $r^2-2r+2=0$,特征根为 $r=1\pm i$. 从而(*)对应的齐次方程的通解为 $\tilde{y}=e^t(C_1\cos t+C_2\sin t)$. 利用待定系数法可以求得特解为 $y^*=9te^t\sin t$. 故(*)式的通解为

$$y=e^t(C_1\cos t+C_2\sin t)+9te^t\sin t.$$

所以,原方程的通解为

$$y=x[C_1\cos(\ln x)+C_2\sin(\ln x)]+9x\ln x\sin(\ln x).$$

11. 对所给关系式两端关于 x 求导,可得 $f'(x)=xf(x)-2x$,记 $y=f(x)$,则上式可化为

$$y'-xy=-2x.$$

从而

$$y=e^{-\int P(x)dx}\left(\int Q(x)e^{\int P(x)dx}dx+C\right)=Ce^{\frac{1}{2}x^2}+2.$$

由 $y|_{x=0}=0$,得 $C=-2$,故 $y=f(x)=2-2e^{\frac{1}{2}x^2}$.

12. 令 $x-t=u$, $dt=-du$. 当 $t=0$ 时,$u=x$; 当 $t=x$ 时,$u=0$. 从而

$$\begin{aligned}\int_0^x tf(x-t)dt&=\int_x^0(x-u)f(u)(-du)=\int_0^x(x-u)f(u)du\\&=x\int_0^x f(u)du-\int_0^x uf(u)du.\end{aligned}$$

所以

$$f(x)=e^x+x\int_0^x f(u)du-\int_0^x uf(u)du.$$

对上式两端关于 x 求导,可得 $f'(x)=e^x+\int_0^x f(u)du$,再求导并移项,

$$f''(x)-f(x)=e^x.$$

此为二阶非齐次线性微分方程,求得其通解为

$$f(x)=C_1e^x+C_2e^{-x}+\frac{1}{2}xe^x.$$

注意到 $f(0)=0, f'(0)=1$，可以得到

$$f(x)=\frac{3}{4}e^{x}+\frac{1}{4}e^{-x}+\frac{1}{2}xe^{x}.$$

13. 由题意得

$$2x^{3}=\int_{0}^{x}f(x)dx-\frac{1+f(x)}{2}\cdot x,$$

两边求导得

$$y'-\frac{y}{x}=-12x-\frac{1}{x}.$$

这是一阶线性微分方程. 通解为

$$\begin{aligned}y&=e^{\int\frac{1}{x}dx}\left[\int\left(-12x-\frac{1}{x}\right)e^{-\int\frac{1}{x}dx}dx+C\right]\\&=x\left[\int\left(-12x-\frac{1}{x}\right)\frac{1}{x}dx+C\right]=-12x^{2}+1+Cx.\end{aligned}$$

由 $f(1)=0$ 得 $C=11$，所以 $f(x)=-12x^{2}+11x+1$.

14. (1)方程 $y''+2y'+ky=0$ 的特征方程为 $r^{2}+2r+k=0$. 判别式 $\Delta=4-4k>0$，从而特征方程有两个不同的实根 r_{1}, r_{2}，且由求根公式 $r_{1,2}=\frac{-2\pm\sqrt{4-4k}}{2}$ 知两个根均小于零. 从而微分方程的特解为

$$y=C_{1}e^{r_{1}x}+C_{2}e^{r_{2}x}.$$

所以

$$\int_{0}^{+\infty}y(x)dx=\int_{0}^{+\infty}(C_{1}e^{r_{1}x}+C_{2}e^{r_{2}x})dx=\left(\frac{C_{1}}{r_{1}}e^{r_{1}x}+\frac{C_{2}}{r_{2}}e^{r_{2}x}\right)\Bigg|_{0}^{+\infty}=-\frac{C_{1}}{r_{1}}-\frac{C_{2}}{r_{2}},$$

从而反常积分 $\int_{0}^{+\infty}y(x)dx$ 收敛；

(2) 由 $y(0)=1, y'(0)=1$，得 $C_{1}+C_{2}=1, C_{1}r_{1}+C_{2}r_{2}=1$. 再由根与系数的关系得 $r_{1}+r_{2}=-2, r_{1}r_{2}=k$. 从而求得

$$\int_{0}^{+\infty}y(x)dx=-\frac{C_{1}}{r_{1}}-\frac{C_{2}}{r_{2}}=-\frac{C_{1}r_{2}+C_{2}r_{1}}{r_{1}r_{2}}=\frac{3}{k}.$$

15. 在等式中令 $x=y=1$，则有 $f(1)=f(1)+f(1)$，可得 $f(1)=0$. 当 $x\in(0,+\infty)$ 时，

$$\begin{aligned}f'(x)&=\lim_{\Delta x\to 0}\frac{f(x+\Delta x)-f(x)}{\Delta x}=\lim_{\Delta x\to 0}\frac{f\left[x\left(1+\frac{\Delta x}{x}\right)\right]-f(x)}{\Delta x}\\&=\lim_{\Delta x\to 0}\frac{f(x)+f\left(1+\frac{\Delta x}{x}\right)+(x-1)\left(1+\frac{\Delta x}{x}-1\right)-f(x)}{\Delta x}\\&=\lim_{\Delta x\to 0}\frac{f\left(1+\frac{\Delta x}{x}\right)+(x-1)\frac{\Delta x}{x}}{\Delta x}\end{aligned}$$

$$=\lim_{\Delta x\to 0}\frac{f\left(1+\frac{\Delta x}{x}\right)}{\Delta x}+1-\frac{1}{x}=\lim_{\Delta x\to 0}\frac{f\left(1+\frac{\Delta x}{x}\right)-f(1)}{\frac{\Delta x}{x}}\frac{1}{x}+1-\frac{1}{x}$$

$$=\frac{1}{x}f'(1)+1-\frac{1}{x}$$

$$=\frac{5}{x}+1-\frac{1}{x}=\frac{4}{x}+1,$$

所以 $f(x)=4\ln|x|+x+C$. 再由 $f(1)=0$,得 $f(x)=4\ln|x|+x-1$.

16. 由已知有

$$y'=\lim_{\Delta x\to 0}\frac{\Delta y}{\Delta x}=\lim_{\Delta x\to 0}\left[\frac{x(1+2y)}{1+x^2}+\frac{o(\Delta x)}{\Delta x}\right]=\frac{x(1+2y)}{1+x^2},$$

从而,$y'=\frac{x(1+2y)}{1+x^2}$. 分离变量$\frac{\mathrm{d}y}{1+2y}=\frac{x}{1+x^2}\mathrm{d}x$,两边积分,得

$$\frac{1}{2}\ln|1+2y|=\frac{1}{2}\ln(1+x^2)+\frac{1}{2}\ln|C|,$$

即 $1+2y=C(1+x^2)$. 再由 $y(0)=0$,得 $C=1$,故 $y=\frac{1}{2}x^2$.

17. 对等式 $\int_0^{f(x)}g(t)\mathrm{d}t=x^2\mathrm{e}^x$ 两边对 x 求导,得

$$g[f(x)]f'(x)=2x\mathrm{e}^x+x^2\mathrm{e}^x,$$

而 $g[f(x)]=x$,所以,当 $x\neq 0$ 时,$f'(x)=2\mathrm{e}^x+x\mathrm{e}^x$,积分得

$$f(x)=\mathrm{e}^x(x+1)+C.$$

由于 $f(x)$在 $x=0$ 处连续,故有

$$0=f(0)=\lim_{x\to 0}f(x)=\lim_{x\to 0}[\mathrm{e}^x(x+1)+C]=1+C,$$

故 $C=-1$,因此 $f(x)=\mathrm{e}^x(x+1)-1$.

第二部分

模拟试题及详解

模拟试题一

一、填空题

(1) $\lim\limits_{n\to\infty}\dfrac{3^n-(-1)^n}{3^{n+1}+(-1)^n}=$________.

(2) 为使 $f(x)=\dfrac{\sqrt{1-x^4}-1}{1-\cos(x^2)}$在 $x=0$ 处连续,须补充定义 $f(0)=$________.

(3) $f(x)=\dfrac{x^2-1}{x^2-3x+2}$的可去间断点为________.

(4) 设 $f(x)=x(2x-1)(3x-2)\cdots(2016x-2015)$,则 $f'(0)=$________.

(5) 设 $f'(x)=\sin\sqrt{x}\,(x>0)$,又 $y=f(x^2)$,则 $\mathrm{d}y=$________.

(6) 若 $f(x)=\dfrac{1}{1+x^2}+\sqrt{1-x^2}\displaystyle\int_0^1 f(x)\mathrm{d}x$,则$\displaystyle\int_0^1 f(x)\mathrm{d}x=$________.

(7) 函数 $f(x)=\ln\sin x$ 在$\left[\dfrac{\pi}{6},\dfrac{5}{6}\pi\right]$上满足罗尔定理的 $\xi=$________.

(8) $\displaystyle\int_0^{+\infty}x^3\mathrm{e}^{-x}\mathrm{d}x=$________.

(9) 已知 $f'(x)=1, f(0)=1$,则$\displaystyle\int f(x)\mathrm{d}x=$________.

(10) 微分方程$\dfrac{\mathrm{d}y}{\mathrm{d}x}=(2x+\mathrm{e}^x)y^2, y(0)=-1$,则微分方程的解为________.

二、单项选择题

(1) 若 $f(x)$在$(-\infty,+\infty)$内有定义,则下列函数(　　)是偶函数.

(A) $f(x^3)$;　(B) $f^2(x)$;

(C) $f(x)-f(-x)$;　(D) $f(x)+f(-x)$.

(2) 极限 $\lim\limits_{x\to+\infty}\sin[\arctan(\ln x)]=$(　　).

(A) 1;　(B) -1;　(C) 0;　(D) 不存在.

(3) 函数 $f(x)$可微,则$\lim\limits_{x\to1}\dfrac{f(2-x)-f(1)}{x-1}=$(　　).

(A) $-f'(-1)$；　(B) $-f'(1)$；　(C) $f'(1)$；　(D) $f'(-1)$.

(4) 设 $f'(x)$在 $x=2$ 处连续，且$\lim\limits_{x\to 2}\dfrac{f'(x)}{x-2}=-2$，则(　　).

(A) $x=2$ 为 $f(x)$的极小值点；

(B) $x=2$ 为 $f(x)$的极大值点；

(C) $(2,f(2))$是曲线 $y=f(x)$的拐点；

(D) $x=2$ 不是 $f(x)$的极值点，$(2,f(2))$不是曲线 $y=f(x)$的拐点.

(5) 若$\int xf(x)\mathrm{d}x=\arcsin x+C$，则$\int\dfrac{1}{f(x)}\mathrm{d}x=$(　　).

(A) $-\dfrac{1}{3}\sqrt{(1-x^2)^3}+C$；　(B) $-\dfrac{1}{2}\sqrt{(1-x^2)^3}+C$；

(C) $\dfrac{1}{3}(1-x^2)^{\frac{2}{3}}+C$；　(D) $\dfrac{2}{3}(1-x^2)^{\frac{2}{3}}+C$.

(6) 设函数 $f(x)$在$[-a,a]$上连续的，则$\int_{-a}^{a}f(x)\mathrm{d}x=$(　　).

(A) $2\int_0^a f(x)\mathrm{d}x$；　(B) 0；

(C) $\int_0^a[f(x)+f(-x)]\mathrm{d}x$；　(D) $\int_0^a[f(x)-f(-x)]\mathrm{d}x$.

三、计算题

1. 求极限$\lim\limits_{x\to 0}\left(\dfrac{1}{x^2}-\dfrac{1}{x\tan x}\right)$.

2. 设 $f(x-2)=\left(1-\dfrac{3}{x}\right)^x$，求$\lim\limits_{x\to\infty}f(x)$.

3. 设 $y=f(x)=\begin{cases}x^2\sin\dfrac{1}{x}, & x>0,\\ 0, & x=0,\\ \dfrac{1-\cos x^2}{x}, & x<0,\end{cases}$ 试求 $f'(x)$.

4. 设 $y=f(x)$由参数方程$\begin{cases}x=(t-1)\mathrm{e}^t\\ y=1-t^4\end{cases}$确定，试求$\dfrac{\mathrm{d}y}{\mathrm{d}x}$和$\dfrac{\mathrm{d}^2y}{\mathrm{d}x^2}$.

5. 设$\lim\limits_{x\to+\infty}f'(x)=K$，求$\lim\limits_{x\to+\infty}[f(x+a)-f(x)]$，其中 $a>0$.

6. 设 $f(x)=ax^3-3ax^2+b(a>0)$在区间$[-1,2]$上的最大值为 1，最小值为-3，试求常数 a 和 b 的值.

7. 求不定积分$\int\dfrac{\ln(\sin x)}{\sin^2x}\mathrm{d}x$.

8. 求定积分$\int_0^1\dfrac{\arcsin\sqrt{x}}{\sqrt{x(1-x)}}\mathrm{d}x$.

9. 设 $y=f(x)$满足 $y''+4y=2x$，$f(0)=0$，$f'(0)=0$，试求 $f(x)$的表达式.

四、应用题

1. 某游艇在速度为5(米/秒)时关闭发动机,靠惯性在水中滑行.假设游艇滑行时所受到的阻力与其速度成正比,已知4秒后游艇的速度为2.5(米/秒).试求游艇速度 v 与时间 t 的关系,并求游艇滑行的最大距离.

2. 利用导数方法作函数 $y=f(x)=\frac{x^2}{x+1}$ 的图像.

五、证明题

证明当 $x>0$ 时,不等式 $\cos x>1-\frac{x^2}{2}$ 成立.

模拟试题二

一、填空题

(1) 已知函数 $f(x)$的定义域为$[0,4]$,则 $f(x^2)+f(x-1)$的定义域为________.

(2) 已知$\lim\limits_{n\to\infty}\dfrac{an^2+bn+5}{3n-2}=2$,则 $a=$________,$b=$________.

(3) 当 $k=$________时,$f(x)=\begin{cases}x\ln|x|, & x\neq 0\\ k, & x=0\end{cases}$在 $x=0$ 处连续.

(4) 设函数 $f(x)$在 $x=0$ 处可导,且 $f(0)=1$,则$\lim\limits_{x\to1}\dfrac{f(\ln x)-1}{x-1}=$________.

(5) 若 $f(x)=x^{\tan x}$,则 $f'(x)=$________.

(6) 曲线 $y=\left(\dfrac{x+1}{x-1}\right)^x$ 的水平渐近线为________.

(7) 将函数 $y=\mathrm{e}^{2x}$展开为带有皮亚诺余项的三阶麦克劳林公式为________.

(8) 已知$\int f(x)\mathrm{d}x=\arcsin x+C$,则$\int xf(x^2)\mathrm{d}x=$________.

(9) 不定积分$\int \mathrm{e}^{\mathrm{e}^x+x}\mathrm{d}x=$________.

(10) $\lim\limits_{x\to0}\dfrac{\int_0^x t\sin 2t\mathrm{d}t}{x^3}=$________.

(11) 若$\int_0^1\dfrac{kx}{(1+x^2)^2}\mathrm{d}x=1$,则 $k=$________.

(12) 方程 $4y''+8y'+3y=0$ 的通解为________.

二、单项选择题

(1) 若在$(-\infty,+\infty)$内 $f(x)$单调增加,$g(x)$单调减少,则 $f[g(x)]$在$(-\infty,+\infty)$内(　　).

(A) 单调增加;　　(B) 单调减少;

(C) 不是单调函数;　　(D) 增减性难以判定.

(2) 设 $f(x)=\arctan(x^2)$，则 $\lim\limits_{x\to 0}\dfrac{f(x_0)-f(x_0-x)}{x}=(\quad)$.

(A) $\dfrac{1}{1+x_0^2}$；(B) $\dfrac{-2x_0}{1+x_0^2}$；(C) $\dfrac{2x_0}{1+x_0^4}$；(D) $\dfrac{2x_0}{1+x_0^4}$.

(3) 函数 $f(x)$ 在点 $x=x_0$ 处可微是它在点 $x=x_0$ 连续的(　　)条件.

(A) 必要而不充分；(B) 充分而不必要；

(C) 充分必要；(D) 不确定.

(4) $\displaystyle\int\frac{2x}{x^2-2x+5}\mathrm{d}x=(\quad)$.

(A) $\ln(x^2-2x+5)+2\arctan\dfrac{x-1}{2}+C$；

(B) $\ln(x^2-2x+5)+\dfrac{1}{2}\arctan\dfrac{x-1}{2}+C$；

(C) $\ln(x^2-2x+5)+\arctan\dfrac{x}{2}+C$；

(D) $\ln(x^2-2x+5)+\arctan\dfrac{x-1}{2}+C$.

(5) 下列广义积分收敛的是(　　).

(A) $\displaystyle\int_{-\infty}^{+\infty}\frac{1}{1+x^2}\mathrm{d}x$；(B) $\displaystyle\int_{1}^{+\infty}\frac{1}{x}\mathrm{d}x$；(C) $\displaystyle\int_{1}^{+\infty}\frac{1}{x-1}\mathrm{d}x$；(D) $\displaystyle\int_{1}^{+\infty}\mathrm{e}^{x-1}\mathrm{d}x$.

三、计算题

1. 已知 $y=\sec(2x)+\arctan(3x)$，求 $\mathrm{d}y$.

2. 设连续函数 $f(x)$ 满足 $f(x)=4x^3+2x+3\lim\limits_{x\to 1}f(x)$，求 $\displaystyle\int f(x)\mathrm{d}x$.

3. 求极限 $\lim\limits_{x\to+\infty}(x+\sqrt{1+x^2})^{\frac{1}{x}}$.

4. 已知函数 $y=\left(\dfrac{b}{a}\right)^{\sin x}\left(\dfrac{b}{x+1}\right)^{a}\left(\dfrac{x+2}{a}\right)^{b}$，其中 $a,b>0$，求 y'.

5. 已知曲线 $y=kx^2(k>0)$ 与 $y=\ln x-\dfrac{1}{2}$ 相切，试求常数 k 的值.

6. 已知 $y=f(\mathrm{e}^x+y)$ 确定隐函数 $y=y(x)$，其中 f 二阶可导且其一阶导数 $f'\neq 1$，求 $\dfrac{\mathrm{d}y}{\mathrm{d}x}$ 和 $\dfrac{\mathrm{d}^2y}{\mathrm{d}x^2}$.

7. 求不定积分 $\displaystyle\int\frac{x\cos^4\frac{x}{2}}{\sin^3 x}\mathrm{d}x$.

8. 求定积分 $\displaystyle\int_{-2}^{-1}\frac{\sqrt{x^2-1}}{x}\mathrm{d}x$.

9. 求解微分方程 $y''-\dfrac{2}{x}y'-x^2=0$ 的通解.

四、应用题

1. 利用导数方法作函数 $f(x)=\dfrac{2x}{x^2+1}$ 的图像.

2. 设有一个边长为 a 的质地均匀的正立方体 Γ 沉入一个体积很大的水池，假设水池的水深为 a，并且立方体 Γ 的上表面恰好与水面重合，又设水的密度为 ρ，立方体 Γ 的密度为 $k\rho$，其中 $k>1$ 为常数，重力加速度为 g. 试利用定积分方法计算将立方体 Γ 提升出水面需要做的功.

五、证明题

证明对于 $\forall x\in(-\infty,+\infty)$，不等式 $1+x\ln(x+\sqrt{1+x^2})\geqslant\sqrt{1+x^2}$ 成立.

模拟试题三

一、填空题

(1) $y=f(x)=(2x+1)^2, x\geqslant 0$，则 $y=f(x)$ 的反函数为________.

(2) $\lim\limits_{x\to+\infty}(\sqrt{x^2-x+2}-\sqrt{x^2+2x})=$________.

(3) 若 $\lim\limits_{x\to 0}\dfrac{1-\cos(kx)}{\mathrm{e}^{kx^2}-1}=2$，其中 $k\neq 0$，则常数 $k=$________.

(4) 已知函数 $f(x)=\begin{cases}\dfrac{x}{1+\mathrm{e}^{\frac{1}{x}}}, & x\neq 0\\ k, & x=0\end{cases}$ 在 $x=0$ 处连续，则 $k=$________.

(5) 若 $f(x)=f(-x)$，且 $f'(-1)=2$，则 $f'(1)=$________.

(6) 写出 $f(x)=\sqrt{x}$ 按 $(x-1)$ 的幂展开的带有皮亚诺余项的三阶泰勒公式________.

(7) 求函数 $y=\dfrac{x}{\sqrt{x^2-1}}$ 的水平渐近线________.

(8) 若 $\int f(\sqrt{x})\mathrm{d}x=x^2+C$，则 $\int f(x)\mathrm{d}x=$________.

(9) 将极限 $\lim\limits_{n\to\infty}\dfrac{1}{n}\left(\sqrt{\dfrac{1}{n}}+\sqrt{\dfrac{2}{n}}+\cdots+\sqrt{\dfrac{n}{n}}\right)$ 表示为定积分的形式为________.

(10) 若 $\int_0^{x^2}f(t)\mathrm{d}t=\ln(1+x^2)$，则 $f(x)=$________.

(11) 方程 $\dfrac{\mathrm{d}x}{y}+\dfrac{\mathrm{d}y}{x}=0$ 的通解为________.

二、单项选择题

(1) 下列表达式为基本初等函数的是(　　).

(A) $y=\cos(2x)$；

(B) $y=\arctan x$；

(C) $y=\begin{cases}2x+1, & x>0,\\ \mathrm{e}^x-1, & x<0;\end{cases}$

(D) $y=\ln(x+1)$.

(2) 设 $f(x)=\begin{cases}\dfrac{1-\cos x}{\sqrt{x}}, & x>0,\\ x^2\varphi(x), & x\leqslant 0,\end{cases}$ 其中 $\varphi(x)$ 为有界函数,则 $f(x)$ 在 $x=0$ 处(　　).

(A) 极限不存在;　　(B) 极限存在但不连续;

(C) 连续但不可导;　　(D) 可导.

(3) 设偶函数 $f(x)$ 具有连续的二阶导数,且 $f''(0)\neq 0$,则 $x=0$(　　).

(A) 不是 $f(x)$ 的驻点;　　(B) 必是 $f(x)$ 的极值点;

(C) 不是 $f(x)$ 极值点;　　(D) 是否为极值点无法确定.

(4) 若 $F'(x)=f(x)$,则下列选项不正确的是(　　).

(A) $\int e^{2x}f(e^{2x})dx=F(e^{2x})+C$;　　(B) $\int \dfrac{f(\tan x)}{\cos^2 x}dx=F(\tan x)+C$;

(C) $\int \dfrac{f(x^{-1})}{x^2}dx=-F(x^{-1})+C$;　　(D) $\int \dfrac{f(\ln x)}{x}dx=F(\ln x)+C$.

(5) 微分方程 $x^2y\,dx=(1-y^2+x^2-x^2y^2)dy$ 是(　　)微分方程.

(A) 齐次;　　(B) 可分离变量;

(C) 一阶线性齐次;　　(D) 一阶线性非齐次.

三、计算题

1. $\lim\limits_{x\to 0}\dfrac{\sqrt{1+x\sin x}-1}{x\ln(1+2x)}$.

2. 求极限 $\lim\limits_{x\to 0}\left(\dfrac{\tan x}{x}\right)^{\frac{1}{x^2}}$.

3. 设 $f(x)=\begin{cases}x^{\alpha}\cos\dfrac{1}{x} & x\neq 0\\ 0 & x=0\end{cases}$,试讨论当 α 满足什么条件时,$f'(x)$ 在 $x=0$ 处连续.

4. 设 $y=\dfrac{x}{2}\sqrt{x^2+a^2}+\dfrac{a^2}{2}\ln(x+\sqrt{x^2+a^2})$,试求 $\dfrac{dy}{dx}$ 和 $\dfrac{d^2y}{dx^2}$.

5. 设 $e^{2xy}+2xe^{y}-3\ln x=0$ 确定隐函数 $y=f(x)$,试求 y'.

6. 设 $f(x)$ 可导,且满足 $xf'(x)=f'(-x)+1$,$f(0)=0$,试求(1) $f'(x)$;(2) $f(x)$ 的极值.

7. 求解不定积分 $\int\dfrac{\ln\tan x}{\cos x\sin x}dx$.

8. 设 $f(x)$ 在 $[0,1]$ 上连续,在 $(0,1)$ 内可导,且,当 $x\in(0,1)$ 时,$f'(x)>0$,试讨论 $\int_0^1 f(x)dx$,$f(0)$ 以及 $f(1)$ 之间的大小关系,并说明理由.

9. 设连续函数 $f(x)$ 满足方程 $f(x)=\int_0^x f(t)dt+e^x$,求 $f(x)$.

四、应用题

1. 已知函数 $y=f(x)$ 在 $(-\infty,+\infty)$ 上具有二阶连续的导数,且其一阶导函数 $f'(x)$ 的图形如图 3-1 所示,则

(1) 函数 $f(x)$ 的驻点是________.

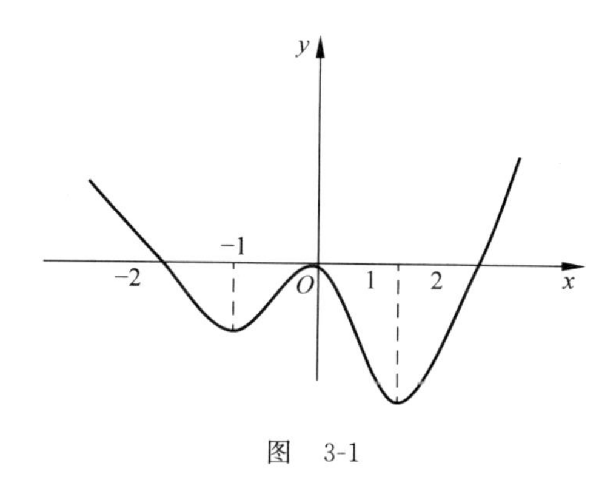

图 3-1

(2) $f(x)$的递增区间为________.

(3) $f(x)$的递减区间为________.

(4) $f(x)$的极大值点为________.

(5) $f(x)$的极小值点为________.

(6) 曲线 $y=f(x)$的上凸(或下凹)区间为________.

(7) 曲线 $y=f(x)$的下凸(或上凹)区间为________.

(8) 曲线 $y=f(x)$的拐点是________.

2. 过原点(0,0)向曲线 Γ: $y=\sqrt{x-1}$作切线 L,记切点为(x_0,y_0),由切线 L、曲线 Γ 以及 x 轴围成的平面图形为 D. 试求

(1) 切点(x_0,y_0)的数值,并写出切线 L 的方程;

(2) 曲线 Γ 的弧微分;

(3) 平面图形 D 的面积;

(4) 平面图形 D 绕 y 轴旋转一周所形成的旋转体的体积.

五、证明题

已知 $f(x)$在$[1,3]$上连续,在$(1,3)$内可导,且 $f(1)f(3)>0$, $f(1)f(2)<0$,证明至少存在一点 $\xi\in(1,3)$,使得 $f'(\xi)-f(\xi)=0$.

模拟试题四

一、填空题

(1) 设 $f(x)=\begin{cases} x^2 & x<0 \\ x & x\geqslant 0 \end{cases}$，则 $f[f(-1)]=$________.

(2) 极限 $\lim\limits_{x\to+\infty}\left(x\arctan x-\dfrac{\pi}{2}x\right)=$________.

(3) 设 $f'(3)=a$，则 $\lim\limits_{h\to 0}\dfrac{f(3+h)-f(3-2h)}{h}=$________.

(4) 已知 $y=x\ln x$，则 $y^{(10)}=$________.

(5) 写出函数 $f(x)=\ln x$ 在 $x=2$ 处的三阶带有皮亚诺余项的泰勒公式________.

(6) 曲线 $y=\dfrac{x}{\sqrt{x^2-4}}$ 共有________条渐近线.

(7) 已知函数 $f(x)$ 满足 $f(0)=1, f'(x)=2x$，则 $\int f(x)\mathrm{d}x=$________.

(8) $\lim\limits_{x\to 0}\dfrac{\int_0^x \sin t^2\,\mathrm{d}t}{x^3}=$________.

(9) $\int_{-1}^{1}\dfrac{\arctan x+x}{1+x^2}\mathrm{d}x=$________.

(10) 方程 $2y''-7y'+5y=0$ 的通解为________.

二、单项选择题

(1) 下列函数在其定义域内无界的是(　　).

(A) $y=\dfrac{x}{1+x^2}$；　(B) $y=\arctan\dfrac{1}{x}$；　(C) $y=\tan(\sin x)$；　(D) $y=\mathrm{e}^{-x}$.

(2) 当 $x\to 0$ 时，与 x 等价的无穷小量是(　　).

(A) $\sqrt{x}-x$；　(B) $\sqrt{1+x}-1$；　(C) $\sin(\tan x)$；　(D) $1-\cos x$.

(3) 设 $f(x)=\begin{cases} x^2\arctan\dfrac{1}{x^2} & x\neq 0 \\ 0 & x=0 \end{cases}$，则 $f(x)$ 在 $x=0$ 处(　　).

(A) 不连续； (B) 极限不存在；

(C) 连续且可导； (D) 连续但不可导.

(4) 设 $f(x)$的一个原函数是 $\ln x$，则 $\int xf(1+3x^2)\mathrm{d}x=$ (　　).

(A) $\frac{1}{6}\ln(1+3x^2)+C$； (B) $-\frac{1}{6}\ln(1+3x^2)+C$；

(C) $\frac{1}{6(1+3x^2)}+C$； (D) $-\frac{1}{6(1+3x^2)}+C$.

(5) 设函数 $f(x)$，$g(x)$都在区间$[a,b]$上连续，则曲线 $y=f(x)$，$y=g(x)$与直线 $x=a$，$x=b$ 所围成的平面图形的面积为(　　).

(A) $\int_a^b[f(x)-g(x)]\mathrm{d}x$； (B) $\int_a^b|f(x)-g(x)|\mathrm{d}x$；

(C) $\left|\int_a^b(f(x)-g(x))\mathrm{d}x\right|$； (D) $\int_a^b[|f(x)|-|g(x)|]\mathrm{d}x$.

三、计算题

1. 求极限 $\lim\limits_{x\to+\infty}(\sqrt{x+\sqrt{x}}-\sqrt{x})$.

2. 求极限 $\lim\limits_{x\to0^+}\left(\frac{1}{\sqrt{x}}\right)^{\frac{1}{\ln\sin x}}$.

3. 已知 $\begin{cases}x=\int_1^t\frac{\cos u}{u}\mathrm{d}u\\ y=\int_1^t\frac{\sin u}{u}\mathrm{d}u\end{cases}$，求$\frac{\mathrm{d}y}{\mathrm{d}x}$和$\frac{\mathrm{d}^2y}{\mathrm{d}x^2}$.

4. 设函数 $f(x)=\begin{cases}\frac{\sin x}{x}-x, & x\neq0,\\ 1, & x=0,\end{cases}$ 则

(1) 判断 $f'(x)$在 $x=0$ 处是否连续；(2)判断 $f'(x)$在 $x=0$ 处是否可导.

5. 若 $y=f(x)$由方程 $2^y+xy-4=0$ 确定的隐函数，求曲线 $y=f(x)$在 $x=0$ 处的切线方程.

6. 求解不定积分 $\int\frac{1}{\mathrm{e}^x+1}\mathrm{d}x$.

7. 求解定积分 $\int_0^5\frac{1}{2x+\sqrt{3x+1}}\mathrm{d}x$.

8. 已知函数 $f(x)$满足 $f(x)+2\int_0^x f(t)\mathrm{d}t=x^2$，求 $f(x)$.

四、应用题

1. 在半径为 a 的半圆内，内接一个矩形，问当矩形的边长分别为多少时，矩形的周长达到最大？

2. 讨论函数 $y=f(x)=x^3-3x^2+2$ 性态，并做出函数的图像.

五、证明题

证明方程 $1-x+\frac{x^2}{2}-\frac{x^3}{3}+\frac{x^4}{4}=0$ 无实根.

模拟试题五

一、填空题

(1) 若函数 $y=f(x)$ 的定义域为$[0,1]$，则 $y=f(x)+f\left(x+\frac{1}{2}\right)$的定义域为________.

(2) 已知 $f(x)=\begin{cases}x^2+a, & x\leqslant 0\\ x\sin\dfrac{2}{x}, & x>0\end{cases}$ 在$(-\infty,+\infty)$内连续，则 $a=$________.

(3) 已知 $f(x)$是可导函数且满足$\lim\limits_{h\to 0}\dfrac{h}{f(1-2h)-f(1)}=\dfrac{1}{3}$，则 $f'(1)=$________.

(4) 若函数 $f(x)$满足 $\mathrm{d}\ln(1+4x^2)=f(x)\mathrm{d}\arctan(2x)$，则 $f(x)=$________.

(5) 若 $f(x)=\mathrm{e}^{2x}+x^2$，则 $f'(\ln x)=$________.

(6) $f(x)=\dfrac{\ln x}{x^2-1}$的垂直渐近线为________.

(7) 将函数 $y=\sin(2x)$展开为带有皮亚诺余项的三阶麦克劳林公式为________.

(8) 直线 $y=3x+1$ 在点$(0,1)$的曲率半径为________.

(9) $\int_1^{+\infty}\dfrac{\ln x}{x^2}\mathrm{d}x=$ ________.

(10) 微分方程 $xy'+y=0$ 满足 $y|_{x=1}=1$ 的特解为________.

二、单项选择题

(1) 已知$\lim\limits_{x\to 0}\dfrac{f(ax)}{x}=k$，其中 $k\neq 0$，则$\lim\limits_{x\to 0}\dfrac{f(bx)}{x}=$(　　).

(A) $\dfrac{b}{ka}$；　(B) $\dfrac{k}{ab}$；　(C) $\dfrac{kb}{a}$；　(D) $\dfrac{ak}{b}$.

(2) 设函数 $f(x)$在 $x=0$ 处连续，且$\lim\limits_{x\to 0}\dfrac{f(x^2)}{1-\cos x}=1$，则下列结论正确的是(　　).

(A) $f(0)=0$ 且 $f'(0)$存在；　(B) $f(0)=1$ 且 $f'(0)$存在；

(C) $f(0)=0$ 且 $f'_+(0)$存在；　(D) $f(0)=1$ 且 $f'_+(0)$存在.

(3) 对于任意的实数 p 和 q，函数 $f(x)=x^2+px+q$ 在$[1,3]$上满足拉格朗日中值定

理的 ξ=(　　).

(A) $\frac{1}{2}$;　　(B) 2;　　(C) $\frac{p}{2}$;　　(D) p.

(4) 设函数 $f(x)$在$[0,1]$上可导,$f'(x)>0$ 并且 $f(0)<0,f(1)>0$,则 $f(x)$在$(0,1)$内(　　).

(A) 至少有两个零点;　　(B) 有且仅有一个零点;

(C) 没有零点;　　(D) 零点个数不能确定.

(5) 设 $f(x)$ 在$[0,2]$上有二阶连续导数,$f(0)=0$,$f(2)=4$,$f'(2)=2$,则 $\int_0^1 xf''(2x)\mathrm{d}x=$(　　).

(A) 0;　　(B) 1;　　(C) 2;　　(D) 4.

三、计算题

1. 求极限$\lim\limits_{x\to 0}\left[\frac{1}{x}-\left(\frac{1}{x^2}-1\right)\ln(1+x)\right]$.

2. 已知函数 $f(x)=\lim\limits_{n\to\infty}\frac{(n+2)x}{n\sin x+1}$,则

(1) 写出 $f(x)$的表达式;

(2) 指出 $f(x)$的间断点及其所属类型.

3. 已知 $y=x^{\sin x}+\sin^2 x$,求 y'.

4. 设方程 $x^y=y^x$ 确定 y 为 x 的函数,求 $\mathrm{d}y$.

5. 设$\begin{cases}x=\ln(1+t^2)\\ y=t-\arctan t\end{cases}$($t$ 为参数),求$\frac{\mathrm{d}y}{\mathrm{d}x}$,$\frac{\mathrm{d}^2y}{\mathrm{d}x^2}$.

6. 求解不定积分 $\int\frac{x^3}{\sqrt{1-x^2}}\mathrm{d}x$.

7. 求连续函数 $f(x)$,使其满足 $\int_0^1 f(tx)\mathrm{d}t=f(x)+x\sin x$.

8. 求解定积分 $\int_0^1\frac{x^2\arctan x}{1+x^2}\mathrm{d}x$.

四、应用题

1. 过坐标原点作曲线 $y=\ln x$ 的切线,该切线与曲线 $y=\ln x$ 及 x 轴围成平面图形 D.

(1) 求 D 的面积 A;

(2) 求 D 绕 x 轴旋转一周所得到的旋转体的体积 V_x.

2. 某种飞机在机场降落时,为了减少滑行距离,在触地的瞬间,飞机尾部张开减速伞,以增大阻力,使飞机减速并停下.现有一质量为 9000kg 的飞机,着陆时的水平速度为 700km/h,经测试,减速伞打开后,飞机所受总阻力的大小与飞机速度的大小成正比(比例系数为 $k=6.0\times10^6$),问从着陆点算起,飞机滑行的最长距离是多少?

五、证明题

设 $f(x)$可导,且满足 $\int_0^x f(t)\mathrm{d}t=x+\int_0^x tf(x-t)\mathrm{d}t$,证明 $f(x)=\mathrm{e}^x$.

模拟试题六

一、填空题

(1) 设函数 $f(\ln x)=x$, $f[\varphi(x)]=1-x$, 则 $\varphi(x)$ 的连续区间为________.

(2) 若 $\lim\limits_{x\to\infty}\left(\dfrac{6x^2+2x+1}{3x-1}\sin\dfrac{1}{x}\right)=$________.

(3) 若 $f(x)$ 可导, 且 $\lim\limits_{h\to 0}\dfrac{f(x_0+2h)-f(x_0-h)}{h}=3$, 则 $f'(x_0)=$________.

(4) 若 $f'(x)=\sin x$, 且 $f(0)=-1$, 则 $\mathrm{d}f[f(x)]=$________.

(5) 设 $f(x)=\ln(1+x)$, 则 $f^{(n)}(x)=$________.

(6) 曲线 $y=\dfrac{x}{2x+1}$ 的渐近线为________.

(7) 在抛物线 $y=ax^2+bx+c$ 上, $x=$________处曲率最大.

(8) $\displaystyle\int\frac{1}{1+\sin x}\mathrm{d}x=$ ________.

(9) 设 $f(x)=x^3-\displaystyle\int_0^a f(x)\mathrm{d}x\ (a+1\neq 0)$. 则 $\displaystyle\int_0^a f(x)\mathrm{d}x=$ ________.

(10) 微分方程 $xy'+2y=x\ln x$ 满足 $y|_{x=1}=-\dfrac{1}{9}$ 的特解为________.

二、单项选择题

(1) 当 $x\to 0$ 时, 与 x 等价的无穷小是(　　).

(A) $\ln(1+2x)$;　　(B) $\sqrt{1+\sin x}-1$;

(C) $x+\sqrt[3]{x}$;　　(D) $\sin(\mathrm{e}^x-1)$.

(2) 设 $f(x)=(x-a)\varphi(x)$, 其中 $\varphi(x)$ 在 $x=a$ 处连续, 则必有 (　　).

(A) $f'(x)=\varphi(x)$;　　(B) $f'(a)=\varphi(a)$;

(C) $f'(a)=\varphi'(a)$;　　(D) $f'(x)=\varphi(x)+(x-a)\varphi'(x)$.

(3) 设函数 $f(x)$ 满足 $f'(x_0)=f''(x_0)=0$, $f'''(x_0)>0$, 则下列结论正确的是(　　).

(A) $x=x_0$ 是 $f'(x)$ 的极大值点;

(B) $x=x_0$ 是 $f(x)$ 的极大值点;

(C) $x=x_0$ 是 $f(x)$的极小值点；

(D) $(x_0, f(x_0))$是曲线 $y=f(x)$的拐点.

(4) 已知函数 $F(x)=\begin{cases} \dfrac{1}{2}x^2+2, & x\geqslant 0 \\ k-\dfrac{1}{2}x^2, & x<0 \end{cases}$ 是$|x|$的一个原函数，则 $k=$(　　).

(A) 0；　　(B) 1；　　(C) 2；　　(D) 3.

(5) 已知函数 $I_1=\int_0^{\frac{\pi}{4}}\dfrac{\tan x}{x}dx$, $I_2=\int_0^{\frac{\pi}{4}}\dfrac{x}{\tan x}dx$, 则(　　).

(A) $I_1>I_2>\dfrac{\pi}{4}$；　　(B) $I_1>\dfrac{\pi}{4}>I_2$；

(C) $I_2>\dfrac{\pi}{4}>I_1$；　　(D) $\dfrac{\pi}{4}>I_2>I_1$.

三、计算题

1. 求极限 $\lim\limits_{x\to -1}\left[\dfrac{1}{x+1}-\dfrac{1}{\ln(x+2)}\right]$.

2. $y=\dfrac{\sqrt{1-x}(x+2)^2}{\sqrt{1+x}(x+3)^3}$，求$\dfrac{dy}{dx}$.

3. 设 $y=f(e^x)\cdot e^{f(x)}$，其中 f 可微，求 dy.

4. 设函数 $f(x)=\begin{cases} x\arctan\dfrac{1}{x^2}, & x\neq 0, \\ 0, & x=0, \end{cases}$ 试讨论导函数 $f'(x)$在 $x=0$ 处的连续性.

5. 求参数方程$\begin{cases} x=\dfrac{3at}{1+t^2} \\ y=\dfrac{3at^2}{1+t^2} \end{cases}$在 $t=2$ 处的切线方程与法线方程.

6. 求解不定积分 $\int\dfrac{xe^x}{(2+e^x)^2}dx$.

7. 设 $\int_x^{2\ln 2}\dfrac{1}{\sqrt{e^t-1}}dt=\dfrac{\pi}{6}$，求 x 的值.

8. 计算反常积分 $\int_1^{+\infty}\dfrac{1}{x(1+x^2)}dx$.

四、应用题

1. 求由摆线 $x=a(t-\sin t)$，$y=a(1-\cos t)$的第一拱$(0\leqslant t\leqslant 2\pi)$与横轴所围成的图形的面积及此图形绕横轴旋转所构成的旋转体体积.

2. 镭的衰变有如下规律：镭的衰变速度与它的现存量 R 成正比，由经验可知，镭经过 1600 年只余原始量 R_0 的一半，试求镭的现存量 R 与时间 t 的关系.

五、证明题

已知 $f(x)$在$[a,b]$$(0<a<b)$上连续，在$(a,b)$内可导，且 $f(a)=f(b)=0$. 证明至少存在一点 $\xi\in(a,b)$，使得 $\xi f'(\xi)-2f(\xi)=0$ 成立.

模拟试题七

一、填空题

(1) 设 $f(x)=\begin{cases}x+2, & |x|\leqslant 1,\\ x^2, & |x|>1,\end{cases}$ 则 $f\left[f\left(\sin\frac{\pi}{2}\right)\right]=$________.

(2) $\lim\limits_{n\to\infty}(2^n+3^n)^{\frac{1}{n}}=$________.

(3) $\lim\limits_{x\to1}\left(\frac{1}{1-x}-\frac{3}{1-x^3}\right)=$________.

(4) 设函数 $f(x)=e^{x^2}$，则 $\lim\limits_{h\to0}\frac{f(1-2h)-f(1)}{h}=$________.

(5) 已知曲线的参数方程为 $f(x)=\begin{cases}x=2(t-\sin t)\\ y=2(1-\cos t)\end{cases}$，则曲线在 $t=\frac{\pi}{2}$ 的法线方程是________.

(6) 写出 $f(x)=\ln x$ 按 $(x-2)$ 的幂展开的带皮亚诺余项的三阶泰勒公式是________.

(7) 曲线 $y=x^2$ 在点$(\sqrt{2},2)$的曲率是________.

(8) 已知 $\int\frac{f'(\ln x)}{x}dx=x^2+C$，则 $f(x)=$________.

(9) $\int_{-\frac{\pi}{2}}^{\frac{\pi}{2}}(x^3e^{-x^2}+\cos x)dx=$________.

(10) 微分方程 $2y''-6y'+5y=0$ 的通解为________.

二、单项选择题

(1) 下列函数在$(-1,1)$内可微的是(　　).

(A) $y=|x|-x^2$；　(B) $y=\frac{1+x}{x}$；　(C) $y=\frac{1+x}{1+x^2}$；　(D) $y=x^{\frac{2}{3}}$.

(2) $\lim\limits_{x\to+\infty}\left(1-\frac{k}{x}\right)^x=\lim\limits_{x\to+\infty}x\sin\frac{2}{x}$，则 $k=$(　　).

(A) $\ln2$；　(B) $-\ln2$；　(C) 0；　(D) -2.

(3) 若$\lim\limits_{x\to 0}\dfrac{f(x)-f(0)}{\sqrt{1+2x}-1}=1$,则 $f'(0)=($　　).

(A) 1;　　(B) $\dfrac{1}{2}$;　　(C) 2;　　(D) -1.

(4) 设 $f(x)$为偶函数,且可导,$f''(0)\neq 0$,则下列结论正确的是(　　).

(A) $x=0$ 不是 $f(x)$的驻点;　　(B) $x=0$ 不是 $f(x)$的极值点;

(C) $x=0$ 是 $f(x)$的极值点;　　(D) 无法确定.

(5) 若$\int f(x)\mathrm{d}x=\mathrm{e}^{x^2}+C$,则 $f(x)=($　　).

(A) $x^2\mathrm{e}^{x^2}$;　　(B) $2x\mathrm{e}^{x^2}$;　　(C) $2x\mathrm{e}^{2x}$;　　(D) $x\mathrm{e}^{2x}$.

三、计算题

1. 已知$\lim\limits_{x\to 0}\dfrac{\sqrt{1+f(x)}-1}{x^2}=3$,求常数 a,b,使得当 $x\to 0$ 时,函数 $f(x)\sim ax^b$.

2. 设 $f(x)=\begin{cases}\dfrac{\mathrm{e}^x-1}{x} & x<0\\ 1 & x=0\\ \dfrac{1-\cos x}{x^2} & x>0\end{cases}$,求 $\lim\limits_{x\to+\infty}f(x)$,$\lim\limits_{x\to-\infty}f(x)$和 $f'(0)$.

3. 已知函数 $f(x)$满足 $f(0)=0,f'(0)=1,f''(0)=2$,求极限$\lim\limits_{x\to 0}\dfrac{f(x)-x}{x^2}$.

4. 求极限 $\lim\limits_{x\to+\infty}\left[x-x^2\ln\left(1+\dfrac{1}{x}\right)\right]$.

5. 设 $y\mathrm{e}^x+x\mathrm{e}^y=1$ 确定隐函数 $y=f(x)$,求 y'及 $y'|_{x=0}$.

6. 已知 $y=f(x)=x^3+3ax^2+3bx+c$ 在点 $x=-1$ 处取得极值,点(0,1)为曲线的拐点,试求 a,b,c 的值.

7. 求解不定积分$\int(x^2+3x-2)\cos x\mathrm{d}x$.

8. 求解定积分$\int_{-1}^{1}(x^2-x)\sqrt{1-x^2}\mathrm{d}x$.

四、应用题

1. 讨论函数 $f(x)=\dfrac{x^3}{3(x-1)^2}$的性态,并做出函数的图像.

2. 求曲线 $y=\ln x$ 在区间(2,6)内的一点,使该点的切线与直线 $x=2,x=6$ 以及 $y=\ln x$ 所围成的平面图形面积最小.

五、证明题

证明当 $x>0$ 时,$\sin x>x-\dfrac{x^3}{3!}$.

模拟试题八

一、填空题

(1) $\lim\limits_{x\to\infty}\dfrac{x}{1+x^2}\sin x=$________.

(2) 若当 $x\to 0$ 时，$\sin(kx^2)\sim 1-\cos x$，则 $k=$________.

(3) 设 $f'(1)=1$，则 $\lim\limits_{x\to 1}\dfrac{f(x)-f(1)}{x^2-1}=$________.

(4) 设 $y=f(\mathrm{e}^{-x})$，其中 f 可微，则 $\mathrm{d}y=$________.

(5) 设在 $[0,1]$ 上 $f''(x)>0$，则 $f'(0)$、$f'(1)$、$f(1)-f(0)$ 从小到大的顺序是________.

(6) 已知 $f'(\tan x)=\cos^2 x$，且 $f(0)=1$，则 $f(x)=$________.

(7) 若 $f(x)$ 的一个原函数是 $\ln x$，则 $f'(x)=$________.

(8) $\lim\limits_{x\to 0}\dfrac{\int_0^x(1-\cos t)\,\mathrm{d}t}{x^3}=$________.

(9) $\int_{-\frac{\pi}{2}}^{\frac{\pi}{2}}(\sin x+|x|)\cos x\,\mathrm{d}x=$________.

(10) 方程 $y'+ay=b$（a,b 为常数，且 $a\neq 0$）的通解为________.

二、单项选择题

(1) 当 $x\to 0$ 时，下列表达式中与 x 是等价无穷小量的是(　　).

(A) $\arctan(2x)$；　　(B) $1-\cos x$；

(C) $\sqrt{1+x}-1$；　　(D) $\sqrt{1+x}-\sqrt{1-x}$.

(2) 若 $f'(x_0)=-2$，则 $\lim\limits_{h\to 0}\dfrac{h}{f(x_0-2h)-f(x_0)}=$(　　).

(A) $-\dfrac{1}{4}$；　　(B) $\dfrac{1}{4}$；　　(C) -1；　　(D) 1.

(3) 设 $y=f(x)$ 在点 x_0 处可微，$\Delta y=f(x_0+\Delta x)-f(x_0)$，则当 $\Delta x\to 0$ 时，则(　　).

(A) $\mathrm{d}y$ 与 Δx 是等价无穷小量；

(B) $\mathrm{d}y$ 是比 Δx 高阶的无穷小量；

(C) $\Delta y-\mathrm{d}y$ 与 Δx 是同阶无穷小量；

(D) $\Delta y-\mathrm{d}y$ 是比 Δx 高阶的无穷小量.

(4) 若 $\int_0^x f(t)\mathrm{d}t=\dfrac{x^2}{2}$，则 $\int_0^4 \dfrac{1}{\sqrt{x}}f(\sqrt{x})\mathrm{d}x=$ (　　).

(A) 16；　　(B) 8；　　(C) 4；　　(D) 2.

(5) 设 y_1,y_2 是二阶微分方程 $y''+p(x)y'+q(x)y=0$ 的两个解，则 $y=C_1y_1+C_2y_2$ (C_1,C_2 为两个任意常数)必是该方程的(　　).

(A) 解；　　(B) 特解；　　(C) 通解；　　(D) 全部解.

三、计算题

1. 求极限 $\lim\limits_{x\to+\infty}(\sqrt{(x-3)(x-5)}-x)$.

2. 求极限 $\lim\limits_{x\to0}\dfrac{(1+x)^{\frac{1}{x}}-\mathrm{e}}{x}$.

3. 设 $\begin{cases}x=\ln\sqrt{1+t^2}\\ y=\arctan t\end{cases}$，求 $\dfrac{\mathrm{d}^2y}{\mathrm{d}x^2}$.

4. 设 $f(x)$ 在 $(-\infty,+\infty)$ 上具有二阶导数，且 $\lim\limits_{x\to0}\dfrac{f(x)}{x}=0$，$f''(0)=4$，求 $\lim\limits_{x\to0}\left[1+\dfrac{f(x)}{x}\right]^{\frac{1}{x}}$.

5. 设方程 $x^2-xy+y^2=1$ 确定 y 为 x 的函数，求 $y'|_{(1,1)}, y''|_{(1,1)}$.

6. 计算定积分 $\int_0^{\ln5}\dfrac{\mathrm{e}^x\sqrt{\mathrm{e}^x-1}}{\mathrm{e}^x+3}\mathrm{d}x$.

7. 求微分方程 $x\mathrm{d}y+(y-3)\mathrm{d}x=0$ 的满足初始条件 $y(1)=0$ 特解.

8. 设 $f(x)$ 的原函数是 $F(x)>0$，且 $F(0)=1$，当 $x\geqslant0$ 时有 $f(x)F(x)=\sin^2(2x)$，求 $F(x)$.

四、应用题

1. 已知函数 $f(x)$ 在 $(-\infty,+\infty)$ 内具有二阶连续导数，且其一阶导函数 $f'(x)$ 的图形如图 8-1 所示，则：

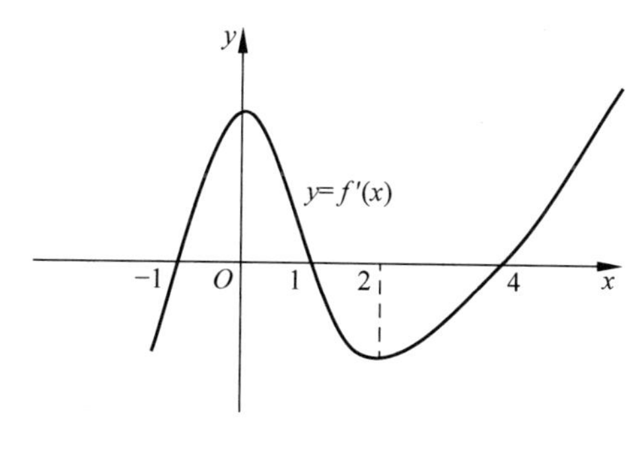

图 8-1

(1) 函数 $f(x)$的驻点是________.

(2) $f(x)$的递增区间为________.

(3) $f(x)$的递减区间为________.

(4) $f(x)$的极大值点为________.

(5) $f(x)$的极小值点为________.

(6) 曲线 $y=f(x)$的上凸(或下凹)区间为________.

(7) 曲线 $y=f(x)$的下凸(或上凹)区间为________.

(8) 曲线 $y=f(x)$的拐点是________.

2. 设平面图形是曲线 $y=x^2$ 和 $y=1,y=4$ 及 $x=0$ 在第一象限围成的部分,试求

(1) 该平面图形的面积;

(2) 该平面图形绕 y 轴旋转所生成的旋转体的体积.

五、证明题

设函数 $f(x)$在$[a,b]$时连续,在(a,b)内可导,$f'(x)\leqslant 0$,$F(x)=\dfrac{1}{x-a}\displaystyle\int_a^x f(t)\mathrm{d}t$,求证:在$(a,b)$内,$F'(x)\leqslant 0$.

模拟试题九

一、填空题

(1) 若$\lim\limits_{x\to\infty}\left(\dfrac{x^3-x^2+2x+1}{x^2+1}+ax+b\right)=0$,则 $a=$________,$b=$________.

(2) 若$\lim\limits_{x\to 0}(1+2x)^{\frac{1}{x}}=\lim\limits_{x\to 0}\dfrac{\sin(\sin kx)}{x}$,则 $k=$________.

(3) 已知 $f(x)=2^{x^2}$,则$\lim\limits_{h\to 0}\dfrac{f(1-2h)-f(1)}{h}=$________.

(4) 曲线 $y=2x^3$ 上与直线 $y=6x$ 平行的切线方程是________.

(5) 已知 $f(x)=3x^5+4x^2+5x+1$,则 $f^{(16)}(x)=$________.

(6) 若 $f(x)=x+\sqrt{x}\,(x>0)$,则 $\int f'(x^2)\mathrm{d}x=$________.

(7) $\lim\limits_{x\to 0}\dfrac{\int_0^{x^2}(1-\cos\sqrt{t})\mathrm{d}t}{x^4}=$________.

(8) $\int_0^{+\infty}x\mathrm{e}^{-x}\mathrm{d}x=$________.

(9) 已知曲线 $y=f(x)$过点(0,0),且其上的任一点处的切线斜率为 $x\ln(1+x)$,则 $f(x)=$________.

(10) 方程 $2y''-6y'+5y=0$ 的通解为________.

二、单项选择题

(1) 函数 $f(x)$在 $x=x_0$ 的某空心邻域内有界是$\lim\limits_{x\to x_0}f(x)$存在的(　　).

(A) 必要非充分条件；　(B) 充分非必要条件；

(C) 充要条件；　(D) 非必要非充分条件.

(2) 当 $x\to 0$ 时,$2\sin x-\sin 2x\sim x^k$,则 $k=$(　　).

(A) 1；　(B) 2；　(C) 3；　(D) 4.

(3) 设函数 $f(x)=(x-1)(x+2)(x-3)(x+4)\cdots(x+100)$,则 $f'(1)=$(　　).

(A) $-\dfrac{101!}{100}$；　(B) $-101!$；　(C) $101!$；　(D) $\dfrac{101!}{100}$.

(4) $\int_a^b f'(2x)\mathrm{d}x=(\quad)$.

(A) $f(b)-f(a)$; (B) $f(2b)-f(2a)$;

(C) $\frac{1}{2}[f(2b)-f(2a)]$; (D) $2[f(2b)-f(2a)]$.

(5) 已知 $f(x)=\begin{cases}x, & 0\leqslant x<1,\\ 1, & 1\leqslant x\leqslant 2,\end{cases}$ 又设 $F(x)=\int_1^x f(t)\mathrm{d}t(0\leqslant x\leqslant 2)$，则 $F(x)$为(　　).

(A) $\begin{cases}\frac{1}{2}x^2, & 0\leqslant x<1\\ x, & 1\leqslant x\leqslant 2\end{cases}$; (B) $\begin{cases}\frac{1}{2}x^2-\frac{1}{2}, & 0\leqslant x<1\\ x, & 1\leqslant x\leqslant 2\end{cases}$;

(C) $\begin{cases}\frac{1}{2}x^2, & 0\leqslant x<1\\ x-1, & 1\leqslant x\leqslant 2\end{cases}$; (D) $\begin{cases}\frac{1}{2}x^2-\frac{1}{2}, & 0\leqslant x<1\\ x-1, & 1\leqslant x\leqslant 2\end{cases}$.

三、计算题

1. 求极限 $\lim\limits_{x\to 0}\frac{1}{x}\left(\frac{1}{x}-\frac{1}{\sin x}\right)$.

2. 求极限 $\lim\limits_{x\to+\infty}(x+\sqrt{x^2+1})^{\frac{1}{x}}$.

3. 已知 $y=\sqrt{2x+\sqrt{1-4x}}$，求 $\mathrm{d}y$.

4. 设 $y=xf(\ln x)$，其中 f 可微，求 y''.

5. 设 $y=f(x)$是由方程 $y=\mathrm{e}^{2x}+x\mathrm{e}^y$ 所确定的隐函数，求 $f'(0)$和 $f''(0)$.

6. 求解不定积分 $\int\sqrt{\frac{x}{1-x\sqrt{x}}}\mathrm{d}x$.

7. 求解定积分 $\int_1^2\frac{\ln x}{(x+1)^2}\mathrm{d}x$.

8. 求方程 $y''-4y'+4y=\mathrm{e}^{2x}$ 的通解.

四、应用题

1. 求 $y=\mathrm{e}^{-\frac{1}{x}}$ 的单调区间、极值点，凹凸区间、拐点，渐近线，并做出函数的图像.

2. 设平面图形是曲线 $y=\ln x$ 和直线 $x=\mathrm{e}$，$y=0$ 围成，求：

(1) 该平面图形的面积；

(2) 该平面此图形绕 x 轴旋转所生成的旋转体的体积；

(3) 该平面此图形绕 y 轴旋转所生成的旋转体的体积.

五、证明题

若 $\int_0^1 f(tx)\mathrm{d}x=\sin t,(t\neq 0)$，求证：$f(x)=\sin x+x\cos x$.

模拟试题十

一、填空题

(1) $\lim\limits_{x\to 0}\left(x\sin\dfrac{1}{x}+\dfrac{1}{x}\sin x\right)=$________.

(2) $\lim\limits_{x\to 0}(1-2x)^{\frac{3}{\sin x}}=$________.

(3) $\lim\limits_{n\to\infty}\left(\dfrac{1}{n^2+1}+\dfrac{2}{n^2+2}+\cdots+\dfrac{n}{n^2+n}\right)=$________.

(4) 设函数 $f(x)=\begin{cases}a+x^2, & x>-1\\ \ln(x^2+x+1), & x\leqslant -1\end{cases}$ 在 $x=-1$ 处连续,则 $a=$________.

(5) 设 $f(x)$可导,则$\lim\limits_{h\to 0}\dfrac{f(x_0)-f(x_0-5h)}{h}=$________.

(6) $\dfrac{\mathrm{d}}{\mathrm{d}x}\displaystyle\int x^2\mathrm{e}^{x^2}\mathrm{d}x=$________.

(7) 已知 $\ln x$ 是 $f(x)$的一个原函数,则 $\displaystyle\int xf(1-x^2)\mathrm{d}x=$________.

(8) $\lim\limits_{x\to 0}\dfrac{\int_0^{2x}\arcsin t\mathrm{d}t}{x^2}=$________.

(9) 曲线 $y=\dfrac{1}{x}(1<x<+\infty)$绕 x 轴旋转一周所成的旋转体的体积为________.

(10) 方程 $2xy\mathrm{d}x-(1+x^2)\mathrm{d}y=0$ 的满足 $y(0)=1$ 特解为________.

二、单项选择题

(1) "当 $x\to x_0$ 时,$f(x)-A$ 是无穷小"是"$\lim\limits_{x\to x_0}f(x)=A$"的(　　).

(A) 充分必要条件;　　(B) 充分但非必要条件;

(C) 必要但非充分条件;　　(D) 既非充分又非必要条件.

(2) 曲线 $y=\dfrac{x^2-1}{3x^2-x-2}$渐近线的条数为(　　).

(A) 0;　　(B) 1;　　(C) 2;　　(D) 3.

(3) 若函数 $f'(x)$在 $x=1$ 连续,$\lim\limits_{x\to 1}\dfrac{f'(x)}{x-1}=2$,则(　　).

(A) $x=1$ 为极小值点;

(B) $x=1$ 为极大值点;

(C) $(1,f(1))$为拐点;

(D) $x=1$ 非极值点,$(1,f(1))$非拐点.

(4) $\int_{-1}^{1}\dfrac{1}{x^3}dx=$(　　).

(A) 0;　　(B) $\dfrac{1}{4}$;　　(C) $\dfrac{1}{2}$;　　(D) 不存在.

(5) 微分方程 $y''+y'=e^{-x}$在初始条件 $y(0)=1,y'(0)=-1$ 下的特解是(　　).

(A) $y=C_1-C_2xe^{-x}$;　　(B) $y=-xe^{-x}$;

(C) $y=1-2xe^{-x}$;　　(D) $y=1-xe^{-x}$.

三、计算题

1. 求极限$\lim\limits_{n\to\infty}(\sqrt{n+3\sqrt{n}}-\sqrt{n-\sqrt{n}})$.

2. 求极限$\lim\limits_{x\to 0}(\sin x+e^x)^{\frac{1}{x}}$.

3. 设 $y=\dfrac{x}{2}\sqrt{9-x^2}+\dfrac{9}{2}\arcsin\dfrac{x}{3}$,求 dy.

4. 设函数 $f(x)=\begin{cases}ae^x, & x<0\\ 3\sin x-b, & x\geqslant 0\end{cases}$在 $x=0$ 可导,求常数 a 和 b 的值.

5. 设函数 $y=f(x)$由 $e^y-xy=e$ 所确定,求 $f'(0)$和 $f''(0)$.

6. 求解不定积分 $\int x\arctan x dx$.

7. 求解定积分 $\int_{-1}^{1}\dfrac{|x|+x}{1+x^2}dx$.

8. 设可微函数 $f(x)$满足关系式 $f(x)-1=\int_0^x[2f(t)-1]dt$,求 $f(0)$ 与 $f(x)$.

四、应用题

1. 讨论函数 $y=f(x)=xe^{-x}$的单调区间、极值,凹凸区间、拐点以及渐近线.

2. 在曲线 $y=x^2(x\geqslant 0)$上一点 M 处作切线,使得切线、曲线及 x 轴所围成的平面图形 D 的面积为$\dfrac{2}{3}$.求:

(1) 切点 M 的坐标;

(2) 过切点 M 的切线方程.

五、证明题

设 $f(x)$在$[1,6]$上连续,在$(1,6)$内可导,且 $f(1)=5,f(5)=1,f(6)=12$.证明:在$(1,6)$内至少存在一点 ξ,使得 $f'(\xi)+f(\xi)-2\xi=2$.

模拟试题一详解

一、填空题

(1) $\frac{1}{3}$；

(2) -1；

(3) $x=1$；

(4) $-2015!$；

(5) $2x\sin x\mathrm{d}x$；

(6) $\frac{\pi}{4-\pi}$；**提示** 记 $A=\int_0^1 f(x)\mathrm{d}x$，则 $f(x)=\frac{1}{1+x^2}+A\sqrt{1-x^2}$，对等式两端积分得 $A-\int_0^1\frac{1}{1+x^2}\mathrm{d}x+A\int_0^1\sqrt{1-x^2}\mathrm{d}x$，因此

$$A=\arctan x\Big|_0^1+A\left(\frac{1}{2}x\sqrt{1-x^2}+\frac{1}{2}\arcsin x\right)_0^1,$$

即有 $A=\frac{\pi}{4}+\frac{\pi}{4}A$，解得 $A=\frac{\pi}{4-\pi}$.

(7) $\frac{\pi}{2}$；

(8) 6；**提示** 因为 $\int_0^{+\infty}x^3\mathrm{e}^{-x}\mathrm{d}x=-\int_0^{+\infty}x^3\mathrm{d}\mathrm{e}^{-x}=-x^3\mathrm{e}^{-x}\Big|_0^{+\infty}+3\int_0^{+\infty}x^2\mathrm{e}^{-x}\mathrm{d}x$

$$=-3x^2\mathrm{e}^{-x}\Big|_0^{+\infty}+6\int_0^{+\infty}x\mathrm{e}^{-x}\mathrm{d}x$$

$$=-6x\mathrm{e}^{-x}\Big|_0^{+\infty}+6\int_0^{+\infty}\mathrm{e}^{-x}\mathrm{d}x=-6\mathrm{e}^{-x}\Big|_0^{+\infty}=6.$$

(9) $\frac{1}{2}x^2+x+C$；

(10) $y=-\frac{1}{x^2+\mathrm{e}^x}$；**提示** 分离变量得 $\frac{\mathrm{d}y}{y^2}=(2x+\mathrm{e}^x)\mathrm{d}x$，等式变量积分，有

$$\int\frac{\mathrm{d}y}{y^2}=\int(2x+\mathrm{e}^x)\mathrm{d}x,$$

解得

$$-\frac{1}{y}=x^2+e^x+C.$$

又因为 $y(0)=-1$，故 $C=0$，从而 $y=-\frac{1}{x^2+e^x}$.

二、单项选择题

(1) D；

(2) A；

(3) B；**提示** 令 $t=1-x$，则$\lim\limits_{x\to1}\frac{f(2-x)-f(1)}{x-1}=\lim\limits_{t\to0}\frac{f(1+t)-f(1)}{-t}=-f'(1)$.

(4) B；

(5) A；

(6) C；**提示** 考察积分$\int_0^a f(-x)dx$，令 $t=-x$，

$$\int_0^a f(-x)dx=-\int_0^{-a}f(t)dt=\int_{-a}^0 f(t)dt=\int_{-a}^0 f(x)dx.$$

三、计算题

1. 原式$=\lim\limits_{x\to0}\frac{\tan x-x}{x^2\tan x}=\lim\limits_{x\to0}\frac{\tan x-x}{x^3}=\lim\limits_{x\to0}\frac{\sec^2x-1}{3x^2}=\lim\limits_{x\to0}\frac{\tan^2x}{3x^2}=\frac{1}{3}$.

2. 由题意，$f(x)=\left(1-\frac{3}{x+2}\right)^{x+2}$，因此

$$\lim_{x\to\infty}f(x)=\lim_{x\to\infty}\left(1-\frac{3}{x+2}\right)^{x+2}=\lim_{x\to\infty}\left(1-\frac{3}{x+2}\right)^{\frac{x+2}{-3}\cdot(-3)}=e^{-3}.$$

3. (1) 当 $x<0$ 时，$f'(x)=\frac{2x^2\sin x^2+\cos x^2-1}{x^2}$；

当 $x>0$ 时，$f'(x)=2x\sin\frac{1}{x}-\cos\frac{1}{x}$；

当 $x=0$ 时，根据左、右导数的定义，有

$$f'_-(0)=\lim_{x\to0^-}\frac{f(x)-f(0)}{x}=\lim_{x\to0^-}\frac{\frac{1-\cos x^2}{x}-0}{x}=\lim_{x\to0^-}\frac{1-\cos x^2}{x^2}=\lim_{x\to0^-}\frac{\frac{1}{2}x^4}{x^2}=0,$$

$$f'_+(0)=\lim_{x\to0^+}\frac{f(x)-f(0)}{x}=\lim_{x\to0^+}\frac{x^2\sin\frac{1}{x}-0}{x}=\lim_{x\to0^+}x\sin\frac{1}{x}=0,$$

所以 $f'(0)=0$. 综上

$$f'(x)=\begin{cases}2x\sin\frac{1}{x}-\cos\frac{1}{x}, & x>0,\\ 0, & x=0,\\ \frac{2x^2\sin x^2+\cos x^2-1}{x^2}, & x<0.\end{cases}$$

(2) 又因为当 $x=0$ 时，$y=0$，所以曲线在 $x=0$ 处的切线方程为 $y=0$.

4. $\dfrac{dy}{dx}=\dfrac{y'(t)}{x'(t)}=\dfrac{-4t^3}{e^t+(t-1)e^t}=-4t^2e^{-t}$,

$$\frac{d^2y}{dx^2}=\frac{d}{dx}\left(\frac{dy}{dx}\right)=\frac{d}{dt}\left(\frac{dy}{dx}\right)\cdot\frac{dt}{dx}=\frac{d}{dt}\left(\frac{dy}{dx}\right)\cdot\frac{1}{x'(t)}$$

$$=\frac{(-4t^2e^{-t})'}{e^t+(t-1)e^t}=\frac{-8te^{-t}+4t^2e^{-t}}{te^t}=4(t-2)e^{-2t}.$$

5. 由拉格朗日中值定理得，$\exists\xi\in(x,x+a)$，使得 $f(x+a)-f(x)=f'(\xi)a$，且当 $x\to+\infty$ 时，$\xi\to+\infty$，故

$$\lim_{x\to+\infty}[f(x+a)-f(x)]=\lim_{\xi\to+\infty}f'(\xi)a=aK.$$

6. 由题意 $a\neq0$. 当 $x\in(-1,2)$ 时，因为 $f'(x)=3ax^2-6ax$，令 $f'(x)=0$，解得唯一的驻点 $x=0$，因此函数的最值只能在 $x=0$，$x=-1$ 以及 $x=2$ 处取到. 可能的最值为

$$f(-1)=-4a+b,\quad f(0)=b,\quad f(2)=-4a+b,$$

由于 $a>0$，因此 $f(0)=b$ 为函数 $f(x)$ 在 $[-1,2]$ 上的最大值，$f(-1)=f(2)=-4a+b$ 为 $f(x)$ 在 $[-1,2]$ 上的最小值，即有 $b=1$，$-4a+b=-3$，解得 $b=1$，$a=1$.

7. 原式 $=\displaystyle\int\ln(\sin x)\cdot\csc^2x\,dx=-\int\ln\sin x\,d(\cot x)=-\cot x\ln(\sin x)+\int\cot^2x\,dx$

$$=-\cot x\ln(\sin x)+\int(\csc^2x-1)dx$$

$$=-\cot x\ln(\sin x)-\cot x-x+C.$$

8. $\displaystyle\int_0^1\frac{\arcsin\sqrt{x}}{\sqrt{x(1-x)}}dx=2\int_0^1\frac{\arcsin\sqrt{x}}{\sqrt{1-x}}d\sqrt{x}=2\int_0^1\arcsin\sqrt{x}\,d\arcsin\sqrt{x}$

$$=(\arcsin\sqrt{x})^2\Big|_0^1=\frac{\pi^2}{4}.$$

9. 对于二阶常系数齐次微分方程 $y''+4y=0$，特征方程为 $r^2+4=0$，解得 $r=\pm2i$. 因此 $y''+4y=0$ 的通解为

$$y=C_1\cos(2x)+C_2\sin(2x).$$

设 $y^*=ax+b$ 为 $y''+4y=2x$ 的一个特解，可以解得 $a=\dfrac{1}{2}$，$b=0$，从而 $y^*=\dfrac{1}{2}x$. 故方程 $y''+4y=2x$ 的通解为

$$y=C_1\cos(2x)+C_2\sin(2x)+\frac{1}{2}x.$$

注意到初始条件 $f(0)=0$，$f'(0)=0$，解得 $C_1=0$，$C_2=-\dfrac{1}{4}$. 因此

$$f(x)=-\frac{1}{4}\sin(2x)+\frac{1}{2}x.$$

四、应用题

1. 假设游轮的质量为 m，根据牛顿第二定律，有

$$m\cdot\frac{dv}{dt}=kv,$$

解得 $v=Ce^{\frac{k}{m}\cdot t}$，其中 $C>0$ 为任意常数. 又因为 $v(0)=5$，$v(4)=2.5$，因此解得 $C=5$，$\dfrac{k}{m}=-\dfrac{\ln2}{4}$，故游艇速度 v 与时间 t 的关系为 $v=5e^{-\frac{\ln2}{4}t}$. 游艇滑行的最大距离为

$$S=\int_0^{+\infty}5\mathrm{e}^{-\frac{\ln 2}{4}t}\mathrm{d}t=-\frac{20}{\ln 2}\mathrm{e}^{-\frac{\ln 2}{4}t}\Big|_0^{+\infty}=\frac{20}{\ln 2}.$$

2. 函数的定义域为$(-\infty,-1)\cup(-1,+\infty)$，$x=-1$为函数的无穷间断点.

$$y'=\frac{x^2+2x}{(x+1)^2}=\frac{x(x+2)}{(x+1)^2},\quad y''=\frac{2}{(x+1)^3},$$

令$y'=0$，解得驻点$x_1=0,x_2=-2$. 列表讨论函数的性态.

表 1.1

x	$(-\infty,-2)$	-2	$(-2,-1)$	-1	$(-1,0)$	0	$(0,+\infty)$
y'	+		−		−		+
y''	−		−		+		+
y	↗上凸	极大值−4	↘上凸		↘下凸	极小值0	↗下凸

因为$\lim\limits_{x\to\infty}\frac{x^2}{x+1}=+\infty$，因此曲线没有水平渐近线. 因为$\lim\limits_{x\to-1}\frac{x^2}{x+1}=\infty$，因此曲线有一条垂直渐近线$x=-1$. 又因为

$$a=\lim_{x\to\infty}\frac{f(x)}{x}=\lim_{x\to\infty}\frac{x^2}{x(x+1)}=1,\quad b=\lim_{x\to\infty}[f(x)-ax]=\lim_{x\to\infty}\left(\frac{x^2}{x+1}-x\right)=-1,$$

因此函数$y=f(x)$有一条斜渐近线$y=x-1$.

补充辅助点$f(1)=\frac{1}{2},f(2)=\frac{4}{3}$. 按照表1-1列出的函数的单调性和凹凸性做出函数的图像. 如图1-1所示.

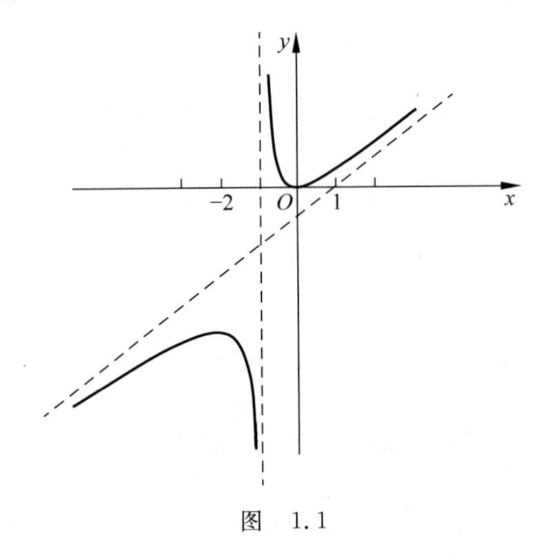

图 1.1

五、证明题

构造辅助函数

$$F(x)=\cos x-1+\frac{1}{2}x^2,$$

则$F(x)$在$[0,+\infty)$上连续. 当$x>0$时，$F'(x)=-\sin x+x>0$，所以$F(x)$在$[0,+\infty)$上单调递增，从而$F(x)>F(0)=0$，即当$x>0$时，$\cos x>1-\frac{x^2}{2}$，命题得证.

模拟试题二详解

一、填空题

(1) $[1,2]$；

(2) $a=0,b=6$；

(3) 0；

(4) $f'(0)$；提示　令 $t=\ln x$，则

$$原式=\lim_{t\to 0}\frac{f(t)-1}{e^t-1}=\lim_{t\to 0}\frac{f(t)-1}{t}=\lim_{t\to 0}\frac{f(0+t)-f(0)}{t}=f'(0).$$

(5) $x^{\tan x}\left(\sec^2 x\cdot\ln x+\dfrac{\tan x}{x}\right)$；

(6) $y=e^2$；

(7) $1+2x+2x^2+\dfrac{4}{3}x^3+o(x^3)(x\to 0)$；

(8) $\dfrac{1}{2}\arcsin(x^2)+C$；

(9) $e^{e^x}+C$；

(10) $\dfrac{2}{3}$；提示　因为 $\lim\limits_{x\to 0}\dfrac{\int_0^x t\sin 2t\mathrm{d}t}{x^3}=\lim\limits_{x\to 0}\dfrac{x\sin 2x}{3x^2}=\lim\limits_{x\to 0}\dfrac{\sin 2x}{3x}=\dfrac{2}{3}$.

(11) 4；提示　因为 $\int_0^1\dfrac{kx}{(1+x^2)^2}\mathrm{d}x=-\dfrac{k}{2(1+x^2)}\Bigg|_0^1=\dfrac{k}{2}\left(1-\dfrac{1}{2}\right)=\dfrac{1}{4}k$.

(12) $C_1e^{-\frac{1}{2}x}+C_2e^{-\frac{3}{2}x}$；提示　特征方程为 $4r^2+8r+3=0$，特征根为 $r_1=-\dfrac{1}{2},r_2=-\dfrac{3}{2}$.

二、单项选择题

(1) B；

(2) D；

(3) B；

(4) D;

(5) A.

三、计算题

1. 由于 $y'=2\sec(2x)\tan(2x)+\dfrac{3}{1+9x^2}$,因此

$$\mathrm{d}y=\left[2\sec(2x)\tan(2x)+\frac{3}{1+9x^2}\right]\mathrm{d}x.$$

2. 令 $\lim\limits_{x\to1}f(x)=A$,则 $f(x)=4x^3+2x+3A$,等式两边同时取极限,得

$$\lim_{x\to1}f(x)=\lim_{x\to1}4x^3+\lim_{x\to1}2x+\lim_{x\to1}3A,$$

即有 $A=4+2+3A$,解得 $A=-3$. 因此

$$\int f(x)\mathrm{d}x=\int(4x^3+2x-9)\mathrm{d}x=x^4+x^2-9x+C.$$

3. 由于原式 $=\lim\limits_{x\to+\infty}\mathrm{e}^{\frac{1}{x}\ln(x+\sqrt{1+x^2})}=\mathrm{e}^{\lim\limits_{x\to+\infty}\frac{1}{x}\ln(x+\sqrt{1+x^2})}$,而

$$\lim_{x\to+\infty}\frac{1}{x}\ln(x+\sqrt{1+x^2})=\lim_{x\to+\infty}\frac{\ln(x+\sqrt{1+x^2})}{x}=\lim_{x\to+\infty}\frac{1+\dfrac{2x}{2\sqrt{1+x^2}}}{x+\sqrt{1+x^2}}$$

$$=\lim_{x\to+\infty}\frac{\sqrt{1+x^2}+x}{(x+\sqrt{1+x^2})\sqrt{1+x^2}}=\lim_{x\to+\infty}\frac{1}{\sqrt{1+x^2}}=0,$$

因此原极限 $=\mathrm{e}^0=1$.

4. 方程两边分别取对数,得

$$\ln y=\sin x\cdot(\ln b-\ln a)+a[\ln b-\ln(x+1)]+b[\ln(x+2)-\ln a],$$

方程两边关于 x 求导,并将 y 视为 x 的函数,得

$$\frac{1}{y}y'=\cos x\cdot(\ln b-\ln a)-a\cdot\frac{1}{x+1}+b\cdot\frac{1}{x+2},$$

所以

$$y'=\left(\frac{b}{a}\right)^{\sin x}\left(\frac{b}{x+1}\right)^{a}\left(\frac{x+2}{a}\right)^{b}\left[\cos x\cdot(\ln b-\ln a)-\frac{a}{x+1}+\frac{b}{x+2}\right].$$

5. 由题意,切点横坐标满足如下方程组

$$\begin{cases}kx^2=\ln x-\dfrac{1}{2},\\ 2kx=\dfrac{1}{x}.\end{cases}$$

解得 $x=\mathrm{e},k=\dfrac{1}{2\mathrm{e}^2}$.

6. 等式两边同时对 x 求导数,得

$$y'=f'(\mathrm{e}^x+y)\cdot(\mathrm{e}^x+y'),$$

上式两边同时再对 x 求导数,得

$$y''=f''(\mathrm{e}^x+y)\cdot(\mathrm{e}^x+y')^2+f'(\mathrm{e}^x+y)\cdot(\mathrm{e}^x+y'').$$

为表述方便,记 $f'=f'(\mathrm{e}^x+y),f''=f''(\mathrm{e}^x+y)$,则整理得

$$y'=\frac{e^x f'}{1-f'},\quad y''=\frac{(e^x+y')^2\cdot f''+e^x f'}{1-f'}=\frac{e^{2x}f''+e^x(1-f')^2 f'}{(1-f')^3}.$$

7. 原式$=\int\frac{x\cos^4\frac{x}{2}}{2^3\sin^3\frac{x}{2}\cos^3\frac{x}{2}}dx=\int\frac{x\cos\frac{x}{2}}{2^3\sin^3\frac{x}{2}}dx$

$$\xlongequal{t=\frac{x}{2}}\frac{1}{2}\int\frac{t\cos t}{\sin^3 t}dt=\frac{1}{2}\int\frac{t}{\sin^3 t}d(\sin t)$$

$$=-\frac{1}{4}\int t d(\sin t)^{-2}=-\frac{1}{4}t\sin^{-2}t+\frac{1}{4}\int\sin^{-2}t dt=-\frac{1}{4}t\sin^{-2}t+\frac{1}{4}\int\csc^2 t dt$$

$$=-\frac{1}{4}t\sin^{-2}t-\frac{1}{4}\cot t+C=-\frac{1}{8}x\sin^{-2}\left(\frac{x}{2}\right)-\frac{1}{4}\cot\frac{x}{2}+C.$$

8. 令 $x=\sec t$, $dx=\sec t\tan t dt$，当 $x=-2$, $t=\frac{2}{3}\pi$，当 $x=-1$, $t=\pi$

$$\int_{-2}^{-1}\frac{\sqrt{x^2-1}}{x}dx=\int_{\frac{2}{3}\pi}^{\pi}(-\tan^2 t)dt=\int_{\frac{2}{3}\pi}^{\pi}(1-\sec^2 t)dt=\frac{\pi}{3}-\tan t\Big|_{\frac{2}{3}\pi}^{\pi}=\frac{\pi}{3}-\sqrt{3}.$$

9. 令 $y'=p$，则方程化为标准的一阶线性非齐次微分方程

$$p'-\frac{2}{x}p=x^2,$$

其中 $P(x)=-\frac{2}{x}$, $Q(x)=x^2$，因此

$$p=e^{-\int-\frac{2}{x}dx}\left(\int x^2 e^{\int-\frac{2}{x}dx}dx+C\right)=e^{2\ln x}\left(\int x^2 e^{-2\ln x}dx+C\right)=x^3+Cx^2,$$

故

$$y=\frac{1}{4}x^4+\frac{C}{3}x^3+C_2=\frac{1}{4}x^4+C_1x^3+C_2,$$

其中 C_1 和 C_2 为任意实数.

四、应用题

1. 函数的定义域为$(-\infty,+\infty)$. 由于函数 $f(x)$ 为奇函数，因此图像关于原点对称. 故只讨论 $x\in[0,+\infty)$ 的情形. 当 $x>0$ 时，函数的一阶、二阶导数为

$$y'=\frac{2(1-x^2)}{(x^2+1)^2},\quad y''=\frac{4x(x^2-3)}{(x^2+1)^3},$$

令 $y'=0$，解得驻点 $x_1=1$，令 $y''=0$，解得 $x_2=\sqrt{3}$. 列表讨论函数的性态.

表 2.1

x	$(0,1)$	1	$(1,\sqrt{3})$	$\sqrt{3}$	$(\sqrt{3},+\infty)$
y'	+	0	−	−	−
y''	−	−	−	0	+
y	↗凸	极大值$\frac{1}{2}$	↘凸	拐点$\left(\sqrt{3},\frac{\sqrt{3}}{2}\right)$	↘凹

因为$\lim\limits_{x\to\infty}\frac{x}{x^2+1}=0$,因此曲线有一条水平渐近线 $y=0$. 曲线不存在垂直渐近线和斜渐近线. 按照表 2.1 列出的函数的单调性和凹凸性做出函数的图像. 如图 2-1 所示:

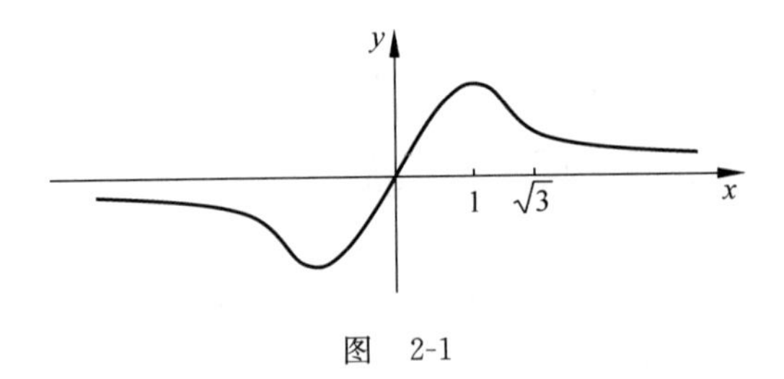

图 2-1

2. 以水平面上的一点为原点,垂直向上建立 x 轴,当立方体 Γ 提升至 x 处时,Γ 所受的重力与浮力的合力为

$$F(x)=a^3k\rho g-a^2(a-x)\rho g,$$

因此需要做的功为

$$W=\int_0^a F(x)\mathrm{d}x=\int_0^a[a^3k\rho g-a^2(a-x)\rho g]\mathrm{d}x$$
$$=a^2\rho g\int_0^a[a(k-1)+x]\mathrm{d}x=a^4\rho g\left(k-\frac{1}{2}\right).$$

五、证明题

设构造辅助函数

$$f(x)=1+x\ln(x+\sqrt{1+x^2})-\sqrt{1+x^2}.$$

令 $f'(x)=\ln(x+\sqrt{1+x^2})=0$,得到唯一驻点 $x=0$,又因为

$$f''(0)=\frac{1}{\sqrt{1+x^2}}\bigg|_{x=0}=1>0,$$

因此函数在 $x=0$ 取得最小值,最小值为 $f(0)=0$. 从而对 $\forall x\in(-\infty,+\infty)$,$f(x)\geqslant f(0)=0$,即对 $\forall x\in(-\infty,+\infty)$,有 $1+x\ln(x+\sqrt{1+x^2})\geqslant\sqrt{1+x^2}$.

模拟试题三详解

一、填空题

(1) $y=\frac{1}{2}(\sqrt{x}-1)$，其中 $x\geqslant 1$；

(2) $-\frac{3}{2}$；

(3) 4；

(4) 0；**提示**　因为 $\lim\limits_{x\to 0^+} e^{\frac{1}{x}}=+\infty$，$\lim\limits_{x\to 0^-} e^{\frac{1}{x}}=0$，因此

$$\lim_{x\to 0^+}\frac{x}{1+e^{\frac{1}{x}}}=\lim_{x\to 0^+}x\lim_{x\to 0^+}\frac{1}{1+e^{\frac{1}{x}}}=0,\quad \lim_{x\to 0^-}\frac{x}{1+e^{\frac{1}{x}}}=\frac{0}{1+0}=0,$$

所以 $\lim\limits_{x\to 0}\frac{x}{1+e^{\frac{1}{x}}}=0$，所以当 $k=0$ 时，函数 $f(x)$ 在 $x=0$ 处连续.

(5) -2；

(6) $f(x)=1+\frac{1}{2}(x-1)-\frac{1}{8}(x-1)^2+\frac{1}{16}(x-1)^3+o[(x-1)^3](x\to 1)$；

(7) $y=1$ 和 $y=-1$；

(8) $\frac{2}{3}x^3+C$；

(9) $\int_0^1\sqrt{x}\,dx$；

(10) $\frac{1}{1+x}$；**提示**　因为两端求导得 $2xf(x^2)=\frac{2x}{1+x^2}$，$f(x^2)=\frac{1}{1+x^2}$.

(11) $x^2+y^2=C$；**提示**　因为 $\frac{dx}{y}=-\frac{dy}{x}$，$\int y\,dy=-\int x\,dx$，$\frac{1}{2}y^2=-\frac{1}{2}x^2+C_1$，因此方程的通解为 $x^2+y^2=C$.

二、单项选择题

(1) B；

(2) D；

(3) B；

(4) A；

(5) B. **提示** $x^2ydx=(1-y^2)(1+x^2)dy$.

三、计算题

1. 原式$=\lim\limits_{x\to0}\dfrac{\sqrt{1+x\sin x}-1}{x\ln(1+2x)}=\lim\limits_{x\to0}\dfrac{\frac{1}{2}x\sin x}{x\cdot 2x}=\dfrac{1}{4}$.

2. 原式$=\lim\limits_{x\to0}\left(1+\dfrac{\tan x}{x}-1\right)^{\frac{x}{\tan x-x}\cdot\frac{\tan x-x}{x^3}}$，而

$$\lim_{x\to0}\frac{\tan x-x}{x^3}=\lim_{x\to0}\frac{\sec^2x-1}{3x^2}=\lim_{x\to0}\frac{\tan^2x}{3x^2}=\frac{1}{3},$$

所以原式$=e^{\frac{1}{3}}$.

3. 当$\alpha>1$时，$f'(0)=\lim\limits_{x\to0}\dfrac{f(x)-f(0)}{x}=\lim\limits_{x\to0}x^{\alpha-1}\cos\dfrac{1}{x}=0$，当$x\neq0$时，$f'(x)=\alpha x^{\alpha-1}\cos\dfrac{1}{x}+x^{\alpha-2}\sin\dfrac{1}{x}$，从而当$\alpha>2$时，有$\lim\limits_{x\to0}f'(x)=f'(0)=0$，综上，当$\alpha>2$时，$f'(x)$在$x=0$处连续.

4. $$\begin{aligned}y'&=\frac{1}{2}\sqrt{x^2+a^2}+\frac{x}{2}\cdot\frac{2x}{2\sqrt{x^2+a^2}}+\frac{a^2}{2}\frac{1}{x+\sqrt{x^2+a^2}}(x+\sqrt{x^2+a^2})\\&=\frac{1}{2}\sqrt{x^2+a^2}+\frac{x^2}{2\sqrt{x^2+a^2}}+\frac{a^2}{2}\frac{1}{x+\sqrt{x^2+a^2}}\left(1+\frac{2x}{2\sqrt{x^2+a^2}}\right)\\&=\frac{2x^2+a^2}{2\sqrt{x^2+a^2}}+\frac{a^2}{2}\frac{1}{x+\sqrt{x^2+a^2}}\frac{\sqrt{x^2+a^2}+x}{\sqrt{x^2+a^2}}\\&=\frac{2x^2+a^2}{2\sqrt{x^2+a^2}}+\frac{a^2}{2\sqrt{x^2+a^2}}=\sqrt{x^2+a^2},\end{aligned}$$

因此

$$y''=\frac{2x}{2\sqrt{x^2+a^2}}=\frac{x}{\sqrt{x^2+a^2}}.$$

5. 方程两边同时对x求导数，则

$$2e^{2xy}(y+xy')+2e^y+2xe^y\cdot y'-\frac{3}{x}=0,$$

因此

$$y'=\frac{\frac{3}{x}-2e^y-2ye^{2xy}}{2xe^y+2xe^{2xy}}.$$

6. (1) 由题意，有

$$\begin{cases}xf'(x)=f'(-x)+1,\\-xf'(-x)=f'(x)+1,\end{cases}$$

解得$f'(x)=\dfrac{x-1}{x^2+1}$.

(2) 令 $f'(x)=0$,解得唯一驻点 $x=1$. 当 $x>1$ 时,$f'(x)>0$,当 $x<1$ 时,$f'(x)<0$,因此函数 $f(x)$ 在 $x=1$ 处取得极小值. 又因为

$$f(x)-\int f'(x)\mathrm{d}x=\int \frac{x-1}{x^2+1}\mathrm{d}x=\int \frac{x}{x^2+1}\mathrm{d}x-\int \frac{1}{x^2+1}\mathrm{d}x$$
$$=\frac{1}{2}\ln(x^2+1)-\arctan x+C,$$

由 $f(0)=0$ 知,$C=0$,故 $f(x)=\frac{1}{2}\ln(x^2+1)-\arctan x$. 函数 $f(x)$ 的极小值为 $f(1)=\frac{1}{2}\ln 2-\frac{\pi}{4}$.

7. 原式 $=\int \frac{\ln\tan x}{\tan x}\cdot\sec^2 x\mathrm{d}x=\int \frac{\ln\tan x}{\tan x}\mathrm{d}\tan x=\int \ln(\tan x)\mathrm{d}\ln(\tan x)$

$=\frac{1}{2}[\ln(\tan x)]^2+C.$

8. 由积分中值定理可知,至少存在一点 $\xi\in(0,1)$,使得

$$\int_0^1 f(x)\mathrm{d}x=f(\xi)\times(1-0)=f(\xi).$$

又因为 $f(x)$ 在 $[0,1]$ 上连续,且当 $x\in(0,1)$ 时,$f'(x)>0$,因此 $f(x)$ 在 $[0,1]$ 上严格单调递增,故 $f(0)<f(\xi)<f(1)$,即 $f(0)<\int_0^1 f(x)\mathrm{d}x<f(1)$.

9. 求导得 $f'(x)=f(x)+\mathrm{e}^x$,且 $f(0)=1$,一阶线性微分方程解为 $f(x)=(x+1)\mathrm{e}^x$.

四、应用题

1. (1) $x=-2,x=0,x=2$;

(2) $(-\infty,-2],[2,+\infty)$;

(3) $[2,2]$;

(4) $x=-2$;

(5) $x=2$;

(6) $(-\infty,-1),(0,1)$;

(7) $(-1,0),(1,+\infty)$;

(8) $(-1,f(-1)),(0,f(0)),(1,f(1))$.

2. (1) 平面图形 D 如图 3-1 所示,由题意可知,x_0,y_0 满足

$$y_0=\sqrt{x_0-1},\quad \frac{y_0}{x_0}=\frac{1}{2\sqrt{x_0-1}},$$

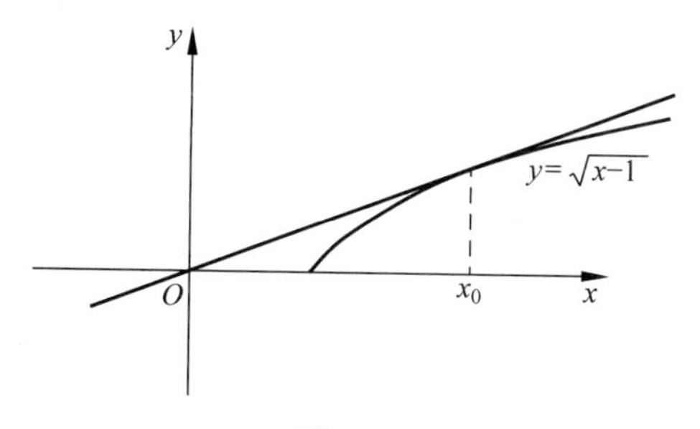

图 3-1

解得 $x_0=2, y_0=1$,从而切点的坐标为(2,1).切线的斜率为 $k=\frac{y_0}{x_0}=\frac{1}{2}$,故切线 L 的方程为 $y-1=\frac{1}{2}(x-2)$,即 $y=\frac{1}{2}x$.

(2) 由于 $y'=\frac{1}{2\sqrt{x-1}}$,因此 Γ 的弧微分为

$$\mathrm{d}y=\sqrt{1+(y')^2}\,\mathrm{d}x=\sqrt{1+\frac{1}{4(x-1)}}\,\mathrm{d}x=\frac{1}{2}\sqrt{\frac{4x-3}{x-1}}\,\mathrm{d}x.$$

(3) 平面图形 D 的面积为

$$S=\int_0^2\frac{1}{2}x\mathrm{d}x-\int_1^2\sqrt{x-1}\,\mathrm{d}x=1-\frac{2}{3}=\frac{1}{3}.$$

(4) $V=\int_0^1\pi(y^2+1)^2\mathrm{d}y-\int_0^1\pi(2y)^2\mathrm{d}y=\pi\int_0^1(y^4-2y^2+1)\mathrm{d}y=\frac{8}{15}\pi.$

五、证明题

由题设可知,$f(1)$与$f(2)$异号,$f(2)$与$f(3)$异号,因此由连续函数的零点定理可知,至少存在两点 $\xi_1\in(1,2),\xi_2\in(2,3)$,使得 $f(\xi_1)=f(\xi_2)=0$.构造辅助函数

$$F(x)=\mathrm{e}^{-x}f(x),$$

则 $F(x)$在$[\xi_1,\xi_2]$上连续,在(ξ_1,ξ_2)内可导,且 $F(\xi_1)=F(\xi_2)=0$,因此由罗尔定理可知,至少存在一点 $\xi\in(\xi_1,\xi_{12})\subset(1,3)$,使得 $F'(\xi)=0$.又因为

$$F'(x)=\mathrm{e}^{-x}f'(x)-\mathrm{e}^{-x}f(x)=\mathrm{e}^{-x}[f'(x)-f(x)],$$

因此有 $\mathrm{e}^{-\xi}[f'(\xi)-f(\xi)]=0$,即 $f'(\xi)-f(\xi)=0$.

模拟试题四详解

一、填空题

(1) 1；

(2) -1；

提示
$$\lim_{x\to+\infty}\left(x\arctan x-\frac{\pi}{2}x\right)=\lim_{x\to+\infty}\frac{\arctan x-\frac{\pi}{2}}{\frac{1}{x}}=\lim_{x\to+\infty}\frac{\frac{1}{1+x^2}}{-\frac{1}{x^2}}$$
$$=-\lim_{x\to+\infty}\frac{x^2}{1+x^2}=-1.$$

(3) $3a$；

(4) $\frac{8!}{x^9}$；

(5) $\ln2+\frac{1}{2}(x-2)-\frac{1}{8}(x-2)^2+\frac{1}{24}(x-2)^3+o[(x-2)^3],x\to2$；

(6) 4；**提示** 因为
$$\lim_{x\to+\infty}\frac{x}{\sqrt{x^2-4}}=1,\lim_{x\to-\infty}\frac{x}{\sqrt{x^2-4}}=\lim_{t\to+\infty}\frac{-t}{\sqrt{t^2-4}}=-1,$$
所以 $y=1$ 和 $y=-1$ 均为函数的 2 条水平渐近线. 又因为
$$\lim_{x\to2^+}\frac{x}{\sqrt{x^2-4}}=\infty,\lim_{x\to-2^-}\frac{x}{\sqrt{x^2-4}}=\infty,$$
所以 $x=2$ 和 $x=-2$ 均为函数的 2 条垂直渐近线.

(7) $\frac{1}{3}x^3+x+C$；

(8) $\frac{1}{3}$；

(9) 0；

(10) $C_1e^x+C_2e^{\frac{5}{2}x}$.

二、单项选择题

(1) D；

(2) C;

(3) C;

(4) A; **提示** 由题意,$F(x)=\ln x$,则 $F(x)$为 $f(x)$的一个原函数,则

$$原式=\frac{1}{6}\int f(1+3x^2)\mathrm{d}(1+3x^2)=\frac{1}{6}\int f(u)\mathrm{d}u=\frac{1}{6}F(u)+C=\frac{1}{6}\ln(1+3x^2)+C.$$

(5) B.

三、计算题

1. $原式=\lim\limits_{x\to+\infty}\dfrac{x+\sqrt{x}-x}{\sqrt{x+\sqrt{x}}+\sqrt{x}}=\lim\limits_{x\to+\infty}\dfrac{\sqrt{x}}{\sqrt{x+\sqrt{x}}+\sqrt{x}}=\dfrac{1}{2}.$

2. $原式=\lim\limits_{x\to0^+}\left(\dfrac{1}{\sqrt{x}}\right)^{\frac{1}{\ln\sin x}}=\lim\limits_{x\to0^+}\mathrm{e}^{\frac{-\ln\sqrt{x}}{\ln\sin x}}=\lim\limits_{x\to0^+}\mathrm{e}^{\frac{-\frac{1}{2}\ln x}{\ln\sin x}}=\mathrm{e}^{-\frac{1}{2}\lim\limits_{x\to0^+}\frac{\ln x}{\ln\sin x}}$

$=\mathrm{e}^{-\frac{1}{2}\lim\limits_{x\to0^+}\frac{\frac{1}{x}}{\frac{\cos x}{\sin x}}}=\mathrm{e}^{-\frac{1}{2}\lim\limits_{x\to0^+}\frac{\sin x}{x}\cdot\frac{1}{\cos x}}=\mathrm{e}^{-\frac{1}{2}}.$

3. (1) $\dfrac{\mathrm{d}y}{\mathrm{d}x}=\dfrac{\frac{\mathrm{d}y}{\mathrm{d}t}}{\frac{\mathrm{d}x}{\mathrm{d}t}}=\dfrac{\frac{\sin t}{t}}{\frac{\cos t}{t}}=\tan t,$

(2) $\dfrac{\mathrm{d}^2y}{\mathrm{d}x^2}=\dfrac{\mathrm{d}}{\mathrm{d}x}\left(\dfrac{\mathrm{d}y}{\mathrm{d}x}\right)=\dfrac{\mathrm{d}}{\mathrm{d}t}(\tan t)\dfrac{\mathrm{d}t}{\mathrm{d}x}=\dfrac{\mathrm{d}}{\mathrm{d}t}(\tan t)\dfrac{1}{\frac{\mathrm{d}x}{\mathrm{d}t}}=\dfrac{1}{\cos^2t}\dfrac{1}{\frac{\cos t}{t}}=\dfrac{t}{\cos^3t}=t\sec^3t$

4. (1) 当 $x\neq0$ 时,$f'(x)=\dfrac{x\cos x-\sin x}{x^2}-1.$

在 $x=0$ 处,

$$\begin{aligned}f'(0)&=\lim_{x\to0}\frac{f(x)-f(0)}{x}=\lim_{x\to0}\frac{\frac{\sin x}{x}-x-1}{x}\\&=\lim_{x\to0}\frac{\sin x-x^2-x}{x^2}=\lim_{x\to0}\frac{\cos x-2x-1}{2x}\\&=-1+\lim_{x\to0}\frac{\cos x-1}{2x}=-1+\lim_{x\to0}\frac{\frac{1}{2}x^2}{2x}=-1.\end{aligned}$$

由于

$$\begin{aligned}\lim_{x\to0}f'(x)&=\lim_{x\to0}\left(\frac{x\cos x-\sin x}{x^2}-1\right)=\lim_{x\to0}\frac{x\cos x-\sin x-x^2}{x^2}\\&=\lim_{x\to0}\frac{\cos x-x\sin x-\cos x-2x}{2x}=\lim_{x\to0}\frac{-x\sin x-2x}{2x}\\&=-1+\lim_{x\to0}\frac{-x\sin x}{2x}=-1=f'(0),\end{aligned}$$

所以 $f'(x)$在 $x=0$ 处连续.

(2) 由于

$$\lim_{x\to0}\frac{f'(x)-f'(0)}{x}=\lim_{x\to0}\frac{\frac{x\cos x-\sin x}{x^2}-1-(-1)}{x}=\lim_{x\to0}\frac{x\cos x-\sin x}{x^3}$$

$$= \lim_{x \to 0} \frac{\cos x - x\sin x - \cos x}{3x^2} = \lim_{x \to 0} \frac{-x\sin x}{3x^2}$$

$$= \lim_{x \to 0} \frac{-x^2}{3x^2} = -\frac{1}{3}.$$

所以 $f'(x)$ 在 $x=0$ 处可导.

5. 当 $x=0$ 时，$y=2$. 方程两边关于 x 求导，得

$$2^{y} \cdot \ln 2 \cdot y' + y + x \cdot y' = 0,$$

将 $x=0$，$y=2$ 带入上式可得 $y'(0) = -\frac{1}{2\ln 2}$. 因此 $y=f(x)$ 在 $x=0$ 处的切线方程为

$$y - 2 = -\frac{x}{2\ln 2}, \quad 即 \quad y = -\frac{x}{2\ln 2} + 2.$$

6. 原式 $= \int \frac{1}{e^x+1} dx = \int \frac{e^x}{e^x(e^x+1)} dx = \int \frac{1}{e^x(e^x+1)} de^x \xlongequal{t=e^x} \int \frac{1}{t(t+1)} dt$

$$= \int \left(\frac{1}{t} - \frac{1}{t+1}\right) dt = \ln t - \ln(t+1) + C$$

$$= x - \ln(e^x+1) + C.$$

7. 令 $t = \sqrt{3x+1}$，$x = \frac{1}{3}(t^2-1)$，$dx = \frac{2t}{3} dt$，从而

原式 $= \int_1^4 \frac{1}{\frac{2}{3}(t^2-1)+t} \cdot \frac{2}{3} t dt = \int_1^4 \frac{2t}{2t^2+3t-2} dt = \frac{2}{5} \int_1^4 \left(\frac{2}{t+2} + \frac{1}{2t-1}\right) dt$

$$= \frac{2}{5} \left(2\ln|t+2| + \frac{1}{2}\ln|2t-1|\right)\Big|_1^4 = \frac{2}{5}\left(2\ln 6 + \frac{1}{2}\ln 7 - 2\ln 3\right)$$

$$= \frac{1}{5}(4\ln 2 + \ln 7).$$

8. **解法 1** 常数变易法. 因为 $f(x) + 2\int_0^x f(t) dt = x^2$，两端求导得 $f'(x) + 2f(x) = 2x$，此方程为一阶线性微分方程 $y' + 2y = 2x$. 对应的其齐次方程为 $y' + 2y = 0$，通解为 $y = Ce^{-2x}$. 常数变易法设非齐次方程的通解为 $y = C(x)e^{-2x}$. 求导 $y' = C'(x)e^{-2x} - 2C(x)e^{-2x}$，代入方程得

$$C'(x)e^{-2x} = 2x, \quad C'(x) = 2xe^{2x},$$

因此

$$C(x) = \int 2xe^{2x} dx = \int x\, de^{2x} = xe^{2x} - \int e^{2x} dx = xe^{2x} - \frac{1}{2}e^{2x} + C,$$

方程的通解为 $y = Ce^{-2x} + x - \frac{1}{2}$. 又因为 $f(0) = 0$，则 $C = \frac{1}{2}$，即

$$f(x) = \frac{1}{2}e^{-2x} + x - \frac{1}{2}.$$

解法 2 公式法. 因为 $f(x) + 2\int_0^x f(t) dt = x^2$，两端求导得 $f'(x) + 2f(x) = 2x$，此方程为一阶线性微分方程 $y' + 2y = 2x$，因此

$$y = e^{-\int P(x) dx}\left[\int Q(x) e^{\int P(x) dx} dx + C\right] = e^{-\int 2 dx}\left(\int 2x e^{\int 2 dx} dx + C\right)$$

$$= Ce^{-2x} + x - \frac{1}{2}.$$

又因为 $f(0)=0$,则 $C=\frac{1}{2}$,从而 $f(x)=\frac{1}{2}e^{-2x}+x-\frac{1}{2}$.

四、应用题

1. 如图 4-1 所示,设矩形的一条边的长度为 x,另外一条边的长度为 $2\sqrt{a^2-x^2}$,因此

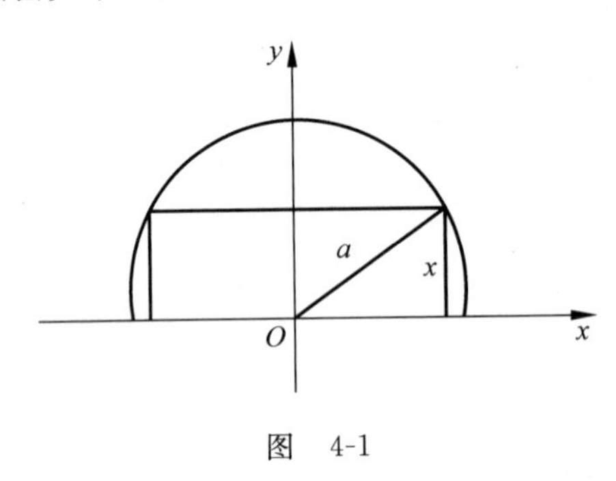

图 4-1

内接矩形的周长为

$$L=L(x)=2x+4\sqrt{a^2-x^2},\quad x\in(0,a).$$

令 $L'(x)=2-\frac{4x}{\sqrt{a^2-x^2}}=0$,解得唯一的驻点 $x=\frac{\sqrt{5}}{5}a$. 又因为 $L''(x)=\frac{-4(a^2-2x^2)}{\sqrt{a^2-x^2}}$,

$L''\left(\frac{\sqrt{5}}{5}\right)<0$,因此当 $x=\frac{\sqrt{5}}{5}a$ 时,$L(x)$ 达到最大,此时矩形的另外一条边长为 $\frac{4\sqrt{5}}{5}a$.

2. 函数的定义域为 $(-\infty,+\infty)$. 函数的一阶、二阶导数为

$$y'=3x^2-6x=3x(x-2),\quad y''=6x-6.$$

令 $y'=0$,解得驻点 $x_1=0,x_2=2$. 令 $y''=0$,解得 $x_3=1$. 列表讨论函数的性态. 见表 4.1.

表 4.1

x	$(-\infty,0)$	0	$(0,1)$	1	$(1,2)$	2	$(2,+\infty)$
y'	+		−		−		+
y''	−		−		+		+
y	↗上凸	极大值 2	↘上凸	拐点(1,0)	↘下凸	极小值−2	↗下凸

曲线不存在水平渐近线、垂直渐近线和斜渐近线. 补充辅助点 $f(-1)=-2, f(-2)=-18, f(3)=2$. 按照表 4.1 列出的函数的单调性和凹凸性做出函数的图像. 如图 4-2 所示.

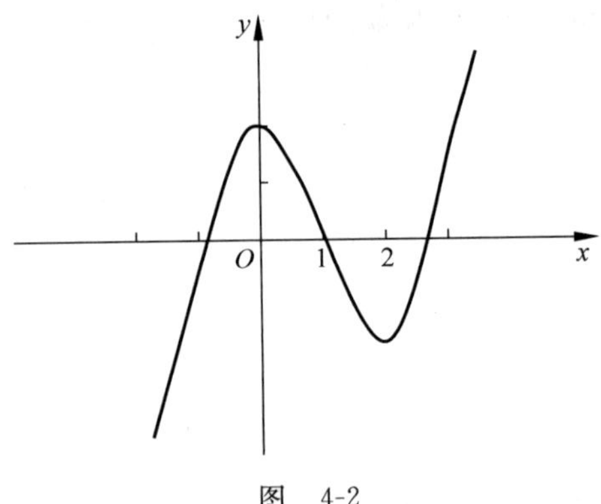

图 4-2

五、证明题

设

$$f(x)=1-x+\frac{x^2}{2}-\frac{x^3}{3}+\frac{x^4}{4},$$

则 $f'(x)=(x-1)(x^2+1)$，解得唯一驻点 $x=1$，又因为

$$f''(x)=1-2x+3x^2=(x-1)^2+2x^2>0,$$

从而 $f''(1)>0$，所以 $f(x)$ 在 $x=1$ 处取得最小值，而 $f(1)>0$，从而 $f(x)=0$ 无实根.

模拟试题五详解

一、填空题

(1) $\left[0,\frac{1}{2}\right]$;

(2) 0;

(3) $-\frac{3}{2}$;

(4) $4x$;

(5) $2(x^2+\ln x)$;

(6) $x=0$;

(7) $2x-\frac{4}{3}x^3+o(x^3)(x\to 0)$;

(8) ∞;

(9) 1;

(10) $y=\frac{1}{x}$.

二、单项选择题

(1) C; **提示** 显然 $a\neq 0$. 因为

$$\lim_{x\to 0}\frac{f(ax)}{x}=a\cdot\lim_{x\to 0}\frac{f(ax)}{ax}=a\cdot\lim_{t\to 0}\frac{f(t)}{t}=k,$$

所以 $\lim\limits_{t\to 0}\frac{f(t)}{t}=\frac{k}{a}$, 从而 $\lim\limits_{x\to 0}\frac{f(bx)}{x}=b\cdot\lim\limits_{x\to 0}\frac{f(bx)}{bx}=\frac{kb}{a}$.

(2) C;

(3) B;

(4) B;

(5) A. **提示**

$$\begin{aligned}\int_0^1 xf''(2x)\mathrm{d}x&=\frac{1}{2}\int_0^1 x\mathrm{d}f'(2x)=\frac{1}{2}xf'(2x)\Big|_0^1-\frac{1}{2}\int_0^1 f'(2x)\mathrm{d}x\\&=\frac{1}{2}xf'(2x)\Big|_0^1-\frac{1}{4}f(2x)\Big|_0^1\end{aligned}$$

$$=\frac{1}{2}f'(2)-\frac{1}{4}f(2)+\frac{1}{4}f(0)=0.$$

三、计算题

1. 原式$=\lim\limits_{x\to 0}\frac{x-(1-x^2)\ln(1+x)}{x^2}=\lim\limits_{x\to 0}\frac{1+2x\ln(1+x)-(1-x^2)\cdot\frac{1}{1+x}}{2x}$

$$=\lim_{x\to 0}\frac{1+2x\ln(1+x)-(1-x)}{2x}=\lim_{x\to 0}\frac{2\ln(1+x)+1}{2}=\frac{1}{2}.$$

2. (1) $f(x)=\begin{cases}0 & x=0\\ \frac{x}{\sin x} & x\neq 0\end{cases}$;

(2) 令 $\sin x=0$,从而函数的间断点为 $x=k\pi,k\in Z$. 因为$\lim\limits_{x\to 0}\frac{x}{\sin x}=1$,当 $k\neq 0$ 时,$\lim\limits_{x\to k\pi}\frac{x}{\sin x}=\infty$,所以 $x=0$ 为函数 $f(x)$的第一类间断点中的可去间断点,$x=k\pi,k\in Z$ 且 $k\neq 0$ 为函数的第二类间断点中的无穷间断点.

3. $y=x^{\sin x}+\sin^2 x=e^{\sin x\ln x}+\sin^2 x$,

$$y'=e^{\sin x\ln x}\left(\cos x\ln x+\frac{\sin x}{x}\right)+2\sin x\cos x=x^{\sin x}\left(\cos x\ln x+\frac{\sin x}{x}\right)+\sin 2x.$$

4. 方程两边分别取对数,得

$$y\ln x = x\ln y.$$

方程两边同时取微分,得

$$\ln x\mathrm{d}y+\frac{y}{x}\mathrm{d}x=\ln y\mathrm{d}x+\frac{x}{y}\mathrm{d}y,$$

因此

$$\mathrm{d}y=\frac{\ln y-\frac{y}{x}}{\ln x-\frac{x}{y}}\mathrm{d}x=\frac{xy\ln y-y^2}{xy\ln x-x^2}\mathrm{d}x.$$

5. (1) $\frac{\mathrm{d}y}{\mathrm{d}x}=\frac{\frac{\mathrm{d}y}{\mathrm{d}t}}{\frac{\mathrm{d}x}{\mathrm{d}t}}=\frac{1-\frac{1}{1+t^2}}{\frac{2t}{1+t^2}}=\frac{t}{2}$,

(2) $\frac{\mathrm{d}^2y}{\mathrm{d}x^2}=\frac{\mathrm{d}}{\mathrm{d}x}\left(\frac{\mathrm{d}y}{\mathrm{d}x}\right)=\frac{\mathrm{d}}{\mathrm{d}x}\left(\frac{t}{2}\right)=\frac{1}{2}\cdot\frac{\mathrm{d}t}{\mathrm{d}x}=\frac{1}{2}\cdot\frac{1}{\frac{\mathrm{d}x}{\mathrm{d}t}}=\frac{1}{2}\cdot\frac{1}{\frac{2t}{1+t^2}}=\frac{1+t^2}{4t}.$

6. 原式$=\int\frac{x^2\cdot x}{\sqrt{1-x^2}}\mathrm{d}x=-\frac{1}{2}\int\frac{x^2}{\sqrt{1-x^2}}\mathrm{d}(1-x^2)=-\frac{1}{2}\int\frac{x^2-1+1}{\sqrt{1-x^2}}\mathrm{d}(1-x^2)$

$$=-\frac{1}{2}\int\left(-\sqrt{1-x^2}+\frac{1}{\sqrt{1-x^2}}\right)\mathrm{d}(1-x^2)$$

$$=-\frac{1}{2}\left[-\frac{2}{3}(1-x^2)^{\frac{3}{2}}+2(1-x^2)^{\frac{1}{2}}\right]+C$$

$$=\frac{1}{3}(1-x^2)^{\frac{3}{2}}-(1-x^2)^{\frac{1}{2}}+C.$$

7. 因为 $\int_0^1 f(tx)\mathrm{d}t = f(x) + x\sin x$，令 $u=tx$，则 $t=\frac{1}{x}u$，$\mathrm{d}t=\frac{1}{x}\mathrm{d}u$，从而

$$\int_0^1 f(tx)\mathrm{d}t = \frac{1}{x}\int_0^x f(u)\mathrm{d}u,$$

即 $\frac{1}{x}\int_0^x f(u)\mathrm{d}u = f(x) + x\sin x$，整理得

$$\int_0^x f(u)\mathrm{d}u = xf(x) + x^2\sin x.$$

两端求导得

$$f(x) = f(x) + xf'(x) + 2x\sin x + x^2\cos x.$$

从而有 $f'(x)=-2\sin x - x\cos x$，再积分得

$$f(x) = \int(-2\sin x - x\cos x)\mathrm{d}x = \cos x - x\sin x + C.$$

8. 原式 $=\int_0^1 \frac{(x^2+1-1)\arctan x}{1+x^2}\mathrm{d}x = \int_0^1 \arctan x\mathrm{d}x - \int_0^1 \frac{\arctan x}{1+x^2}\mathrm{d}x$

$= x\arctan x\,\Big|_0^1 - \int_0^1 \frac{x}{1+x^2}\mathrm{d}x - \int_0^1 \arctan x\mathrm{d}(\arctan x)$

$= \frac{\pi}{4} - \frac{1}{2}\int_0^1 \frac{1}{1+x^2}\mathrm{d}(1+x^2) - \frac{1}{2}\arctan^2 x\Big|_0^1$

$= \frac{\pi}{4} - \frac{1}{2}\ln(1+x^2)\Big|_0^1 - \frac{\pi^2}{32} == \frac{\pi}{4} - \frac{\pi^2}{32} - \frac{1}{2}\ln 2.$

四、应用题

1. 如图 5-1 所示.

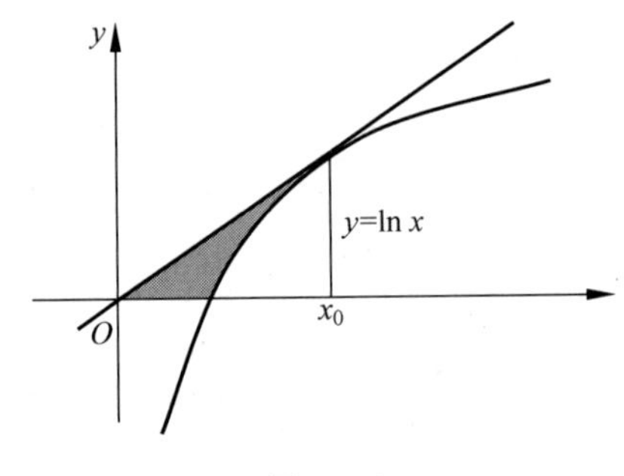

图 5-1

(1) 设切点横坐标为 x_0，则切点坐标为 $(x_0, y_0)=(x_0, \ln x_0)$，所以过该点的曲线方程为 $y-\ln x_0=\frac{1}{x_0}(x-x_0)$. 又因为切线过原点，所以有 $\ln x_0=1$，解得 $x_0=\mathrm{e}$，故过切点$(\mathrm{e},1)$的切线方程为 $y=\frac{1}{\mathrm{e}}x$.

$$A = \frac{1}{2}\mathrm{e} - \int_1^{\mathrm{e}} \ln x\mathrm{d}x = \frac{1}{2}\mathrm{e} - x\ln x\,\Big|_1^{\mathrm{e}} + \int_1^{\mathrm{e}} 1\mathrm{d}x = \frac{1}{2}\mathrm{e} - 1.$$

(2) 旋转体体积为切线绕 x 轴旋转一周所得到的圆锥体体积减去曲线绕 x 轴旋转一周所得到的旋转体体积，即

$$V_x=\frac{1}{3}\pi e-\pi\int_1^e \ln^2 x dx=\frac{1}{3}\pi e-\pi\left(x\ln^2 x\Big|_1^e-2\int_1^e \ln x dx\right)$$
$$=\frac{1}{3}\pi e-\pi\left(e-2x\ln x\Big|_1^e+2\int_1^e 1dx\right)=\frac{1}{3}\pi e-\pi(e-2)$$
$$=2\pi\left(1-\frac{1}{3}e\right).$$

2. 由题设，飞机的质量 $m=9000\text{kg}$，着陆时的水平速度为 $v_0=700\text{km/h}$，从飞机触地时开始计时，设 t 时刻飞机的滑行距离为 $x(t)$，速度为 $v(t)$，根据牛顿第二定律，得

$$F=ma,\quad a=\frac{dv}{dt},$$

再由题设 $F=-kv$，可得到微分方程：$m\frac{dv}{dt}=-kv$，即 $\frac{dv}{v}=-\frac{k}{m}dt$. 积分得 $v=Ce^{-\frac{k}{m}t}$，代入初始条件 $v|_{t=0}=v_0$，得 $C=v_0$，故 $v=v_0e^{-\frac{k}{m}t}$. 飞机滑行的最长距离为

$$x=\int_0^{+\infty} v_0 e^{-\frac{k}{m}t}dt=-\frac{mv_0}{k}e^{-\frac{k}{m}t}\Bigg|_0^{+\infty}=\frac{mv_0}{k}=1.05(\text{km}).$$

五、证明题

令 $u=x-t$，$t=x-u$，$dt=-du$，当 $t=0$ 时，$u=x$，当 $t=x$ 时，$u=0$，因此

$$\int_0^x tf(x-t)dt=-\int_x^0 (x-u)f(u)du=x\int_0^x f(u)du-\int_0^x uf(u)du$$
$$=x\int_0^x f(t)dt-\int_0^x tf(t)dt,$$

从而有

$$\int_0^x f(t)dt=x+x\int_0^x f(t)dt-\int_0^x tf(t)dt.$$

两端求导得 $f(x)=1+\int_0^x f(t)dt$，两端再求导得微分方程 $f'(x)=f(x)$，且 $f(0)=1$. 积分得 $f(x)=e^x+C$. 由 $f(0)=1$，得到 $C=0$，故 $f(x)=e^x$.

模拟试题六详解

一、填空题

(1) $(-\infty,1)$;

(2) 2;

(3) 1;

(4) $-\sin(\cos x)\sin x\mathrm{d}x$; **提示** 因为 $f'(x)=\sin x$, $f(x)=-\cos x+C$. 又因为 $f(0)=-1$,得 $C=0$,即 $f(x)=-\cos x$,从而

$$\mathrm{d}f[f(x)]=\mathrm{d}[-\cos(-\cos x)]=-\mathrm{d}[\cos(\cos x)]=-[-\sin(\cos x)](-\sin x)\mathrm{d}x.$$

(5) $\dfrac{(-1)^{n-1}(n-1)!}{(1+x)^n}$; **提示** 因为

$$f(x)=\ln(1+x),\quad f'(x)=(1+x)^{-1},$$
$$f''(x)=(-1)(1+x)^{-2},$$
$$f'''(x)=(-1)(-2)(1+x)^{-3},$$

依次递推得

$$f^{(n)}(x)=(-1)^{n-1}(n-1)!(1+x)^{-n}.$$

(6) $y=\dfrac{1}{2}$; $x=-\dfrac{1}{2}$; **提示** 由于 $\lim\limits_{x\to\infty}\dfrac{x}{2x+1}=\dfrac{1}{2}$,因此函数有一条水平渐近线 $y=\dfrac{1}{2}$,且不存在斜渐近线. 又因为 $\lim\limits_{x\to\left(-\frac{1}{2}\right)}\dfrac{x}{2x+1}=\infty$,因此函数有一条铅垂渐近线 $x=-\dfrac{1}{2}$.

(7) $x=-\dfrac{b}{2a}$; **提示** $y'=2ax+b$, $y''=2a$,曲率

$$K=\frac{|y''|}{[1+(y')^2]^{\frac{3}{2}}}=\frac{|2a|}{[1+(2ax+b)^2]^{\frac{3}{2}}},$$

显然当 $2ax+b=0$,即 $x=-\dfrac{b}{2a}$时,曲率最大.

(8) $\tan x-\dfrac{1}{\cos x}+C$; **提示**

$$原式=\int\frac{1-\sin x}{1-\sin^2 x}\mathrm{d}x=\int\frac{1-\sin x}{\cos^2 x}\mathrm{d}x=\int\sec^2 x\mathrm{d}x+\int\frac{1}{\cos^2 x}\mathrm{d}\cos x$$
$$=\tan x-\frac{1}{\cos x}+C.$$

(9) $\frac{1}{4(1+a)}a^4$；**提示** 因为 $f(x)=x^3-\int_0^a f(x)\mathrm{d}x$，两端积分得

$$\int_0^a f(x)\mathrm{d}x=\int_0^a x^3\mathrm{d}x-\int_0^a f(x)\mathrm{d}x\cdot\int_0^a 1\mathrm{d}x,$$

即

$$\int_0^a f(x)\mathrm{d}x=\frac{1}{4}a^4-a\int_0^a f(x)\mathrm{d}x,\quad \int_0^a f(x)\mathrm{d}x=\frac{1}{4(1+a)}a^4.$$

(10) $\frac{1}{3}x\ln x-\frac{1}{9}x$. **提示** 原方程等价于方程 $y'+\frac{2}{x}y=\ln x$，所以通解为

$$y=\mathrm{e}^{-\int\frac{2}{x}\mathrm{d}x}\left(\int\ln x\cdot\mathrm{e}^{\int\frac{2}{x}\mathrm{d}x}\mathrm{d}x+C\right)=\frac{1}{x^2}\left(\int x^2\ln x\cdot\mathrm{d}x+C\right)$$
$$=\frac{1}{x^2}\left(\frac{1}{3}x^3\ln x-\frac{1}{9}x^3+C\right)=\frac{1}{3}x\ln x-\frac{1}{9}x+\frac{C}{x^2},$$

又因为$y|_{x=1}=-\frac{1}{9}$，代入方程得 $C=0$. 从而方程的特解为 $y=\frac{1}{3}x\ln x-\frac{1}{9}x$.

二、单项选择题

(1) D；

(2) B；**提示**

$$f'(a)=\lim_{x\to a}\frac{f(x)-f(a)}{x-a}=\lim_{x\to a}\frac{(x-a)\varphi(x)-0}{x-a}=\lim_{x\to a}\varphi(x)=\varphi(a).$$

(3) D；**提示** 由于

$$f'''(x_0)=\lim_{x\to x_0}\frac{f''(x)-f''(x_0)}{x-x_0}=\lim_{x\to x_0}\frac{f''(x)}{x-x_0}>0,$$

由极限的保号性可知，在 $x=x_0$ 的某个去心邻域内有$\frac{f''(x)}{x-x_0}>0$，从而当 $x<x_0$ 时，$f''(x)<0$，当 $x>x_0$ 时，$f''(x)>0$，因此$[x_0,f(x_0)]$是曲线 $y=f(x)$的拐点.

(4) C；

(5) B. **提示** 因为 $0<x<\tan x<1$，所以 $0<\frac{x}{\tan x}<1<\frac{\tan x}{x}$，而 $\int_0^{\frac{\pi}{4}}1\mathrm{d}x=\frac{\pi}{4}$.

三、计算题

1. $$原式=\lim_{x\to-1}\frac{\ln(x+2)-(x+1)}{(x+1)\ln(x+2)}=\lim_{t\to0}\frac{\ln(t+1)-t}{t\ln(t+1)}=\lim_{t\to0}\frac{\ln(t+1)-t}{t^2}$$
$$=\lim_{t\to0}\frac{\frac{1}{t+1}-1}{2t}=\lim_{t\to0}\frac{1-(t+1)}{2t(t+1)}=\lim_{t\to0}\frac{-1}{2(t+1)}=-\frac{1}{2}.$$

2. 等式两边同时取对数得

$$\ln y=\frac{1}{2}\ln(1-x)+2\ln(x+2)-\frac{1}{2}\ln(1+x)-3\ln(x+3),$$

上式两边同时对 x 求导数，

$$\frac{1}{y}\cdot y'=-\frac{1}{2(1-x)}+\frac{2}{x+2}-\frac{1}{2(x+1)}-\frac{3}{x+3},$$

因此

$$y'=\frac{\sqrt{1-x}\,(x+2)^2}{\sqrt{1+x}\,(x+3)^3}\left[\frac{1}{2(x-1)}+\frac{2}{x+2}-\frac{1}{2(x+1)}-\frac{3}{x+3}\right].$$

3. $\mathrm{d}y=\mathrm{e}^{f(x)}\mathrm{d}f(\mathrm{e}^x)+f(\mathrm{e}^x)\mathrm{d}\mathrm{e}^{f(x)}=\mathrm{e}^{f(x)}f'(\mathrm{e}^x)\mathrm{d}\mathrm{e}^x+f(\mathrm{e}^x)\mathrm{e}^{f(x)}\mathrm{d}f(x)$

$=\mathrm{e}^{f(x)}f'(\mathrm{e}^x)\mathrm{e}^x\mathrm{d}x+f(\mathrm{e}^x)\mathrm{e}^{f(x)}f'(x)\mathrm{d}x$

$=\mathrm{e}^{f(x)}[f'(\mathrm{e}^x)\mathrm{e}^x+f(\mathrm{e}^x)f'(x)]\mathrm{d}x.$

4. 当 $x\neq0$ 时，

$$f'(x)=\arctan\frac{1}{x^2}+x\frac{1}{1+x^{-4}}\cdot\left(-\frac{2}{x^3}\right)=\arctan\frac{1}{x^2}-\frac{2x^2}{x^4+1}.$$

在 $x=0$ 处，

$$f'(0)=\lim_{x\to0}\frac{f(x)-f(0)}{x}=\lim_{x\to0}\arctan\frac{1}{x^2}=\frac{\pi}{2}.$$

因为

$$\lim_{x\to0}f'(x)=\lim_{x\to0}\left(\arctan\frac{1}{x^2}-\frac{2x^2}{x^4+1}\right)=\frac{\pi}{2}=f'(0),$$

因此 $f'(x)$在 $x=0$ 处连续.

5. $\dfrac{\mathrm{d}y}{\mathrm{d}x}=\dfrac{\frac{\mathrm{d}y}{\mathrm{d}t}}{\frac{\mathrm{d}x}{\mathrm{d}t}}=\dfrac{3a\frac{2t(1+t^2)-2t^3}{(1+t^2)^2}}{3a\frac{(1+t^2)-2t^2}{(1+t^2)^2}}=\dfrac{2t}{1-t^2},\left.\dfrac{\mathrm{d}y}{\mathrm{d}x}\right|_{t=2}=-\dfrac{4}{3};$

又因为当 $t=2$ 时，$x=\frac{6}{5}a$，$y=\frac{12}{5}a$. 所以过$\left(\frac{6}{5}a,\frac{12}{5}a\right)$点的切线方程为

$$y-\frac{12}{5}a=-\frac{4}{3}\left(x-\frac{6}{5}a\right),$$

整理得 $4x+3y-12a=0$，法线方程为

$$y-\frac{12}{5}a=\frac{3}{4}\left(x-\frac{6}{5}a\right),$$

整理得 $3x-4y+6a=0$.

6. 原式$=\displaystyle\int\frac{x}{(2+\mathrm{e}^x)^2}\mathrm{d}(2+\mathrm{e}^x)=-\int x\mathrm{d}(2+\mathrm{e}^x)^{-1}=-x(2+\mathrm{e}^x)^{-1}+\int\frac{1}{2+\mathrm{e}^x}\mathrm{d}x$

$\displaystyle=-\frac{x}{2+\mathrm{e}^x}+\frac{1}{2}\int\frac{(2+\mathrm{e}^x)-\mathrm{e}^x}{2+\mathrm{e}^x}\mathrm{d}x=-\frac{x}{2+\mathrm{e}^x}+\frac{1}{2}x-\frac{1}{2}\int\frac{\mathrm{e}^x}{2+\mathrm{e}^x}\mathrm{d}x$

$\displaystyle=-\frac{x}{2+\mathrm{e}^x}+\frac{1}{2}x-\frac{1}{2}\int\frac{1}{2+\mathrm{e}^x}\mathrm{d}(2+\mathrm{e}^x)$

$\displaystyle=-\frac{x}{2+\mathrm{e}^x}+\frac{1}{2}x-\frac{1}{2}\ln(2+\mathrm{e}^x)+C.$

7. 先求积分 $\displaystyle\int_x^{2\ln2}\frac{1}{\sqrt{\mathrm{e}^t-1}}\mathrm{d}t$. 令 $u=\sqrt{\mathrm{e}^t-1}\,(t>0)$，则

$$u^2=\mathrm{e}^t-1,\quad t=\ln(1+u^2),\quad \mathrm{d}t=\frac{2u}{1+u^2}\mathrm{d}u,$$

且当 $t=2\ln2$ 时，$u=\sqrt{3}$，当 $t=x$ 时，$u=\sqrt{e^x-1}$，从而

$$\int_x^{2\ln2}\frac{1}{\sqrt{e^t-1}}dt=2\int_{\sqrt{e^x-1}}^{\sqrt{3}}\frac{1}{1+u^2}du$$

$$=2\arctan u\Big|_{\sqrt{e^x-1}}^{\sqrt{3}}=2\arctan\sqrt{3}-2\arctan\sqrt{e^x-1}.$$

故 $\frac{2\pi}{3}-2\arctan\sqrt{e^x-1}=\frac{\pi}{6}$，即 $\arctan\sqrt{e^x-1}=\frac{\pi}{4}$，解得 $x=\ln2$.

8. $$\int_1^{+\infty}\frac{1}{x(1+x^2)}dx=\int_1^{+\infty}\frac{1+x^2-x^2}{x(1+x^2)}dx=\int_1^{+\infty}\left(\frac{1}{x}-\frac{x}{1+x^2}\right)dx$$

$$=\left[\ln|x|-\frac{1}{2}\ln(1+x^2)\right]_1^{+\infty}=\left(\ln\frac{x}{\sqrt{1+x^2}}\right)_1^{+\infty}$$

$$=-\ln\frac{1}{\sqrt{2}}=\frac{1}{2}\ln2.$$

四、应用题

1. $$A=\int_0^{2\pi a}y\,dx=a^2\int_0^{2\pi}(1-\cos t)\,d(t-\sin t)=a^2\int_0^{2\pi}(1-\cos t)^2dt$$

$$=a^2\int_0^{2\pi}(1-2\cos t+\cos^2t)dt=a^2\int_0^{2\pi}\left(\frac{3}{2}-2\cos t+\frac{1}{2}\cos2t\right)dt$$

$$=a^2\left(\frac{3}{2}t-2\sin t+\frac{1}{4}\sin2t\right)_0^{2\pi}=3\pi a^2.$$

$$V_x=\pi\int_0^{2\pi a}y^2dx=a^3\pi\int_0^{2\pi}(1-\cos t)^2d(t-\sin t)$$

$$=a^3\pi\int_0^{2\pi}(1-\cos t)^3dt=a^3\pi\int_0^{2\pi}(1-3\cos t+3\cos^2t-\cos^3t)dt$$

$$=a^3\pi\int_0^{2\pi}\left(\frac{5}{2}-3\cos t+\frac{3}{2}\cos2t-\cos^3t\right)dt$$

$$=a^3\pi\left(\frac{5}{2}t-3\sin t+\frac{3}{4}\sin2t-\sin t+\frac{1}{3}\sin^3t\right)_0^{2\pi}=5a^3\pi^2.$$

2. 设 $R=R(t)$，由题设 $\frac{dR}{dt}=kR$，$\frac{dR}{R}=kdt$，积分得 $\ln R=kt+C$. 当 $t=0$ 时，$R=R_0$，当 $t=1600$ 时，$R=\frac{1}{2}R_0$，代入函数得

$$C=\ln R_0,\quad k=-\frac{\ln2}{1600}.$$

从而 $\ln R=-\frac{\ln2}{1600}t+\ln R_0$，整理得 $\ln\frac{R}{R_0}=-\frac{\ln2}{1600}t$，解得 $R=R_0e^{-\frac{\ln2}{1600}t}$.

五、证明题

构造辅助函数 $F(x)=\frac{f(x)}{x^2}$，由题意，$F(x)$ 在 $[a,b]$ 上连续，在 (a,b) 内可导，且满足 $F(a)=0$，$F(b)=0$. 由罗尔定理可知，至少存在一点 $\xi\in(a,b)$，使得 $F'(\xi)=0$. 又因为 $F'(x)=\frac{xf'(x)-2f(x)}{x^3}$，从而得 $\xi f'(\xi)-2f(\xi)=0$，结论得证.

模拟试题七详解

一、填空题

(1) 9；

(2) 3；**提示** 因为 $3^n\leqslant 2^n+3^n\leqslant 2\cdot 3^n$，所以 $3\leqslant (2^n+3^n)^{\frac{1}{n}}\leqslant 3\cdot\sqrt[n]{2}$.

(3) -1；**提示**

$$\lim_{x\to 1}\left(\frac{1}{1-x}-\frac{3}{1-x^3}\right)=\lim_{x\to 1}\left[\frac{1}{1-x}-\frac{3}{(1-x)(1+x+x^2)}\right]$$

$$=\lim_{x\to 1}\frac{x^2+x-2}{1-x^3}=\lim_{x\to 1}\frac{2x+1}{-3x^2}=-1.$$

(4) $-4\mathrm{e}$；

(5) $x+y-\pi=0$；

(6) $\ln 2+\frac{1}{2}(x-2)-\frac{1}{8}(x-2)^2+\frac{1}{24}(x-2)^3+o((x-2)^3),x\to 2$；**提示** 因为

$$f(x)=\ln x,\quad f'(x)=\frac{1}{x},\quad f''(x)=-\frac{1}{x^2},\quad f'''(x)=\frac{2}{x^3},$$

所以

$$f(2)=\ln 2,\quad f'(2)=\frac{1}{2},\quad f''(2)=-\frac{1}{4},\quad f'''(2)=\frac{1}{4}.$$

故当 $x\to 2$ 时，有

$$f(x)=f(2)+f'(2)(x-2)+\frac{1}{2!}f''(2)(x-2)^2+\frac{1}{3!}f'''(2)(x-2)^3+o((x-2)^3)$$

$$=\ln 2+\frac{1}{2}(x-2)-\frac{1}{8}(x-2)^2+\frac{1}{24}(x-2)^3+o((x-2)^3).$$

(7) $\frac{2}{27}$；

(8) $\mathrm{e}^{2x}+C$；

(9) 2；

(10) $\mathrm{e}^{\frac{3}{2}x}\left(C_1\sin\frac{1}{2}x+C_2\cos\frac{1}{2}x\right)$.

二、单项选择题

（1）C；

（2）B；

（3）A；

（4）C；

（5）B.

三、计算题

1. 原式$=\lim\limits_{x\to 0}\dfrac{\sqrt{1+f(x)}-1}{x^2}\dfrac{\sqrt{1+f(x)}+1}{\sqrt{1+f(x)}+1}=\lim\limits_{x\to 0}\dfrac{f(x)}{x^2}\dfrac{1}{\sqrt{1+f(x)}+1}$

$$=\lim_{x\to 0}\frac{f(x)}{x^2}\frac{1}{2}=3,$$

所以$\lim\limits_{x\to 0}\dfrac{f(x)}{6x^2}=1$. 所以 $a=6,b=2$.

2. $\lim\limits_{x\to+\infty}f(x)=\lim\limits_{x\to+\infty}\dfrac{1-\cos x}{x^2}=0$；$\lim\limits_{x\to-\infty}f(x)=\lim\limits_{x\to-\infty}\dfrac{e^x-1}{x}=0$；

由于

$$f'_-(0)=\lim_{x\to 0^-}\frac{\dfrac{e^x-1}{x}-1}{x}=\lim_{x\to 0^-}\frac{e^x-1-x}{x^2}=\lim_{x\to 0^-}\frac{e^x-1}{2x}=\frac{1}{2},$$

$$f'_+(0)=\lim_{x\to 0^+}\frac{\dfrac{1-\cos x}{x^2}-1}{x}=\lim_{x\to 0^+}\frac{1-\cos x-x^2}{x^3}$$

$$=\lim_{x\to 0^+}\frac{\sin x-2x}{3x^2}=\lim_{x\to 0^+}\frac{\cos x-2}{6x}=\infty,$$

所以 $f'(0)$不存在.

3. 原式$=\lim\limits_{x\to 0}\dfrac{f(x)-x}{x^2}=\lim\limits_{x\to 0}\dfrac{f'(x)-1}{2x}=\dfrac{1}{2}\lim\limits_{x\to 0}\dfrac{f'(x)-f'(0)}{x}=\dfrac{1}{2}f''(0)=1.$

4. 令$\dfrac{1}{x}=t$，则

原式$=\lim\limits_{x\to+\infty}\left[x-x^2\ln\left(1+\dfrac{1}{x}\right)\right]=\lim\limits_{t\to 0^+}\left[\dfrac{1}{t}-\dfrac{1}{t^2}\ln(1+t)\right]=\lim\limits_{t\to 0^+}\dfrac{t-\ln(1+t)}{t^2}$

$$=\lim_{t\to 0^+}\frac{1-\dfrac{1}{1+t}}{2t}=\lim_{t\to 0^+}\frac{t}{2t(1+t)}=\frac{1}{2}.$$

5. 当 $x=0$ 时，$y=1$. 等式两边同时对 x 求导数，并将 y 视为 x 的函数，有

$$y'e^x+ye^x+e^y+xe^y\cdot y'=0,$$

因此

$$y'=-\frac{e^y+ye^x}{e^x+xe^y},\quad y'|_{x=0}=-\frac{e^y+ye^x}{e^x+xe^y}\bigg|_{\substack{x=0\\y=1}}=-(e+1).$$

6. 由题意知，$f(0)=1$，$y'|_{x=-1}=0$，$y''|_{x=0}=0$. 又因为

$$f'(x)=3x^2+6ax+3b,\quad f''(x)=6x+6a,$$

因此有 $c=1, 3-6a+3b=0, 6a=0$，解得：$a=0, b=-1, c=1$.

7. 原式 $=\int(x^2+3x-2)\mathrm{d}(\sin x)=(x^2+3x-2)\sin x-\int\sin x\cdot(2x+3)\mathrm{d}x$

$$=(x^2+3x-2)\sin x+\int(2x+3)\mathrm{d}(\cos x)$$

$$=(x^2+3x-2)\sin x+(2x+3)\cos x-2\int\cos x\mathrm{d}x$$

$$=(x^2+3x-2)\sin x+(2x+3)\cos x-2\sin x+C$$

$$=(x^2+3x-4)\sin x+(2x+3)\cos x+C.$$

8. 原式 $=2\int_0^1 x^2\sqrt{1-x^2}\,\mathrm{d}x$. 令 $x=\sin t, t\in\left(-\frac{\pi}{2},\frac{\pi}{2}\right)$，则 $\mathrm{d}x=\cos t\mathrm{d}t$，$\sqrt{1-x^2}=\cos t$. 当 $x=0$ 时，$t=0$，当 $x=1$ 时，$t=\frac{\pi}{2}$，从而

$$原式=2\int_0^{\frac{\pi}{2}}\sin^2 t\cos^2 t\mathrm{d}t=\frac{1}{2}\int_0^{\frac{\pi}{2}}\sin^2 2t\mathrm{d}t$$

$$=\frac{1}{4}\int_0^{\frac{\pi}{2}}(1-\cos 4t)\mathrm{d}t=\frac{1}{4}\left(t-\frac{1}{4}\sin 4t\right)\Big|_0^{\frac{\pi}{2}}=\frac{\pi}{8}.$$

四、应用题

1. 函数的定义域为 $(-\infty,1)\cup(1+\infty)$. $x=1$ 为无穷间断点. 函数的一阶、二阶导数为

$$y'=\frac{x^2(x-3)}{3(x-1)^3},\quad y''=\frac{2x}{(x-1)^4}.$$

令 $y'=0$，解得驻点 $x_1=0, x_2=3$. 令 $y''=0$，解得 $x_3=0$. 列表讨论函数的性态，见表 7.1.

表 7.1

x	$(-\infty,0)$	0	$(0,1)$	$(1,3)$	3	$(3,+\infty)$
y'	+		+	−		+
y''	−		+	+		+
y	↗上凸	拐点(0,0)	↗下凸	↘下凸	极小值$\frac{9}{4}$	↗下凸

因为 $\lim\limits_{x\to\infty}\frac{x^3}{3(x-1)^2}=\infty$，因此曲线不存在水平渐近线. 因为 $\lim\limits_{x\to 1}\frac{x^3}{3(x-1)^2}=\infty$，因此曲线有一条垂直渐近线 $x=1$. 又因为

$$a=\lim_{x\to\infty}\frac{f(x)}{x}=\lim_{x\to\infty}\frac{x^3}{3x(x-1)^2}=\frac{1}{3},$$

$$b=\lim_{x\to\infty}[f(x)-ax]=\lim_{x\to\infty}\left[\frac{x^3}{3(x-1)^2}-\frac{1}{3}x\right]=\lim_{x\to\infty}\frac{2x^2-x}{3(x-1)^2}=\frac{2}{3},$$

因此曲线有一条斜渐近线 $y=\frac{1}{3}x+\frac{2}{3}$.

补充辅助点 $f(-1)=-\frac{1}{12}, f(-2)=-\frac{8}{27}, f(2)=\frac{8}{3}$. 按照表 7.1 列出的函数的单

调性和凹凸性做出函数的图像. 如图 7-1 所示.

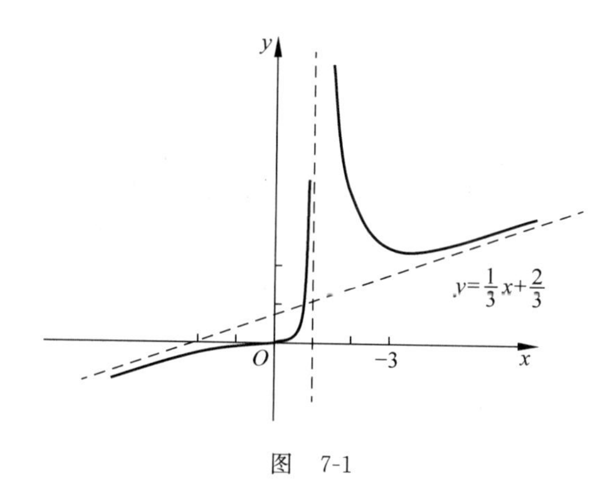

图 7-1

2. 设切点的横坐标为 x_0, 则切点坐标为 $(x_0, y_0)=(x_0, \ln x_0)$, 则过该点的切线方程为

$$y=\frac{1}{x_0}(x-x_0)+\ln x_0=\frac{1}{x_0}x+\ln x_0-1.$$

因此

$$\begin{aligned}A(x_0)&=\int_2^6\left(\frac{1}{x_0}x+\ln x_0-1-\ln x\right)\mathrm{d}x=\left(\frac{1}{2x_0}x^2+x\ln x_0-x\ln x\right)\Bigg|_2^6\\&=\frac{16}{x_0}+4\ln x_0-6\ln 6+2\ln 2.\end{aligned}$$

又因为 $A'(x_0)=\frac{4(x_0-4)}{x_0^2}$, 在区间 $(2,6)$ 内得到唯一驻点 $x_0=4$. 且

$$A''(x_0)=4\,\frac{8-x_0}{x_0^3},\quad A''(4)=\frac{1}{4}>0,$$

所以 $x_0=4$ 为最小值点. 切点坐标为 $(x_0, y_0)=(4, \ln 4)$.

五、证明题

构造辅助函数 $f(x)=\sin x-x+\frac{1}{3!}x^3$, 则 $f(x)$ 在 $[0,+\infty)$ 上连续, 求导数得

$$f'(x)=\cos x-1+\frac{1}{2}x^2,$$

显然, $f'(x)$ 在 $[0,+\infty)$ 上连续, 且 $f''(x)=\sin x+x$, 当 $x>0$ 时, $|\sin x|<x$, 所以 $f''(x)>0$, $f'(x)$ 在 $[0,+\infty)$ 上单调递增. 因此当 $x>0$ 时, $f'(x)>f'(0)=0$, 所以 $f(x)$ 在 $[0,+\infty)$ 上单调递增, 当 $x>0$ 时, $f(x)>f(0)=0$, 因此有 $\sin x>x-\frac{x^3}{3!}$.

模拟试题八详解

一、填空题

(1) 0;

(2) $\frac{1}{2}$;

(3) $\frac{1}{2}$; **提示** $\lim\limits_{x\to 1}\frac{f(x)-f(1)}{x^2-1}=\lim\limits_{x\to 1}\frac{f(x)-f(1)}{x-1}\cdot\frac{1}{x+1}=\frac{1}{2}f'(1)=\frac{1}{2}$.

(4) $-e^{-x}f'(e^{-x})dx$;

(5) $f'(0)<f(1)-f(0)<f'(1)$;

(6) $\arctan x+1$;

(7) $-\frac{1}{x^2}$;

(8) $\frac{1}{6}$; **提示** $\lim\limits_{x\to 0}\frac{\int_0^x(1-\cos t)dt}{x^3}=\lim\limits_{x\to 0}\frac{1-\cos x}{3x^3}=\lim\limits_{x\to 0}\frac{\sin x}{6x}$.

(9) $\pi-2$; **提示** 原式 $=2\int_0^{\frac{\pi}{2}}x\cos x dx=2\int_0^{\frac{\pi}{2}}x d\sin x=2x\sin x\Big|_0^{\frac{\pi}{2}}-2\int_0^{\frac{\pi}{2}}\sin x dx$.

(10) $y=\frac{b}{a}+Ce^{-ax}$. **提示** $y'=b-ay$, $\int\frac{1}{b-ay}dy=\int dx$, $-\frac{1}{a}\ln(b-ay)=x+C_1$,

整理得 $\ln(b-ay)=-ax+C_2$, $b-ay=C_3e^{-ax}$.

二、单项选择题

(1) D;

(2) B;

(3) D;

(4) C; **提示**

方法 1: 对 $\int_0^x f(t)dt=\frac{x^2}{2}$ 求导得, $f(x)=x$, 从而 $f(\sqrt{x})=\sqrt{x}$.

方法 2: $\int_0^4\frac{1}{\sqrt{x}}f(\sqrt{x})dx=2\int_0^4 f(\sqrt{x})d\sqrt{x}\xlongequal{t=\sqrt{x}}2\int_0^2 f(t)dt=2\cdot\frac{2^2}{2}=4$.

(5) A. **提示** 题设中没有假定 y_1, y_2 线性无关.

三、计算题

1. 原式 $= \lim\limits_{x\to+\infty}\dfrac{\sqrt{(x-3)(x-5)}-x}{1} = \lim\limits_{x\to+\infty}\dfrac{(x-3)(x-5)-x^2}{\sqrt{(x-3)(x-5)}+x}$

$$= \lim_{x\to+\infty}\frac{-8x+15}{\sqrt{(x-3)(x-5)}+x} = \lim_{x\to+\infty}\frac{-8+\frac{15}{x}}{\sqrt{\left(1-\frac{3}{x}\right)\left(1-\frac{5}{x}\right)}+1} = -4.$$

2. 原式 $= \lim\limits_{x\to0}\dfrac{((1+x)^{\frac{1}{x}}-\mathrm{e})'}{(x)'} = \lim\limits_{x\to0}((1+x)^{\frac{1}{x}}-\mathrm{e})'$

$$= \lim_{x\to0}(\mathrm{e}^{\frac{\ln(1+x)}{x}})' = \lim_{x\to0}\left[\mathrm{e}^{\frac{\ln(1+x)}{x}}\cdot\frac{\frac{x}{1+x}-\ln(1+x)}{x^2}\right]$$

$$= \mathrm{e}\cdot\lim_{x\to0}\frac{x-(1+x)\ln(1+x)}{x^2(1+x)} = \mathrm{e}\cdot\lim_{x\to0}\frac{-\ln(1+x)}{2x+3x^2}$$

$$= \mathrm{e}\cdot\lim_{x\to0}\frac{-x}{x(2+3x)} = -\frac{\mathrm{e}}{2}.$$

3. $\dfrac{\mathrm{d}y}{\mathrm{d}x} = \dfrac{\frac{\mathrm{d}y}{\mathrm{d}t}}{\frac{\mathrm{d}x}{\mathrm{d}t}} = \dfrac{\frac{1}{1+t^2}}{\frac{t}{1+t^2}} = \dfrac{1}{t}$, $\dfrac{\mathrm{d}^2y}{\mathrm{d}x^2} = \dfrac{-\frac{1}{t^2}}{\frac{t}{1+t^2}} = -\dfrac{1+t^2}{t^3}$.

4. 由题意可知 $f(0)=f'(0)=0$. 又因为

$$\lim_{x\to0}\left[1+\frac{f(x)}{x}\right]^{\frac{1}{x}} = \lim_{x\to0}\left[1+\frac{f(x)}{x}\right]^{\frac{x}{f(x)}\cdot\frac{f(x)}{x^2}},$$

而

$$\lim_{x\to0}\frac{f(x)}{x^2} = \lim_{x\to0}\frac{f'(x)}{2x} = \frac{1}{2}\lim_{x\to0}\frac{f'(x)-f'(0)}{x-0} = \frac{1}{2}f''(0) = 2,$$

因此原极限 $=\mathrm{e}^2$.

5. 方程两边关于 x 求导,并将 y 视为 x 的函数,得

$$2x-y-xy'+2yy'=0,$$

方程两边关于 x 再求导数,得

$$2-y'-y'-xy''+2(y')^2+2yy''=0,$$

将 $x=1$ 和 $y=1$ 分别代入上述两个方程得 $y'|_{(1,1)}=-1, y''|_{(1,1)}=-6$.

6. 令 $t=\sqrt{\mathrm{e}^x-1}$, $\mathrm{e}^x=t^2+1$, $x=\ln(t^2+1)$, $\mathrm{d}x=\dfrac{2t}{t^2+1}\mathrm{d}t$, 当 $x=0$ 时, $t=0$, 当 $x=\ln5$ 时, $t=2$,

$$原式 = \int_0^2\frac{(t^2+1)t}{t^2+4}\frac{2t}{t^2+1}\mathrm{d}t = 2\int_0^2\frac{t^2}{t^2+4}\mathrm{d}t = 2\int_0^2\frac{t^2+4-4}{t^2+4}\mathrm{d}t$$

$$= 2\int_0^2\left(1-\frac{4}{t^2+4}\right)\mathrm{d}t = 2\left(t-2\arctan\frac{t}{2}\right)\Big|_0^2 = 4-\pi.$$

7. $\displaystyle\int\frac{1}{y-3}\mathrm{d}y = -\int\frac{1}{x}\mathrm{d}x$, $\ln(y-3)=-\ln x+\ln C$, $y-3=\dfrac{C}{x}$, 当 $y(1)=0$ 时, $C=-3$,

特解为 $y=-\dfrac{3}{x}+3$.

8. 由于 $\int f(x)F(x)\mathrm{d}x=\int \sin^2(2x)\mathrm{d}x=\dfrac{1}{2}\int(1-\cos4x)\mathrm{d}x=\dfrac{1}{2}\left(x-\dfrac{1}{4}\sin4x\right)+C$,

而

$$\int f(x)F(x)\mathrm{d}x=\int F(x)\mathrm{d}F(x)=\frac{1}{2}F^2(x)+C,$$

所以

$$\frac{1}{2}F^2(x)=\frac{1}{2}\left(x-\frac{1}{4}\sin4x\right)+C.$$

又 $F(0)=1$,则 $C=1$,所以,$F(x)=\sqrt{x-\dfrac{1}{4}\sin4x+2}$.

四、应用题

1. (1) $x=-1, x=1, x=4$;

(2) $[-1,1],[4,+\infty)$;

(3) $(-\infty,-1],[1,4]$;

(4) $x=1$;

(5) $x=-1, x=4$;

(6) $(0,2)$;

(7) $(-\infty,0),(2,+\infty)$;

(8) $(0,f(0)),(2,f(2))$.

2. (1) $A=\int_1^4\sqrt{y}\,\mathrm{d}y=\dfrac{2}{3}y^{\frac{3}{2}}\Big|_1^4=\dfrac{14}{3}$;

(2) $V_y=\pi\int_1^4 y\,\mathrm{d}y=\pi\cdot\dfrac{1}{2}y^2\Big|_1^4=\dfrac{15}{2}\pi$.

五、证明题

当 $x\in(a,b)$时,求导得

$$\begin{aligned}F'(x)&=-\frac{1}{(x-a)^2}\int_a^x f(t)\mathrm{d}t+\frac{1}{x-a}f(x)\\&=\frac{1}{(x-a)^2}\left[(x-a)f(x)-\int_a^x f(t)\mathrm{d}t\right]\\&=\frac{1}{(x-a)^2}[(x-a)f(x)-(x-a)f(\xi)]\\&=\frac{1}{(x-a)}[f(x)-f(\xi)]=\frac{1}{(x-a)}[(x-\xi)f'(\eta)]\leqslant 0,\end{aligned}$$

结论得证.

模拟试题九详解

一、填空题

(1) $a=-1, b=1$;

(2) e^2;

(3) $-8\ln 2$;

(4) $y=6x-4$ 或 $y=6x+4$;

(5) 0;

(6) $x+\frac{1}{2}\ln x+C$;

(7) $\frac{1}{4}$; **提示** $\lim\limits_{x\to 0}\frac{\int_0^{x^2}(1-\cos\sqrt{t})\mathrm{d}t}{x^4}=\lim\limits_{x\to 0}\frac{2x(1-\cos x)}{4x^3}=\lim\limits_{x\to 0}\frac{2x\cdot\frac{1}{2}x^2}{4x^3}$.

(8) 1; **提示** 因为 $\int_0^{+\infty}x\mathrm{e}^{-x}\mathrm{d}x=-\int_0^{+\infty}x\mathrm{d}\mathrm{e}^{-x}=-x\mathrm{e}^{-x}\Big|_0^{+\infty}+\int_0^{+\infty}\mathrm{e}^{-x}\mathrm{d}x$

$$=-\mathrm{e}^{-x}\Big|_0^{+\infty}=1.$$

(9) $\frac{1}{2}x^2\ln(1+x)-\frac{1}{4}x^2+\frac{1}{2}x-\frac{1}{2}\ln|1+x|$;

(10) $y=\mathrm{e}^{\frac{3}{2}x}\left(C_1\cos\frac{1}{2}x+C_2\sin\frac{1}{2}x\right)$.

提示 因为特征方程为 $2r^2-6r+5=0$,特征根为 $r_{1,2}=\frac{3}{2}\pm\frac{1}{2}\mathrm{i}$.

二、单项选择题

(1) A;

(2) C; **提示** $2\sin x-\sin 2x=2\sin x(1-\cos x)$.

(3) A;

(4) C; **提示** 因为 $\int_a^b f'(2x)\mathrm{d}x=\frac{1}{2}\int_a^b f'(2x)\mathrm{d}(2x)=\frac{1}{2}f(2x)\Big|_a^b$.

(5) D.

三、计算题

1. 原式$=\lim\limits_{x\to0}\dfrac{\sin x-x}{x^2\sin x}=\lim\limits_{x\to0}\dfrac{\sin x-x}{x^3}==\lim\limits_{x\to0}\dfrac{\cos x-1}{3x^2}=\lim\limits_{x\to0}\dfrac{-\frac{1}{2}x^2}{3x^2}=-\dfrac{1}{6}$.

2. 根据对数恒等式以及函数的连续性，有

$$原式=\lim_{x\to+\infty}e^{\frac{1}{x}\ln(x+\sqrt{x^2+1})}=e^{\lim\limits_{x\to+\infty}\frac{1}{x}\ln(x+\sqrt{x^2+1})}.$$

而

$$\lim_{x\to+\infty}\frac{\ln(x+\sqrt{x^2+1})}{x}=\lim_{x\to+\infty}\frac{1+\dfrac{2x}{2\sqrt{x^2+1}}}{x+\sqrt{x^2+1}}=\lim_{x\to+\infty}\frac{1}{\sqrt{x^2+1}}=0,$$

因此原极限$=e^0=1$.

3. 由于 $y'=\dfrac{1}{2\sqrt{2x+\sqrt{1-4x}}}\cdot(2x+\sqrt{1-4x})'$

$$=\frac{1}{2\sqrt{2x+\sqrt{1-4x}}}\cdot\left(2+\frac{-4}{2\sqrt{1-4x}}\right)$$

$$=\frac{1}{\sqrt{2x+\sqrt{1-4x}}}\cdot\left(1-\frac{1}{\sqrt{1-4x}}\right),$$

因此 $dy=\dfrac{1}{\sqrt{2x+\sqrt{1-4x}}}\cdot\left(1-\dfrac{1}{\sqrt{1-4x}}\right)dx$.

4. $y'=f(\ln x)+xf'(\ln x)\cdot\dfrac{1}{x}=f(\ln x)+f'(\ln x)$,

$y''=\dfrac{1}{x}f'(\ln x)+\dfrac{1}{x}f''(\ln x)=\dfrac{1}{x}[f'(\ln x)+f''(\ln x)]$.

5. 由题意，当 $x=0$ 时，$y=1$. 方程两边同时对 x 求导数，得

$$y'=2e^{2x}+e^y+xe^y\cdot y',$$

将 $x=0,y=1$ 代入上式，得 $f'(0)=e+2$. 上述方程两边同时再对 x 求导数，得

$$y''=4e^{2x}+e^yy'+e^yy'+xe^y(y')^2+xe^y\cdot y'',$$

将 $x=0,y=1$ 以及 $f'(0)=e+2$ 代入上式，得 $f''(0)=2(e^2+2e+2)$.

6. 令 $t=\sqrt{x}$，则 $x=t^2$，$dx=2tdt$，因此

$$原式=\int\sqrt{\frac{t^2}{1-t^3}}2tdt=2\int\frac{t^2}{\sqrt{1-t^3}}dt=-\frac{2}{3}\int\frac{1}{\sqrt{1-t^3}}d(1-t^3)$$

$$=-\frac{4}{3}\sqrt{1-t^3}+C$$

$$=-\frac{4}{3}\sqrt{1-x\sqrt{x}}+C.$$

7. 原式$=-\displaystyle\int_1^2\ln x\,d\left(\frac{1}{x+1}\right)=-\frac{\ln x}{x+1}\Big|_1^2+\int_1^2\frac{1}{x+1}\cdot\frac{1}{x}dx$

$$=-\frac{\ln 2}{3}+\int_1^2\left(\frac{1}{x}-\frac{1}{x+1}\right)dx$$

$$=-\frac{\ln 2}{3}+[\ln x-\ln(x+1)]\Big|_1^2=\frac{5\ln 2}{3}-\ln 3.$$

8. 特征方程为 $r^2-4r+4=0$,特征值为 $r_1=r_2=2$,齐次方程的通解为$\tilde{y}=(C_1+C_2x)e^{2x}$;设非齐次方程的特解为 $y^*=Ax^2e^{2x}$,代入方程得 $A=\frac{1}{2}$,有 $y^*=\frac{1}{2}x^2e^{2x}$,因此方程通解为 $y=(C_1+C_2x)e^{2x}+\frac{1}{2}x^2e^{2x}$.

四、应用题

1. 函数的定义域为$(-\infty,0)\cup(0+\infty)$. 函数的一阶、二阶导数为

$$y'=\frac{1}{x^2}e^{-\frac{1}{x}},\quad y''=\frac{1-2x}{x^4}e^{-\frac{1}{x}}.$$

令 $y''=0$,解得 $x=\frac{1}{2}$. 列表如下:

表 9.1

x	$(-\infty,0)$	$\left(0,\frac{1}{2}\right)$	$\frac{1}{2}$	$\left(\frac{1}{2},+\infty\right)$
y'	+	+	+	+
y''	+	+	0	−
y	↗下凸	↗下凸	拐点$\left(\frac{1}{2},e^{-2}\right)$	↗上凸

因为$\lim\limits_{x\to\infty}e^{-\frac{1}{x}}=1$,因此曲线有一条水平渐近线 $y=1$. $\lim\limits_{x\to0^+}e^{-\frac{1}{x}}=0$, $\lim\limits_{x\to0^-}e^{-\frac{1}{x}}=+\infty$,因此曲线有一条垂直渐近线 $x=0$(注意在直线 $x=0$ 的左侧存在垂直渐近线). 按照表 9.1 列出的函数的单调性和凹凸性做出函数的图像. 如图 9-1 所示.

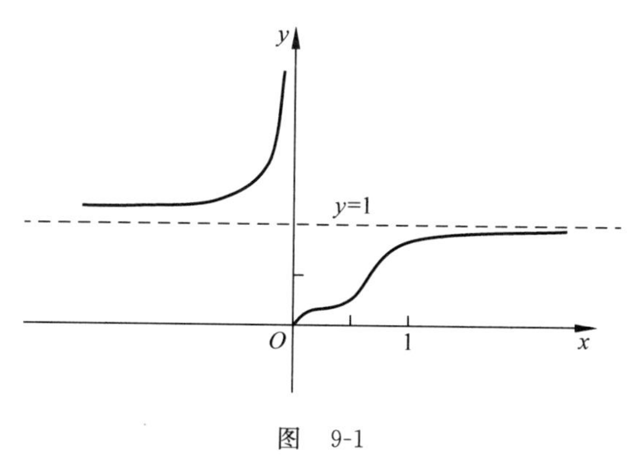

图 9-1

2. (1) $A=\int_1^e \ln x\,dx=x\ln x\Big|_1^e-\int_1^e dx=1$;

(2) $V_x=\pi\int_1^e \ln^2 x\,dx=\pi\left(x\ln^2 x\Big|_1^e-2\int_1^e \ln x\,dx\right)=\pi(e-2)$;

(3) $V_y=\pi\int_0^1 e^2\mathrm{d}y-\pi\int_0^1 e^{2y}\mathrm{d}y=\pi e^2-\frac{\pi}{2}(e^2-1)=\frac{\pi}{2}(e^2+1)$.

五、证明题

设 $u=tx,x=\frac{u}{t},\mathrm{d}x=\frac{1}{t}\mathrm{d}u$,当 $x=0,u=0$,当 $x=1,u=t$,则

$$\int_0^1 f(tx)\mathrm{d}x=\frac{1}{t}\int_0^t f(u)\mathrm{d}u=\sin t,$$

即 $\int_0^t f(u)\mathrm{d}u=t\sin t$, 求导得 $f(t)=\sin t+t\cos t$,因此 $f(x)=\sin x+x\cos x$.

模拟试题十详解

一、填空题

(1) 1;

(2) e^{-6};

(3) $\frac{1}{2}$; **提示** 记 $a_n=\frac{1}{n^2+1}+\frac{2}{n^2+2}+\cdots+\frac{n}{n^2+n}$,则有

$$\frac{n(n+1)}{2(n^2+n)}=\frac{1}{n^2+n}+\frac{2}{n^2+n}+\cdots+\frac{n}{n^2+n}<a_n<\frac{1}{n^2}+\frac{2}{n^2}+\cdots+\frac{n}{n^2}=\frac{n(n+1)}{2n^2},$$

而

$$\lim_{n\to\infty}\frac{n(n+1)}{2n^2}=\frac{1}{2},\lim_{n\to\infty}\frac{n(n+1)}{2(n^2+n)}=\frac{1}{2},$$

由夹逼定理可知.

(4) -1;

(5) $5f'(x_0)$;

(6) $x^2e^{x^2}$;

(7) $-\frac{1}{2}\ln|1-x^2|+C$;

(8) 2; **提示** $\lim\limits_{x\to0}\frac{\int_0^{2x}\arcsin t\mathrm{d}t}{x^2}=\lim\limits_{x\to0}\frac{2\arcsin(2x)}{2x}=\lim\limits_{x\to0}\frac{4x}{2x}$.

(9) π;

(10) $y=1+x^2$. **提示** 整理得 $2xy\mathrm{d}x=(1+x^2)\mathrm{d}y$, $\int\frac{1}{y}\mathrm{d}y=\int\frac{2x}{1+x^2}\mathrm{d}x$, $\ln|y|=\ln(1+x^2)+\ln C$,通解为 $y=C(1+x^2)$,当 $y(0)=1$ 时,得 $C=1$,特解为 $y=1+x^2$.

二、单项选择题

(1) A;

(2) C; **提示** 1 条水平渐近线,一条铅直渐近线.

(3) A; **提示** 由 $\lim\limits_{x\to1}\frac{f'(x)}{x-1}=2$ 及极限的保号性可知,存在 $\delta>0$,使得当 $x\in(1-\delta,1)\cup$

$(1,1+\delta)$时，有$\dfrac{f'(x)}{x-1}>0$. 故当$x\in(1-\delta,1)$时，$f'(x)<0$，当$x\in(1,1+\delta)$时，$f'(x)>0$，所以$x=0$为函数$f(x)$的极小值点.

(4) D；**提示** 因为$\int_{-1}^{0}\frac{1}{x^3}\mathrm{d}x=\lim\limits_{\varepsilon\to0^+}\int_{-1}^{-\varepsilon}\frac{1}{x^3}\mathrm{d}x=\lim\limits_{\varepsilon\to0^+}-\frac{1}{2x^2}\Big|_{-1}^{-\varepsilon}=\lim\limits_{\varepsilon\to0^+}\left(\frac{1}{2}-\frac{1}{2\varepsilon^2}\right)=-\infty$，因此$\int_{-1}^{1}\frac{1}{x^3}\mathrm{d}x$发散.

(5) D.

三、计算题

1. 原式$=\lim\limits_{n\to\infty}\dfrac{\sqrt{n+3\sqrt{n}}-\sqrt{n-\sqrt{n}}}{1}=\lim\limits_{n\to\infty}\dfrac{n+3\sqrt{n}-(n-\sqrt{n})}{\sqrt{n+3\sqrt{n}}+\sqrt{n-\sqrt{n}}}$

$$=\lim_{n\to\infty}\frac{4\sqrt{n}}{\sqrt{n+3\sqrt{n}}+\sqrt{n-\sqrt{n}}}=2.$$

2. 由题意，原式$=\lim\limits_{x\to0}\mathrm{e}^{\frac{1}{x}\ln(\sin x+\mathrm{e}^x)}=\mathrm{e}^{\lim\limits_{x\to0}\frac{1}{x}\ln(\sin x+\mathrm{e}^x)}$，而

$$\lim_{x\to0}\frac{1}{x}\ln(\sin x+\mathrm{e}^x)=\lim_{x\to0}\frac{\ln(\sin x+\mathrm{e}^x)}{x}=\lim_{x\to0}\frac{\cos x+\mathrm{e}^x}{\sin x+\mathrm{e}^x}=2,$$

因此原极限$=\mathrm{e}^2$.

3. $y'=\dfrac{1}{2}\sqrt{9-x^2}+\dfrac{x}{2}\dfrac{-x}{\sqrt{9-x^2}}+\dfrac{9}{2}\dfrac{1}{\sqrt{1-\dfrac{x^2}{9}}}\dfrac{1}{3}=\sqrt{9-x^2}$，

$\mathrm{d}y=\sqrt{9-x^2}\,\mathrm{d}x$.

4. 由题意，$f(x)$在$x=0$处连续、且可导，因此有

$$\lim_{x\to0^-}f(x)=\lim_{x\to0^+}f(x),\quad f'_-(0)=f'_+(0).$$

而$\lim\limits_{x\to0^-}f(x)=a$，$\lim\limits_{x\to0^+}f(x)=-b$，因此$a=-b$. 又因为

$$f'_-(0)=\lim_{x\to0^-}\frac{f(x)-f(0)}{x}=\lim_{x\to0^-}\frac{a\mathrm{e}^x+b}{x}=\lim_{x\to0^-}\frac{a(\mathrm{e}^x-1)}{x}=a,$$

$$f'_+(0)=\lim_{x\to0^+}\frac{f(x)-f(0)}{x}=\lim_{x\to0^+}\frac{3\sin x-b+b}{x}\lim_{x\to0^+}\frac{3\sin x}{x}=3,$$

因此$a=3$，$b=-3$.

5. 方程两边关于x求导，得

$$\mathrm{e}^y\cdot y'-y-xy'=0,$$

方程两边关于x再求导数，得

$$\mathrm{e}^y(y')^2+\mathrm{e}^y\cdot y''-2y'-xy''=0,$$

当$x=0$时，$y=1$，代入上述等式，从而$f'(0)=\dfrac{1}{\mathrm{e}}$，$f''(0)=\dfrac{1}{\mathrm{e}^2}$.

6. $\int x\arctan x\mathrm{d}x=\dfrac{1}{2}\int\arctan x\mathrm{d}(x^2)=\dfrac{1}{2}x^2\arctan x-\dfrac{1}{2}\int x^2\mathrm{d}(\arctan x)$

$$=\frac{1}{2}x^2\arctan x-\frac{1}{2}\int\frac{x^2}{1+x^2}\mathrm{d}x$$

$$=\frac{1}{2}x^2\arctan x-\frac{1}{2}\int\left(1-\frac{1}{1+x^2}\right)\mathrm{d}x$$

$$=\frac{1}{2}x^2\arctan x-\frac{1}{2}x+\frac{1}{2}\arctan x+C.$$

7. $\int_{-1}^{1}\frac{|x|+x}{1+x^2}dx=2\int_0^1\frac{x}{1+x^2}dx=\ln(1+x^2)\Big|_0^1=\ln 2.$

8. 显然 $f(0)=1$. $f'(x)=2f(x)-1$，即 $f'(x)-2f(x)=-1$，利用一阶线性非齐次微分方程解的公式得

$$f(x)=\left(-\int e^{-2\int dx}dx+C\right)e^{2\int dx}=\left(-\int e^{-2x}dx+C\right)e^{2x}=\left(\frac{1}{2}e^{-2x}+C\right)e^{2x},$$

当 $f(0)=1$ 时，$C=\frac{1}{2}$，特解 $f(x)=\frac{1}{2}(e^{-2x}+1)e^{2x}=\frac{1}{2}(e^{2x}+1)$.

四、应用题

1. 函数的定义域为 $x\in(-\infty,+\infty)$. $y'=e^{-x}(1-x)$，$y''=e^{-x}(x-2)$. 令 $y'=0$，解得 $x=1$，令 $y''=0$，解得 $x=2$，列表如下：

表 10.1

x	$(-\infty,1)$	1	$(1,2)$	2	$(2,+\infty)$
y'	+	0	−	0	−
y''	−	−	−	0	+
y	↗(上凸)	极大值	↘(上凸)	拐点	↘(下凸)

因此 $y=f(x)$ 的单调递增区间为 $(-\infty,1]$，单调递减区间为 $[1,+\infty)$；函数在 $x=1$ 处取得极大值，极大值为 $f(1)=e^{-1}$. 函数的上凸区间为 $(-\infty,2)$，下凸区间为 $(2,+\infty)$，函数的拐点为 $(2,2e^{-2})$. 又因为

$$\lim_{x\to+\infty}xe^{-x}=\lim_{x\to+\infty}\frac{x}{e^x}=\lim_{x\to+\infty}\frac{1}{e^x}=0,$$

所以函数有一条水平渐近线 $y=0$，且不存在垂直渐近线和斜渐近线.

2. 设切点为 $M(x_0,x_0^2)$，切线方程为 $y-x_0^2=2x_0(x-x_0)$.

$$A=\int_0^{x_0}x^2dx-\frac{1}{2}\cdot\frac{x_0}{2}\cdot x_0^2=\frac{x_0^3}{12},$$

从而 $\frac{x_0^3}{12}=\frac{2}{3}$，得 $x_0=2$，故点 $M(2,4)$ 过切点 $M(2,4)$ 的切线方程为 $4x-y-4=0$.

五、证明题

构造辅助函数 $F(x)=e^x(f(x)-2x)$，则有

$$F(1)=e[f(1)-2]>0,\quad F(5)=e^5[f(5)-10]<0,$$

显然 $F(x)$ 在 $[1,5]$ 上连续，由零点定理可知，至少存在一点 $\eta\in(1,5)$，使得 $F(\eta)=0$. 又因为 $F(x)$ 在 $[\eta,6]$ 上连续，在 $(\eta,6)$ 内可导，且 $F(6)=e^6[f(6)-12]=0=F(\eta)$，因此由罗尔定理可知，至少存在一点 $\xi\in(\eta,6)\subset(1,6)$，使得 $F'(\xi)=0$. 而

$$F'(x)=e^x(f(x)-2x)+e^x(f'(x)-2)=e^x(f(x)-2x+f'(x)-2),$$

因此有 $f'(\xi)-2\xi+f(\xi)-2=0$，从而结论得证.

参 考 文 献

[1] 吉米多维奇. 数学分析习题集. 北京：人民教育出版社，1978.
[2] A. Jeffrey. *Advanced Engineering Mathematics*. San Diego：Harcourt/Academic Press，2002.
[3] H. B. Wilson，L. H. Turcotte，D. Halpern. *Advanced Mathematics and Mechanics Applications Using*(*3th Edition*). London：Chapman and Hall/CRC，2003.
[4] 金路，童裕孙，於崇华，张万国. 高等数学上册(第 3 版). 北京：高等教育出版社，2008.
[5] 金路，童裕孙，於崇华，张万国. 高等数学下册(第 3 版). 北京：高等教育出版社，2008.
[6] 陈文灯，黄先开. 考研数学复习指南(理工类) (2009 版). 北京：世界图书出版公司，2008.
[7] 李忠，周建莹. 高等数学上册(第 2 版). 北京：北京大学出版社，2009.
[8] 李忠，周建莹. 高等数学下册(第 2 版). 北京：北京大学出版社，2009.
[9] 华东师范大学数学系. 数学分析上册(第 4 版). 北京：高等教育出版社，2010.
[10] 华东师范大学数学系. 数学分析下册(第 4 版). 北京：高等教育出版社，2010.
[11] R. Larson，B. H. Edwards. *Calculus*(*9th Edition*). Belmont：Brooks/Cole，2010.
[12] 吴赣昌. 高等数学上册(第 4 版). 北京：中国人民大学出版社，2011.
[13] 吴赣昌. 高等数学下册(第 4 版). 北京：中国人民大学出版社，2011.
[14] E. Kreyszig，H. Kreyszig，E. J. Norminton. *Advanced Engineering Mathematics*(*10th Edition*). Hoboken：John Wiley & Sons，2011.
[15] 冯伟杰，魏光美，李美生，吴纪桃. 高等数学习题课教材(上). 北京：清华大学出版社，2012.
[16] 王莉. 考研数学复习教程. 北京：高等教育出版社，2013.
[17] 同济大学数学系. 高等数学上册(第 7 版). 北京：高等教育出版社，2014.
[18] 同济大学数学系. 高等数学下册(第 7 版). 北京：高等教育出版社，2014.
[19] 刘强，孙激流. 微积分同步练习与模拟试题. 北京：清华大学出版社，2015.